北大社普通高等教育"十三五"数字化建设规划教材

U0392864

高 等 数 学

主 编　周其龙　窦丽霞

本书资源使用说明

北京大学出版社
PEKING UNIVERSITY PRESS

内 容 简 介

本书是编者根据教育部有关专科教育的教学大纲和教学要求,结合教学实践编写而成的.全书共十一章,包括函数、极限与连续,导数与微分,微分中值定理与导数的应用,不定积分,定积分,定积分的应用,微分方程,空间解析几何与向量代数,多元函数微分学,多元函数积分学,无穷级数等.本书以培养应用型人才为目的,从打好基础、培养能力、兼顾后续课程需要出发,为各类高等专科教育"高等数学"的教学而编写.

本书可作为应用型高等专科学校及职业学院非数学专业的"高等数学"或"微积分"课程的教材.

图书在版编目(CIP)数据

高等数学/周其龙,窦丽霞主编. —北京:北京大学出版社,2023.9
ISBN 978-7-301-34448-4

Ⅰ. ①高⋯ Ⅱ. ①周⋯ ②窦⋯ Ⅲ. ①高等数学 Ⅳ. ①O13

中国国家版本馆 CIP 数据核字(2023)第 174753 号

书　　　名	高等数学
	GAODENG SHUXUE
著作责任者	周其龙　窦丽霞　主编
责 任 编 辑	王剑飞
标 准 书 号	ISBN 978-7-301-34448-4
出 版 发 行	北京大学出版社
地　　　址	北京市海淀区成府路 205 号　100871
网　　　址	http://www.pup.cn
新 浪 微 博	@北京大学出版社
电 子 邮 箱	zpup@pup.cn
电　　　话	邮购部 010-62752015　发行部 010-62750672　编辑部 010-62765014
印 刷 者	湖南省众鑫印务有限公司
经 销 者	新华书店
	787 毫米×1092 毫米　16 开本　20 印张　509 千字
	2023 年 9 月第 1 版　2023 年 9 月第 1 次印刷
定　　　价	58.00 元

前　　言

　　本书是中原科技学院(原河南师范大学新联学院)数学教研室教师在长期"高等数学"课程的教学实践与教学改革的基础上,根据多年参与全国大学生数学建模竞赛指导的经验和体会,结合新时代我国高等职业教育数学课程教学的基本要求编写的公共数学教材.在保持数学体系基本完整的前提下,本书减少数学理论知识,淡化抽象的理论推导,满足学生在专业辅助、继续深造、兴趣特长等方面的不同需求,兼顾学生文化基础、学习目标上的差异性,突出理论必需够用、方法简单实用等特点.

　　本书教学内容的安排以"知识、应用、技能、发展"为要素,一方面强调数学基础与理论知识在专业学习、工程实践、生活实际等领域的应用,另一方面突出数学应用的各种方法、手段和工具,使学生了解数学科学的基本理论、基本应用与发展脉络,融理论与应用、知识与技能于一体.本书不仅通过有机地渗透简单的数学模型,培养学生的应用意识,提高学生学习高等数学的兴趣,还通过"课程思政"元素的融入,潜移默化中培养学生的人文思想和人文精神,塑造学生正确的价值观与人生观,引领学生逐步走上探索与发现真理之路.

　　本书由周其龙、窦丽霞主编,特别要感谢罗党教授对本书编写工作的支持,使得本书的编写工作可以顺利完成.曾政杰、陈平、苏娟、蔡晓龙构思并设计了全书的数字资源,在此一并表示感谢.

　　书中若有疏漏与错误之处,还请广大教师和学生指正.

编　者

2023 年 3 月

目　　录

01 第一章
函数、极限与连续

课程思政

　　函数是现代数学的基本概念之一,是高等数学的主要研究对象.极限概念是微积分的理论基础,极限方法是微积分的基本分析方法,掌握、运用好极限方法是学好微积分的关键.连续是函数的一个重要性态.本章将介绍函数、极限与连续的基本知识及有关的基本方法,为今后的学习打下必要的基础.

| 第一节 | 函　　数 |

在现实世界中,一切事物都在一定空间中运动着,17 世纪初,数学最先从对运动的研究中引出了函数这个基本概念,在这以后的 200 多年里,这个概念在几乎所有的科学研究工作中占据了中心位置.

本节将介绍函数的概念、函数关系的构建与函数的特性.

一、集合

1. 集合的概念

一般地,把具有某种特定性质的事物的总体称为**集合**,组成这个集合的事物称为该集合的**元素**. 通常用大写英文字母表示集合,用小写英文字母表示集合的元素.

若元素 a 是集合 M 的元素,则记为 $a \in M$,读作 a 属于 M;若元素 a 不是集合 M 的元素,则记为 $a \notin M$,读作 a 不属于 M. 由无限个元素组成的集合称为**无限集**,由有限个元素组成的集合称为**有限集**.

下面举几个集合的例子:

(1) 2022 年在郑州地区出生的人口构成一个集合(有限集);

(2) 方程 $x^2 - 3x + 2 = 0$ 的根构成一个集合(有限集);

(3) 全体奇数构成一个集合(无限集);

(4) 抛物线 $y = x^2$ 上的所有点构成一个集合(无限集).

2. 集合的表示

集合一般有下面两种常用表示方法.

列举法　在集合中按任意顺序不遗漏、不重复地列出所有元素.

例如,若 M 仅由有限个元素 $a_1, a_2, \cdots, a_n$ 组成,可记作 $M = \{a_1, a_2, \cdots, a_n\}$;又如,由方程 $x^2 - 3x + 2 = 0$ 的根构成的集合,可记作 $A = \{1, 2\}$.

描述法　若 M 是具有某种特征的元素 x 的全体所构成的集合,则可记作
$$M = \{x \mid x \text{ 具有某种特征}\}.$$

例如,由方程 $x^2 - 3x + 2 = 0$ 的根构成的集合,可记作 $M = \{x \mid x^2 - 3x + 2 = 0\}$;又如,全体奇数构成的集合,可记作 $M = \{x \mid x = 2n + 1, n \text{ 为整数}\}$.

3. 集合之间的关系

若集合 A 的元素都是集合 B 的元素,即若 $x \in A$,必有 $x \in B$,则称 A 是 B 的**子集**,记作 $A \subset B$ 或 $B \supset A$,读作 A **包含于** B 或 B **包含** A. 例如,全体自然数构成的集合是全体整数构成的集合的子集.

若 $A \subset B$,且 $A \supset B$,则称集合 A 与 B **相等**,记作 $A = B$. 例如,设 $A = \{1, 2\}, B = \{x \mid x^2 - 3x + 2 = 0\}$,则 $A = B$.

不含任何元素的集合称为**空集**,记作 $\varnothing$. 规定空集为任何集合的子集. 例如,$\{x \mid x^2 + 1 =$

$0, x \in \mathbf{R}\} = \varnothing$.

　　本书以后用到的集合主要是数集,即元素都是数的集合.如果没有特别声明,以后提到的数都是实数.

二、区间

　　区间是用得较多的一类数集.设 a 和 b 都是实数,且 $a < b$,称数集

$$\{x \mid a < x < b\}$$

为**开区间**,记作 (a, b),即

$$(a, b) = \{x \mid a < x < b\}.$$

这里 a 和 b 称为开区间 (a, b) 的**端点**,其中 $a \notin (a, b), b \notin (a, b)$. 称数集 $\{x \mid a \leqslant x \leqslant b\}$ 为**闭区间**,记作 $[a, b]$,即

$$[a, b] = \{x \mid a \leqslant x \leqslant b\}.$$

这里 a 和 b 也称为闭区间 $[a, b]$ 的**端点**,其中 $a \in [a, b], b \in [a, b]$. 类似地,可得

$$[a, b) = \{x \mid a \leqslant x < b\}, \quad (a, b] = \{x \mid a < x \leqslant b\},$$

$[a, b)$ 和 $(a, b]$ 都称为**半开半闭区间**.

　　以上这些区间都是**有限区间**,数 $b - a$ 称为这些区间的长度.

　　此外还有所谓的**无限区间**,引入记号 $+\infty$(读作正无穷大)及 $-\infty$(读作负无穷大),则可类似地表示无限区间.例如,$[a, +\infty) = \{x \mid x \geqslant a\}, (-\infty, b] = \{x \mid x \leqslant b\}$.

　　特别地,全体实数的集合 $\mathbf{R}$ 也可表示为无限区间 $(-\infty, +\infty)$.

三、邻域

　　邻域也是一个经常用到的概念.设 a 与 δ 是两个实数,且 $\delta > 0$,称数集

$$\{x \mid |x - a| < \delta\}$$

为点 a 的 δ **邻域**,记作 $U(a, \delta)$,即

$$U(a, \delta) = \{x \mid |x - a| < \delta\},$$

其中点 a 叫作 $U(a, \delta)$ 的**中心**,δ 叫作 $U(a, \delta)$ 的**半径**.

　　因为 $|x - a| < \delta$ 相当于

$$-\delta < x - a < \delta, \quad \text{即} \quad a - \delta < x < a + \delta,$$

所以

$$U(a, \delta) = \{x \mid a - \delta < x < a + \delta\}.$$

由此可见,$U(a, \delta)$ 也就是开区间 $(a - \delta, a + \delta)$,这个开区间以点 a 为中心,而长度为 2δ(见图 1-1).

　　若把邻域 $U(a, \delta)$ 的中心去掉,称所得到的数集为点 a 的

去心 δ 邻域,记作 $\mathring{U}(a, \delta)$,即

$$\mathring{U}(a, \delta) = \{x \mid 0 < |x - a| < \delta\},$$

这里 $0 < |x - a|$ 就表示 $x \neq a$.

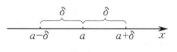

图 1-1

四、函数的定义

函数是描述变量间相互依赖关系的一种数学模型.

例如,在自由落体运动中,设物体下落的时间为 t,下落的距离为 s,假定开始下落的时刻为 $t=0$,则变量 s 与 t 之间的相依关系由数学模型

$$s = \frac{1}{2}gt^2$$

给定,其中 g 是重力加速度.

定义 1 设 x 和 y 是两个变量,D 是一个给定的非空数集. 如果对于每个数 $x \in D$,变量 y 按照一定法则 f 总有确定的数值和它对应,则称 y 是 x 的**函数**,记作 $y=f(x)$,数集 D 叫作这个函数的**定义域**,x 叫作**自变量**,y 叫作**因变量**.

对任一 $x_0 \in D$,按照对应法则 f,总有确定的值 y_0[记作 $f(x_0)$]与之对应,称 $f(x_0)$ 为函数在点 x_0 处的**函数值**,因变量与自变量的这种相依关系通常称为函数关系.

当自变量 x 遍取 D 内的所有数值时,对应的函数值 $f(x)$ 的全体组成的集合称为函数 f 的**值域**,记作 W 或 $f(D)$,即

$$W = f(D) = \{y \mid y = f(x), x \in D\}.$$

函数的表示法有表格法、图形法和公式法(解析法).

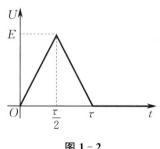

图 1-2

在实际问题中,有时会遇到函数在定义域的不同区间用不同的解析式表示的情况. 例如,脉冲发生器产生一个单三角脉冲,其波形如图 1-2 所示,它的电压 U 与时间 t 的函数关系为

$$U(t) = \begin{cases} \dfrac{2E}{\tau}t, & t \in \left[0, \dfrac{\tau}{2}\right), \\ -\dfrac{2E}{\tau}(t-\tau), & t \in \left[\dfrac{\tau}{2}, \tau\right), \\ 0, & t \in [\tau, +\infty), \end{cases}$$

表示在区间 $[0,+\infty)$ 上不同的时间范围内,电压变化的不同规律. 它是定义域 $D=[0,+\infty)$,值域 $W=[0,E]$ 的一个函数,而不是三个函数. 这种在定义域内不同的区间用不同的解析式表示的函数,称为**分段函数**.

五、函数关系的建立

为解决实际应用问题,就要将问题量化,从而建立该问题的数学模型,即建立函数关系.

要把实际问题中变量之间的函数关系正确抽象出来,首先应分析哪些量是常量,哪些量是变量,然后确定选取哪个变量为自变量,哪个变量为因变量,最后根据题意建立它们之间的函数关系,同时给出函数的定义域.

例如,一工厂生产某型号车床,年产量为 a 台,分若干批进行生产,每批生产准备费为 b 元. 设产品均投入市场,且上一批用完后立即生产下一批,即平均库存量为批量的一半. 设每年每台车床库存费为 c 元. 显然,生产批量大则库存费用高;生产批量小则批数增多,因而生产准备

费高. 为了选择最优批量, 试求出一年中库存费与生产准备费的和与批量的函数关系.

设批量为 x 台, 年库存费与年生产准备费之和为 $f(x)$ 元. 因为年产量为 a 台, 所以每年生产的批数为 $\dfrac{a}{x}$ (设其为整数). 于是, 年生产准备费为 $b \cdot \dfrac{a}{x}$ 元. 因库存量为 $\dfrac{x}{2}$ 台, 故年库存费用为 $c \cdot \dfrac{x}{2}$ 元. 由此可得

$$f(x) = b \cdot \frac{a}{x} + c \cdot \frac{x}{2} = \frac{ab}{x} + \frac{cx}{2}.$$

$f(x)$ 的定义域为 $(0, a]$, 注意到 x 为车床的台数, 批量 $\dfrac{a}{x}$ 为整数, 因此 x 只取 $(0, a]$ 中的正整数因子.

例 1

设函数 $f(x) = x^3 - 2x + 3$, 求 $f(1)$, $f(x^2)$.

解　因为 $f(x)$ 的对应法则为 $(\quad)^3 - 2(\quad) + 3$, 所以
$$f(1) = 1^3 - 2 \times 1 + 3 = 2,$$
$$f(x^2) = (x^2)^3 - 2(x^2) + 3 = x^6 - 2x^2 + 3.$$

例 2

已知函数 $f(x+1) = x^2 - x + 1$, 求 $f(x)$.

解　令 $x + 1 = t$, 则 $x = t - 1$, 从而
$$f(t) = (t-1)^2 - (t-1) + 1 = t^2 - 3t + 3, \quad 即 \quad f(x) = x^2 - 3x + 3.$$

六、函数的几种特性

1. 函数的奇偶性

设函数 $y = f(x)$ 的定义域 D 关于原点对称. 如果对于任意 $x \in D$, 恒有 $f(-x) = f(x)$, 则称 $f(x)$ 为**偶函数**; 如果对于任意 $x \in D$, 恒有 $f(-x) = -f(x)$, 则称 $f(x)$ 为**奇函数**. 在平面直角坐标系中, 偶函数的图形关于 y 轴轴对称 (见图 1-3), 奇函数的图形关于原点中心对称 (见图 1-4).

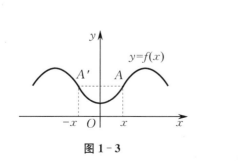

图 1-3

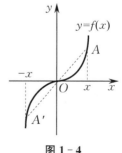

图 1-4

例如, $y = x^3$ 在 $(-\infty, +\infty)$ 上是奇函数, $y = \cos x$ 在 $(-\infty, +\infty)$ 上是偶函数, 而 $y = x^4 + \sin 2x$ 在 $(-\infty, +\infty)$ 上既不是奇函数也不是偶函数.

例 3

判断函数 $f(x) = x\sin\dfrac{1}{x}$ 的奇偶性.

解 函数 $f(x)$ 的定义域为 $(-\infty,0)\bigcup(0,+\infty)$,它关于原点对称. 又因为

$$f(-x) = (-x)\sin\left(-\frac{1}{x}\right) = x\sin\frac{1}{x} = f(x),$$

所以 $f(x) = x\sin\dfrac{1}{x}$ 是偶函数.

例 4

判断函数 $f(x) = \sin x + \mathrm{e}^x - \mathrm{e}^{-x}$ 的奇偶性.

解 函数 $f(x)$ 的定义域为 $(-\infty,+\infty)$,它关于原点对称. 又因为

$$f(-x) = \sin(-x) + \mathrm{e}^{-x} - \mathrm{e}^{-(-x)} = -\sin x + \mathrm{e}^{-x} - \mathrm{e}^x$$
$$= -(\sin x + \mathrm{e}^x - \mathrm{e}^{-x}) = -f(x),$$

所以 $f(x) = \sin x + \mathrm{e}^x - \mathrm{e}^{-x}$ 是奇函数.

2. 函数的单调性

设函数 $y = f(x)$ 的定义域为 D,区间 $I \subset D$. 如果对于区间 I 内的任意两点 x_1,x_2,当 $x_1 < x_2$ 时,恒有 $f(x_1) < f(x_2)$,则称函数 $y = f(x)$ 在 I 上**单调增加**(见图 1-5);当 $x_1 < x_2$ 时,恒有 $f(x_1) > f(x_2)$,则称函数 $y = f(x)$ 在 I 上**单调减少**(见图 1-6). 单调增加和单调减少的函数统称为**单调函数**.

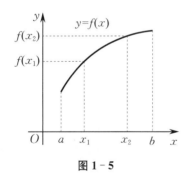 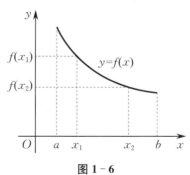

图 1-5　　　　　　　　　　　　　　　图 1-6

例如,$y = \mathrm{e}^x$ 是 $(-\infty,+\infty)$ 上的单调增加函数,$y = \dfrac{1}{x}$ 是 $(0,+\infty)$ 上的单调减少函数,而 $y = x^2$ 在 $(-\infty,0]$ 上单调减少,在 $[0,+\infty)$ 上单调增加.

3. 函数的周期性

设函数 $y = f(x)$ 的定义域为 D. 若存在一个常数 $T \neq 0$,使得对于任意 $x \in D$,必有 $x \pm T \in D$,并且使

$$f(x \pm T) = f(x),$$

则称 $f(x)$ 为**周期函数**,其中 T 称为函数 $f(x)$ 的**周期**. 周期函数的周期通常是指它的最小正周期.

例如,$y = \sin x$,$y = \cos x$ 都是以 2π 为周期的周期函数. 周期函数的图形可以由它在一个

周期$[a, a+T]$内的图形沿x轴向左、右两个方向平移后得到(见图1-7).

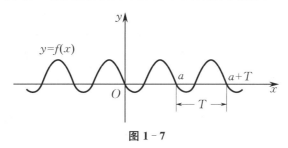

图 1-7

4. 函数的有界性

设函数$y = f(x)$的定义域为D,区间$I \subset D$. 如果存在一个正数M,使得对于任意$x \in I$,都有$|f(x)| \leqslant M$成立,则称函数$f(x)$在I上**有界**,也称$f(x)$是I上的**有界函数**. 若不满足上述条件,则称$f(x)$在I上**无界**,也称$f(x)$为I上的**无界函数**.

例如,函数$y = \arctan x$对任意$x \in (-\infty, +\infty)$,都有不等式$|\arctan x| < \dfrac{\pi}{2}$成立,所以$y = \arctan x$是$(-\infty, +\infty)$上的有界函数.

应该看到,函数的有界性与x取值的区间I有关. 例如,函数$y = \dfrac{1}{x}$在区间$(0, 1)$上是无界的,但在区间$[1, +\infty)$上是有界的.

七、初等函数

1. 反函数

函数关系的实质就是从定量分析的角度来描述运动过程中变量之间的相互依赖关系,但在研究过程中,哪个变量作为自变量,哪个变量作为因变量是由具体问题来决定的.

设函数$y = f(x)$的定义域为D,值域为W. 如果对于W中的任一数值y,D中都有唯一的一个x值满足$f(x) = y$,将y与x对应,则称这个定义在W上的对应法则为函数$y = f(x)$的**反函数**,记作$x = \varphi(y)$[或$x = f^{-1}(y)$],$y \in W$. 此时,称集合D与W中的元素是一一对应的.

显然,反函数$\varphi(y)$的定义域正好是函数f的值域,反函数$\varphi(y)$的值域正好是函数f的定义域.

由于函数的表示法只与定义域和对应法则有关,而与自变量和因变量用什么字母表示无关,且习惯上常用字母x表示自变量,字母y表示因变量,因此$y = f(x)$的反函数通常写为$y = f^{-1}(x)$.

函数$y = f(x)$的图形与其反函数$y = f^{-1}(x)$的图形关于直线$y = x$对称(见图1-8). 这是由于互为反函数的两个函数的因变量与自变量互换,若(a, b)是$y = f(x)$的图形上的一点,则(b, a)就是$y = f^{-1}(x)$的图形上的点,而平面直角坐标系上点(a, b)与点(b, a)关于直线$y = x$对称.

利用这一性质,由函数$y = f(x)$的图形就很容易作出它的反函数$y = f^{-1}(x)$的图形. 例如,$y = 2^x$与$y = \log_2 x$互为

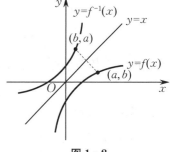

图 1-8

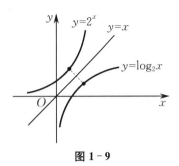

图 1-9

反函数,它们的图形如图 1-9 所示.

注 只有一一对应的函数才有单值反函数. 因为单调函数是一一对应的,所以单调函数一定存在反函数,且单调增加(减少)函数的反函数也是单调增加(减少)的.

对于多值反函数,通过限制函数的定义域,可以得到单值性态.

例如,$y = x^2$ 在 $(-\infty, +\infty)$ 上不是一一对应的,对于任意 $y \in (0, +\infty)$,就会有正、负两个不同的 x 值与之对应,所以它的反函数是多值函数. 若将函数的定义域限制为 $x \in (-\infty, 0]$ 或 $x \in [0, +\infty)$,则其反函数分别为 $y = -\sqrt{x}$ 或 $y = \sqrt{x}, x \in [0, +\infty)$.

又如,正弦函数 $y = \sin x$ 的定义域为 $D = (-\infty, +\infty)$,值域为 $W = [-1, 1]$,在 D 上不是一一对应的. 通常为了保证一一对应,我们就把定义域限制在区间 $\left[-\dfrac{\pi}{2}, \dfrac{\pi}{2}\right]$ 上,即 $y = \sin x$,$D = \left[-\dfrac{\pi}{2}, \dfrac{\pi}{2}\right]$,$W = [-1, 1]$,该函数是单调增加的,因此存在反函数,其反函数称为反正弦函数,记作 $y = \arcsin x$,定义域为 $[-1, 1]$,值域为 $\left[-\dfrac{\pi}{2}, \dfrac{\pi}{2}\right]$,并且在定义域上单调增加. 我们把这样在单调区间上所建立起来的反三角函数称为反三角函数的**主值**. 类似地,有余弦函数 $y = \cos x, x \in [0, \pi], y \in [-1, 1]$,其反函数为 $y = \arccos x, x \in [-1, 1], y \in [0, \pi]$;正切函数 $y = \tan x, x \in \left(-\dfrac{\pi}{2}, \dfrac{\pi}{2}\right), y \in (-\infty, +\infty)$,其反函数为 $y = \arctan x, x \in (-\infty, +\infty)$,$y \in \left(-\dfrac{\pi}{2}, \dfrac{\pi}{2}\right)$;余切函数 $y = \cot x, x \in (0, \pi), y \in (-\infty, +\infty)$,其反函数为 $y = \text{arccot}\, x$,$x \in (-\infty, +\infty), y \in (0, \pi)$.

求反函数的一般步骤为:由方程 $y = f(x)$ 解出 $x = f^{-1}(y)$,再将 x 与 y 对换,即得到所求的反函数 $y = f^{-1}(x)$.

例 5

求函数 $y = \dfrac{1 - \sqrt{1 + 4x}}{1 + \sqrt{1 + 4x}}$ 的反函数.

解 令 $u = \sqrt{1 + 4x}$,则 $y = \dfrac{1 - u}{1 + u}$,故 $u = \dfrac{1 - y}{1 + y}$,即得 $\sqrt{1 + 4x} = \dfrac{1 - y}{1 + y}$,解得

$$x = \frac{1}{4}\left[\left(\frac{1-y}{1+y}\right)^2 - 1\right] = -\frac{y}{(1+y)^2},$$

即所求的反函数为 $y = -\dfrac{x}{(1+x)^2}$.

2. 基本初等函数

常数函数、幂函数、指数函数、对数函数、三角函数和反三角函数统称为**基本初等函数**,这些函数和它们的简单性质,在中学里我们已经深入学习过,这里就不再赘述.

3. 复合函数

设函数 $y = f(u)$，而函数 $u = \varphi(x)$，且 $u = \varphi(x)$ 的值域包含于 $y = f(u)$ 的定义域，则 y 通过 u 的联系也是自变量 x 的函数，称为由函数 $y = f(u)$ 与 $u = \varphi(x)$ 构成的**复合函数**，记作 $y = f[\varphi(x)]$，其中 u 称为**中间变量**.

例如，由函数 $y = \sqrt{u}, u = x + 4$ 可以构成复合函数 $y = \sqrt{x+4}$，为了使 u 的值域包含于 $y = \sqrt{u}$ 的定义域 $[0, +\infty)$，必须有 $x \in [-4, +\infty)$，因此复合函数 $y = \sqrt{x+4}$ 的定义域应为 $[-4, +\infty)$. 又如，复合函数 $y = \ln(1 + x^2)$ 是由函数 $y = \ln u, u = 1 + x^2$ 复合而成的.

在复合函数中也可以出现一个以上的中间变量，例如，函数 $y = \arccos u, u = \sqrt{v}, v = x^2 - 3$ 可以构成复合函数 $y = \arccos\sqrt{x^2-3}$，这里 u 和 v 都是中间变量.

由基本初等函数经过有限次四则运算后所成的函数称为**简单函数**. 一个复合函数可以分解为若干个简单函数，由此可以找到中间变量.

例 6

指出下列函数是由哪些简单函数复合而成的：

(1) $y = (\sin 5x)^3$；　　　　　　　　(2) $y = \ln(1 + \sqrt{1+x^2})$；

(3) $y = \arctan(\sin \mathrm{e}^{4x})$；　　　　　(4) $y = \mathrm{e}^{\arctan x^2}$.

解　(1) $y = (\sin 5x)^3$ 是由函数 $y = u^3, u = \sin v, v = 5x$ 复合而成的.

(2) $y = \ln(1 + \sqrt{1+x^2})$ 是由函数 $y = \ln u, u = 1 + \sqrt{v}, v = 1 + x^2$ 复合而成的.

(3) $y = \arctan(\sin \mathrm{e}^{4x})$ 是由函数 $y = \arctan u, u = \sin v, v = \mathrm{e}^w, w = 4x$ 复合而成的.

(4) $y = \mathrm{e}^{\arctan x^2}$ 是由函数 $y = \mathrm{e}^u, u = \arctan v, v = x^2$ 复合而成的.

4. 初等函数

由基本初等函数经过有限次四则运算和有限次复合而构成，并能用一个解析式表示的函数，称为**初等函数**.

例如，$y = x^2 + \sqrt{\dfrac{1+\sin x}{1-\sin x}}, y = 3x\mathrm{e}^{\sqrt{1-x^2}} + 2$ 等都是初等函数，而分段函数

$$f(x) = \begin{cases} x+3, & x \geqslant 0, \\ x^2, & x < 0 \end{cases}$$

不是初等函数，因为它在定义域内不能用一个解析式表示.

5. 双曲函数

在工程技术中常用到一种由指数函数复合而成的初等函数，称为**双曲函数**，其定义为

双曲正弦函数　$\mathrm{sh}\, x = \dfrac{\mathrm{e}^x - \mathrm{e}^{-x}}{2}$，

双曲余弦函数　$\mathrm{ch}\, x = \dfrac{\mathrm{e}^x + \mathrm{e}^{-x}}{2}$，

双曲正切函数　$\mathrm{th}\, x = \dfrac{\mathrm{sh}\, x}{\mathrm{ch}\, x} = \dfrac{\mathrm{e}^x - \mathrm{e}^{-x}}{\mathrm{e}^x + \mathrm{e}^{-x}}$，

双曲余切函数 $\operatorname{cth} x = \dfrac{\operatorname{ch} x}{\operatorname{sh} x} = \dfrac{e^x + e^{-x}}{e^x - e^{-x}}$.

利用函数 $y = \dfrac{1}{2} e^x$ 和 $y = \dfrac{1}{2} e^{-x}$ 的图形的叠加,可以得到 $y = \operatorname{sh} x$ 和 $y = \operatorname{ch} x$ 的图形如图 1-10 所示.

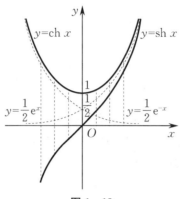

图 1-10

$y = \operatorname{sh} x$ 和 $y = \operatorname{ch} x$ 的主要性质如表 1-1 所示.

表 1-1

名称	表达式	定义域	主要性质
双曲正弦函数	$\operatorname{sh} x = \dfrac{e^x - e^{-x}}{2}$	$(-\infty, +\infty)$	奇函数,图形分布在第一、三象限,经过原点,在 $(-\infty, +\infty)$ 内单调增加
双曲余弦函数	$\operatorname{ch} x = \dfrac{e^x + e^{-x}}{2}$	$(-\infty, +\infty)$	偶函数,图形分布在第一、二象限,经过点 $(0,1)$,在 $(-\infty, 0]$ 内单调减少,在 $[0, +\infty)$ 内单调增加

类似于三角恒等式,由双曲函数的定义,可以证明下列几个恒等式:

(1) $\operatorname{ch}^2 x - \operatorname{sh}^2 x = 1$;

(2) $\operatorname{sh} 2x = 2 \operatorname{sh} x \operatorname{ch} x$;

(3) $\operatorname{ch} 2x = \operatorname{sh}^2 x + \operatorname{ch}^2 x = 2 \operatorname{sh}^2 x + 1 = 2 \operatorname{ch}^2 x - 1$;

(4) $\operatorname{sh}(x \pm y) = \operatorname{sh} x \operatorname{ch} y \pm \operatorname{ch} x \operatorname{sh} y$;

(5) $\operatorname{ch}(x \pm y) = \operatorname{ch} x \operatorname{ch} y \pm \operatorname{sh} x \operatorname{sh} y$.

我们仅证明 $\operatorname{sh}(x + y) = \operatorname{sh} x \operatorname{ch} y + \operatorname{ch} x \operatorname{sh} y$,其余留给读者自己证明. 由双曲函数的定义,得

$$\operatorname{sh} x \operatorname{ch} y + \operatorname{ch} x \operatorname{sh} y = \frac{e^x - e^{-x}}{2} \cdot \frac{e^y + e^{-y}}{2} + \frac{e^x + e^{-x}}{2} \cdot \frac{e^y - e^{-y}}{2}$$

$$= \frac{e^{x+y} - e^{-(x+y)}}{2} = \operatorname{sh}(x + y).$$

思考题 1-1

1.确定一个函数需要哪几个基本要素?

2.$f(x)$ 与 $f(x_0)$ 各有什么意义?

3.任意一个函数都有对应的反函数吗?

4.任意两个函数都可以复合成一个复合函数吗?

5.点 x_0 的 $\delta(\delta>0)$ 邻域是指下面哪一个点集?

(1) $\{x \mid x \in (x_0-\delta,x_0+\delta)\}$; (2) $\{x \mid x \in [x_0-\delta,x_0+\delta]\}$;

(3) $\{x \mid x \in (x_0-\delta,x_0+\delta]\}$; (4) $\{x \mid x \in [x_0-\delta,x_0+\delta)\}$.

6.试判断下列各组中两函数是否相同;若相同则在何种情形下相同?

(1) $y_1=\dfrac{x^2-4}{x-2},y_2=x+2$; (2) $y_1=\log_a x^3,y_2=3\log_a x$;

(3) $y_1=|x|,y_2=\sqrt{x^2}$; (4) $y_1=1,y_2=\sec^2 x-\tan^2 x$.

7.下列说法是否成立?

(1) 奇函数的代数和仍为奇函数,偶函数的代数和仍为偶函数;

(2) 偶数个奇(或偶)函数之和仍为偶函数,奇数个奇函数的积仍为奇函数;

(3) 一奇一偶函数的乘积为奇函数.

8.设函数 $f(x)=\begin{cases}1, & |x|\leqslant 1,\\ 0, & |x|>1,\end{cases}$ 求 $f[f(x)]$.

9.设函数 $g(x)=\begin{cases}2-x, & x\leqslant 0,\\ x+2, & x>0,\end{cases} f(x)=\begin{cases}x^2, & x<0,\\ -x, & x\geqslant 0,\end{cases}$ 求 $g[f(x)]$.

习 题 1-1

1.求下列函数的定义域:

(1) $y=\sqrt{\sin x}+\sqrt{16-x^2}$; (2) $y=\sqrt{\lg\left(\dfrac{5x-x^2}{4}\right)}$;

(3) $y=\dfrac{1}{\sin x-\cos x}$.

2.设函数 $y=f(x)$ 的定义域为 $[0,1]$,求下列函数的定义域:

(1) $f(x^2)$; (2) $f(\sin x)$;

(3) $f(x+a)$ $(a>0)$; (4) $f(x+a)+f(x-a)$ $(a>0)$.

3.若函数 $f(x+1)=x^2-3x+2$,求 $f(x),f(x-1)$.

4.下列各组函数中哪些不能构成复合函数?如果能构成复合函数,则写出复合函数 $y=f[\varphi(x)]$:

(1) $y=u^3,u=\sin x$; (2) $y=\sqrt{u},u=\sin x-2$;

(3) $y=\sqrt{-u},u=x^3$; (4) $y=\ln u,u=x^2-2$.

5.求下列函数的反函数:

(1) $y=\dfrac{2^x}{2^x+1}$; (2) $y=\dfrac{10^x+10^{-x}}{10^x-10^{-x}}+1$.

6.作出下列函数的图形:

(1) $y=\dfrac{x^2-9}{x+3}$; (2) $y=1-|x|$;

$(3)\ y=\begin{cases}|x-1|, & 0\leqslant x\leqslant 2,\\ 0, & x<0\ 或\ x>2.\end{cases}$

7.已知函数 $f(x)$ 的周期为2,并且

$$f(x)=\begin{cases}0, & -1<x<0,\\ x^2, & 0\leqslant x\leqslant 1,\end{cases}$$

试在 $(-\infty,+\infty)$ 上作出函数 $y=f(x)$ 的图形.

8.指出下列函数是由哪些简单函数复合而成的:

$(1)\ y=\sin\sqrt{\dfrac{x^2+1}{x^2-1}};$ $\qquad\qquad$ $(2)\ y=10\arctan(x^2+x+1)^2.$

第二节　　　　　　极　　限

一、数列的极限

数列是定义在正整数集 $\mathbf{N}^*$ 上的函数,记作 $x_n=f(n)(n=1,2,\cdots,n,\cdots)$. 由于全体正整数可以排成一列,因此数列就是按顺序排列的一串数:

$$x_1,\quad x_2,\quad\cdots,\quad x_n,\quad\cdots,$$

简记为 $\{x_n\}$. 数列中的每个数称为数列的**项**,其中 x_n 称为数列的**一般项**或**通项**.

下面我们考察当 n 无限增大(记作 $n\to\infty$,符号"→"读作"趋于")时,一般项 x_n 的变化趋势.

观察下面两个数列:

$(1)\ \dfrac{1}{2},\dfrac{1}{4},\dfrac{1}{8},\cdots,\dfrac{1}{2^n},\cdots;$

$(2)\ 2,\dfrac{1}{2},\dfrac{4}{3},\cdots,\dfrac{n+(-1)^{n-1}}{n},\cdots.$

为清楚起见,将上述两个数列的各项用数轴上的对应点 $x_1,x_2,\cdots$ 表示,如图 1-11 所示.

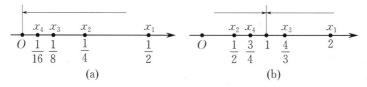

图 1-11

由图 1-11(a)可知,当 n 无限增大时,数列 $\left\{\dfrac{1}{2^n}\right\}$ 在数轴上的对应点从原点的右侧无限接近于0;由图 1-11(b)可知,数列 $\left\{\dfrac{n+(-1)^{n-1}}{n}\right\}$ 在数轴上的对应点从 $x=1$ 的左右两侧无限接近于1.一般地,可以给出下面的定义.

定义1 对于数列 $\{x_n\}$,如果当 n 无限增大时,一般项 x_n 的值无限接近于一个确定的常数 A,则称 A 为数列 $\{x_n\}$ 当 n 趋于无穷大时的极限,记作

$$\lim_{n\to\infty}x_n=A \quad 或 \quad x_n\to A \ (n\to\infty).$$

此时,也称数列 $\{x_n\}$ **收敛于** A,而称 $\{x_n\}$ 为**收敛数列**.如果数列 $\{x_n\}$ 的极限不存在,则称它为**发散数列**.

例如,数列 $\left\{\dfrac{1}{2^n}\right\}$ 是收敛数列,而数列 $\left\{\dfrac{1+(-1)^n}{2}\right\}$ 是发散数列.

有了对数列极限的直观了解后,我们来考察如何用精确、定量化的数学语言给出数列极限的定义.

现考察数列 $\left\{x_n=\dfrac{n+1}{n}\right\}$ 的变化趋势.由于 $|x_n-1|=\dfrac{1}{n}$,因此当项数 n 充分大时,$|x_n-1|$ 可任意小.例如,若要使 $|x_n-1|=\dfrac{1}{n}<\dfrac{1}{100}$,只要 $n>100$ 即可,这意味着数列 $\left\{\dfrac{n+1}{n}\right\}$ 从第 101 项开始,后面所有的项都能使不等式 $|x_n-1|<\dfrac{1}{100}$ 成立.同样,若要使 $|x_n-1|=\dfrac{1}{n}<\dfrac{1}{10\,000}$,只要 $n>10\,000$ 即可,这意味着数列 $\left\{\dfrac{n+1}{n}\right\}$ 从第 10 001 项开始,后面所有的项都能使不等式 $|x_n-1|<\dfrac{1}{10\,000}$ 成立.

一般地,无论给定的正数 ε 多么小,要使 $|x_n-1|=\dfrac{1}{n}<\varepsilon$,只要 $n>\dfrac{1}{\varepsilon}$ 即可.如果取正整数 $N\geqslant\dfrac{1}{\varepsilon}$,则当 $n>N$ 时,不等式 $|x_n-1|=\dfrac{1}{n}<\varepsilon$ 都成立.

定义 1′　设 $\{x_n\}$ 是一个数列.如果存在常数 A,对于任意给定的正数 ε(不论它多么小),总存在正整数 N,使得对于 $n>N$ 的一切 x_n,都有不等式 $|x_n-A|<\varepsilon$ 成立,则称常数 A 为数列 $\{x_n\}$ 当 $n\to\infty$ 时的**极限**,或称数列 $\{x_n\}$ 当 $n\to\infty$ 时**收敛于** A,记作

$$\lim_{n\to\infty}x_n=A \quad 或 \quad x_n\to A \ (n\to\infty).$$

下面给出数列极限的几何意义.

将数列 $\{x_n\}$ 中的每一项 $x_1,x_2,\cdots$ 都用数轴上的对应点来表示.若数列 $\{x_n\}$ 的极限为 A,则对于任意给定的正数 ε,总存在正整数 N,使得数列从第 $N+1$ 项开始,后面所有的项 x_n 均满足不等式 $|x_n-A|<\varepsilon$,即 $A-\varepsilon<x_n<A+\varepsilon$,所以数列在数轴上的对应点中有无穷多个点 $x_{N+1},x_{N+2},\cdots$ 都落在开区间 $(A-\varepsilon,A+\varepsilon)$ 内,而在开区间以外,至多只有有限个点 $x_1,x_2,\cdots,x_N$(见图 1-12).

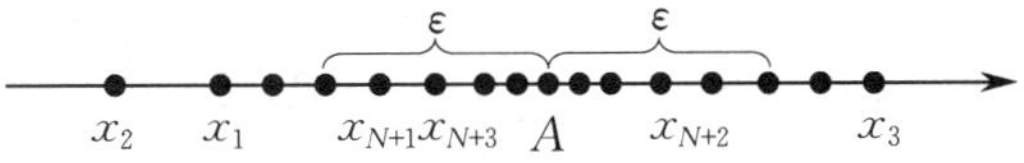

图 1-12

下面举一个用定义证明数列极限的例子.

例 1

证明:$\lim\limits_{n\to\infty}\dfrac{2n+3}{n}=2$.

证　对于任意给定的正数 ε,要使 $|x_n-2|=\left|\dfrac{2n+3}{n}-2\right|=\dfrac{3}{n}<\varepsilon$,只要 $n>\dfrac{3}{\varepsilon}$ 即可.因

此,可取正整数 $N \geqslant \dfrac{3}{\varepsilon}$,则当 $n > N$ 时,总有 $\left| \dfrac{2n+3}{n} - 2 \right| < \varepsilon$,即

$$\lim_{n \to \infty} \frac{2n+3}{n} = 2.$$

定理 1　若数列 $\{x_n\}$ 收敛,则 $\{x_n\}$ 必有界.

证　因为数列 $\{x_n\}$ 收敛,可设 $\lim\limits_{n \to \infty} x_n = a$,则对于任意给定的 $\varepsilon > 0$,存在正整数 N,当 $n > N$ 时,有 $|x_n - a| < \varepsilon$,即 $a - \varepsilon < x_n < a + \varepsilon$. 取

$$M = \max\{|x_1|, |x_2|, \cdots, |x_N|, |a - \varepsilon|, |a + \varepsilon|\},$$

则对于一切 x_n,有

$$|x_n| \leqslant M,$$

从而数列 $\{x_n\}$ 有界.

推论 1　无界数列必发散.

定理 2　单调有界数列必有极限.

该定理的证明涉及较多的基础知识,在此略去证明.

二、函数的极限

1. $x \to \infty$ 时函数 $f(x)$ 的极限

先看一个例子:当 $|x|$ 无限增大(或称 x 趋于无穷大,记作 $x \to \infty$)时,考察函数 $f(x) = \dfrac{2x+3}{x}$ 的变化趋势. 我们可以看出,当 $x \to \infty$ 时,对应的函数值 $f(x) = \dfrac{2x+3}{x} = 2 + \dfrac{3}{x}$ 无限接近于常数 2,称常数 2 为函数 $f(x) = \dfrac{2x+3}{x}$ 当 $x \to \infty$ 时的极限.

对一般函数 $y = f(x)$ 而言,自变量无限增大时,函数值无限接近于一个常数的情形与数列的极限类似,与数列极限不同的是,函数自变量的变化可以是连续的.

定义 2　设函数 $f(x)$ 当 $|x|$ 大于某一正数时有定义,A 为一常数. 如果对于任意给定的正数 ε(不论它多么小),总存在正数 X,使得对于 $|x| > X$ 的一切 x,都有不等式 $|f(x) - A| < \varepsilon$ 成立,则称常数 A 为函数 $f(x)$ 当 $x \to \infty$ 时的**极限**,记作

$$\lim_{x \to \infty} f(x) = A \quad \text{或} \quad f(x) \to A \ (x \to \infty).$$

下面给出 $\lim\limits_{x \to \infty} f(x) = A$ 的几何意义.

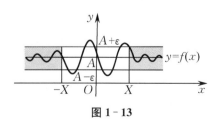

图 1-13

对于任意给定的正数 ε,存在正数 X,当点 $(x, f(x))$ 的横坐标 x 落入区间 $(-\infty, -X)$ 及 $(X, +\infty)$ 以内时,纵坐标 $f(x)$ 的值必定落入区间 $(A - \varepsilon, A + \varepsilon)$ 之内. 此时,函数 $y = f(x)$ 的图形必然介于两条平行直线 $y = A - \varepsilon$ 与 $y = A + \varepsilon$ 之间(见图 1-13).

例 2

证明：$\lim\limits_{x\to\infty}\dfrac{2x^2+6}{x^2}=2$.

证　对于任意给定的正数 ε，要使 $\left|\dfrac{2x^2+6}{x^2}-2\right|=\dfrac{6}{|x|^2}<\varepsilon$，只要 $|x|^2>\dfrac{6}{\varepsilon}$，即 $|x|>\sqrt{\dfrac{6}{\varepsilon}}$ 即可. 因此，可取 $X=\sqrt{\dfrac{6}{\varepsilon}}$，则当 $|x|>X$ 时，都有 $\left|\dfrac{2x^2+6}{x^2}-2\right|<\varepsilon$，即

$$\lim_{x\to\infty}\frac{2x^2+6}{x^2}=2.$$

类似地，可以给出当 $x\to+\infty$ 和 $x\to-\infty$ 时，函数 $f(x)$ 以 A 为极限的定义，此时只要将定义 2 中的 $|x|>X$ 分别改为 $x>X$ 与 $x<-X$ 即可.

极限 $\lim\limits_{x\to+\infty}f(x)=A$ 与 $\lim\limits_{x\to-\infty}f(x)=A$ 称为**单侧极限**.

定理 3　$\lim\limits_{x\to\infty}f(x)=A$ 的充要条件是

$$\lim_{x\to+\infty}f(x)=\lim_{x\to-\infty}f(x)=A.$$

证明留给读者自己完成.

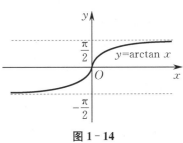

图 1 - 14

例如，$\lim\limits_{x\to+\infty}\arctan x=\dfrac{\pi}{2}$，$\lim\limits_{x\to-\infty}\arctan x=-\dfrac{\pi}{2}$，由上述定理知 $\lim\limits_{x\to\infty}\arctan x$ 不存在（见图 1 - 14）.

2. $x\to x_0$ 时函数 $f(x)$ 的极限

现在讨论当 $x\to x_0$ 时函数 $f(x)$ 的极限问题. 考察当 $x\to1$ 时，函数 $f(x)=\dfrac{2x^2-2}{x-1}$ 的变

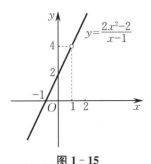

图 1 - 15

化趋势. 注意到当 $x\neq1$ 时，函数 $f(x)=\dfrac{2x^2-2}{x-1}=2(x+1)$，因此当 $x\to1$ 时，$f(x)$ 的值无限接近于常数 4（见图 1-15）. 我们称常数 4 为函数 $f(x)=\dfrac{2x^2-2}{x-1}$ 当 $x\to1$ 时的极限.

下面我们给出当 $x\to1$ 时函数 $f(x)$ 以 4 为极限的分析定义.

要能使 $|f(x)-4|$ 任意小，准确地说，对于任意给定的正数 ε，要使 $|f(x)-4|=\left|\dfrac{2x^2-2}{x-1}-4\right|=2|x-1|<\varepsilon$，只要取 $\delta=\dfrac{\varepsilon}{2}$.

于是，对于满足不等式 $0<|x-1|<\delta$ 的一切 x，总有不等式 $|f(x)-4|<\varepsilon$ 成立.

例如，对于 $\varepsilon=0.02$，存在 $\delta=\dfrac{\varepsilon}{2}=0.01$，当 $0<|x-1|<\delta$ 时，能使 $\left|\dfrac{2x^2-2}{x-1}-4\right|<0.02$.

对于 $\varepsilon=0.002$，存在 $\delta=\dfrac{\varepsilon}{2}=0.001$，当 $0<|x-1|<\delta$ 时，能使 $\left|\dfrac{2x^2-2}{x-1}-4\right|<0.002$ 成立. 这就是当 $x\to1$ 时，函数 $f(x)=\dfrac{2x^2-2}{x-1}$ 的极限为 4 的分析定义.

定义 3　设函数 $f(x)$ 在点 x_0 的某一去心邻域内有定义. 如果存在常数 A，对于任意给定的正数 ε（不论它多么少），总存在正数 δ，使得当 $0<|x-x_0|<\delta$ 时，都有不等式

$|f(x)-A|<\varepsilon$ 成立,则称常数 A 为函数 $f(x)$ 当 $x \to x_0$ 时的**极限**,记作

$$\lim_{x \to x_0} f(x) = A \quad \text{或} \quad f(x) \to A \quad (x \to x_0).$$

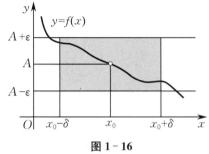

图 1 - 16

上述定义称为函数极限的"ε-δ"语言.定义中 $0<|x-x_0|<\delta$ 表示 x 属于点 x_0 的去心 δ 邻域.因此,当 $x \to x_0$ 时,函数 $f(x)$ 的极限与 $f(x)$ 在点 x_0 处是否有定义无关.

下面给出 $\lim\limits_{x \to x_0} f(x) = A$ 的几何意义.

对于任意给定的正数 ε,存在正数 δ,当点 $(x, f(x))$ 的横坐标落入点 x_0 的去心邻域 $(x_0-\delta, x_0) \bigcup (x_0, x_0+\delta)$ 之内时,纵坐标 $f(x)$ 的值必定落入区间 $(A-\varepsilon, A+\varepsilon)$ 之内.此时,函数 $y=f(x)$ 的图形必然介于两条平行直线 $y=A-\varepsilon$ 与 $y=A+\varepsilon$ 之间(见图 1 - 16).

3. 左极限与右极限

在定义 3 中,$x \to x_0$ 是指 x 从点 x_0 的左右两侧趋于点 x_0,但是有时需要考虑 x 仅从点 x_0 的一侧趋于 x_0 时函数的变化趋势.

如果当 x 从点 x_0 的左侧趋于点 x_0(记作 $x \to x_0^-$)时,对应的函数值 $f(x)$ 无限接近于一个常数 A,则称 A 为函数 $f(x)$ 当 $x \to x_0$ 时的**左极限**,记作

$$\lim_{x \to x_0^-} f(x) = A \quad \text{或} \quad f(x_0-0) = A.$$

如果当 x 从点 x_0 的右侧趋于点 x_0(记作 $x \to x_0^+$)时,对应的函数值 $f(x)$ 无限接近于一个常数 A,则称 A 为函数 $f(x)$ 当 $x \to x_0$ 时的**右极限**,记作

$$\lim_{x \to x_0^+} f(x) = A \quad \text{或} \quad f(x_0+0) = A.$$

可以证明,$\lim\limits_{x \to x_0} f(x) = A$ 的充要条件为

$$\lim_{x \to x_0^-} f(x) = \lim_{x \to x_0^+} f(x) = A.$$

例 3

设函数 $f(x) = \begin{cases} x, & x \geqslant 0, \\ -x+1, & x < 0, \end{cases}$ 讨论当 $x \to 0$ 时,$f(x)$ 的极限是否存在.

解 $x=0$ 是所给函数定义域中两个区间的分界点,且

$$\lim_{x \to 0^-} f(x) = \lim_{x \to 0^-} (-x+1) = 1,$$

$$\lim_{x \to 0^+} f(x) = \lim_{x \to 0^+} x = 0,$$

即有

$$\lim_{x \to 0^-} f(x) \neq \lim_{x \to 0^+} f(x),$$

所以 $\lim\limits_{x \to 0} f(x)$ 不存在(见图 1 - 17).

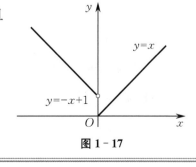

图 1 - 17

4. 极限的性质

函数的极限具有以下几个性质.下面我们以 $x \to x_0$ 时的函数极限为例给出结论.

定理 4（唯一性） 若 $\lim\limits_{x \to x_0} f(x)$ 存在，则其极限是唯一的.

定理 5（局部保号性） 若 $\lim\limits_{x \to x_0} f(x) = A$，且 $A > 0$（或 $A < 0$），则存在点 x_0 的某一去心邻域，当 x 在该邻域内时，有 $f(x) > 0$［或 $f(x) < 0$］.

证 设 $A > 0$，因为 $\lim\limits_{x \to x_0} f(x) = A$，所以对于给定的正数 $\varepsilon = \dfrac{A}{2}$，总存在正数 δ，当 $0 < |x - x_0| < \delta$ 时，不等式 $|f(x) - A| < \varepsilon$ 成立，即

$$A - \varepsilon < f(x) < A + \varepsilon.$$

因为 $A - \varepsilon = \dfrac{A}{2} > 0$，所以 $f(x) > 0$.

同理可证 $A < 0$ 的情形.

定理 6 如果在点 x_0 的某一去心邻域内 $f(x) \geqslant 0$［或 $f(x) \leqslant 0$］，且 $\lim\limits_{x \to x_0} f(x) = A$，则 $A \geqslant 0$（或 $A \leqslant 0$）.

证 用反证法.

设 $f(x) \geqslant 0$，假设定理的结论不成立，即设 $A < 0$. 因为 $\lim\limits_{x \to x_0} f(x) = A$，由定理 5 知，存在点 x_0 的某一去心邻域，对该邻域内的任意 x，都有 $f(x) < 0$，这与 $f(x) \geqslant 0$ 的假设矛盾，所以 $A \geqslant 0$.

同理可证当 $f(x) \leqslant 0$ 时，也有 $A \leqslant 0$.

定理 7（夹逼定理） 如果对于点 x_0 的某一去心邻域内的一切 x，都有 $g(x) \leqslant f(x) \leqslant h(x)$，且 $\lim\limits_{x \to x_0} g(x) = A$，$\lim\limits_{x \to x_0} h(x) = A$，则 $\lim\limits_{x \to x_0} f(x) = A$.

证 因为 $\lim\limits_{x \to x_0} g(x) = A$，$\lim\limits_{x \to x_0} h(x) = A$，所以对于任意给定的正数 ε，总存在正数 δ_1，当 $0 < |x - x_0| < \delta_1$ 时，有 $|g(x) - A| < \varepsilon$ 成立；同时存在正数 δ_2，当 $0 < |x - x_0| < \delta_2$ 时，有 $|h(x) - A| < \varepsilon$.

现在取 $\delta = \min\{\delta_1, \delta_2\}$，则当 $0 < |x - x_0| < \delta$ 时，有 $|g(x) - A| < \varepsilon$ 和 $|h(x) - A| < \varepsilon$ 同时成立，即

$$A - \varepsilon < g(x) < A + \varepsilon \quad \text{且} \quad A - \varepsilon < h(x) < A + \varepsilon.$$

所以，当 $0 < |x - x_0| < \delta$ 时，有 $A - \varepsilon < g(x) \leqslant f(x) \leqslant h(x) < A + \varepsilon$，从而 $|f(x) - A| < \varepsilon$ 成立，故

$$\lim\limits_{x \to x_0} f(x) = A.$$

三、无穷小与无穷大

1. 无穷小

对于无穷小的认识问题，可以远溯到古希腊，当时阿基米德（Archimedes）就曾用无限小量方法得到许多重要的数学结果，但他认为无限小量方法存在着不合理的地方. 直到 1821 年，柯西（Cauchy）在他的《分析教程》中才对无限小（即本节所讲的无穷小）这一概念给出了明确的回答，而有关无穷小的理论就是在柯西的理论基础上发展起来的.

定义 4 如果当 $x \to x_0$（或 $x \to \infty$）时,函数 $f(x)$ 的极限为 0,则称 $f(x)$ 为 $x \to x_0$（或 $x \to \infty$）时的**无穷小**,记作

$$\lim_{x \to x_0} f(x) = 0 \quad \left[\text{或} \lim_{x \to \infty} f(x) = 0 \right].$$

例如,$\lim\limits_{x \to 0} \sin x = 0$,函数 $\sin x$ 是 $x \to 0$ 时的无穷小;又如,$\lim\limits_{x \to \infty} \dfrac{1}{x} = 0$,函数 $\dfrac{1}{x}$ 是 $x \to \infty$ 时的无穷小.

无穷小具有下面的性质.这里仍然以 $x \to x_0$ 为例给出有关结论.

性质 1 有限个无穷小的代数和仍为无穷小.

证 只证两个无穷小的和的情形即可.

设函数 $\alpha(x)$ 及 $\beta(x)$ 都是 $x \to x_0$ 时的无穷小,即 $\lim\limits_{x \to x_0} \alpha(x) = 0$,$\lim\limits_{x \to x_0} \beta(x) = 0$.对于任意给定的 $\varepsilon > 0$,存在 $\delta_1 > 0$,当 $0 < |x - x_0| < \delta_1$ 时,$|\alpha(x)| < \dfrac{\varepsilon}{2}$;存在 $\delta_2 > 0$,当 $0 < |x - x_0| < \delta_2$ 时,$|\beta(x)| < \dfrac{\varepsilon}{2}$.取 $\delta = \min\{\delta_1, \delta_2\}$,于是当 $0 < |x - x_0| < \delta$ 时,$|\alpha(x) + \beta(x)| \leqslant |\alpha(x)| + |\beta(x)| < \dfrac{\varepsilon}{2} + \dfrac{\varepsilon}{2} = \varepsilon$,即当 $x \to x_0$ 时,$\alpha(x) + \beta(x)$ 仍是一个无穷小.

性质 2 有界函数与无穷小的乘积是一个无穷小.

证 设 $f(x)$ 为有界函数,则当 $0 < |x - x_0| < \delta_1$ 时,$|f(x)| \leqslant M$.设 $\alpha(x)$ 为 $x \to x_0$ 时的无穷小,即 $\lim\limits_{x \to x_0} \alpha(x) = 0$,则对于任意给定的正数 ε,存在正数 δ_2,当 $0 < |x - x_0| < \delta_2$ 时,都有 $|\alpha(x)| < \dfrac{\varepsilon}{M}$ 成立.取 $\delta = \min\{\delta_1, \delta_2\}$,则当 $0 < |x - x_0| < \delta$ 时,有

$$|f(x)\alpha(x)| = |f(x)| \cdot |\alpha(x)| < M \cdot \dfrac{\varepsilon}{M} = \varepsilon.$$

故

$$\lim_{x \to x_0} [f(x)\alpha(x)] = 0,$$

即 $f(x)\alpha(x)$ 是 $x \to x_0$ 时的无穷小.

例如,$\lim\limits_{x \to \infty} \dfrac{1}{x} = 0$,且 $|\sin x| \leqslant 1$（$\sin x$ 为有界函数）,根据性质 2 有

$$\lim_{x \to \infty} \dfrac{\sin x}{x} = 0.$$

由性质 2 可以推出下面的结论.

推论 2 常数与无穷小的乘积为无穷小.

推论 3 有限个无穷小的乘积为无穷小.

定理 8 $\lim\limits_{x \to x_0} f(x) = A$ **的充要条件是** $f(x) = A + \alpha(x)$,**其中** $\alpha(x)$ **为** $x \to x_0$ **时的无穷小.**

证 必要性 设 $\lim\limits_{x \to x_0} f(x) = A$,对于任意给定的正数 ε,存在正数 δ,当 $0 < |x - x_0| < \delta$ 时,恒有 $|f(x) - A| < \varepsilon$.令 $\alpha(x) = f(x) - A$,则 $\alpha(x)$ 是 $x \to x_0$ 时的无穷小,且 $f(x) = A + \alpha(x)$.

充分性 设 $f(x) = A + \alpha(x)$,其中 A 为常数,$\alpha(x)$ 是 $x \to x_0$ 时的无穷小,于是有 $|f(x) - A| = |\alpha(x)|$.因为 $\alpha(x)$ 是 $x \to x_0$ 时的无穷小,所以对于任意给定的正数 ε,存在正

数 δ，当 $0 < |x - x_0| < \delta$ 时，恒有 $|\alpha(x)| < \varepsilon$，即 $|f(x) - A| < \varepsilon$，从而 $\lim\limits_{x \to x_0} f(x) = A$.

例如，前面已经讲过 $\lim\limits_{x \to \infty} \dfrac{2x+3}{x} = 2$，可以得到 $\dfrac{2x+3}{x} = 2 + \dfrac{3}{x}$，即 $\alpha(x) = \dfrac{3}{x}$，且 $\dfrac{3}{x}$ 为 $x \to \infty$ 时的无穷小.

又如，$f(x) = \dfrac{3x^2 - 3}{x - 1} = 6 + \dfrac{3(x-1)^2}{x-1}$，且 $\lim\limits_{x \to 1} \dfrac{3(x-1)^2}{x-1} = 0$，根据上述定理，有

$$\lim\limits_{x \to 1} f(x) = \lim\limits_{x \to 1} \dfrac{3x^2 - 3}{x - 1} = 6.$$

2. 无穷大

定义 5　如果当 $x \to x_0$（或 $x \to \infty$）时，$|f(x)|$ 无限增大，则称函数 $f(x)$ 为 $x \to x_0$（或 $x \to \infty$）时的**无穷大**，记作

$$\lim\limits_{x \to x_0} f(x) = \infty \quad [\text{或} \lim\limits_{x \to \infty} f(x) = \infty].$$

例如，如图 1-18 所示，函数 $f(x) = \dfrac{1}{x-1}$，当 $x \to 1$ 时，$\left| \dfrac{1}{x-1} \right| = \dfrac{1}{|x-1|}$ 无限增大，因此

$$\lim\limits_{x \to 1} \dfrac{1}{x-1} = \infty.$$

又如，$\lim\limits_{x \to +\infty} e^x = +\infty$，$\lim\limits_{x \to 0^+} \ln x = -\infty$，即 e^x 为 $x \to +\infty$ 时的无穷大，$\ln x$ 为 $x \to 0^+$ 时的无穷大.

在同一变化过程中，无穷小与无穷大之间有如下关系.

定理 9　如果 $\lim\limits_{\substack{x \to x_0 \\ (x \to \infty)}} f(x) = \infty$，则 $\lim\limits_{\substack{x \to x_0 \\ (x \to \infty)}} \dfrac{1}{f(x)} = 0$；反之，如

果 $\lim\limits_{\substack{x \to x_0 \\ (x \to \infty)}} f(x) = 0$，且 $f(x) \neq 0$，则 $\lim\limits_{\substack{x \to x_0 \\ (x \to \infty)}} \dfrac{1}{f(x)} = \infty$.

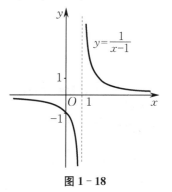

图 1-18

定理 9 表明，无穷小与无穷大类似于倒数关系. 例如，因为 $\lim\limits_{x \to 1} (\sqrt{x} - 1) = 0$，所以

$\lim\limits_{x \to 1} \dfrac{1}{\sqrt{x} - 1} = \infty$.

思　考　题　1-2

1. 在 $\lim\limits_{x \to x_0} f(x) = A$ 的定义 3 中，为何只要求 $f(x)$ 在点 x_0 的某一去心邻域内有定义？

2. 若 $\lim\limits_{x \to x_0} f(x) = A$，且 $f(x) - A = \alpha$，则当 $x \to x_0$ 时，α 是什么量？

习　题　1-2

1. 设函数 $f(x) = \begin{cases} x^2 + 1, & x < 0, \\ x, & x \geq 0. \end{cases}$

(1) 作出 $f(x)$ 的图形；

(2) 求 $\lim\limits_{x \to 0^+} f(x)$ 与 $\lim\limits_{x \to 0^-} f(x)$；

(3) 判别 $\lim\limits_{x \to 0} f(x)$ 是否存在.

2. 设函数 $f(x) = \dfrac{x}{x}$, $\varphi(x) = \dfrac{|x|}{x}$, 当 $x \to 0$ 时, 分别求 $f(x)$ 与 $\varphi(x)$ 的左、右极限, 并判断 $\lim\limits_{x \to 0} f(x)$ 与 $\lim\limits_{x \to 0} \varphi(x)$ 是否存在.

3. 求下列函数的极限:

(1) $\lim\limits_{x \to 0} x^2 \sin \dfrac{1}{x}$;

(2) $\lim\limits_{x \to \infty} \dfrac{\arctan x}{x}$;

(3) $\lim\limits_{x \to \infty} \dfrac{\cos x^2}{x}$.

4. 下列函数在什么情况下为无穷小? 在什么情况下为无穷大?

(1) $f(x) = \dfrac{x+2}{x-1}$;

(2) $f(x) = \lg x$;

(3) $f(x) = \dfrac{x+2}{x^2}$.

第三节　极限的运算

本节主要介绍极限的运算法则和两个重要极限, 以及如何计算函数的极限. 下面以 $x \to x_0$ 为例给出结论.

一、极限的运算法则

定理 1 (极限的四则运算法则) 设 $\lim\limits_{x \to x_0} f(x) = A$, $\lim\limits_{x \to x_0} g(x) = B$, 则

(1) $\lim\limits_{x \to x_0} \left[f(x) \pm g(x) \right] = \lim\limits_{x \to x_0} f(x) \pm \lim\limits_{x \to x_0} g(x) = A \pm B$.

(2) $\lim\limits_{x \to x_0} \left[f(x) g(x) \right] = \lim\limits_{x \to x_0} f(x) \cdot \lim\limits_{x \to x_0} g(x) = AB$.

特别地, 有 $\lim\limits_{x \to x_0} C f(x) = C \lim\limits_{x \to x_0} f(x) = CA$, $\lim\limits_{x \to x_0} \left[f(x) \right]^n = \left[\lim\limits_{x \to x_0} f(x) \right]^n = A^n$.

(3) $\lim\limits_{x \to x_0} \dfrac{f(x)}{g(x)} = \dfrac{\lim\limits_{x \to x_0} f(x)}{\lim\limits_{x \to x_0} g(x)} = \dfrac{A}{B}$ $(B \neq 0)$.

证 仅对定理中的 (2) 加以证明. 因为

$$\lim\limits_{x \to x_0} f(x) = A, \quad \lim\limits_{x \to x_0} g(x) = B,$$

所以由无穷小与函数极限的关系有

$$f(x) = A + \alpha(x), \quad g(x) = B + \beta(x),$$

其中 $\lim\limits_{x \to x_0} \alpha(x) = 0$, $\lim\limits_{x \to x_0} \beta(x) = 0$.

由于

$$\begin{aligned} f(x) g(x) &= [A + \alpha(x)][B + \beta(x)] \\ &= AB + A\beta(x) + B\alpha(x) + \alpha(x)\beta(x), \end{aligned}$$

由无穷小的性质知

$$\lim\limits_{x \to x_0} [A\beta(x) + B\alpha(x) + \alpha(x)\beta(x)] = 0,$$

再由无穷小与函数极限的关系得

$$\lim_{x\to x_0}[f(x)g(x)] = AB.$$

上述定理中当自变量 x 以其他方式变化时,如 $x\to x_0^+$,$x\to\infty$ 等,定理的结论仍然成立.

例 1

求 $\lim\limits_{x\to 2}(4x^3 - x^2 + 3)$.

解 $\lim\limits_{x\to 2}(4x^3 - x^2 + 3) = \lim\limits_{x\to 2}4x^3 - \lim\limits_{x\to 2}x^2 + \lim\limits_{x\to 2}3 = 4\left(\lim\limits_{x\to 2}x\right)^3 - \left(\lim\limits_{x\to 2}x\right)^2 + 3$

$$= 4\times 2^3 - 2^2 + 3 = 31.$$

一般地,设多项式

$$P(x) = a_n x^n + a_{n-1}x^{n-1} + \cdots + a_1 x + a_0,$$

则有

$$\lim_{x\to x_0}P(x) = a_n x_0^n + a_{n-1}x_0^{n-1} + \cdots + a_1 x_0 + a_0,$$

即

$$\lim_{x\to x_0}P(x) = P(x_0).$$

例 2

求 $\lim\limits_{x\to 2}\dfrac{2x+1}{x^2-3}$.

解 因为分母的极限不等于 0,所以有

$$\lim_{x\to 2}\frac{2x+1}{x^2-3} = \frac{\lim\limits_{x\to 2}(2x+1)}{\lim\limits_{x\to 2}(x^2-3)} = \frac{5}{1} = 5.$$

例 3

求 $\lim\limits_{x\to 3}\dfrac{x+4}{x^2-9}$.

解 因为分母的极限为 0,所以不能用商的极限运算法则. 但是 $\lim\limits_{x\to 3}(x+4) = 7 \neq 0$,即可先求出

$$\lim_{x\to 3}\frac{x^2-9}{x+4} = \frac{\lim\limits_{x\to 3}(x^2-9)}{\lim\limits_{x\to 3}(x+4)} = \frac{0}{7} = 0,$$

再由无穷小与无穷大的关系,得到

$$\lim_{x\to 3}\frac{x+4}{x^2-9} = \infty.$$

例 4

求 $\lim\limits_{x\to 2}\dfrac{x-2}{x^2-4}$.

解 当 $x\to 2$ 时,分子、分母的极限都为 0,所以不能用商的极限运算法则. 但是当 $x\to 2$ 时,$x\neq 2$,因此在分式中可以约去不为 0 的公因子 $x-2$,得

$$\frac{x-2}{x^2-4} = \frac{x-2}{(x-2)(x+2)} = \frac{1}{x+2} \quad (x\neq 2),$$

从而

$$\lim_{x \to 2} \frac{x-2}{x^2-4} = \lim_{x \to 2} \frac{1}{x+2} = \frac{1}{4}.$$

例 5

求 $\lim\limits_{x \to \infty} \dfrac{3x^2 + x + 1}{2x^2 - x + 1}$.

解 当 $x \to \infty$ 时,其分子、分母均为无穷大,所以不能用商的极限运算法则. 但是可以先将分子与分母同时除以 x^2,再求其极限,得

$$\lim_{x \to \infty} \frac{3x^2 + x + 1}{2x^2 - x + 1} = \lim_{x \to \infty} \frac{3 + \dfrac{1}{x} + \dfrac{1}{x^2}}{2 - \dfrac{1}{x} + \dfrac{1}{x^2}} = \frac{\lim\limits_{x \to \infty} \left(3 + \dfrac{1}{x} + \dfrac{1}{x^2}\right)}{\lim\limits_{x \to \infty} \left(2 - \dfrac{1}{x} + \dfrac{1}{x^2}\right)} = \frac{3}{2}.$$

例 6

求 $\lim\limits_{x \to \infty} \dfrac{x+4}{x^2-9}$.

解 当 $x \to \infty$ 时,分子、分母均为无穷大,可以把分子与分母同时除以分母中自变量的最高次幂,即得

$$\lim_{x \to \infty} \frac{x+4}{x^2-9} = \lim_{x \to \infty} \frac{\dfrac{1}{x} + \dfrac{4}{x^2}}{1 - \dfrac{9}{x^2}} = 0.$$

一般地,设 $a_0 \neq 0, b_0 \neq 0, m, n$ 为正整数,则

$$\lim_{x \to \infty} \frac{a_0 x^n + a_1 x^{n-1} + \cdots + a_n}{b_0 x^m + b_1 x^{m-1} + \cdots + b_m} = \begin{cases} \dfrac{a_0}{b_0}, & m = n, \\ 0, & m > n, \\ \infty, & m < n. \end{cases}$$

例 7

求 $\lim\limits_{x \to 1} \left(\dfrac{1}{1-x} - \dfrac{3}{1-x^3} \right)$.

解 当 $x \to 1$ 时,上式的两项均为无穷大,因此不能用差的极限运算法则. 但是可以先通分,再求极限,即

$$\lim_{x \to 1} \left(\frac{1}{1-x} - \frac{3}{1-x^3} \right) = \lim_{x \to 1} \frac{1 + x + x^2 - 3}{1 - x^3} = \lim_{x \to 1} \frac{(x-1)(x+2)}{(1-x)(1+x+x^2)}$$

$$= \lim_{x \to 1} \frac{-(x+2)}{1+x+x^2} = -1.$$

例 8

求 $\lim\limits_{n \to \infty} \left(\dfrac{1}{n^2} + \dfrac{2}{n^2} + \cdots + \dfrac{n}{n^2} \right)$.

解 因为有无穷多项,所以不能用和的极限运算法则. 但可以经过变形再求其极限,即

$$\lim_{n \to \infty} \left(\frac{1}{n^2} + \frac{2}{n^2} + \cdots + \frac{n}{n^2} \right) = \lim_{n \to \infty} \frac{1 + 2 + \cdots + n}{n^2} = \lim_{n \to \infty} \frac{\dfrac{1}{2}n(n+1)}{n^2}$$

$$= \frac{1}{2} \lim_{n \to \infty} \left(1 + \frac{1}{n}\right) = \frac{1}{2}.$$

定理 2（复合函数的极限运算法则）　设函数 $y = f[\varphi(x)]$ 是由 $y = f(u), u = \varphi(x)$ 复合而成. 如果 $\lim\limits_{x \to x_0} \varphi(x) = u_0$,且在点 x_0 的某个去心 δ 邻域 $\mathring{U}(x_0, \delta)$ 内,$\varphi(x) \neq u_0$,又 $\lim\limits_{u \to u_0} f(u) = A$,则

$$\lim_{x \to x_0} f[\varphi(x)] = A = \lim_{u \to u_0} f(u).$$

二、两个重要极限

1. $\lim\limits_{x \to 0} \dfrac{\sin x}{x} = 1$（$x$ 取弧度单位）

由于 $\dfrac{\sin x}{x}$ 是偶函数,因此只需讨论 $x \to 0^+$ 的情况.

如图 1-19 所示作单位圆,设 $\angle AOB = x$,假定 $0 < x < \dfrac{\pi}{2}$,点 A 处

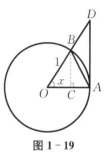

图 1-19

作切线与 OB 的延长线相交于点 D,作 BC 垂直于 OA,则

$$BC = \sin x, \quad \overparen{AB} = x, \quad AD = \tan x.$$

显然有

$$S_{\triangle AOB} < S_{\text{扇形} AOB} < S_{\triangle AOD},$$

即

$$\frac{1}{2} \sin x < \frac{1}{2} x < \frac{1}{2} \tan x,$$

亦即

$$\sin x < x < \tan x,$$

整理得

$$\cos x < \frac{\sin x}{x} < 1.$$

又 $\lim\limits_{x \to 0} \cos x = 1$,故由夹逼定理,得

$$\lim_{x \to 0} \frac{\sin x}{x} = 1.$$

例 9

求 $\lim\limits_{x \to 0} \dfrac{\tan x}{x}$.

解　$\lim\limits_{x \to 0} \dfrac{\tan x}{x} = \lim\limits_{x \to 0} \dfrac{\sin x}{x} \cdot \dfrac{1}{\cos x} = \lim\limits_{x \to 0} \dfrac{\sin x}{x} \cdot \lim\limits_{x \to 0} \dfrac{1}{\cos x} = 1.$

例 10

求 $\lim\limits_{x \to 0} \dfrac{\sin 3x}{x}$.

解　设 $3x = t$,则当 $x \to 0$ 时,$t \to 0$,于是

$$\lim_{x \to 0} \frac{\sin 3x}{x} = \lim_{x \to 0} 3 \cdot \frac{\sin 3x}{3x} = 3 \lim_{t \to 0} \frac{\sin t}{t} = 3 \times 1 = 3.$$

例 11

求 $\lim\limits_{x\to 0}\dfrac{1-\cos x}{x^2}$.

解
$$\lim_{x\to 0}\frac{1-\cos x}{x^2}=\lim_{x\to 0}\frac{2\sin^2\frac{x}{2}}{x^2}=\frac{1}{2}\lim_{x\to 0}\frac{\sin^2\frac{x}{2}}{\left(\frac{x}{2}\right)^2}=\frac{1}{2}\lim_{x\to 0}\left(\frac{\sin\frac{x}{2}}{\frac{x}{2}}\right)^2$$
$$=\frac{1}{2}\left(\lim_{x\to 0}\frac{\sin\frac{x}{2}}{\frac{x}{2}}\right)^2=\frac{1}{2}\times 1^2=\frac{1}{2}.$$

例 12

求 $\lim\limits_{n\to\infty}n\sin\dfrac{\pi}{n}$.

解 当 $n\to\infty$ 时，$\dfrac{\pi}{n}\to 0$，因此
$$\lim_{n\to\infty}n\sin\frac{\pi}{n}=\lim_{n\to\infty}\pi\frac{\sin\frac{\pi}{n}}{\frac{\pi}{n}}=\pi\times 1=\pi.$$

2. $\lim\limits_{x\to\infty}\left(1+\dfrac{1}{x}\right)^x=\mathrm{e}$

首先计算函数 $f(x)=\left(1+\dfrac{1}{x}\right)^x$ 的值，可得表 1-2.

表 1-2

x	1	3	5	10	100	1 000	10 000	100 000	$\cdots$
$\left(1+\frac{1}{x}\right)^x$	2	2.37	2.488	2.594	2.705	2.716 9	2.718 15	2.718 27	$\cdots$

x	-10	-100	$-1\,000$	$-10\,000$	$-100\,000$	$\cdots$
$\left(1+\frac{1}{x}\right)^x$	2.868	2.732	2.719 6	2.718 42	2.718 30	$\cdots$

从表 1-2 可看到，当 $x\to\infty$ 时，函数 $f(x)=\left(1+\dfrac{1}{x}\right)^x$ 的值无限接近于一个常数. 将这个常数记作 e，即 e = 2.718 281 828 459 045 $\cdots$，它是一个无理数.

在自然科学中，以 e 为底的指数函数与对数函数经常被采用，以 e 为底的对数称为**自然对数**，记作 $\ln x$.

例 13

求 $\lim\limits_{x\to\infty}\left(1+\dfrac{3}{x}\right)^x$.

解 $\lim\limits_{x\to\infty}\left(1+\dfrac{3}{x}\right)^x=\lim\limits_{x\to\infty}\left[\left(1+\dfrac{1}{\frac{x}{3}}\right)^{\frac{x}{3}}\right]^3$,

令 $\dfrac{x}{3} = t$,则当 $x \to \infty$ 时,$t \to \infty$,于是

$$\lim_{x \to \infty} \left(1 + \frac{3}{x}\right)^x = \lim_{t \to \infty} \left[\left(1 + \frac{1}{t}\right)^t\right]^3 = e^3.$$

例 14

求 $\displaystyle\lim_{x \to \infty} \left(1 - \frac{1}{x}\right)^{4x+3}$.

解 令 $-x = t$,则当 $x \to \infty$ 时,$t \to \infty$,于是

$$\lim_{x \to \infty} \left(1 - \frac{1}{x}\right)^{4x+3} = \lim_{t \to \infty} \left(1 + \frac{1}{t}\right)^{-4t+3} = \lim_{t \to \infty} \left(1 + \frac{1}{t}\right)^3 \cdot \lim_{t \to \infty} \left[\left(1 + \frac{1}{t}\right)^t\right]^{-4} = e^{-4}.$$

例 15

求证: $\displaystyle\lim_{x \to 0} (1 + x)^{\frac{1}{x}} = e$.

证 令 $\dfrac{1}{x} = u$,则当 $x \to 0$ 时,$u \to \infty$,于是

$$\lim_{x \to 0} (1 + x)^{\frac{1}{x}} = \lim_{u \to \infty} \left(1 + \frac{1}{u}\right)^u = e.$$

在重要极限 $\displaystyle\lim_{x \to \infty} \left(1 + \frac{1}{x}\right)^x = e$ 中,如果将 x 换成正整数 n,则等式仍然成立,即

$$\lim_{n \to \infty} \left(1 + \frac{1}{n}\right)^n = e.$$

例 16

求 $\displaystyle\lim_{x \to 0} (\cos x)^{\cot^2 x}$.

解
$$\lim_{x \to 0} (\cos x)^{\cot^2 x} = \lim_{x \to 0} \left[1 + (\cos x - 1)\right]^{\frac{\cos^2 x}{\sin^2 x}}$$

$$= \lim_{x \to 0} \left[1 + \left(-2\sin^2 \frac{x}{2}\right)\right]^{\frac{1}{-2\sin^2 \frac{x}{2}} \cdot \frac{\cos^2 x}{-2\cos^2 \frac{x}{2}}} = e^{-\frac{1}{2}}.$$

一般地,若 $\displaystyle\lim_{\substack{x \to x_0 \\ (x \to \infty)}} f(x) = A \, (A > 0)$, $\displaystyle\lim_{\substack{x \to x_0 \\ (x \to \infty)}} g(x) = B$,则有

$$\lim_{\substack{x \to x_0 \\ (x \to \infty)}} f(x)^{g(x)} = A^B.$$

三、无穷小的比较

由无穷小的性质知,两个无穷小的和、差、积仍是无穷小,但是两个无穷小的商会出现不同的情况. 例如,当 $x \to 0$ 时,函数 $x^2, 2x, \sin x$ 都是无穷小,但

$$\lim_{x \to 0} \frac{x^2}{2x} = \lim_{x \to 0} \frac{x}{2} = 0,$$

$$\lim_{x \to 0} \frac{2x}{x^2} = \lim_{x \to 0} \frac{2}{x} = \infty,$$

$$\lim_{x \to 0} \frac{\sin x}{2x} = \frac{1}{2} \lim_{x \to 0} \frac{\sin x}{x} = \frac{1}{2}.$$

这说明 $x^2 \to 0$ 的速度比 $2x \to 0$ 的速度"快些",或者反过来说,$2x \to 0$ 的速度比 $x^2 \to 0$ 的速度"慢些",而 $\sin x \to 0$ 的速度与 $2x \to 0$ 的速度"快""慢"差不多.由此可见,无穷小虽然都是以 0 为极限的变量,但是它们趋于 0 的速度不一样,为了反映无穷小趋于 0 的快慢程度,我们引进无穷小的阶的概念.

📍定义 1　设 $\lim\limits_{x \to x_0}\alpha(x) = 0,\lim\limits_{x \to x_0}\beta(x) = 0$,且 $\alpha(x) \neq 0$.

如果 $\lim\limits_{x \to x_0}\dfrac{\beta(x)}{\alpha(x)} = 0$,则称 $\beta(x)$ 是**比 $\alpha(x)$ 高阶的无穷小**,记作 $\beta = o(\alpha)$;

如果 $\lim\limits_{x \to x_0}\dfrac{\beta(x)}{\alpha(x)} = \infty$,则称 $\beta(x)$ 是**比 $\alpha(x)$ 低阶的无穷小**;

如果 $\lim\limits_{x \to x_0}\dfrac{\beta(x)}{\alpha(x)} = C \neq 0$,则称 $\alpha(x)$ 与 $\beta(x)$ 为**同阶无穷小**,记作 $\beta = O(\alpha)$.

特别地,当常数 $C = 1$ 时,称 $\alpha(x)$ 与 $\beta(x)$ 为**等价无穷小**,记作
$$\alpha(x) \sim \beta(x).$$

在上述定义中,当 x 以其他方式变化(如 $x \to \infty, x \to x_0^+$ 等)时,结论仍成立.

例如,因为 $\lim\limits_{x \to 0}\dfrac{x^2}{2x} = 0$,所以 $x^2 = o(2x)(x \to 0)$;

因为 $\lim\limits_{x \to 0}\dfrac{\sin x}{x} = 1$,所以 $\sin x \sim x (x \to 0)$;

因为 $\lim\limits_{x \to 1}\dfrac{x-1}{x^2-1} = \lim\limits_{x \to 1}\dfrac{1}{x+1} = \dfrac{1}{2}$,所以 $(x-1) = O(x^2-1)(x \to 1)$.

可以证明,当 $x \to 0$ 时,有下列等价无穷小:
$$\sin x \sim x, \quad \tan x \sim x, \quad \mathrm{e}^x - 1 \sim x,$$
$$\ln(1+x) \sim x, \quad 1 - \cos x \sim \frac{x^2}{2}, \quad \sqrt[n]{1+x} - 1 \sim \frac{1}{n}x.$$

等价无穷小可以简化某些极限的计算,有下面的定理.

定理 3　设当 $x \to x_0$ 时,$\alpha(x) \sim \alpha'(x), \beta(x) \sim \beta'(x)$,且 $\lim\limits_{x \to x_0}\dfrac{\beta'(x)}{\alpha'(x)}$ 存在(或为 ∞),则

$$\lim_{x \to x_0}\frac{\beta(x)}{\alpha(x)} = \lim_{x \to x_0}\frac{\beta'(x)}{\alpha'(x)}.$$

证　$\lim\limits_{x \to x_0}\dfrac{\beta(x)}{\alpha(x)} = \lim\limits_{x \to x_0}\dfrac{\beta(x)}{\beta'(x)} \cdot \dfrac{\beta'(x)}{\alpha'(x)} \cdot \dfrac{\alpha'(x)}{\alpha(x)} = \lim\limits_{x \to x_0}\dfrac{\beta(x)}{\beta'(x)} \cdot \lim\limits_{x \to x_0}\dfrac{\beta'(x)}{\alpha'(x)} \cdot \lim\limits_{x \to x_0}\dfrac{\alpha'(x)}{\alpha(x)} = \lim\limits_{x \to x_0}\dfrac{\beta'(x)}{\alpha'(x)}.$

定理 3 中,当 x 以其他方式变化(如 $x \to \infty, x \to x_0^+$ 等)时,定理的结论仍成立.

例 17

求 $\lim\limits_{x \to 0}\dfrac{\sin 3x}{\tan 2x}$.

解　当 $x \to 0$ 时,$\sin 3x \sim 3x, \tan 2x \sim 2x$,故
$$\lim_{x \to 0}\frac{\sin 3x}{\tan 2x} = \lim_{x \to 0}\frac{3x}{2x} = \frac{3}{2}.$$

例 18

求 $\lim\limits_{x \to 0}\dfrac{\tan x - \sin x}{x^3}$.

解 $\lim\limits_{x \to 0} \dfrac{\tan x - \sin x}{x^3} = \lim\limits_{x \to 0} \dfrac{x - x}{x^3} = \lim\limits_{x \to 0} \dfrac{0}{x^3} = 0$,这个解法是错误的,正确的解法为

$$\lim_{x \to 0} \frac{\tan x - \sin x}{x^3} = \lim_{x \to 0} \frac{\sin x(1 - \cos x)}{x^3 \cos x} = \lim_{x \to 0} \frac{x \cdot \frac{1}{2}x^2}{x^3 \cos x}$$

$$= \lim_{x \to 0} \frac{1}{2\cos x} = \frac{1}{2}.$$

思 考 题 1-3

1. 下列运算正确吗? 为什么?

(1) $\lim\limits_{x \to 0} \sin x \cos \dfrac{1}{x} = \lim\limits_{x \to 0} \sin x \cdot \lim\limits_{x \to 0} \cos \dfrac{1}{x} = 0 \cdot \lim\limits_{x \to 0} \cos \dfrac{1}{x} = 0$;

(2) $\lim\limits_{x \to 2} \dfrac{x^2}{2 - x} = \dfrac{\lim\limits_{x \to 2} x^2}{\lim\limits_{x \to 2}(2 - x)} = \infty$.

2. 两个无穷大的和仍为无穷大吗? 试举例说明.

3. 两个无穷小是否总可以比较其阶?

习 题 1-3

1. 求下列极限:

(1) $\lim\limits_{x \to \infty} \dfrac{(2x - 3)^{20}(3x + 2)^{30}}{(5x + 1)^{50}}$;

(2) $\lim\limits_{n \to \infty} \dfrac{2^{n+1} + 3^{n+1}}{2^n + 3^n}$;

(3) $\lim\limits_{h \to 0} \dfrac{(x + h)^3 - x^3}{h}$;

(4) $\lim\limits_{x \to 1} \left(\dfrac{2}{x^2 - 1} - \dfrac{1}{x - 1} \right)$;

(5) $\lim\limits_{x \to 0^-} \dfrac{|x|}{x} \cdot \dfrac{1}{x + 1}$;

(6) $\lim\limits_{x \to \infty} \left(\dfrac{x^3}{2x^2 - 1} - \dfrac{x^2}{2x + 1} \right)$.

2. 求下列函数的极限:

(1) $\lim\limits_{x \to \pi} \dfrac{\sin x}{\pi - x}$;

(2) $\lim\limits_{x \to 0} \dfrac{\arctan 2x}{\sin 3x}$;

(3) $\lim\limits_{x \to 1} \dfrac{\sin^2(x - 1)}{x^2 - 1}$;

(4) $\lim\limits_{x \to 0^+} \dfrac{x}{\sqrt{1 - \cos x}}$.

3. 求下列函数的极限:

(1) $\lim\limits_{x \to \infty} \left(\dfrac{x}{1 + x} \right)^{x+2}$;

(2) $\lim\limits_{x \to \infty} \left(\dfrac{2x - 1}{2x + 1} \right)^x$;

(3) $\lim\limits_{x \to \infty} (1 + \tan x)^{\cot x}$;

(4) $\lim\limits_{x \to \frac{\pi}{2}} (1 + \cos x)^{3\sec x}$.

4. 利用等价无穷小, 求下列极限:

(1) $\lim\limits_{x \to 0^+} \dfrac{\sin ax}{\sqrt{1 - \cos x}}$;

(2) $\lim\limits_{x \to 0} \dfrac{\cos ax - \cos bx}{x^2}$.

第四节 函数的连续性和间断点

一、函数的连续性

自然界中许多变量都是连续变化的,如气温的变化、作物的生长、放射性物质存量的减少等

等. 其特点是当时间的变化很微小时,这些量的变化也很微小,反映在数学上就是函数的连续性.

设函数 $y = f(x)$ 在点 x_0 的某个邻域内有定义,当自变量从 x_0 变到 x 时,相应的函数值从 $f(x_0)$ 变到 $f(x)$,则称 $x - x_0$ 为**自变量的增量**,记作 $\Delta x = x - x_0$(它可正可负),称 $f(x) - f(x_0)$ 为**函数的增量**,记作 Δy,即

$$\Delta y = f(x) - f(x_0) \quad \text{或} \quad \Delta y = f(x_0 + \Delta x) - f(x_0).$$

在几何上,函数的增量表示当自变量从 x_0 变到 $x_0 + \Delta x$ 时,函数曲线上相应点的纵坐标的增量(见图 1 - 20).

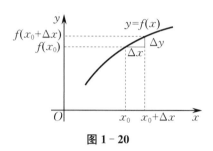

图 1 - 20

例 1

求函数 $y = x^2$ 当 $x_0 = 1, \Delta x = 0.1$ 时的增量.

解 由已知,

$$\begin{aligned}
\Delta y &= f(x_0 + \Delta x) - f(x_0) = f(1 + 0.1) - f(1) \\
&= f(1.1) - f(1) = 1.1^2 - 1^2 = 0.21.
\end{aligned}$$

1. 函数在点 x_0 处的连续性

定义 1 设函数 $y = f(x)$ 在点 x_0 的某个邻域内有定义. 如果

$$\lim_{\Delta x \to 0} \Delta y = \lim_{\Delta x \to 0} [f(x_0 + \Delta x) - f(x_0)] = 0, \qquad (1-1)$$

则称函数 $y = f(x)$ 在点 x_0 处**连续**,x_0 称为函数 $y = f(x)$ 的**连续点**.

上述定义中,设 $x_0 + \Delta x = x$,当 $\Delta x \to 0$ 时,有 $x \to x_0$,而 $\Delta y = f(x_0 + \Delta x) - f(x_0) = f(x) - f(x_0)$,因此(1-1)式也可以写为

$$\lim_{\Delta x \to 0} \Delta y = \lim_{x \to x_0} [f(x) - f(x_0)] = 0,$$

即

$$\lim_{x \to x_0} f(x) = f(x_0).$$

函数 $y = f(x)$ 在点 x_0 处连续的定义又可以叙述如下:

设函数 $y = f(x)$ 在点 x_0 的某个邻域内有定义. 如果

$$\lim_{x \to x_0} f(x) = f(x_0),$$

则称函数 $y = f(x)$ 在点 x_0 处连续.

例 2

证明:函数 $f(x) = x^3 + 1$ 在点 $x = 2$ 处连续.

证 因为

$$\lim_{x \to 2} f(x) = \lim_{x \to 2} (x^3 + 1) = 9 = f(2),$$

所以 $f(x) = x^3 + 1$ 在点 $x = 2$ 处连续.

有时需要考虑函数在点 x_0 一侧的连续性,由此引进左、右连续的概念.如果 $\lim\limits_{x \to x_0^+} f(x) = f(x_0)$,则称函数 $y = f(x)$ 在点 x_0 处**右连续**;如果 $\lim\limits_{x \to x_0^-} f(x) = f(x_0)$,则称函数 $y = f(x)$ 在点 x_0 处**左连续**.

显然,函数 $f(x)$ 在点 x_0 处连续的充要条件是 $f(x)$ 在点 x_0 处左连续且右连续.

2. 函数在区间上的连续性

如果函数 $f(x)$ 在开区间 (a,b) 内每一点都连续,则称函数 $f(x)$ 在**开区间 (a,b) 内连续**.如果函数 $f(x)$ 在开区间 (a,b) 内连续,且在点 $x = a$ 处右连续,在点 $x = b$ 处左连续,则称函数 $f(x)$ 在**闭区间 $[a,b]$ 上连续**.函数 $y = f(x)$ 的连续点的全体所构成的区间称为函数的**连续区间**.在连续区间上,连续函数的图形是一条连绵不断的曲线.

例 3

证明:函数 $y = \sin x$ 在定义域 $(-\infty, +\infty)$ 内是连续函数.

证　对于任意 $x \in (-\infty, +\infty)$,

$$\Delta y = \sin(x + \Delta x) - \sin x = 2\sin\frac{\Delta x}{2}\cos\left(x + \frac{\Delta x}{2}\right).$$

当 $\Delta x \to 0$ 时,有 $\sin\frac{\Delta x}{2} \to 0$, $\cos\left(x + \frac{\Delta x}{2}\right) \leqslant 1$,根据无穷小与有界函数的乘积仍为无穷小这一性质,有

$$\lim\limits_{\Delta x \to 0} \Delta y = 2\lim\limits_{\Delta x \to 0}\sin\frac{\Delta x}{2}\cos\left(x + \frac{\Delta x}{2}\right) = 0.$$

由于 x 为任意点,因此 $y = \sin x$ 在 $(-\infty, +\infty)$ 内连续.

3. 初等函数的连续性

函数的连续性是通过极限来定义的,因此由极限的运算法则和连续性的定义可得下列连续函数的运算法则.

[法则 1(连续函数的四则运算)]　设函数 $f(x)$, $g(x)$ 均在点 x_0 处连续,则 $f(x) \pm g(x)$, $f(x)g(x)$, $\dfrac{f(x)}{g(x)}[g(x_0) \neq 0]$ 都在点 x_0 处连续.

这个法则说明,连续函数的和、差、积、商(分母不为 0)都是连续函数.

[法则 2(复合函数的连续性)]　设函数 $y = f(u)$ 在点 u_0 处连续,又函数 $u = \varphi(x)$ 在点 x_0 处连续,且 $u_0 = \varphi(x_0)$,则复合函数 $y = f[\varphi(x)]$ 在点 x_0 处连续.

这个法则说明,连续函数的复合函数仍为连续函数,并可得到如下结论:

如果 $\lim\limits_{x \to x_0}\varphi(x) = \varphi(x_0)$, $\lim\limits_{u \to u_0} f(u) = f(u_0)$,且 $u_0 = \varphi(x_0)$,则

$$\lim\limits_{x \to x_0} f[\varphi(x)] = f[\varphi(x_0)],$$

即

$$\lim\limits_{x \to x_0} f[\varphi(x)] = f[\lim\limits_{x \to x_0}\varphi(x)].$$

这表示极限符号与复合函数的符号可以交换次序.

法则 3（反函数的连续性） 单调连续函数的反函数在其对应区间上也是单调且连续的.

根据上述法则可得以下定理.

定理 1 初等函数在其定义区间上是连续的.

所谓定义区间是指函数定义域内的区间.

例 4

求 $\lim\limits_{x \to 0} \dfrac{\ln(1+x)}{x}$.

解 $\lim\limits_{x \to 0} \dfrac{\ln(1+x)}{x} = \lim\limits_{x \to 0} \ln(1+x)^{\frac{1}{x}}$,

令 $u = (1+x)^{\frac{1}{x}}$, 当 $x \to 0$ 时, $u \to e$, 而 $y = \ln u$ 在点 $u = e$ 处是连续的, 因此有

$$\lim\limits_{x \to 0} \ln(1+x)^{\frac{1}{x}} = \ln\left[\lim\limits_{x \to 0}(1+x)^{\frac{1}{x}}\right] = \ln e = 1.$$

例 5

求函数 $y = \sqrt{1-x^2}$ 的连续区间, 并求 $\lim\limits_{x \to \frac{1}{2}} \sqrt{1-x^2}$.

解 函数 $y = \sqrt{1-x^2}$ 的定义域为 $[-1,1]$, 所以其连续区间也为 $[-1,1]$. 而 $\dfrac{1}{2} \in [-1,1]$, 因此

$$\lim\limits_{x \to \frac{1}{2}} \sqrt{1-x^2} = \sqrt{1-\left(\frac{1}{2}\right)^2} = \frac{\sqrt{3}}{2}.$$

例 6

求 $\lim\limits_{x \to \infty} \arctan \dfrac{x+1}{x+2}$.

解 令 $u = \dfrac{x+1}{x+2}$, 当 $x \to \infty$ 时, $u \to 1$, 而 $y = \arctan u$ 在点 $u = 1$ 处连续, 故

$$\lim\limits_{x \to \infty} \arctan \frac{x+1}{x+2} = \arctan\left(\lim\limits_{x \to \infty} \frac{x+1}{x+2}\right) = \arctan 1 = \frac{\pi}{4}.$$

二、函数的间断点

如果函数 $f(x)$ 在点 x_0 处不连续, 就称函数 $f(x)$ 在点 x_0 处**间断**, x_0 称为函数 $f(x)$ 的**间断点**或**不连续点**.

由函数 $f(x)$ 在点 x_0 处连续的定义可知, $f(x)$ 在点 x_0 处连续必须同时满足以下三个条件:

(1) $f(x)$ 在点 x_0 处有定义 $(x_0 \in D)$;

(2) $\lim\limits_{x \to x_0} f(x)$ 存在;

(3) $\lim\limits_{x \to x_0} f(x) = f(x_0)$.

如果函数 $f(x)$ 不满足上述三个条件中的任何一个, 那么 x_0 就是函数 $f(x)$ 的一个间断点.

函数的间断点可分为以下几种类型.

(1) 如果函数 $f(x)$ 在点 x_0 处的极限存在,但不等于该点处的函数值,即 $\lim\limits_{x \to x_0} f(x) = A \neq f(x_0)$;或者极限存在,但函数在点 x_0 处没有定义,则称 x_0 为函数 $f(x)$ 的**可去间断点**.

例 7

函数 $f(x) = \dfrac{x^3 - 1}{x - 1}$ 在点 $x = 1$ 处没有定义,所以点 $x = 1$ 是 $f(x)$ 的间断点. 又因为 $\lim\limits_{x \to 1} f(x) = \lim\limits_{x \to 1} \dfrac{x^3 - 1}{x - 1} = \lim\limits_{x \to 1} (x^2 + x + 1) = 3$,所以点 $x = 1$ 是 $f(x)$ 的可去间断点.

例 8

函数 $f(x) = \begin{cases} \dfrac{\sin 3x}{x}, & x \neq 0, \\ 2, & x = 0 \end{cases}$ 在点 $x = 0$ 处有定义,$f(0) = 2$,但由于 $\lim\limits_{x \to 0} f(x) = \lim\limits_{x \to 0} \dfrac{\sin 3x}{x} = 3 \neq f(0)$,因此点 $x = 0$ 为 $f(x)$ 的可去间断点.

由于函数在可去间断点 x_0 处的极限存在,函数在点 x_0 处不连续的原因是它的极限不等于该点处的函数值 $f(x_0)$,或者是 $f(x)$ 在点 x_0 处没有定义,因此我们可以补充或改变函数在点 x_0 处的定义,若令 $f(x_0) = \lim\limits_{x \to x_0} f(x)$,就能使点 x_0 成为连续点. 例如,在例 7 中可以补充定义 $f(1) = 3$,例 8 中可以改变函数在点 $x = 0$ 处的定义,令 $f(0) = 3$,则分别使两例中的函数在点 $x = 1$ 与 $x = 0$ 处连续.

(2) 如果函数 $f(x)$ 在点 x_0 处的左、右极限存在但不相等,则称 x_0 为函数 $f(x)$ 的**跳跃间断点**.

例 9

设函数
$$f(x) = \begin{cases} x + 1, & x < 0, \\ 0, & x = 0, \\ x - 1, & x > 0. \end{cases}$$

因为
$$\lim_{x \to 0^-} f(x) = \lim_{x \to 0^-} (x + 1) = 1,$$
$$\lim_{x \to 0^+} f(x) = \lim_{x \to 0^+} (x - 1) = -1,$$

所以点 $x = 0$ 为 $f(x)$ 的跳跃间断点(见图 1-21).

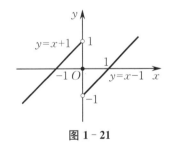

图 1-21

可去间断点与跳跃间断点统称为**第一类间断点**.

(3) 如果函数 $f(x)$ 在点 x_0 处的左、右极限 $f(x_0^-)$ 与 $f(x_0^+)$ 中至少有一个不存在,则称 x_0 为函数 $f(x)$ 的**第二类间断点**.

例 10

函数 $f(x) = \dfrac{1}{x - 1}$ 在点 $x = 1$ 处没有定义,所以点 $x = 1$ 是 $f(x)$ 的间断点. 又因为 $\lim\limits_{x \to 1} f(x) = \infty$,所以点 $x = 1$ 是 $f(x)$ 的第二类间断点.

由于 $\lim\limits_{x \to 1} f(x) = \infty$,又称点 $x = 1$ 为**无穷间断点**.

例 11

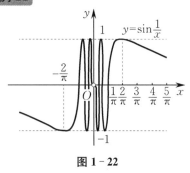

图 1-22

函数 $f(x) = \sin\dfrac{1}{x}$ 在点 $x = 0$ 处没有定义,所以点 $x = 0$ 是 $f(x)$ 的间断点. 当 $x \to 0$ 时,$f(x) = \sin\dfrac{1}{x}$ 的值在 -1 与 1 之间无限次地振荡,因而不能趋于某一定值,$\lim\limits_{x \to 0} \sin\dfrac{1}{x}$ 不存在,于是点 $x = 0$ 是 $f(x)$ 的第二类间断点(见图 1-22). 此时,也称点 $x = 0$ 为**振荡间断点**.

三、闭区间上连续函数的性质

下面介绍闭区间上连续函数的一些重要性质.

定理 2(最大值和最小值定理) 设函数 $f(x)$ 在闭区间 $[a,b]$ 上连续,则在 $[a,b]$ 上至少存在两点 x_1, x_2,使得对于任意 $x \in [a,b]$,都有
$$f(x_1) \leqslant f(x) \leqslant f(x_2),$$
其中 $f(x_2)$ 和 $f(x_1)$ 分别称为函数 $f(x)$ 在闭区间 $[a,b]$ 上的最大值和最小值(见图 1-23).

注 (1) 对于开区间内的连续函数或在闭区间上有间断点的函数,定理的结论不一定成立. 例如,函数 $y = x^2$ 在开区间 $(0,1)$ 内连续,但它在 $(0,1)$ 内不存在最大值和最小值. 又如,函数

$$f(x) = \begin{cases} x+1, & -1 \leqslant x < 0, \\ 0, & x = 0, \\ x-1, & 0 < x \leqslant 1 \end{cases}$$

在闭区间 $[-1,1]$ 上有间断点 $x = 0$,它在闭区间 $[-1,1]$ 上也不存在最大值和最小值(见图 1-24).

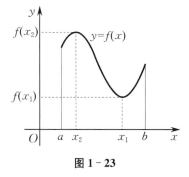

图 1-23

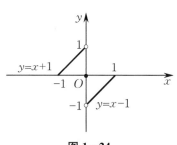

图 1-24

(2) 定理 1 中取得最大值和最小值的点也可能是区间 $[a,b]$ 的端点. 例如,函数 $y = 2x+1$ 在区间 $[-1,2]$ 上连续,其最大值为 $f(2) = 5$,最小值为 $f(-1) = -1$,均在区间 $[-1,2]$ 的端点上取得.

定理 3(介值定理) 设函数 $f(x)$ 在闭区间 $[a,b]$ 上连续,M 和 m 分别是 $f(x)$ 在 $[a,b]$ 上

的最大值和最小值,则对于满足 $m \leqslant \mu \leqslant M$ 的任何实数 μ,至少存在一点 $\xi \in [a,b]$,使得

$$f(\xi) = \mu.$$

定理 3 指出,闭区间 $[a,b]$ 上的连续函数 $f(x)$ 可以取遍最小值 m 与最大值 M 之间的一切数值,这个性质反映了函数连续变化的特征.其几何意义是:闭区间上的连续曲线 $y = f(x)$ 与水平直线 $y = \mu(m \leqslant \mu \leqslant M)$ 至少有一个交点(见图 1-25).

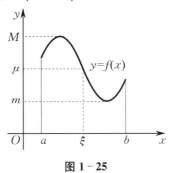

图 1-25

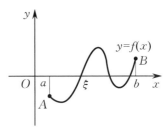

图 1-26

推论 1（**方程实根的存在定理**） 若函数 $f(x)$ 在闭区间 $[a,b]$ 上连续,且 $f(a)f(b) < 0$,则至少存在一点 $\xi \in (a,b)$,使得 $f(\xi) = 0$.

推论 1 的几何意义是:当连续曲线 $y = f(x)$ 的端点 A,B 在 x 轴的两侧时,曲线 $y = f(x)$ 与 x 轴至少有一个交点(见图 1-26).

由推论 1 知,$x = \xi$ 为方程 $f(x) = 0$ 的一个根,且 ξ 位于开区间 (a,b) 内,因此利用推论 1 可以判断方程 $f(x) = 0$ 在某个开区间内存在实根.$x = \xi$ 又称为函数 $f(x)$ 的**零点**.

例 12

证明:四次代数方程 $x^4 + 1 = 3x^2$ 在区间 $(0,1)$ 内至少有一个实根.

证 设函数 $f(x) = x^4 - 3x^2 + 1$.因为函数 $f(x)$ 在闭区间 $[0,1]$ 上连续,又有

$$f(0) = 1, \quad f(1) = -1,$$

$f(0)f(1) < 0$,所以根据推论 1 知,至少存在一点 $\xi \in (0,1)$,使得 $f(\xi) = 0$,即

$$\xi^4 - 3\xi^2 + 1 = 0.$$

因此,方程 $x^4 + 1 = 3x^2$ 在区间 $(0,1)$ 内至少有一个实根 $x = \xi$.

思 考 题 1-4

1. 如果函数 $f(x)$ 在点 x_0 处连续,问:$|f(x)|$ 在点 x_0 处是否连续?

2. 区间 $[a,b]$ 上的连续函数一定存在最大值与最小值吗? 举例说明.

3. 如何求初等函数的连续区间?

习 题 1-4

1. 求下列函数的间断点,并判断其类型;如果是可去间断点,则补充或改变函数的定义,使其在该点处连续:

(1) $y = \dfrac{1 - \cos x}{x^2}$;

(2) $y = \arctan \dfrac{1}{x}$;

(3) $y = e^{-\frac{1}{x}}$;

(4) $y = \dfrac{\tan 2x}{x}$;

(5) $f(x)=\begin{cases}\mathrm{e}^{\frac{1}{x}}, & x<0,\\ 1, & x=0,\\ x, & x>0;\end{cases}$

(6) $f(x)=\begin{cases}\dfrac{\sin x}{|x|}, & x\neq 0,\\ 0, & x=0;\end{cases}$

(7) $y=\dfrac{2^{\frac{1}{x}}-1}{2^{\frac{1}{x}}+1};$

(8) $f(x)=\begin{cases}\cos\dfrac{\pi}{2}x, & |x|\leqslant 1,\\ |x-1|, & x>1;\end{cases}$

(9) $y=\dfrac{x^2-x}{|x|(x^2-1)}.$

2. 下列函数中,当 a 取什么值时,函数 $f(x)$ 在其定义域内连续?

(1) $f(x)=\begin{cases}\dfrac{x^2-16}{x-4}, & x\neq 4,\\ a, & x=4;\end{cases}$

(2) $f(x)=\begin{cases}\mathrm{e}^{x}, & x<0,\\ x+a, & x\geqslant 0.\end{cases}$

3. 求下列极限:

(1) $\lim\limits_{x\to\infty}x[\ln(x+a)-\ln x];$

(2) $\lim\limits_{x\to\infty}\dfrac{2x^2-3x-4}{\sqrt{x^4+1}};$

(3) $\lim\limits_{x\to 0}\dfrac{\sqrt{1+x+x^2}-1}{\sin 2x};$

(4) $\lim\limits_{x\to 1}\dfrac{\sqrt{3}-\sqrt{2+x}}{1-\sqrt[3]{x}};$

(5) $\lim\limits_{x\to +\infty}\arccos(\sqrt{x^2+x}-x);$

(6) $\lim\limits_{x\to 0}\dfrac{\tan x}{1-\sqrt{1+\tan x}};$

(7) $\lim\limits_{x\to +\infty}\sin\arctan x;$

(8) $\lim\limits_{x\to 0}\dfrac{\ln(1+x)-\ln(1-x)}{x};$

(9) $\lim\limits_{n\to\infty}\dfrac{(\sqrt{n^2+1}+n)^2}{\sqrt[3]{n^6+1}}.$

4. 证明:方程 $x=a\sin x+b$ 至少有一个正根,并且该根不大于 $a+b$(其中 $a,b>0$).

本章小结

本章要求:在理解函数概念的基础上,重点掌握函数的极限及连续性的概念、极限的运算法则、两个重要极限和求函数极限的一些基本方法.

1. 函数

(1) 理解函数、反函数、复合函数和初等函数等概念.

(2) 函数的基本特性:奇偶性、单调性、周期性、有界性.

2. 极限的概念

(1) 极限分析定义. 极限分析定义对照如表 1-3 所示.

表 1-3

记号	对于任给的	总存在	使得对于一切	不等式总成立	结论
$\lim\limits_{n\to\infty}x_n=A$	$\varepsilon>0$	正整数 N	$n>N$	$\|x_n-A\|<\varepsilon$	数列 $\{x_n\}$ 以 A 为极限
$\lim\limits_{x\to x_0}f(x)=A$	$\varepsilon>0$	正数 δ	$0<\|x-x_0\|<\delta$	$\|f(x)-A\|<\varepsilon$	当 $x\to x_0$ 时,$f(x)$ 以 A 为极限

续表

记号	对于任给的	总存在	使得对于一切	不等式总成立	结论
$\lim\limits_{x \to x_0^-} f(x) = A$	$\varepsilon > 0$	正数 δ	$x_0 - \delta < x < x_0$	$\|f(x) - A\| < \varepsilon$	当 $x \to x_0^-$ 时，$f(x)$ 以 A 为极限
$\lim\limits_{x \to x_0^+} f(x) = A$	$\varepsilon > 0$	正数 δ	$x_0 < x < x_0 + \delta$	$\|f(x) - A\| < \varepsilon$	当 $x \to x_0^+$ 时，$f(x)$ 以 A 为极限
$\lim\limits_{x \to \infty} f(x) = A$	$\varepsilon > 0$	正数 X	$\|x\| > X$	$\|f(x) - A\| < \varepsilon$	当 $x \to \infty$ 时，$f(x)$ 以 A 为极限

（2）极限的四则运算法则. 设在自变量 x 的某一变化过程中，$\lim f(x) = A$，$\lim g(x) = B$，则

① $\lim[f(x) \pm g(x)] = \lim f(x) \pm \lim g(x) = A \pm B$；

② $\lim[f(x)g(x)] = \lim f(x) \cdot \lim g(x) = AB$；

③ $\lim \dfrac{f(x)}{g(x)} = \dfrac{\lim f(x)}{\lim g(x)} = \dfrac{A}{B}$　$(B \neq 0)$.

（3）复合函数的极限运算法则. 若 $\lim\limits_{x \to x_0} \varphi(x) = u_0$，在点 x_0 的某个去心 δ 邻域 $\overset{\circ}{U}(x_0, \delta)$ 内 $\varphi(x) \neq u_0$，$\lim\limits_{u \to u_0} f(u) = A$，则 $\lim\limits_{x \to x_0} f[\varphi(x)] = A$.

（4）无穷大与无穷小.

① 无穷小的运算法则.

A. 有限个无穷小的和、差、积仍为无穷小.

B. 有界函数与无穷小的乘积仍为无穷小.

② 无穷小的比较. 设在同一变化过程中，$\alpha(x)$，$\beta(x)$ 为无穷小，且 $\alpha(x) \neq 0$.

若 $\lim \dfrac{\beta(x)}{\alpha(x)} = 0$，则称 $\beta(x)$ 是 $\alpha(x)$ 的高阶无穷小；

若 $\lim \dfrac{\beta(x)}{\alpha(x)} = \infty$，则称 $\beta(x)$ 是 $\alpha(x)$ 的低阶无穷小；

若 $\lim \dfrac{\beta(x)}{\alpha(x)} = C(C \neq 0)$，则称 $\beta(x)$ 是 $\alpha(x)$ 的同阶无穷小. 特别地，若 $C = 1$，即 $\lim \dfrac{\beta(x)}{\alpha(x)} = 1$，则称 $\beta(x)$ 与 $\alpha(x)$ 是等价无穷小.

③ 无穷大与无穷小的关系. 若 $\lim f(x) = 0$，且 $f(x) \neq 0$，则 $\lim \dfrac{1}{f(x)} = \infty$. 若 $\lim f(x) = \infty$，则 $\lim \dfrac{1}{f(x)} = 0$.

（5）两个重要极限.

① $\lim\limits_{x \to 0} \dfrac{\sin x}{x} = 1$.

② $\lim\limits_{x \to \infty} \left(1 + \dfrac{1}{x}\right)^x = \lim\limits_{x \to 0} (1 + x)^{\frac{1}{x}} = \mathrm{e}$.

（6）计算函数极限的方法归纳.

① 利用函数极限的定义.

② 利用极限的运算法则.

③ 利用无穷小与无穷大的运算法则.

④ 利用两个重要极限公式.

⑤ 利用初等函数的连续性.

3. 函数的连续性

(1) 函数连续的概念. 如果 $\lim\limits_{\Delta x \to 0}\Delta y = 0$,其中 $\Delta x = x - x_0$,$\Delta y = f(x_0 + \Delta x) - f(x_0)$,或 $\lim\limits_{x \to x_0} f(x) = f(x_0)$,那么称函数 $y = f(x)$ 在点 x_0 处连续.

(2) 函数的间断点. 函数 $f(x)$ 在点 x_0 处间断的三种情形:

① 在点 x_0 处没有定义;

② $\lim\limits_{x \to x_0} f(x)$ 不存在;

③ 在点 x_0 处有定义,且 $\lim\limits_{x \to x_0} f(x)$ 存在,但 $\lim\limits_{x \to x_0} f(x) \neq f(x_0)$.

(3) 初等函数的连续性. 一切初等函数在其定义区间上都是连续的.

(4) 闭区间上连续函数的性质:最大值和最小值定理、介值定理和方程实根的存在定理.

自测题一

1. 选择题

(1) 设有数列 $\left\{x_n = \dfrac{n}{2}\left[1 + (-1)^n\right]\right\}$,则(　　);

A. $\{x_n\}$ 有界　　　　　　　　B. $\{x_n\}$ 无界

C. $\{x_n\}$ 单调增加　　　　　　D. $n \to \infty$ 时 x_n 为无穷大

(2) 若函数 $f(x)$ 在点 x_0 处的极限存在,则(　　);

A. $f(x_0)$ 必存在且等于极限值

B. $f(x_0)$ 存在但不一定等于极限值

C. $f(x_0)$ 可以不存在

D. 如果 $f(x_0)$ 存在,则必等于极限值

(3) 设函数 $f(x) = \begin{cases} 4 - 2x, & x < \dfrac{5}{2}, \\ 3, & x = \dfrac{5}{2}, \\ 3x - 6, & x > \dfrac{5}{2}, \end{cases}$ 则 $f(x)$ 在点 $x = \dfrac{5}{2}$ 处(　　).

A. 左、右极限均存在

B. 极限存在

C. 左、右极限均存在但不相等

D. 左、右极限中有一个存在,一个不存在

2. 设函数 $f(x) = \dfrac{1\,000kx^n}{1 + kx^n}$,其中 $k > 0$ 为常数,试求 $\lim\limits_{x \to \infty} f(x)$.

3. 求下列函数的间断点,并判断其类型;若是可去间断点,则补充或改变其定义,使得函数在该点处连续:

(1) $f(x) = \dfrac{x - \sqrt{2}}{x - \sqrt{2}}$;

(2) $f(x) = \begin{cases} \cos \dfrac{\pi}{2} x, & x < 1, \\ 3, & x = 1, \\ (x-1)\cos \dfrac{1}{\sqrt{x}}, & x > 1. \end{cases}$

4. 指出下列运算中的错误，并给出正确解法：

(1) $\lim\limits_{x \to 3} \dfrac{x^2 - 9}{x - 3} = \dfrac{\lim\limits_{x \to 3}(x^2 - 9)}{\lim\limits_{x \to 3}(x - 3)} = \dfrac{0}{0} = 1$;

(2) $\lim\limits_{x \to 3} \dfrac{x^2 - 2}{x - 3} = \dfrac{\lim\limits_{x \to 3}(x^2 - 2)}{\lim\limits_{x \to 3}(x - 3)} = \dfrac{7}{0} = \infty$;

(3) $\lim\limits_{x \to 2}\left(\dfrac{1}{x-2} - \dfrac{4}{x^2-4}\right) = \lim\limits_{x \to 2}\dfrac{1}{x-2} - \lim\limits_{x \to 2}\dfrac{4}{x^2-4} = \infty - \infty = 0$;

(4) $\lim\limits_{x \to 0} \dfrac{\sqrt{1+x} - 1}{\sqrt[3]{1+x} - 1} = \dfrac{\lim\limits_{x \to 0}(\sqrt{1+x} - 1)}{\lim\limits_{x \to 0}(\sqrt[3]{1+x} - 1)} = \dfrac{0}{0} = 1$.

5. 求下列极限：

(1) $\lim\limits_{x \to +\infty}\left[\sqrt{(x+1)(x+2)} - x\right]$;

(2) $\lim\limits_{x \to 64} \dfrac{\sqrt{x} - 8}{\sqrt[3]{x} - 4}$;

(3) $\lim\limits_{x \to \infty} \dfrac{3x + \sin x}{2x - \sin x}$;

(4) $\lim\limits_{x \to 1} \dfrac{x + x^2 + \cdots + x^n - n}{x - 1}$;

(5) $\lim\limits_{n \to \infty}\left[\dfrac{1 + 3 + \cdots + (2n-1)}{n+1} - \dfrac{2n+1}{2}\right]$;

(6) $\lim\limits_{n \to \infty} \dfrac{1 + p + p^2 + \cdots + p^n}{1 + q + q^2 + \cdots + q^n}$ $(|p| < 1, |q| < 1)$;

(7) $\lim\limits_{x \to 0} \dfrac{e^{3x} - 1}{\ln(1 + 4x)}$;

(8) $\lim\limits_{x \to 0}(2\csc 2x - \cot x)$;

(9) $\lim\limits_{x \to 4} \dfrac{2 - \sqrt{x}}{3 - \sqrt{2x+1}}$;

(10) $\lim\limits_{x \to +\infty}\left(1 - \dfrac{1}{x}\right)^{\sqrt{x}}$;

(11) $\lim\limits_{x \to 0} \dfrac{1 - \cos x}{(e^x - 1)\ln(1+x)}$;

(12) $\lim\limits_{x \to \infty}\left(\dfrac{x+a}{x-a}\right)^x$;

(13) $\lim\limits_{x \to 0} \dfrac{\sqrt{1 + x\sin x} - \sqrt{\cos x}}{x \tan x}$.

6. 设函数 $f(x) = \begin{cases} \dfrac{\cos x}{x+2}, & x \geqslant 0, \\ \dfrac{\sqrt{a} - \sqrt{a-x}}{x}, & x < 0. \end{cases}$

(1) 当 a 为何值时，点 $x = 0$ 是 $f(x)$ 的连续点？

(2) 当 a 为何值时，点 $x = 0$ 是 $f(x)$ 的间断点？是什么类型的间断点？

02 第二章
导数与微分

课程思政

　　数学中研究导数、微分及其应用的分支学科称为**微分学**，研究不定积分、定积分及其应用的分支学科称为**积分学**．微分学与积分学统称为**微积分学**．

　　微积分学是高等数学最基本、最重要的组成部分，是现代数学许多分支的基础．

<table>
<tr><td>第一节</td><td>导数的概念</td></tr>
</table>

从 15 世纪初文艺复兴时期起,欧洲的工业、农业、航海事业与商贾贸易得到大规模的发展,形成了一个新的经济时代. 而 16 世纪的欧洲,正处在资本主义萌芽时期,生产力得到了很大的发展,生产实践的发展对自然科学提出了新的课题,推动了力学、天文学等基础科学的发展,而这些学科都是深刻依赖于数学的,因而也推动了数学的发展. 在各类学科对数学提出的种种要求中,下列三类问题导致了微分学的产生:

(1) 求变速运动的瞬时速度;

(2) 求曲线上一点的切线;

(3) 求最大值和最小值.

这三类问题的现实原型在数学上都可归结为函数相对于自变量变化而变化的快慢程度,即所谓函数的变化率问题. 牛顿(Newton) 从第一个问题出发,莱布尼茨(Leibniz) 从第二个问题出发,分别给出了导数的概念.

一、两个实例

1. 瞬时速度

设一质点做变速直线运动,位移函数为 $s = s(t)$,现在求质点在 t_0 时刻的瞬时速度(见图 2-1).

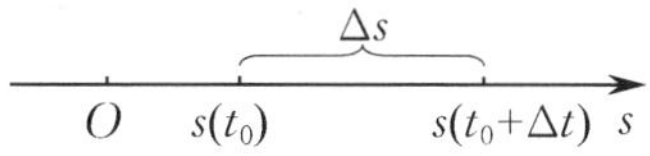

图 2-1

我们考虑从 t_0 到 $t_0 + \Delta t$ 这一时间间隔. 在这一时间间隔内,质点经过的位移为

$$\Delta s = s(t_0 + \Delta t) - s(t_0),$$

于是比值 $\dfrac{\Delta s}{\Delta t}$ 就是质点在 t_0 到 $t_0 + \Delta t$ 这段时间内的平均速度,记作 $\overline{v}$,即

$$\overline{v} = \frac{\Delta s}{\Delta t} = \frac{s(t_0 + \Delta t) - s(t_0)}{\Delta t}.$$

$\overline{v}$ 可作为质点在 t_0 时刻的瞬时速度的近似值. 显然,$|\Delta t|$ 越小,近似程度越好,我们令 $\Delta t \to 0$,若 $\overline{v}$ 的极限存在,则此极限值就是质点在 t_0 时刻的瞬时速度 $v(t_0)$,即

$$v(t_0) = \lim_{\Delta t \to 0} \overline{v} = \lim_{\Delta t \to 0} \frac{\Delta s}{\Delta t} = \lim_{\Delta t \to 0} \frac{s(t_0 + \Delta t) - s(t_0)}{\Delta t}.$$

2. 切线问题

设曲线 C 是函数 $y = f(x)$ 的图形,$M(x_0, y_0)$ 是曲线 C 上一点,即 $y_0 = f(x_0)$,在曲线 C 上任取一点 $N(x, y)$,$M \neq N$(见图 2-2). 过点 M 及 N 的直线称为曲线 C 的**割线**,该割线的斜

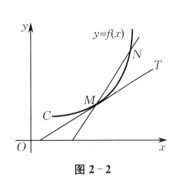

图 2 − 2

率为

$$\frac{y - y_0}{x - x_0} = \frac{f(x) - f(x_0)}{x - x_0}.$$

令点 N 沿曲线 C 趋于点 M，这时 $x \to x_0$，如果极限

$$\lim_{x \to x_0} \frac{f(x) - f(x_0)}{x - x_0}$$

存在，设该极限值为 k，即

$$k = \lim_{x \to x_0} \frac{f(x) - f(x_0)}{x - x_0},$$

那么，就把过点 M 而以 k 为斜率的直线称为曲线 C 在点 M 处的**切线**. 通常也说，切线是割线的极限位置，因为切线斜率的 k 值实际上就是割线斜率的极限，所以当点 N 沿曲线 C 趋于点 M 时，割线绕点 M 转动而以切线为极限位置.

二、导数的定义

上述两个实际问题的物理意义虽然不同，但是解决问题的方法是相同的，都是求函数的增量与自变量的增量之比的极限，这就得到了导数的概念. 下面给出导数的定义.

定义 1 设函数 $y = f(x)$ 在点 x_0 的某个邻域 $U(x_0, \delta)$ 内有定义. 在点 x_0 处给自变量 x 一个增量 Δx，且 $x_0 + \Delta x \in U(x_0, \delta)$，相应地，函数 y 有增量 $\Delta y = f(x_0 + \Delta x) - f(x_0)$，如果极限

$$\lim_{\Delta x \to 0} \frac{\Delta y}{\Delta x} = \lim_{\Delta x \to 0} \frac{f(x_0 + \Delta x) - f(x_0)}{\Delta x} \qquad (2-1)$$

存在，则称函数 $y = f(x)$ 在点 x_0 处**可导**，并称此极限值为函数 $y = f(x)$ 在点 x_0 处的**导数**，记作 $f'(x_0)$，即

$$f'(x_0) = \lim_{\Delta x \to 0} \frac{\Delta y}{\Delta x} = \lim_{\Delta x \to 0} \frac{f(x_0 + \Delta x) - f(x_0)}{\Delta x},$$

也可以记作 $y'|_{x=x_0}$，$\dfrac{\mathrm{d}y}{\mathrm{d}x}\Big|_{x=x_0}$ 或 $\dfrac{\mathrm{d}f(x)}{\mathrm{d}x}\Big|_{x=x_0}$.

如果 $(2-1)$ 式的极限不存在，则称函数 $y = f(x)$ 在点 x_0 处**不可导**.

令 $x_0 + \Delta x = x$，则当 $\Delta x \to 0$ 时，有 $x \to x_0$，因此在点 x_0 处的导数 $f'(x_0)$ 也可表示为

$$f'(x_0) = \lim_{x \to x_0} \frac{f(x) - f(x_0)}{x - x_0}.$$

根据导数的定义，上述两个实际问题叙述如下：

（1）做变速直线运动的质点在 t_0 时刻的瞬时速度，就是位移函数 $s = s(t)$ 在 t_0 时刻对时间 t 的导数，即

$$v(t_0) = \frac{\mathrm{d}s}{\mathrm{d}t}\Big|_{t=t_0}.$$

（2）曲线 C 在点 $M(x_0, y_0)$ 处切线的斜率，就是函数 $y = f(x)$ 在点 x_0 处对 x 的导数，即

$$k = \frac{\mathrm{d}y}{\mathrm{d}x}\Big|_{x=x_0}.$$

例 1

求函数 $y = \sqrt{x}$ 在点 $x_0(x_0 > 0)$ 处的导数.

解　对于自变量 x 的增量 Δx,相应的函数的增量为

$$\Delta y = f(x_0 + \Delta x) - f(x_0) = \sqrt{x_0 + \Delta x} - \sqrt{x_0},$$

于是 $\dfrac{\Delta y}{\Delta x} = \dfrac{\sqrt{x_0 + \Delta x} - \sqrt{x_0}}{\Delta x}$,得

$$\lim_{\Delta x \to 0} \frac{\Delta y}{\Delta x} = \lim_{\Delta x \to 0} \frac{\sqrt{x_0 + \Delta x} - \sqrt{x_0}}{\Delta x} = \lim_{\Delta x \to 0} \frac{1}{\sqrt{x_0 + \Delta x} + \sqrt{x_0}} = \frac{1}{2\sqrt{x_0}},$$

即

$$(\sqrt{x})' \mid_{x = x_0} = \frac{1}{2\sqrt{x_0}}.$$

如果函数 $y = f(x)$ 在区间 (a, b) 内每一点都可导,则称函数 $y = f(x)$ 在 (a, b) 内可导. 这时,对于 (a, b) 内每一个确定的 x 值,都对应着一个确定的函数值 $f'(x)$,于是就确定了一个新的函数,称这个新的函数为函数 $y = f(x)$ 的**导函数**,用 $f'(x), y', \dfrac{\mathrm{d}y}{\mathrm{d}x}$ 或 $\dfrac{\mathrm{d}f(x)}{\mathrm{d}x}$ 等来表示,即

$$f'(x) = \lim_{\Delta x \to 0} \frac{f(x + \Delta x) - f(x)}{\Delta x}, \quad x \in (a, b).$$

在不致发生混淆的情况下,导函数也简称**导数**.

显然,函数 $y = f(x)$ 在点 x_0 处的导数 $f'(x_0)$,就是导数 $f'(x)$ 在点 x_0 处的函数值,即

$$f'(x_0) = f'(x) \mid_{x = x_0}.$$

导数的概念是从实际问题中抽象出来的,它有着广泛的应用. 除了上面两个实际问题外,还有速度 $v(t)$ 对时间 t 的导数 $\dfrac{\mathrm{d}v(t)}{\mathrm{d}t}$,就是 t 时刻的瞬时加速度 $a(t)$;电量 $Q(t)$ 对时间 t 的导数 $\dfrac{\mathrm{d}Q(t)}{\mathrm{d}t}$,就是 t 时刻的电流强度 $I(t)$;热量 $q(t)$ 对温度 t 的导数 $\dfrac{\mathrm{d}q(t)}{\mathrm{d}t}$,就是热容 $C(t)$;等等.

三、求导数举例

由导数的定义可知,求函数 $y = f(x)$ 的导数 y' 的一般步骤如下:

(1) 求出函数的增量 $\Delta y = f(x + \Delta x) - f(x)$;

(2) 作出函数的增量与自变量的增量之比

$$\frac{\Delta y}{\Delta x} = \frac{f(x + \Delta x) - f(x)}{\Delta x};$$

(3) 求出当 $\Delta x \to 0$ 时 $\dfrac{\Delta y}{\Delta x}$ 的极限,即

$$y' = \lim_{\Delta x \to 0} \frac{\Delta y}{\Delta x} = \lim_{\Delta x \to 0} \frac{f(x + \Delta x) - f(x)}{\Delta x}.$$

下面根据这三个步骤来求一些比较简单的函数的导数.

例 2

求函数 $y = ax + b$ 的导数(a 与 b 为常数).

解　求出函数的增量

$$\Delta y = a(x + \Delta x) + b - (ax + b) = a\Delta x,$$

算出 $\dfrac{\Delta y}{\Delta x} = \dfrac{a\Delta x}{\Delta x} = a$，则 $y' = \lim\limits_{\Delta x \to 0} \dfrac{\Delta y}{\Delta x} = \lim\limits_{\Delta x \to 0} a = a$，即

$$(ax + b)' = a.$$

特别地，有 $x' = 1, C' = 0 (C$ 为常数$)$.

例 3

求函数 $y = x^n (n$ 为自然数$)$ 的导数.

解 求出函数的增量

$$\Delta y = (x + \Delta x)^n - x^n = nx^{n-1}\Delta x + C_n^2 x^{n-2}(\Delta x)^2 + \cdots + (\Delta x)^n,$$

算出 $\dfrac{\Delta y}{\Delta x} = nx^{n-1} + C_n^2 x^{n-2}\Delta x + \cdots + (\Delta x)^{n-1}$，则

$$y' = \lim_{\Delta x \to 0} \frac{\Delta y}{\Delta x} = nx^{n-1},$$

即

$$(x^n)' = nx^{n-1}.$$

此结果对一般的幂函数 $y = x^u (u$ 为常数$)$ 均成立，即

$$(x^u)' = ux^{u-1}.$$

这个公式的证明我们将在本章第二节例 21 中给出.

例如，函数 $y = \sqrt{x}$ 的导数为

$$(\sqrt{x})' = (x^{\frac{1}{2}})' = \frac{1}{2}x^{\frac{1}{2}-1} = \frac{1}{2\sqrt{x}};$$

又如，函数 $y = \dfrac{1}{x}$ 的导数为

$$\left(\frac{1}{x}\right)' = (x^{-1})' = -x^{-1-1} = -\frac{1}{x^2}.$$

例 4

求正弦函数 $y = \sin x$ 的导数.

解 $\Delta y = \sin(x + \Delta x) - \sin x = 2\sin\dfrac{\Delta x}{2}\cos\left(x + \dfrac{\Delta x}{2}\right)$，于是

$$\frac{\Delta y}{\Delta x} = \frac{2\sin\dfrac{\Delta x}{2}\cos\left(x + \dfrac{\Delta x}{2}\right)}{\Delta x} = \frac{\sin\dfrac{\Delta x}{2}}{\dfrac{\Delta x}{2}}\cos\left(x + \dfrac{\Delta x}{2}\right),$$

得

$$y' = \lim_{\Delta x \to 0}\frac{\Delta y}{\Delta x} = \lim_{\Delta x \to 0}\frac{\sin\dfrac{\Delta x}{2}}{\dfrac{\Delta x}{2}} \cdot \lim_{\Delta x \to 0}\cos\left(x + \dfrac{\Delta x}{2}\right) = \cos x,$$

即

$$(\sin x)' = \cos x.$$

类似地，可以证明余弦函数 $y = \cos x$ 的导数为

$$(\cos x)' = -\sin x.$$

例 5

求函数 $y = \log_a x (a > 0 \text{ 且 } a \neq 1)$ 的导数.

解　$\Delta y = \log_a (x + \Delta x) - \log_a x = \log_a \left(1 + \dfrac{\Delta x}{x}\right) = \dfrac{\ln\left(1 + \dfrac{\Delta x}{x}\right)}{\ln a}$, 于是

$$\frac{\Delta y}{\Delta x} = \frac{\ln\left(1 + \dfrac{\Delta x}{x}\right)}{\ln a \cdot \Delta x} = \frac{\ln\left(1 + \dfrac{\Delta x}{x}\right)}{x \ln a \cdot \dfrac{\Delta x}{x}}.$$

当 $\Delta x \to 0$ 时, $\ln\left(1 + \dfrac{\Delta x}{x}\right) \sim \dfrac{\Delta x}{x}$, 故

$$y' = \lim_{\Delta x \to 0} \frac{\Delta y}{\Delta x} = \lim_{\Delta x \to 0} \frac{\ln\left(1 + \dfrac{\Delta x}{x}\right)}{\dfrac{\Delta x}{x}} \cdot \frac{1}{x \ln a} = \frac{1}{x \ln a},$$

即

$$(\log_a x)' = \frac{1}{x \ln a}.$$

特别地, 当 $a = e$ 时, $(\ln x)' = \dfrac{1}{x}$.

四、导数的几何意义

如图 2-3 所示, 在曲线 $y = f(x)$ 上取一定点 $M(x_0, y_0)$, 当自变量 x 由 x_0 变到 $x_0 + \Delta x$ 时, 在曲线上相应地由点 M 变到点 $N(x_0 + \Delta x, y_0 + \Delta y)$, 连接点 M 和 N 得割线 MN. 设割线 MN 对 x 轴的倾角为 φ, 则割线 MN 的斜率 $\tan \varphi = \dfrac{\Delta y}{\Delta x}$. 当 $\Delta x \to 0$ 时, 点 N 就趋于点 M, 而割线 MN 就无限趋近于它的极限位置 —— 切线 MT. 设切线 MT 对 x 轴的倾角为 θ, 那么当 $\Delta x \to 0$ 时, 有 $\varphi \to \theta$, 从而得

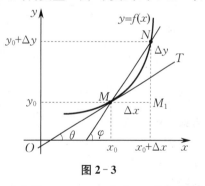

图 2-3

$$f'(x_0) = \lim_{\Delta x \to 0} \frac{\Delta y}{\Delta x} = \lim_{\Delta x \to 0} \tan \varphi = \lim_{\varphi \to \theta} \tan \varphi = \tan \theta.$$

这就是说, 函数 $y = f(x)$ 在点 x_0 处的导数 $f'(x_0)$ 表示曲线 $y = f(x)$ 在点 M 处切线的斜率.

如果函数 $y = f(x)$ 在点 x_0 处连续, 且 $\lim\limits_{\Delta x \to 0} \dfrac{\Delta y}{\Delta x} = \infty$, 此时 $y = f(x)$ 在点 x_0 处不可导, 但曲线 $y = f(x)$ 在点 (x_0, y_0) 处有垂直于 x 轴的切线 $x = x_0$.

过切点 M 且垂直于切线的直线称为曲线 $y = f(x)$ 在点 M 处的**法线**.

如果函数 $y = f(x)$ 在点 x_0 处可导, 则曲线 $y = f(x)$ 在点 (x_0, y_0) 处的切线方程与法线方程分别为

$$y - y_0 = f'(x_0)(x - x_0)$$

和
$$y - y_0 = -\frac{1}{f'(x_0)}(x - x_0) \quad [f'(x_0) \neq 0].$$

例 6

已知曲线 $y = x^2$.

(1) 求曲线在点 $(1,1)$ 处的切线方程和法线方程；

(2) 曲线上哪一点处的切线与直线 $y = 4x - 1$ 平行？

解 （1）因为函数 $y = x^2$ 的导数 $y' = 2x$,根据导数的几何意义,曲线 $y = x^2$ 在点 $(1,1)$ 处的切线斜率为 $y'|_{x=1} = 2$,所以切线方程为 $y - 1 = 2(x - 1)$,即
$$2x - y - 1 = 0,$$

法线方程为 $y - 1 = -\frac{1}{2}(x - 1)$,即
$$x + 2y - 3 = 0.$$

（2）设所求的点为 $M_0(x_0, y_0)$,曲线 $y = x^2$ 在点 M_0 处的切线斜率为
$$y'|_{x=x_0} = 2x|_{x=x_0} = 2x_0.$$

切线与直线 $y = 4x - 1$ 平行时,它们的斜率相等,即 $2x_0 = 4$,解得 $x_0 = 2$. 此时 $y_0 = 4$,故曲线在点 $M_0(2,4)$ 处的切线与直线 $y = 4x - 1$ 平行.

五、可导与连续的关系

函数的可导与连续是两个重要的概念,两者有如下关系.

定理 1 **若函数 $y = f(x)$ 在点 x_0 处可导,则 $y = f(x)$ 在点 x_0 处连续.**

证 在点 x_0 处给自变量 x 一个增量 Δx,函数 y 相应地有增量 $\Delta y = f(x_0 + \Delta x) - f(x_0)$. 由假设 $y = f(x)$ 在点 x_0 处可导,即 $\lim\limits_{\Delta x \to 0} \dfrac{\Delta y}{\Delta x} = f'(x_0)$,得
$$\lim_{\Delta x \to 0} \Delta y = \lim_{\Delta x \to 0} \frac{\Delta y}{\Delta x} \cdot \Delta x = \lim_{\Delta x \to 0} \frac{\Delta y}{\Delta x} \cdot \lim_{\Delta x \to 0} \Delta x = f'(x_0) \cdot 0 = 0.$$

这就是说,函数 $y = f(x)$ 在点 x_0 处连续.

注 这个定理的逆命题不成立,也就是说,一个函数在某点连续,不一定在该点处可导,具体见下例.

例 7

函数 $y = |x|$ 在点 $x = 0$ 处连续. 因为在点 $x = 0$ 处有

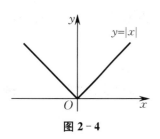

图 2-4

$$\frac{\Delta y}{\Delta x} = \frac{|0 + \Delta x| - |0|}{\Delta x} = \frac{|\Delta x|}{\Delta x} = \begin{cases} 1, & \Delta x > 0, \\ -1, & \Delta x < 0, \end{cases}$$

即
$$\lim_{\Delta x \to 0^+} \frac{\Delta y}{\Delta x} = 1, \quad \lim_{\Delta x \to 0^-} \frac{\Delta y}{\Delta x} = -1,$$

$\lim\limits_{\Delta x \to 0} \dfrac{\Delta y}{\Delta x}$ 不存在,所以函数 $y = |x|$ 在点 $x = 0$ 处不可导. 如图 2-4

所示,曲线 $y=|x|$ 在原点处没有切线.

由上面的讨论可知,函数在某点连续是函数在该点处可导的必要条件,但不是充分条件.

若极限 $\lim\limits_{\Delta x\to 0^+}\dfrac{f(x_0+\Delta x)-f(x_0)}{\Delta x}$ 存在,则称此极限值为函数 $f(x)$ 在点 x_0 处的**右导数**,记作 $f'_+(x_0)$.

若极限 $\lim\limits_{\Delta x\to 0^-}\dfrac{f(x_0+\Delta x)-f(x_0)}{\Delta x}$ 存在,则称此极限值为函数 $f(x)$ 在点 x_0 处的**左导数**,记作 $f'_-(x_0)$.

显然,函数 $f(x)$ 在点 x_0 处可导的充要条件是 $f(x)$ 在点 x_0 处的左、右导数都存在且相等.

思 考 题 2－1

1. 如果函数 $y=f(x)$ 在点 x_0 处不可导,是否可以断定曲线 $y=f(x)$ 在点 $(x_0,f(x_0))$ 处不存在切线?

2. 导数 $f'(x_0)$ 与导函数 $f'(x)$ 的区别与联系是什么?

3. 设函数 $f(x)=\begin{cases}\dfrac{2}{3}x^3,&x\geqslant 1,\\x^2,&x<1,\end{cases}$ 试问用下述方法求得的导数 $f'(x)$ 正确吗?

当 $x>1$ 时,有 $f'(x)=2x^2$;

当 $x<1$ 时,有 $f'(x)=2x$;

当 $x=1$ 时,有 $f'_-(1)=2x\,|_{x=1}=2$ 与 $f'_+(1)=2x^2\,|_{x=1}=2$ 相等.故该函数的导数为

$$f'(x)=\begin{cases}2x^2,&x\geqslant 1,\\2x,&x<1.\end{cases}$$

习　题　2－1

1. 设 $f'(x_0)=-2$,求下列各式的值:

(1) $\lim\limits_{\Delta x\to 0^+}\dfrac{f(x_0+\Delta x)-f(x_0)}{3\Delta x}$;

(2) $\lim\limits_{\Delta x\to 0}\dfrac{f(x_0-\Delta x)-f(x_0)}{3\Delta x}$;

(3) $\lim\limits_{h\to 0}\dfrac{f(x_0+h)-f(x_0-h)}{h}$.

2. 设函数 $f(x)$ 在点 a 处可导,求 $\lim\limits_{n\to\infty}n\left[f\left(a+\dfrac{1}{n}\right)-f(a)\right]$.

3. 设 $f(0)=0,f'(0)$ 存在,求 $\lim\limits_{x\to 0}\dfrac{f(x)}{x}$.

4. 求下列曲线在指定点处的切线方程和法线方程:

(1) $y=\dfrac{1}{x}$,在点 $(1,1)$ 处;　(2) $y=x^3$,在点 $(2,8)$ 处;　(3) $y=\cos x$,在点 $\left(\dfrac{\pi}{4},\dfrac{\sqrt 2}{2}\right)$ 处.

5. 问:a,b 取何值时,函数

$$f(x)=\begin{cases}x^2,&x\leqslant 2,\\ax+b,&x>2\end{cases}$$

在点 $x=2$ 处连续且可导?

6.证明:函数

$$f(x) = \begin{cases} x\sin\dfrac{1}{x}, & x \neq 0, \\ 0, & x = 0 \end{cases}$$

在点 $x = 0$ 处连续但不可导.

7.设函数 $f(x) = \begin{cases} \sin x, & x < 0, \\ x, & x \geqslant 0, \end{cases}$ 求 $f'(x)$.

第二节　　求 导 法 则

一、函数的四则运算的求导法则

定理1　设函数 $u = u(x)$ 与 $v = v(x)$ 均在点 x 处可导,则函数 $u \pm v, uv, \dfrac{u}{v}(v \neq 0)$ 在点 x 处也可导,并且有

(1) $(u \pm v)' = u' \pm v'$;

(2) $(uv)' = u'v + uv'$;

(3) $\left(\dfrac{u}{v}\right)' = \dfrac{u'v - uv'}{v^2}$ $(v \neq 0)$.

证　下面只对法则(2)给出证明.

设函数 $y = u(x)v(x)$,给自变量 x 以增量 $\Delta x(\Delta x \neq 0)$,则函数 $u = u(x), v = v(x), y = u(x)v(x)$ 相应地有增量 $\Delta u, \Delta v$ 和 Δy. 而

$$\Delta u = u(x + \Delta x) - u(x), \quad \Delta v = v(x + \Delta x) - v(x),$$

于是

$$\begin{aligned} \Delta y &= u(x + \Delta x)v(x + \Delta x) - u(x)v(x) \\ &= u(x + \Delta x)v(x + \Delta x) - u(x)v(x + \Delta x) + u(x)v(x + \Delta x) - u(x)v(x) \\ &= [u(x + \Delta x) - u(x)]v(x + \Delta x) + u(x)[v(x + \Delta x) - v(x)] \\ &= \Delta u \cdot v(x + \Delta x) + u(x) \cdot \Delta v, \end{aligned}$$

因而

$$\frac{\Delta y}{\Delta x} = \frac{\Delta u}{\Delta x}v(x + \Delta x) + u(x)\frac{\Delta v}{\Delta x},$$

即

$$\lim_{\Delta x \to 0}\frac{\Delta y}{\Delta x} = \lim_{\Delta x \to 0}\left[\frac{\Delta u}{\Delta x}v(x + \Delta x) + u(x)\frac{\Delta v}{\Delta x}\right].$$

因为函数 $u = u(x), v = v(x)$ 在点 x 处可导,所以

$$\lim_{\Delta x \to 0}\frac{\Delta u}{\Delta x} = u', \quad \lim_{\Delta x \to 0}\frac{\Delta v}{\Delta x} = v'.$$

由于在点 x 处可导的函数 $v(x)$ 在点 x 处必连续,即

$$\lim_{\Delta x \to 0}v(x + \Delta x) = v(x),$$

因此
$$\lim_{\Delta x\to 0}\frac{\Delta y}{\Delta x}=\lim_{\Delta x\to 0}\frac{\Delta u}{\Delta x}\cdot\lim_{\Delta x\to 0}v(x+\Delta x)+u(x)\cdot\lim_{\Delta x\to 0}\frac{\Delta v}{\Delta x}=u'v+uv',$$
即
$$(uv)'=u'v+uv'.$$

法则(2)可以推广到有限多个可导函数的乘积上去. 例如,设函数 $u=u(x),v=v(x),$ $w=w(x)$ 都在点 x 处可导,则 uvw 也在点 x 处可导,且有
$$(uvw)'=u'vw+uv'w+uvw'.$$

由法则(2),(3),我们得到两个常用的特殊情况:
$$(Cu)'=Cu',\quad \left(\frac{C}{v}\right)'=-\frac{Cv'}{v^2}\quad (C\text{ 为常数},v\neq 0).$$

例 1

求函数 $y=x^2+\frac{1}{\sqrt{x}}-5\cos x+3\log_a x+\ln 4$ 的导数.

解
$$y'=\left(x^2+\frac{1}{\sqrt{x}}-5\cos x+3\log_a x+\ln 4\right)'$$
$$=(x^2)'+\left(\frac{1}{\sqrt{x}}\right)'-5(\cos x)'+3(\log_a x)'+(\ln 4)'$$
$$=2x-\frac{1}{2\sqrt{x^3}}+5\sin x+\frac{3}{x\ln a}.$$

例 2

求函数 $y=10x^5\ln x$ 的导数.

解
$$y'=(10x^5\ln x)'=10(x^5\ln x)'=10[(x^5)'\ln x+x^5(\ln x)']$$
$$=10\left(5x^4\ln x+x^5\cdot\frac{1}{x}\right)=10x^4(5\ln x+1).$$

例 3

求函数 $y=x\ln x\sin x+\sin\frac{\pi}{2}$ 的导数.

解
$$y'=\left(x\ln x\sin x+\sin\frac{\pi}{2}\right)'=(x\ln x\sin x)'+\left(\sin\frac{\pi}{2}\right)'$$
$$=x'\ln x\sin x+x(\ln x)'\sin x+x\ln x(\sin x)'$$
$$=\ln x\sin x+\sin x+x\ln x\cos x.$$

例 4

求函数 $y=\frac{x-1}{x+1}$ 的导数.

解
$$y'=\left(\frac{x-1}{x+1}\right)'=\frac{(x-1)'(x+1)-(x-1)(x+1)'}{(x+1)^2}$$
$$=\frac{(x+1)-(x-1)}{(x+1)^2}=\frac{2}{(x+1)^2}.$$

例 5

求函数 $y = \dfrac{\ln x}{x^3}$ 的导数.

解 $y' = \left(\dfrac{\ln x}{x^3}\right)' = \dfrac{(\ln x)'x^3 - \ln x(x^3)'}{(x^3)^2} = \dfrac{x^2 - 3x^2\ln x}{x^6} = \dfrac{1 - 3\ln x}{x^4}.$

例 6

求函数 $y = \tan x$ 的导数.

解 $y' = (\tan x)' = \left(\dfrac{\sin x}{\cos x}\right)' = \dfrac{(\sin x)'\cos x - \sin x(\cos x)'}{(\cos x)^2}$

$\qquad = \dfrac{\cos^2 x + \sin^2 x}{\cos^2 x} = \sec^2 x,$

即

$$(\tan x)' = \sec^2 x.$$

用类似的方法可得

$$(\cot x)' = -\csc^2 x.$$

例 7

求函数 $y = \sec x$ 的导数.

解 $y' = (\sec x)' = \left(\dfrac{1}{\cos x}\right)' = \dfrac{-(\cos x)'}{\cos^2 x}$

$\qquad = \dfrac{\sin x}{\cos^2 x} = \sec x\tan x,$

即

$$(\sec x)' = \sec x\tan x.$$

用类似的方法可得

$$(\csc x)' = -\csc x\cot x.$$

二、反函数的求导法则

定理 2 设函数 $x = \varphi(y)$ 在某一区间内单调、可导,且 $\varphi'(y) \neq 0$,则它的反函数 $y = f(x)$ 在对应区间内也可导,且有

$$f'(x) = \dfrac{1}{\varphi'(y)},$$

或记作

$$\dfrac{\mathrm{d}y}{\mathrm{d}x} = \dfrac{1}{\dfrac{\mathrm{d}x}{\mathrm{d}y}}.$$

证 据函数可导必连续知,函数 $x = \varphi(y)$ 在某一区间内单调且连续,这时其反函数 $y = f(x)$ 在相应的区间内也必单调且连续.

当自变量 x 有增量 $\Delta x(\Delta x \neq 0)$ 时,由函数 $y = f(x)$ 的单调性可知,

$$\Delta y = f(x + \Delta x) - f(x) \neq 0,$$

于是有

$$\frac{\Delta y}{\Delta x} = \frac{1}{\dfrac{\Delta x}{\Delta y}}.$$

又由 $y = f(x)$ 的连续性可知,当 $\Delta x \to 0$ 时,必有 $\Delta y \to 0$. 再由假设,函数 $x = \varphi(y)$ 可导,且 $\varphi'(y) \neq 0$,于是

$$\lim_{\Delta x \to 0} \frac{\Delta y}{\Delta x} = \lim_{\Delta y \to 0} \frac{1}{\dfrac{\Delta x}{\Delta y}} = \frac{1}{\varphi'(y)},$$

即

$$f'(x) = \frac{1}{\varphi'(y)}.$$

例 8

求函数 $y = \arcsin x (-1 < x < 1)$ 的导数.

解　$y = \arcsin x$ 是 $x = \sin y$ 的反函数,$x = \sin y$ 在区间 $\left(-\dfrac{\pi}{2}, \dfrac{\pi}{2}\right)$ 内单调、可导,且 $\dfrac{\mathrm{d}x}{\mathrm{d}y} = \cos y > 0$,因此在对应区间 $(-1, 1)$ 内有

$$\frac{\mathrm{d}y}{\mathrm{d}x} = \frac{1}{\dfrac{\mathrm{d}x}{\mathrm{d}y}} = \frac{1}{\cos y} = \frac{1}{\sqrt{1 - \sin^2 y}} = \frac{1}{\sqrt{1 - x^2}},$$

即

$$(\arcsin x)' = \frac{1}{\sqrt{1 - x^2}} \quad (-1 < x < 1).$$

类似可得

$$(\arccos x)' = -\frac{1}{\sqrt{1 - x^2}} \quad (-1 < x < 1).$$

例 9

求函数 $y = \arctan x (-\infty < x < +\infty)$ 的导数.

解　$y = \arctan x$ 是 $x = \tan y$ 的反函数,$x = \tan y$ 在区间 $\left(-\dfrac{\pi}{2}, \dfrac{\pi}{2}\right)$ 内单调、可导,且 $\dfrac{\mathrm{d}x}{\mathrm{d}y} = \sec^2 y > 0$,因此在对应区间 $(-\infty, +\infty)$ 上有

$$\frac{\mathrm{d}y}{\mathrm{d}x} = \frac{1}{\dfrac{\mathrm{d}x}{\mathrm{d}y}} = \frac{1}{\sec^2 y} = \frac{1}{1 + \tan^2 y} = \frac{1}{1 + x^2},$$

即

$$(\arctan x)' = \frac{1}{1 + x^2} \quad (-\infty < x < +\infty).$$

类似可得

$$(\operatorname{arccot} x)' = -\frac{1}{1+x^2} \quad (-\infty < x < +\infty).$$

例 10

求函数 $y = a^x (a > 0 \text{ 且 } a \neq 1)$ 的导数.

解 $y = a^x$ 是 $x = \log_a y$ 的反函数,而 $x = \log_a y$ 在区间 $(0, +\infty)$ 上单调、可导,且 $\frac{dx}{dy} = \frac{1}{y\ln a} \neq 0$,因此在对应区间 $(-\infty, +\infty)$ 上有

$$\frac{dy}{dx} = \frac{1}{\frac{dx}{dy}} = y\ln a = a^x \ln a,$$

即

$$(a^x)' = a^x \ln a \quad (-\infty < x < +\infty).$$

特别地,当 $a = e$ 时,得

$$(e^x)' = e^x \quad (-\infty < x < +\infty).$$

三、复合函数的求导法则

一个复杂的函数常可看作若干简单函数的复合,因此我们还必须学会求复合函数的导数.

定理 3 设函数 $u = \varphi(x)$ 在点 x 处可导,函数 $y = f(u)$ 在对应点 u 处可导,则复合函数 $y = f[\varphi(x)]$ 在点 x 处也可导,且有

$$\{f[\varphi(x)]\}' = f'(u)\varphi'(x),$$

 或记作

$$\frac{dy}{dx} = \frac{dy}{du} \cdot \frac{du}{dx}.$$

证 给自变量 x 以增量 $\Delta x(\Delta x \neq 0)$,相应地,函数 $u = \varphi(x)$ 有增量 Δu,从而函数 $y = f(u)$ 也有相应的增量 Δy.

由于 $y = f(u)$ 在点 u 处可导,因此极限 $\lim_{\Delta u \to 0} \frac{\Delta y}{\Delta u} = f'(u)$ 存在,从而根据函数极限与无穷小的关系,有

$$\frac{\Delta y}{\Delta u} = f'(u) + \alpha \quad (\Delta u \neq 0),$$

其中 α 为 $\Delta u \to 0$ 时的无穷小. 上式两边同时乘以 Δu,得

$$\Delta y = f'(u)\Delta u + \alpha \Delta u,$$

于是

$$\frac{\Delta y}{\Delta x} = f'(u) \frac{\Delta u}{\Delta x} + \alpha \frac{\Delta u}{\Delta x}.$$

因为 $u = \varphi(x)$ 在点 x 处可导,所以 $\lim_{\Delta x \to 0} \frac{\Delta u}{\Delta x} = \varphi'(x)$. 根据可导函数必连续可知,$u = \varphi(x)$ 在点 x 处连续,则当 $\Delta x \to 0$ 时,有 $\Delta u \to 0$,从而

$$\lim_{\Delta x \to 0} \alpha = \lim_{\Delta u \to 0} \alpha = 0.$$

故

$$\lim_{\Delta x \to 0} \frac{\Delta y}{\Delta x} = \lim_{\Delta x \to 0} \left[f'(u) \frac{\Delta u}{\Delta x} + \alpha \frac{\Delta u}{\Delta x} \right]$$
$$= f'(u) \lim_{\Delta x \to 0} \frac{\Delta u}{\Delta x} + \lim_{\Delta x \to 0} \alpha \cdot \lim_{\Delta x \to 0} \frac{\Delta u}{\Delta x}$$
$$= f'(u)\varphi'(x),$$

即

$$\{ f[\varphi(x)] \}' = f'(u)\varphi'(x).$$

复合函数的求导法有时也称为**链导法**,它也可用于多次复合的情形. 例如,设函数 $y = f(u), u = \varphi(v), v = \psi(x)$ 都可导,则

$$\{ f\{\varphi[\psi(x)]\} \}' = f'(u)\varphi'(v)\psi'(x),$$

或记作

$$\frac{\mathrm{d}y}{\mathrm{d}x} = \frac{\mathrm{d}y}{\mathrm{d}u} \cdot \frac{\mathrm{d}u}{\mathrm{d}v} \cdot \frac{\mathrm{d}v}{\mathrm{d}x}.$$

例 11

求函数 $y = \sin(\omega x + \varphi_0)$ 的导数.

解 $y = \sin(\omega x + \varphi_0)$ 由函数 $y = \sin u$ 与 $u = \omega x + \varphi_0$ 复合而成,而 $\frac{\mathrm{d}y}{\mathrm{d}u} = \cos u, \frac{\mathrm{d}u}{\mathrm{d}x} = \omega$,因此

$$\frac{\mathrm{d}y}{\mathrm{d}x} = \frac{\mathrm{d}y}{\mathrm{d}u} \cdot \frac{\mathrm{d}u}{\mathrm{d}x} = \cos u \cdot \omega = \omega \cos(\omega x + \varphi_0).$$

例 12

设函数 $y = (x^3 - 2)^5$,求 $\frac{\mathrm{d}y}{\mathrm{d}x}$.

解 $y = (x^3 - 2)^5$ 由函数 $y = u^5$ 与 $u = x^3 - 2$ 复合而成,而 $\frac{\mathrm{d}y}{\mathrm{d}u} = 5u^4, \frac{\mathrm{d}u}{\mathrm{d}x} = 3x^2$,因此

$$\frac{\mathrm{d}y}{\mathrm{d}x} = \frac{\mathrm{d}y}{\mathrm{d}u} \cdot \frac{\mathrm{d}u}{\mathrm{d}x} = 5u^4 \cdot 3x^2 = 15x^2(x^3 - 2)^4.$$

对复合函数的复合过程能正确掌握后,可以不必写出中间变量,只要记住复合过程,就可进行复合函数的导数计算.

例 13

设函数 $y = \ln \cos x$,求 y'.

解 $y' = (\ln \cos x)' = \frac{1}{\cos x}(\cos x)' = \frac{-\sin x}{\cos x} = -\tan x.$

例 14

设函数 $y = \ln \tan 3x$,求 y'.

解 $y' = (\ln \tan 3x)' = \frac{1}{\tan 3x}(\tan 3x)' = \frac{1}{\tan 3x} \sec^2 3x (3x)' = \frac{3\sec^2 3x}{\tan 3x} = \frac{6}{\sin 6x}.$

例 **15**

设函数 $y = \sin\dfrac{2x}{1+x^2}$，求 y'.

解 $y' = \left(\sin\dfrac{2x}{1+x^2}\right)' = \cos\dfrac{2x}{1+x^2}\left(\dfrac{2x}{1+x^2}\right)' = \cos\dfrac{2x}{1+x^2}\dfrac{2(1+x^2)-4x^2}{(1+x^2)^2}$

$= \dfrac{2(1-x^2)}{(1+x^2)^2}\cos\dfrac{2x}{1+x^2}.$

例 **16**

设函数 $y = \sin nx \sin^n x$（n 为常数），求 y'.

解 $y' = (\sin nx \sin^n x)' = (\sin nx)' \sin^n x + \sin nx (\sin^n x)'$

$= n\cos nx \sin^n x + n\sin nx \sin^{n-1} x \cos x$

$= n\sin^{n-1} x(\cos nx \sin x + \sin nx \cos x)$

$= n\sin^{n-1} x \sin(n+1)x.$

例 **17**

设函数 $y = \ln(x + \sqrt{x^2+a^2})$（$a > 0$），求 y'.

解 $y' = \dfrac{1}{x+\sqrt{x^2+a^2}}(x+\sqrt{x^2+a^2})' = \dfrac{1}{x+\sqrt{x^2+a^2}}\left(1+\dfrac{2x}{2\sqrt{x^2+a^2}}\right) = \dfrac{1}{\sqrt{x^2+a^2}}.$

例 **18**

设函数 $y = \mathrm{e}^{\sin\frac{1}{x}}$，求 y'.

解 $y' = \left(\mathrm{e}^{\sin\frac{1}{x}}\right)' = \mathrm{e}^{\sin\frac{1}{x}}\left(\sin\dfrac{1}{x}\right)' = \mathrm{e}^{\sin\frac{1}{x}}\cos\dfrac{1}{x}\left(\dfrac{1}{x}\right)'$

$= \mathrm{e}^{\sin\frac{1}{x}}\cos\dfrac{1}{x}\left(-\dfrac{1}{x^2}\right) = -\dfrac{1}{x^2}\mathrm{e}^{\sin\frac{1}{x}}\cos\dfrac{1}{x}.$

例 **19**

设函数 $y = \mathrm{e}^{2x} + \mathrm{e}^{\frac{1}{x}}$，求 y'.

解 $y' = \mathrm{e}^{2x}(2x)' + \mathrm{e}^{\frac{1}{x}}\left(\dfrac{1}{x}\right)' = 2\mathrm{e}^{2x} - \dfrac{1}{x^2}\mathrm{e}^{\frac{1}{x}}.$

例 **20**

设函数 $y = \mathrm{sh}\,x$，求 y'.

解 $y' = (\mathrm{sh}\,x)' = \left(\dfrac{\mathrm{e}^x - \mathrm{e}^{-x}}{2}\right)' = \dfrac{\mathrm{e}^x + \mathrm{e}^{-x}}{2} = \mathrm{ch}\,x,$

即

$$(\mathrm{sh}\,x)' = \mathrm{ch}\,x.$$

类似可得

$$(\mathrm{ch}\,x)' = \mathrm{sh}\,x.$$

例 **21**

设函数 $y = x^\mu$（μ 为常数），求 y'.

解　设 $x > 0$,则 $y = x^\mu = \mathrm{e}^{\mu\ln x}$,由复合函数的求导法则,得

$$y' = (\mathrm{e}^{\mu\ln x})' = \mathrm{e}^{\mu\ln x}(\mu\ln x)' = x^\mu \cdot \frac{\mu}{x} = \mu x^{\mu-1},$$

即

$$(x^\mu)' = \mu x^{\mu-1}.$$

在以上求导中,假定了 $x > 0$,实际上可以证明对于 $x \leqslant 0$,上述公式仍成立(证明从略).

例 22

设函数 $y = \arcsin[2\cos(x-1)]$,求 y'.

解　$y' = \{\arcsin[2\cos(x-1)]\}' = \dfrac{1}{\sqrt{1-[2\cos(x-1)]^2}}[2\cos(x-1)]'$

$\qquad = -\dfrac{2}{\sqrt{1-4\cos^2(x-1)}}\sin(x-1).$

例 23

设函数 $y = 2^{\arcsin\sqrt{x}}$,求 y'.

解　$y' = (2^{\arcsin\sqrt{x}})' = 2^{\arcsin\sqrt{x}} \cdot \ln 2 \cdot (\arcsin\sqrt{x})'$

$\qquad = 2^{\arcsin\sqrt{x}} \cdot \ln 2 \cdot \dfrac{1}{\sqrt{1-(\sqrt{x})^2}} \cdot \dfrac{1}{2\sqrt{x}} = \dfrac{\ln 2}{\sqrt{x-x^2}}2^{\arcsin\sqrt{x}-1}.$

例 24

设函数 $y = -\sqrt{4-x^2} + 2\arcsin\dfrac{x}{2}$,求 y'.

解　$y' = \left(-\sqrt{4-x^2} + 2\arcsin\dfrac{x}{2}\right)' = \dfrac{2x}{2\sqrt{4-x^2}} + 2\dfrac{1}{\sqrt{1-\left(\dfrac{x}{2}\right)^2}} \cdot \dfrac{1}{2}$

$\qquad = \dfrac{x}{\sqrt{4-x^2}} + \dfrac{2}{\sqrt{4-x^2}} = \dfrac{2+x}{\sqrt{4-x^2}} = \sqrt{\dfrac{2+x}{2-x}}.$

四、初等函数的导数

为了便于查阅,我们将上面已学过的导数公式和求导法则归纳如下.

1. 基本初等函数的导数公式

(1) $C' = 0$　(C 为常数);

(2) $(x^\mu)' = \mu x^{\mu-1}$　(μ 为常数);

(3) $(\log_a x)' = \dfrac{1}{x\ln a}$　($a > 0$ 且 $a \neq 1$);

(4) $(\ln x)' = \dfrac{1}{x}$;

(5) $(a^x)' = a^x\ln a$　($a > 0$ 且 $a \neq 1$);

(6) $(\mathrm{e}^x)' = \mathrm{e}^x$;

(7) $(\sin x)' = \cos x$;

(8) $(\cos x)' = -\sin x$;

(9) $(\tan x)' = \dfrac{1}{\cos^2 x} = \sec^2 x$;

(10) $(\cot x)' = -\dfrac{1}{\sin^2 x} = -\csc^2 x$;

(11) $(\sec x)' = \sec x\tan x$;

(12) $(\csc x)' = -\csc x\cot x$;

$(13)\ (\arcsin x)' = \dfrac{1}{\sqrt{1-x^2}};$　　　　　$(14)\ (\arccos x)' = -\dfrac{1}{\sqrt{1-x^2}};$

$(15)\ (\arctan x)' = \dfrac{1}{1+x^2};$　　　　　　$(16)\ (\operatorname{arccot} x)' = -\dfrac{1}{1+x^2}.$

2. 函数四则运算的求导法则

设函数 $u = u(x)$ 和 $v = v(x)$ 均可导,则

(1) $(u \pm v)' = u' \pm v';$

(2) $(uv)' = u'v + uv';$

(3) $(Cu)' = Cu'$ （C 为常数）；

(4) $\left(\dfrac{u}{v}\right)' = \dfrac{u'v - uv'}{v^2}$　$(v \neq 0).$

3. 反函数的求导法则

设函数 $x = \varphi(y)$ 在某一区间内单调、可导,则它的反函数 $y = f(x)$ 在对应区间内也可导,且

$$f'(x) = \dfrac{1}{\varphi'(y)} \quad [\varphi'(y) \neq 0]$$

或

$$\dfrac{\mathrm{d}y}{\mathrm{d}x} = \dfrac{1}{\dfrac{\mathrm{d}x}{\mathrm{d}y}} \quad \left(\dfrac{\mathrm{d}x}{\mathrm{d}y} \neq 0\right).$$

4. 复合函数的求导法则

设函数 $y = f(u), u = \varphi(x)$ 均可导,则复合函数 $y = f[\varphi(x)]$ 的导数为

$$\dfrac{\mathrm{d}y}{\mathrm{d}x} = \dfrac{\mathrm{d}y}{\mathrm{d}u} \cdot \dfrac{\mathrm{d}u}{\mathrm{d}x}$$

或

$$\{f[\varphi(x)]\}' = f'(u)\varphi'(x).$$

下面介绍对数求导法,它可用来解决两种类型函数的求导问题.

(1) 求函数 $y = f(x)^{g(x)}$ (这种形式的函数称为幂指函数) 的导数.

例 25

设函数 $y = x^{\sin x} (x > 0)$,求 y'.

解　对 $y = x^{\sin x}$ 两边取自然对数,得

$$\ln y = \sin x \ln x.$$

上式两边对 x 求导,并注意到左边 y 是 x 的函数,得

$$\dfrac{1}{y}y' = \cos x \ln x + \dfrac{\sin x}{x}.$$

故

$$y' = y\left(\cos x \ln x + \dfrac{\sin x}{x}\right) = x^{\sin x}\left(\cos x \ln x + \dfrac{\sin x}{x}\right).$$

例 26

设函数 $y = (\arctan x)^x (x > 0)$,求 y'.

解 对 $y = (\arctan x)^x$ 两边取自然对数,得

$$\ln y = x \ln \arctan x.$$

上式两边对 x 求导,并注意到左边 y 是 x 的函数,得

$$\frac{1}{y} y' = \ln \arctan x + x \frac{1}{\arctan x} \cdot \frac{1}{1 + x^2}.$$

故

$$y' = y \left[\ln \arctan x + \frac{x}{(1 + x^2) \arctan x} \right] = (\arctan x)^x \left[\ln \arctan x + \frac{x}{(1 + x^2) \arctan x} \right].$$

(2) 由多个因子的积、商、乘方、开方而成的函数的求导问题.

例 27

设函数 $y = (x - 1) \sqrt[3]{(3x + 1)^2 (x - 2)}$,求 y'.

解 对该函数两边取自然对数,得

$$\ln y = \ln(x - 1) + \frac{2}{3} \ln(3x + 1) + \frac{1}{3} \ln(x - 2).$$

上式两边对 x 求导,得

$$\frac{1}{y} y' = \frac{1}{x - 1} + \frac{2}{3} \cdot \frac{3}{3x + 1} + \frac{1}{3} \cdot \frac{1}{x - 2}.$$

故

$$y' = (x - 1) \sqrt[3]{(3x + 1)^2 (x - 2)} \left[\frac{1}{x - 1} + \frac{2}{3x + 1} + \frac{1}{3(x - 2)} \right].$$

思 考 题 2-2

1. 若函数 $f(x)$ 和 $g(x)$ 在点 x_0 处均不可导,则 $f(x) g(x)$ 在点 x_0 处是否也不可导?

2. 若函数 $f(x)$ 在点 x_0 处可导,函数 $g(x)$ 在点 x_0 处不可导,则 $f(x) g(x)$ 在点 x_0 处是否可导?

3. 若函数 $f(x)$ 在点 x_0 处可导,则 $|f(x)|$ 在点 x_0 处必可导吗?

4. 初等函数在其定义域内必可导吗?

5. 下列运算正确吗? 为什么?

(1) $\left(\arccos \dfrac{2}{x} \right)' = -\dfrac{1}{\sqrt{1 - \left(\dfrac{2}{x} \right)^2}} = -\dfrac{x}{\sqrt{x^2 - 4}}$;

(2) $[f(\sin 2x)]' = f'(\sin 2x)(\sin 2x)' = \cos 2x f'(\sin 2x)$.

习 题 2-2

1. 求下列函数的导数:

(1) $y = \dfrac{\sin x}{1 + \cos x}$;

(2) $y = x \tan x + \cot x$;

(3) $y = \dfrac{\sin x}{x} + \dfrac{x}{\sin x}$;

(4) $y = 2x \sin x - (x^2 - 2) \cos x$;

(5) $y = \ln x \log_a x - \ln a \log_a x$;

(6) $y = (2 + \sec x) \sin x$;

(7) $y = \dfrac{2 \csc x}{1 + x^2}$.

2.求下列函数在指定点处的导数：

(1) $\varphi(x) = \dfrac{x-\sin x}{x+\sin x}$，求 $\varphi'\left(\dfrac{\pi}{2}\right)$；

(2) $y=(1+x^3)\left(5-\dfrac{1}{x^2}\right)$，求 $y'\mid_{x=1}$ 和 $y'\mid_{x=a}$.

3.求曲线 $y=\dfrac{1-\sqrt[3]{x}}{1+\sqrt[3]{x}}$ 在点 $(1,0)$ 处的法线方程.

4.设曲线 $y=x^2+5x+4$，确定 b 的值，使得直线 $y=3x+b$ 为曲线的切线.

5.求下列函数的导数：

(1) $y=\left(\dfrac{1+x^2}{1+x}\right)^5$；

(2) $y=\sqrt{1+\ln^2 x}$；

(3) $y=(1+\sin^2 x)^3$；

(4) $y=\sin\sqrt{1+x^2}$；

(5) $y=x^2\sin\dfrac{1}{x}$；

(6) $y=\sin^2(\cos 3x)$；

(7) $y=a^x\sin x+\mathrm{e}^{x^2}\cos x$；

(8) $y=\sec^2 3x$；

(9) $y=\sqrt{x+\sqrt{x+\sqrt{x}}}$；

(10) $y=\mathrm{e}^{\sqrt{x+2}}$；

(11) $y=\sqrt{1+\mathrm{e}^x}$；

(12) $y=\sin[\cos^2(x^3+x)]$；

(13) $y=-\dfrac{\cos x}{2\sin^2 x}+\dfrac{1}{2}\ln\tan\dfrac{x}{2}$.

6.求下列函数的导数：

(1) $y=\dfrac{\arccos x}{\sqrt{1-x^2}}$；

(2) $y=\arcsin(1-x)+\sqrt{2x-x^2}$；

(3) $y=x\arcsin\dfrac{x}{2}+\sqrt{4-x^2}$；

(4) $y=\arctan\sqrt{x^2-1}-\dfrac{\ln x}{\sqrt{x^2-1}}$；

(5) $y=\arctan\dfrac{x+1}{x-1}$；

(6) $y=\mathrm{e}^{-x^2}\cos\mathrm{e}^{-x^2}$.

7.求下列函数的导数：

(1) $y=\sqrt[3]{\dfrac{x(x^2+1)}{(x^2-1)^2}}$；

(2) $y=\dfrac{(x+1)^2\sqrt[3]{3x-2}}{\sqrt[3]{(x-3)^2}}$；

(3) $y=x^{1+x}\ (x>0)$；

(4) $y=(\sin x)^{\cos x}\ (\sin x>0)$；

(5) $y=\left(\dfrac{x}{1+x}\right)^x$.

第三节　　高阶导数

函数 $y=f(x)$ 的导数 $f'(x)$ 仍是 x 的函数，如果它也可导，则称 $f'(x)$ 的导数为 $y=f(x)$ 的**二阶导数**，记作

$$y'',\quad f''(x),\quad \dfrac{\mathrm{d}^2 y}{\mathrm{d}x^2}\quad 或\quad \dfrac{\mathrm{d}^2 f(x)}{\mathrm{d}x^2}.$$

类似地，如果 $f''(x)$ 可导，则称二阶导数的导数为 $y=f(x)$ 的**三阶导数**，记作

$$y''',\quad f'''(x),\quad \dfrac{\mathrm{d}^3 y}{\mathrm{d}x^3}\quad 或\quad \dfrac{\mathrm{d}^3 f(x)}{\mathrm{d}x^3}.$$

一般地,如果函数 $y = f(x)$ 的 $n-1$ 阶导数仍可导,则称 $n-1$ 阶导数的导数为 $y = f(x)$ 的 **n 阶导数**,记作

$$y^{(n)}, \quad f^{(n)}(x), \quad \frac{\mathrm{d}^n y}{\mathrm{d} x^n} \quad 或 \quad \frac{\mathrm{d}^n f(x)}{\mathrm{d} x^n}.$$

于是,根据定义有

$$y^{(n)} = \left[y^{(n-1)} \right]', \quad f^{(n)}(x) = \left[f^{(n-1)}(x) \right]',$$

$$\frac{\mathrm{d}^n y}{\mathrm{d} x^n} = \frac{\mathrm{d}}{\mathrm{d} x}\left(\frac{\mathrm{d}^{n-1} y}{\mathrm{d} x^{n-1}} \right) \quad 或 \quad \frac{\mathrm{d}^n f(x)}{\mathrm{d} x^n} = \frac{\mathrm{d}}{\mathrm{d} x}\left[\frac{\mathrm{d}^{n-1} f(x)}{\mathrm{d} x^{n-1}} \right].$$

函数 $y = f(x)$ 具有 n 阶导数,也常称 $y = f(x)$ 为 n 阶可导.二阶或二阶以上的导数统称为**高阶导数**.相应地,称 $f'(x)$ 为 $y = f(x)$ 的一阶导数.求高阶导数可应用以前学过的求导方法,只要逐步求导即可.

二阶导数有明显的力学意义.若质点做变速直线运动的位移函数为 $s = s(t)$,则速度 $v(t) = s'(t)$,而加速度 $a(t) = v'(t) = \left[s'(t) \right]' = s''(t)$,即加速度是位移函数 $s = s(t)$ 对时间 t 的二阶导数.

例 1

设一质点做简谐振动,其运动规律为 $s = A\sin \omega t (A, \omega$ 是常数$)$,求该质点在 t 时刻的速度和加速度.

解　$v(t) = \dfrac{\mathrm{d} s}{\mathrm{d} t} = A\omega \cos \omega t, a(t) = \dfrac{\mathrm{d}^2 s}{\mathrm{d} t^2} = -A\omega^2 \sin \omega t.$

例 2

设函数 $f(x) = \arctan x$,求 $f''(0), f'''(0)$.

解　$f'(x) = \dfrac{1}{1+x^2}, f''(x) = -\dfrac{2x}{(1+x^2)^2}, f'''(x) = \dfrac{2(3x^2-1)}{(1+x^2)^3}$,由此得

$$f''(0) = -\frac{2x}{(1+x^2)^2}\bigg|_{x=0} = 0,$$

$$f'''(0) = \frac{2(3x^2-1)}{(1+x^2)^3}\bigg|_{x=0} = -2.$$

例 3

设函数 $y = \mathrm{e}^x$,求 $y^{(n)}$.

解　$y' = \mathrm{e}^x, y'' = \mathrm{e}^x, y''' = \mathrm{e}^x, \cdots.$

运用数学归纳法,可得

$$y^{(n)} = \mathrm{e}^x.$$

例 4

设函数 $y = a^x$,求 $y^{(n)}$.

解　$y' = a^x \ln a, y'' = a^x (\ln a)^2, y''' = a^x (\ln a)^3, \cdots.$

运用数学归纳法,可得

$$y^{(n)} = a^x (\ln a)^n.$$

例 5

求函数 $y = \sin x$ 的 n 阶导数.

解 $y' = \cos x = \sin\left(x + \dfrac{\pi}{2}\right)$,

$$y'' = \left[\sin\left(x + \dfrac{\pi}{2}\right)\right]' = \cos\left(x + \dfrac{\pi}{2}\right) = \sin\left(x + 2 \cdot \dfrac{\pi}{2}\right),$$

$$y''' = \left[\sin\left(x + 2 \cdot \dfrac{\pi}{2}\right)\right]' = \cos\left(x + 2 \cdot \dfrac{\pi}{2}\right) = \sin\left(x + 3 \cdot \dfrac{\pi}{2}\right),$$

……

运用数学归纳法,可得

$$y^{(n)} = (\sin x)^{(n)} = \sin\left(x + n \cdot \dfrac{\pi}{2}\right).$$

同理可得

$$(\cos x)^{(n)} = \cos\left(x + n \cdot \dfrac{\pi}{2}\right).$$

例 6

求函数 $y = \ln(1 + x)$ 的 n 阶导数.

解 $y' = \dfrac{1}{1+x} = (1+x)^{-1}$,

$$y'' = \left[(1+x)^{-1}\right]' = -1 \cdot (1+x)^{-2},$$

$$y''' = \left[-1 \cdot (1+x)^{-2}\right]' = (-1) \cdot (-2)(1+x)^{-3},$$

……

运用数学归纳法,可得

$$y^{(n)} = (-1)^{n-1}(n-1)!(1+x)^{-n} = \dfrac{(-1)^{n-1}(n-1)!}{(1+x)^n}.$$

例 7

设函数 $y = (1+x)^m$(m 为任意实数),求 $y^{(n)}$.

解 $y' = m(1+x)^{m-1}$,

$$y'' = m(m-1)(1+x)^{m-2},$$

$$y''' = m(m-1)(m-2)(1+x)^{m-3},$$

……

运用数学归纳法,可得

$$y^{(n)} = m(m-1)(m-2)\cdots(m-n+1)(1+x)^{m-n}.$$

思 考 题 2-3

1. 求函数的高阶导数时,除直接按定义逐阶求出指定的高阶导数外,是否还有间接方法求出高阶导数?

2. 求下列函数在指定点处的高阶导数:

(1) $y = e^x \cos x$,求 $y'''(0)$;   (2) $y = \sin^2 x$,求 $y'''\left(\dfrac{\pi}{4}\right)$.

习　题　2-3

1.求下列函数的二阶导数:

(1) $y = \sin ax + \cos bx$;　　　　(2) $y = \sqrt{a^2 - x^2}$;

(3) $y = xe^{x^2}$;　　　　　　　　(4) $y = \ln(x + \sqrt{x^2 + a^2})$.

2.求下列函数的 n 阶导数:

(1) $y = xe^x$;

(2) $y = x^n + a_1 x^{n-1} + a_2 x^{n-2} + \cdots + a_n$　($a_1, a_2, \cdots, a_n$ 都是常数).

3.设函数 $f(x) = \ln \dfrac{1}{1-x}$,求 $f^{(n)}(0)$.

第四节　隐函数及由参数方程所确定的函数的导数

一、隐函数的导数

前面我们所遇到的函数 y 都可由自变量 x 的解析式 $y = f(x)$ 来表示,这种函数称为**显函数**.若变量 x 与 y 之间的函数关系是由某一个方程

$$F(x, y) = 0$$

所确定的,那么称这种函数为由方程 $F(x, y) = 0$ 所确定的**隐函数**.

例如,在方程 $4x - y^3 = 1$ 中,给 x 以任一确定的值,相应地可确定 y 的值,从而由方程确定了函数 $y = f(x)$,这个函数是由方程 $4x - y^3 = 1$ 所确定的隐函数.把一个隐函数化为显函数,称为**隐函数的显化**.例如,由方程 $4x - y^3 = 1$ 所确定的隐函数,可由方程解出 y,得显函数 $y = \sqrt[3]{4x-1}$.但是,并不是所有的隐函数都可以显化,例如,方程 $xy - e^x + e^y = 0$ 所确定的隐函数就不能显化.

隐函数的求导,就是不管隐函数能否显化,直接在方程 $F(x, y) = 0$ 的两边对 x 求导,由此得到隐函数的导数.下面举例说明.

例 1

求由方程 $xy - e^x + e^y = 0$ 所确定的隐函数的导数 y',并求 $y'|_{x=0}$.

解　由于 e^y 可看作是以 y 为中间变量的复合函数,运用复合函数的求导法则,在方程两边同时对 x 求导,得

$$y + xy' - e^x + e^y y' = 0,$$

故

$$y' = \frac{e^x - y}{x + e^y}　(x + e^y \neq 0).$$

为求 $y'|_{x=0}$,先把 $x = 0$ 代入方程 $xy - e^x + e^y = 0$,得 $y(0) = 0$,故

$$y'|_{x=0} = \frac{e^x - y}{x + e^y}\Big|_{\substack{x=0 \\ y=0}} = 1.$$

例 2

求由方程 $x^2 + xy + y^2 = 4$ 所确定的函数曲线上点 $(2, -2)$ 处的切线方程和法线方程.

解 所给方程两边同时对 x 求导,得

$$2x + y + xy' + 2yy' = 0,$$

故

$$y' = -\frac{2x+y}{x+2y}.$$

函数曲线在点 $(2, -2)$ 处切线的斜率为 $k = y'\big|_{\substack{x=2 \\ y=-2}} = 1$,故切线方程为

$$y - (-2) = 1 \cdot (x - 2),$$

即

$$y = x - 4,$$

法线方程为

$$y - (-2) = -1 \cdot (x - 2),$$

即

$$y = -x.$$

二、由参数方程所确定的函数的导数

在力学中讨论物体运动的轨迹时,经常要用到参数方程. 例如,把物体以初速度 v_0,仰角为 φ 抛射出去,如果空气阻力忽略不计,则物体运动的轨迹可表示为

$$\begin{cases} x = (v_0 \cos \varphi)t, \\ y = (v_0 \sin \varphi)t - \dfrac{1}{2}gt^2, \end{cases} \tag{2-2}$$

其中 t 是物体运动的时间,g 是重力加速度,x 和 y 是运动物体在竖直平面上位置的横坐标和纵坐标(见图 $2-5$).

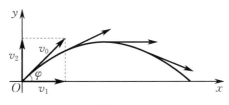

图 2-5

在参数方程 $(2-2)$ 中,x 和 y 都是 t 的函数,因此 x 与 y 之间通过 t 产生联系,从而 y 与 x 之间存在着确定的函数关系,于是参数方程 $(2-2)$ 就确定了 y 与 x 之间的这种函数关系. 消去参数方程 $(2-2)$ 中的 t,得

$$y = \tan \varphi \cdot x - \frac{\sec^2 \varphi}{2v_0^2}gx^2,$$

这就是参数方程 $(2-2)$ 所确定的函数的显式表示.

一般来说,如果参数方程

$$\begin{cases} x = \varphi(t), \\ y = \psi(t) \end{cases} \quad (\alpha \leqslant t \leqslant \beta) \tag{2-3}$$

确定了 y 与 x 的函数关系,则称此函数关系为**由参数方程所确定的函数**.下面讨论这种函数的求导方法.

在参数方程(2-3)中,如果函数 $x = \varphi(t)$ 存在反函数 $t = \varphi^{-1}(x)$,则由参数方程所确定的函数 y 可视为由 $y = \psi(t)$,$t = \varphi^{-1}(x)$ 复合而成的函数,即 $y = \psi[\varphi^{-1}(x)]$.若函数 $x = \varphi(t)$ 与 $y = \psi(t)$ 均可导,且 $\varphi'(t) \neq 0$,则由复合函数与反函数的求导法则,得

$$\frac{dy}{dx} = \frac{dy}{dt} \cdot \frac{dt}{dx} = \psi'(t) \cdot \frac{1}{\varphi'(t)} = \frac{\psi'(t)}{\varphi'(t)}.$$

这就是由参数方程所确定的函数的求导公式.

如果函数 $x = \varphi(t)$,$y = \psi(t)$ 具有二阶导数,那么从上式又可得

$$\frac{d^2 y}{dx^2} = \frac{d}{dx}\left(\frac{dy}{dx}\right) = \frac{d\left[\frac{\psi'(t)}{\varphi'(t)}\right]}{dx} = \frac{d\left[\frac{\psi'(t)}{\varphi'(t)}\right]}{dt} \cdot \frac{dt}{dx}$$

$$= \frac{d\left[\frac{\psi'(t)}{\varphi'(t)}\right]}{dt} \cdot \frac{1}{\frac{dx}{dt}} = \frac{\left[\frac{\psi'(t)}{\varphi'(t)}\right]'}{\varphi'(t)}.$$

例 3

求由参数方程 $\begin{cases} x = a\cos t, \\ y = b\sin t \end{cases}$ $(0 \leqslant t \leqslant 2\pi)$ 所确定的函数的一阶导数 $\frac{dy}{dx}$ 及二阶导数 $\frac{d^2 y}{dx^2}$.

解 由参数方程的求导公式得

$$\frac{dy}{dx} = \frac{(b\sin t)'}{(a\cos t)'} = -\frac{b\cos t}{a\sin t} = -\frac{b}{a}\cot t,$$

$$\frac{d^2 y}{dx^2} = \frac{d}{dx}\left(\frac{dy}{dx}\right) = \frac{d\left(-\frac{b}{a}\cot t\right)}{\frac{dx}{dt}} = \frac{\frac{b}{a}\csc^2 t}{-a\sin t} = -\frac{b}{a^2 \sin^3 t}.$$

例 4

求摆线 $\begin{cases} x = a(t - \sin t), \\ y = a(1 - \cos t) \end{cases}$ 在 $t = \frac{\pi}{2}$ 处的切线方程和法线方程,并求 $\frac{d^2 y}{dx^2}$.

解 由参数方程的求导公式,得

$$\frac{dy}{dx} = \frac{[a(1 - \cos t)]'}{[a(t - \sin t)]'} = \frac{\sin t}{1 - \cos t} = \cot\frac{t}{2} \quad (t \neq 2k\pi, k \text{ 为整数}).$$

当 $t = \frac{\pi}{2}$ 时,$x = a\left(\frac{\pi}{2} - 1\right)$,$y = a$,摆线上点 $\left(a\left(\frac{\pi}{2} - 1\right), a\right)$ 处的切线斜率为

$$k = \frac{dy}{dx}\bigg|_{t=\frac{\pi}{2}} = \cot\frac{t}{2}\bigg|_{t=\frac{\pi}{2}} = 1.$$

于是,所求的切线方程为

$$y - a = x - a\left(\frac{\pi}{2} - 1\right),$$

化简，得

$$y - x + \frac{a\pi}{2} - 2a = 0.$$

所求的法线方程为

$$y - a = -x + a\left(\frac{\pi}{2} - 1\right),$$

化简，得

$$y + x - \frac{a\pi}{2} = 0.$$

$$\frac{\mathrm{d}^2 y}{\mathrm{d}x^2} = \frac{\mathrm{d}}{\mathrm{d}x}\left(\frac{\mathrm{d}y}{\mathrm{d}x}\right) = \frac{\dfrac{\mathrm{d}\left(\cot\dfrac{t}{2}\right)}{\mathrm{d}t}}{\dfrac{\mathrm{d}x}{\mathrm{d}t}} = \frac{\left(\cot\dfrac{t}{2}\right)'}{a(1-\cos t)} = \frac{-\dfrac{1}{2}\csc^2\dfrac{t}{2}}{a(1-\cos t)}$$

$$= -\frac{1}{2a\sin^2\dfrac{t}{2}(1-\cos t)} = -\frac{1}{a\,(1-\cos t)^2} \quad (t \neq 2k\pi, k \text{ 为整数}).$$

思 考 题 2-4

下列解法是否正确？为什么？

(1) 设方程 $y = x^3 + x\mathrm{e}^y$ 确定变量 y 为 x 的函数，求导数 y'.

解 由方程两边同时对自变量 x 求导数，有

$$y' = 3x^2 + \mathrm{e}^y + x\mathrm{e}^y.$$

(2) 设参数方程 $\begin{cases} x = a\cos\theta, \\ y = b\sin\theta \end{cases}$ $(0 \leqslant \theta \leqslant 2\pi)$，求 $\dfrac{\mathrm{d}^2 y}{\mathrm{d}x^2}$.

解 $\dfrac{\mathrm{d}y}{\mathrm{d}x} = \dfrac{(b\sin\theta)'}{(a\cos\theta)'} = -\dfrac{b}{a}\cot\theta$，$\dfrac{\mathrm{d}^2 y}{\mathrm{d}x^2} = \left(-\dfrac{b}{a}\cot\theta\right)' = \dfrac{b}{a}\csc^2\theta$.

习　题　2-4

1. 求由下列方程所确定的隐函数的导数：

(1) $x^y = y^x$，求 $\dfrac{\mathrm{d}y}{\mathrm{d}x}$，$\dfrac{\mathrm{d}y}{\mathrm{d}x}\Big|_{x=1}$；

(2) $y^3 - 3y + 2ax = 0$，求 $\dfrac{\mathrm{d}y}{\mathrm{d}x}$；

(3) $\dfrac{x^2}{a^2} + \dfrac{y^2}{b^2} = 1$，求 $\dfrac{\mathrm{d}y}{\mathrm{d}x}$；

(4) $y = 1 + x\mathrm{e}^y$，求 $\dfrac{\mathrm{d}y}{\mathrm{d}x}$.

2. 求由下列参数方程所确定的函数的导数：

(1) $\begin{cases} x = t + \dfrac{1}{t}, \\ y = t - \dfrac{1}{t}, \end{cases}$ 求 $\dfrac{\mathrm{d}y}{\mathrm{d}x}$，$\dfrac{\mathrm{d}^2 y}{\mathrm{d}x^2}$；

(2) $\begin{cases} x = \ln(1+t^2), \\ y = t - \arctan t, \end{cases}$ 求 $\dfrac{\mathrm{d}y}{\mathrm{d}x}$，$\dfrac{\mathrm{d}^2 y}{\mathrm{d}x^2}$；

(3) $\begin{cases} x = at^2, \\ y = bt^3, \end{cases}$ 求 $\dfrac{\mathrm{d}y}{\mathrm{d}x}, \dfrac{\mathrm{d}^2 y}{\mathrm{d}x^2}$;

(4) $\begin{cases} x = f'(t), \\ y = tf'(t) - f(t), \end{cases}$ 设 $f'(t)$ 存在且不为 0,求 $\dfrac{\mathrm{d}y}{\mathrm{d}x}, \dfrac{\mathrm{d}^2 y}{\mathrm{d}x^2}$.

3. 求曲线 $\begin{cases} x = 2\sin t, \\ y = \cos 2t \end{cases}$ 在 $t = \dfrac{\pi}{4}$ 处的切线方程和法线方程.

第五节　微分及其在近似计算中的应用

一、微分的概念

先看一个例子.

例 1

如图 2-6 所示,一金属正方形薄片,当受热影响时,其边长由 x_0 变到 $x_0 + \Delta x (|\Delta x|$ 很小),求其面积 A 的增量的近似值.

解 边长为 x 的正方形薄片的面积 $A = x^2$,当边长从 x_0 变到 $x_0 + \Delta x$ 时,面积 A 有相应的增量

$$\Delta A = (x_0 + \Delta x)^2 - x_0^2 = 2x_0 \Delta x + (\Delta x)^2,$$

这个 ΔA 由两部分组成:第一部分 $2x_0 \Delta x$ 是 Δx 的线性函数;第二部分 $(\Delta x)^2$ 是比 Δx 高阶的无穷小(当 $\Delta x \to 0$ 时). 因此,当 $|\Delta x|$ 很小时,可以略去 $(\Delta x)^2$,仅用第一部分 Δx 的线性函数 $2x_0 \Delta x$ 作为 ΔA 的近似值,即

$$\Delta A \approx 2x_0 \Delta x.$$

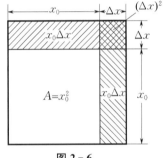

图 2-6

由此我们引入微分的概念.

定义 1　设函数 $y = f(x)$ 在点 x_0 的某个邻域内有定义,自变量 x 在点 x_0 处取得增量 Δx(点 $x_0 + \Delta x$ 也在该邻域内). 若函数 $y = f(x)$ 在点 x_0 处的增量 Δy 可以表示为 Δx 的线性函数 $A\Delta x$ 与一个比 Δx 高阶的无穷小之和,即

$$\Delta y = A\Delta x + o(\Delta x),$$

其中 A 是与 x_0 有关但不依赖于 Δx 的常数,则称函数 $y = f(x)$ 在点 x_0 处**可微**,其中 $A\Delta x$ 称为函数 $y = f(x)$ 在点 x_0 处的**微分**,记作 $\mathrm{d}y|_{x=x_0}$,即

$$\mathrm{d}y|_{x=x_0} = A\Delta x.$$

函数的微分 $A\Delta x$ 是 Δx 的线性函数,且与函数的增量 Δy 相差一个比 Δx 高阶的无穷小,当 $A \neq 0$ 时,它是 Δy 的主要部分,因此也称微分 $\mathrm{d}y$ 是增量 Δy 的**线性主部**. 当 $|\Delta x|$ 很小时,就可以用微分 $\mathrm{d}y$ 作为增量 Δy 的近似值.

下面讨论函数 $y = f(x)$ 在点 x_0 处可导与可微的关系.

如果函数 $y = f(x)$ 在点 x_0 处可微,则按定义有

$$\Delta y = A\Delta x + o(\Delta x).$$

上式两边同时除以 Δx，取 $\Delta x \to 0$ 时的极限，得

$$\lim_{\Delta x \to 0} \frac{\Delta y}{\Delta x} = \lim_{\Delta x \to 0}\left[A + \frac{o(\Delta x)}{\Delta x}\right] = A,$$

即

$$A = f'(x_0).$$

这说明，若函数 $y = f(x)$ 在点 x_0 处可微，则 $y = f(x)$ 在点 x_0 处也一定可导，且 $f'(x_0) = A$.

反之，如果函数 $y = f(x)$ 在点 x_0 处可导，即

$$\lim_{\Delta x \to 0} \frac{\Delta y}{\Delta x} = f'(x_0)$$

存在，根据函数极限与无穷小的关系，上式可写成

$$\frac{\Delta y}{\Delta x} = f'(x_0) + \alpha,$$

其中 α 在 $\Delta x \to 0$ 时为无穷小，从而

$$\Delta y = f'(x_0)\Delta x + \alpha\Delta x,$$

这里 $f'(x_0)$ 是不依赖于 Δx 的常数，$\alpha\Delta x$ 是当 $\Delta x \to 0$ 时比 Δx 高阶的无穷小. 因此，按微分的定义，函数 $y = f(x)$ 在点 x_0 处是可微的.

由此可见，函数 $y = f(x)$ 在点 x_0 处可导与可微是等价的，且函数 $y = f(x)$ 在点 x_0 处的微分可记作

$$\mathrm{d}y\big|_{x=x_0} = f'(x_0)\Delta x.$$

由于自变量 x 的微分 $\mathrm{d}x = (x)'\Delta x = \Delta x$，因此函数 $y = f(x)$ 在点 x_0 处的微分又可记作

$$\mathrm{d}y\big|_{x=x_0} = f'(x_0)\mathrm{d}x.$$

若函数 $y = f(x)$ 在某区间内每一点都可微，则称 $y = f(x)$ 是该区间内的**可微函数**，函数在区间内任一点 x 处的微分记作

$$\mathrm{d}y = f'(x)\mathrm{d}x.$$

由上式可得 $f'(x) = \dfrac{\mathrm{d}y}{\mathrm{d}x}$，因此导数 $\dfrac{\mathrm{d}y}{\mathrm{d}x}$ 可以看作函数的微分 $\mathrm{d}y$ 与自变量的微分 $\mathrm{d}x$ 的商，从而导数也称为**微商**.

例 2

求函数 $y = f(x) = x^2 + 1$ 在点 $x = 1$ 处当 $\Delta x = 0.1$ 时的增量 Δy 和微分 $\mathrm{d}y$.

解 $\Delta y = f(x + \Delta x) - f(x) = (x + \Delta x)^2 + 1 - (x^2 + 1) = 2x\Delta x + (\Delta x)^2$，故

$$\Delta y\big|_{\substack{x=1 \\ \Delta x=0.1}} = 2 \times 1 \times 0.1 + (0.1)^2 = 0.21.$$

又

$$\mathrm{d}y = f'(x)\Delta x = (x^2 + 1)'\Delta x = 2x\Delta x,$$

故

$$\mathrm{d}y\big|_{\substack{x=1 \\ \Delta x=0.1}} = 2 \times 1 \times 0.1 = 0.2.$$

例 3

球的体积 $V = \dfrac{4}{3}\pi R^3$，当某个球的半径 R 有一个增量 ΔR 时，求该球的体积 V 的增量 ΔV 和

微分 dV.

解　该球的体积 V 的增量

$$\Delta V = \frac{4}{3}\pi(R+\Delta R)^3 - \frac{4}{3}\pi R^3 = 4\pi R^2 \Delta R + 4\pi R(\Delta R)^2 + \frac{4}{3}\pi(\Delta R)^3,$$

微分

$$dV = \frac{dV}{dR}\Delta R = 4\pi R^2 \Delta R.$$

下面给出微分的几何意义.

如图 2-7 所示,函数 $y=f(x)$ 的图形是一曲线,当自变量 x 由 x_0 变到 $x_0+\Delta x$ 时,曲线上的对应点由 $M(x_0,y_0)$ 变到 $P(x_0+\Delta x,y_0+\Delta y)$,从图中可知

$$MN = \Delta x, \quad NP = \Delta y.$$

过点 M 作切线 MT,它的倾角为 θ,斜率为 $\tan\theta = f'(x_0)$,则 $NT = MN\tan\theta = f'(x_0)\Delta x$,即

$$dy = NT,$$

于是函数 $y=f(x)$ 在点 x_0 处的微分,就是曲线 $y=f(x)$ 在点 $M(x_0,y_0)$ 处的切线 MT 当横坐标由 x_0 变到 $x_0+\Delta x$ 时,其对应的纵坐标的增量.因此,用函数的微分 dy 近似代替函数的增量 Δy,就是用点 M 处切线上纵坐标的增量 NT 近似代替曲线纵坐标的增量 NP,并且有 $\Delta y - dy = TP$,其中 TP 是比 Δx 高阶的无穷小(当 $\Delta x \to 0$ 时).

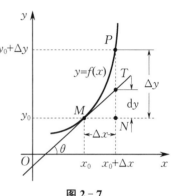

图 2-7

二、微分的运算法则

根据微分的定义,要计算函数 $y=f(x)$ 的微分,只需求出它的导数 $f'(x)$,然后再乘以 dx 即可.根据导数公式和导数的运算法则,就能得到相应的微分公式和微分的运算法则.

1. 基本初等函数的微分公式

(1) $d(C) = 0$ （C 为常数）；

(2) $d(x^\mu) = \mu x^{\mu-1}dx$ （μ 为常数）；

(3) $d(\log_a x) = \frac{1}{x\ln a}dx$ （$a>0$ 且 $a\neq 1$）；

(4) $d(\ln x) = \frac{1}{x}dx$；

(5) $d(a^x) = a^x\ln a\,dx$ （$a>0$ 且 $a\neq 1$）；

(6) $d(e^x) = e^x dx$；

(7) $d(\sin x) = \cos x\,dx$；

(8) $d(\cos x) = -\sin x\,dx$；

(9) $d(\tan x) = \sec^2 x\,dx$；

(10) $d(\cot x) = -\csc^2 x\,dx$；

(11) $d(\sec x) = \sec x\tan x\,dx$；

(12) $d(\csc x) = -\csc x\cot x\,dx$；

(13) $d(\arcsin x) = \frac{1}{\sqrt{1-x^2}}dx$；

(14) $d(\arccos x) = -\frac{1}{\sqrt{1-x^2}}dx$；

(15) $d(\arctan x) = \frac{1}{1+x^2}dx$；

(16) $d(\text{arccot}\,x) = -\frac{1}{1+x^2}dx$.

2. 函数四则运算的微分法则

设函数 $u=u(x)$ 和 $v=v(x)$ 均可微,则

(1) $d(u \pm v) = du \pm dv$;
(2) $d(uv) = vdu + udv$;

(3) $d(Cu) = Cdu$ （C 为常数）；
(4) $d\left(\dfrac{u}{v}\right) = \dfrac{vdu - udv}{v^2}$ （$v \neq 0$）.

3. 复合函数的微分法则

设函数 $y = f(u)$ 和 $u = \varphi(x)$ 均可微，由复合函数的求导法则可得复合函数 $y = f[\varphi(x)]$ 的微分为

$$dy = f'(u)\varphi'(x)dx.$$

由于 $du = \varphi'(x)dx$，因此上式也可以写成

$$dy = f'(u)du.$$

由此可知，不论 u 是自变量还是中间变量，函数 $y = f(u)$ 的微分形式总是 $dy = f'(u)du$，这个性质称为**一阶微分形式的不变性**.

例 4

设函数 $y = \cos\sqrt{x}$，求 dy.

解 把 $\sqrt{x}$ 看作中间变量 u，则

$$dy = d(\cos u) = -\sin udu = -\sin\sqrt{x}\,d(\sqrt{x})$$
$$= -\sin\sqrt{x}\,\frac{1}{2\sqrt{x}}dx = -\frac{1}{2\sqrt{x}}\sin\sqrt{x}\,dx.$$

例 5

设函数 $y = e^{-ax}\sin bx$，求 dy.

解 应用积的微分法则，得

$$dy = \sin bx\,d(e^{-ax}) + e^{-ax}d(\sin bx)$$
$$= \sin bx\,e^{-ax}d(-ax) + e^{-ax}\cos bx\,d(bx)$$
$$= (-a\sin bx + b\cos bx)e^{-ax}dx.$$

在例 4、例 5 的计算过程中应用了一阶微分形式的不变性.

例 6

求由方程 $y = 1 + xe^y$ 所确定的隐函数的微分 dy.

解 对方程两边求微分，得

$$dy = d(1 + xe^y) = d(1) + d(xe^y) = e^ydx + xd(e^y) = e^ydx + xe^ydy,$$

解出 dy，得

$$dy = \frac{e^y}{1 - xe^y}dx.$$

例 7

在括号内填入适当的函数，使得下列等式成立：

(1) $\dfrac{1}{1+x^2}dx = d(\qquad)$；
(2) $a^x dx = d(\qquad)$；

(3) $d(e^{4x}) = (\qquad)d(4x) = (\qquad)dx$.

解 (1) 因为 $(\arctan x + C)' = \dfrac{1}{1+x^2}$,所以

$$\frac{1}{1+x^2}\mathrm{d}x = \mathrm{d}(\arctan x + C) \quad (C \text{ 为任意常数}).$$

(2) 因为 $(a^x)' = a^x \ln a$,所以

$$a^x \mathrm{d}x = \mathrm{d}\left(\frac{a^x}{\ln a} + C\right) \quad (C \text{ 为任意常数}).$$

(3) 设 $4x$ 为复合函数的中间变量 u,则有

$$\mathrm{d}(\mathrm{e}^{4x}) = (\mathrm{e}^{4x})\mathrm{d}(4x) = 4\mathrm{e}^{4x}\mathrm{d}x.$$

三、微分在近似计算中的应用

我们知道,当函数 $y = f(x)$ 在点 x_0 处的导数 $f'(x_0) \neq 0$ 且 $|\Delta x|$ 很小时,有

$$\Delta y \approx \mathrm{d}y = f'(x_0)\Delta x. \tag{2-4}$$

(2-4) 式可用于近似计算 Δy,该式也可表示为

$$\Delta y = f(x_0 + \Delta x) - f(x_0) \approx f'(x_0)\Delta x$$

或

$$f(x_0 + \Delta x) \approx f(x_0) + f'(x_0)\Delta x. \tag{2-5}$$

在 (2-5) 式中,令 $x_0 + \Delta x = x$,则有

$$f(x) \approx f(x_0) + f'(x_0)(x - x_0). \tag{2-6}$$

(2-5) 式或 (2-6) 式可用来求 $f(x_0 + \Delta x)$ 或 $f(x)$ 的近似值.

例 8

有一半径 $R = 10\text{ cm}$ 的金属球,加热后半径增大了 0.001 cm,问:球的体积约增加了多少?

解 球的体积 $V = \dfrac{4}{3}\pi R^3$,由 (2-4) 式得

$$\Delta V \approx \mathrm{d}V = \left(\frac{4}{3}\pi R^3\right)'\Delta R = 4\pi R^2 \Delta R,$$

即

$$\mathrm{d}V \Big|_{\substack{R=10\text{ cm} \\ \Delta R = 0.001\text{ cm}}} = 4\pi \times 10^2 \times 0.001\text{ cm}^3 = 0.4\pi\text{ cm}^3 \approx 1.257\text{ cm}^3,$$

故球的体积约增加了 1.257 cm^3.

例 9

求 $\arctan 1.05$ 的近似值.

解 设函数 $f(x) = \arctan x$,取 $x_0 = 1$,$\Delta x = 0.05$,则 $x_0 + \Delta x = 1.05$. 因为 $f'(x) = \dfrac{1}{1+x^2}$,$f(1) = \dfrac{\pi}{4}$,$f'(1) = \dfrac{1}{2}$,代入 (2-5) 式,得

$$f(1.05) = f(1+0.05) \approx f(1) + f'(1)\Delta x,$$

即

$$\arctan 1.05 \approx \frac{\pi}{4} + \frac{1}{2} \times 0.05 \approx 0.810\,4,$$

$$\arctan 1.05 \approx 46°26'.$$

在(2-6)式中取 $x_0 = 0$,得

$$f(x) \approx f(0) + f'(0)x. \qquad (2-7)$$

应用(2-7)式可以建立以下几个工程上常用的近似公式.

假设 $|x| \ll 1$,那么有

(1) $\sqrt[n]{1+x} \approx 1 + \dfrac{x}{n}$; (2) $\sin x \approx x$ (x 为弧度);

(3) $\tan x \approx x$ (x 为弧度); (4) $e^x \approx 1 + x$;

(5) $\ln(1+x) \approx x$.

下面我们仅对上述(1)式与(5)式进行证明.

证 对(1)式,取函数 $f(x) = \sqrt[n]{1+x}$,则 $f(0) = 1, f'(x) = \dfrac{1}{n}(1+x)^{\frac{1}{n}-1}, f'(0) = \dfrac{1}{n}$. 将上述结果代入(2-7)式,得

$$\sqrt[n]{1+x} \approx 1 + \dfrac{x}{n}.$$

对(5)式,取函数 $f(x) = \ln(1+x)$,则 $f(0) = 0, f'(x) = \dfrac{1}{1+x}, f'(0) = 1$.将上述结果代入(2-7)式,得

$$\ln(1+x) \approx x.$$

例 10

求 $\sqrt[3]{65}$ 的近似值.

解 $\sqrt[3]{65} = \sqrt[3]{64+1} = 4\sqrt[3]{1+\dfrac{1}{64}}$,由 $\sqrt[n]{1+x} \approx 1 + \dfrac{x}{n}$,得

$$\sqrt[3]{65} \approx 4 \times \left(1 + \dfrac{1}{3} \times \dfrac{1}{64}\right) \approx 4.021.$$

例 11

求 $e^{-0.005}$ 的近似值.

解 由 $e^x \approx 1 + x$,得

$$e^{-0.005} \approx 1 + (-0.005) = 0.995.$$

思 考 题 2-5

1.设函数 $f(x)$ 在点 x_0 处可微,则当 $\Delta x \to 0$ 时,$\Delta y - dy$ 是 Δy 的高阶无穷小吗?为什么?

2.函数 $y = f(x)$ 在点 x_0 处的导数与微分有什么区别?

3.在括号内填入适当的函数,使得下列等式成立:

(1) $\sec^2 x dx = d(\quad)$; (2) $e^{-x} dx = d(\quad)$;

(3) $d(e^{\sin 4x}) = (\quad)d(\sin 4x) = (\quad)d(4x) = (\quad)dx$.

习 题 2-5

1.求下列函数的微分:

(1) $y = \arctan e^x$; (2) $y = e^x \sin^2 x$;

(3) $y = \arcsin \dfrac{x}{a}$ ($a > 0$); (4) $y = \dfrac{\ln x}{\sqrt{x}}$;

(5) $y = \arctan \dfrac{1+x}{1-x}$;　　　　(6) $e^{\frac{x}{y}} - xy = 0$;

(7) $y = \cos(xy) - x$.

2. 利用微分求下列近似值:

(1) $\sin 29°$;　　　　　　　(2) $\ln 1.03$;

(3) $\sqrt[3]{1.02}$;　　　　　　　(4) $e^{1.01}$;

(5) $\sqrt[5]{30}$;　　　　　　　(6) $\tan 29°$;

(7) $\sqrt[3]{996}$.

本章小结

本章要求:在理解导数和微分概念的基础上,重点掌握导数和微分的运算法则、导数的基本公式及求函数导数与微分的一些基本方法.

1. 导数

(1) 导数的基本公式(见表 2-1).

表 2-1

序号	函数	导数公式	序号	函数	导数公式
1	$y = C$ （C 为常数）	$y' = 0$	9	$y = \tan x$	$y' = \sec^2 x$
2	$y = x^\mu$ （μ 为常数）	$y' = \mu x^{\mu-1}$	10	$y = \cot x$	$y' = -\csc^2 x$
3	$y = a^x$ （$a>0$ 且 $a \neq 1$）	$y' = a^x \ln a$	11	$y = \sec x$	$y' = \sec x \tan x$
4	$y = e^x$	$y' = e^x$	12	$y = \csc x$	$y' = -\csc x \cot x$
5	$y = \log_a x$ （$a>0$ 且 $a \neq 1$）	$y' = \dfrac{1}{x \ln a}$	13	$y = \arcsin x$	$y' = \dfrac{1}{\sqrt{1-x^2}}$
6	$y = \ln x$	$y' = \dfrac{1}{x}$	14	$y = \arccos x$	$y' = -\dfrac{1}{\sqrt{1-x^2}}$
7	$y = \sin x$	$y' = \cos x$	15	$y = \arctan x$	$y' = \dfrac{1}{1+x^2}$
8	$y = \cos x$	$y' = -\sin x$	16	$y = \text{arccot } x$	$y' = -\dfrac{1}{1+x^2}$

(2) 函数四则运算的求导法则. 设函数 $u = u(x), v = v(x)$ 在点 x 处可导,则

① $(u \pm v)' = u' \pm v'$;　　　　　② $(uv)' = u'v + uv'$;

③ $\left(\dfrac{u}{v}\right)' = \dfrac{u'v - uv'}{v^2}$.

(3) 复合函数的求导法则. 设函数 $y = f(u), u = \varphi(x)$ 均可导,则复合函数 $y = f[\varphi(x)]$ 的导数为 $\dfrac{dy}{dx} = \dfrac{dy}{du} \cdot \dfrac{du}{dx}$ 或 $y' = f'(u)\varphi'(x)$.

(4) 反函数的求导法则. 设函数 $x = \varphi(y)$ 在某一区间内单调、可导,则它的反函数 $y = f(x)$ 在对应区间内也可导,且 $f'(x) = \dfrac{1}{\varphi'(y)}[\varphi'(y) \neq 0]$.

(5) 隐函数的求导法则. 设 $y = y(x)$ 是由方程 $F(x,y) = 0$ 所确定的可导函数,则可视 y

为 x 的函数,通过方程两边同时对 x 求导,得到一个关于 y' 的方程,解出 y' 就得到隐函数 $y = y(x)$ 的导数.

(6) 由参数方程确定的函数的导数. 若函数 $y = y(x)$ 由参数方程 $\begin{cases} x = \varphi(t), \\ y = \psi(t) \end{cases}$ $(\alpha < t < \beta)$ 给定,其中 $\varphi(t), \psi(t)$ 在区间 $[\alpha, \beta]$ 上可导,则 $\dfrac{\mathrm{d}y}{\mathrm{d}x} = \dfrac{\psi'(t)}{\varphi'(t)}$.

(7) 高阶导数. 求函数的高阶导数,就是利用导数的基本公式及求导法则,对函数逐次地连续求导.

2. 微分

(1) 微分的运算法则. 微分的运算法则可仿导数的基本公式及求导法则.

(2) 微分的近似计算. 设函数 $y = f(x)$ 在点 x_0 处可导,让自变量 x 从 x_0 变到 $x_0 + \Delta x$,则函数的增量可由函数的微分来近似计算,即

$$\Delta y = f(x_0 + \Delta x) - f(x_0) \approx f'(x_0)\Delta x.$$

(3) 常用微分近似计算公式. 当 $|x|$ 很小时,有

$$\sqrt[n]{1+x} \approx 1 + \frac{x}{n}, \quad \sin x \approx x, \quad \tan x \approx x, \quad \mathrm{e}^x \approx 1 + x, \quad \ln(1+x) \approx x.$$

 自 测 题 二

1. 选择题

(1) 若函数 $f(x)$ 在点 x_0 处不连续,则 $f(x)$ 在点 x_0 处( );

A. 必不可导　　　　　　　　B. 一定可导

C. 可能可导　　　　　　　　D. 没有极限

(2) 下列选项中(k 为常数),正确的是( );

A. $\dfrac{\mathrm{d}(x^x)}{\mathrm{d}x} = x \cdot x^{x-1} = x^x$ 　　　B. $\dfrac{\mathrm{d}(x^k)}{\mathrm{d}x} = x^k$

C. $\dfrac{\mathrm{d}(k^x)}{\mathrm{d}x} = xk^{x-1}$ 　　　D. $\dfrac{\mathrm{d}(x^k)}{\mathrm{d}x} = kx^{k-1}$

(3) 设函数 $y = \cos 2x$,则 $y^{(n)} = ($);

A. $2^n \cos\left(2x + n \cdot \dfrac{\pi}{2}\right)$ 　　　B. $(-1)^n 2^n \cos\left(2x + n \cdot \dfrac{\pi}{2}\right)$

C. $2^n \sin\left(2x + n \cdot \dfrac{\pi}{2}\right)$ 　　　D. $(-1)^n 2^n \sin\left(2x + n \cdot \dfrac{\pi}{2}\right)$

(4) 当 $|\Delta x|$ 很小,$f'(x) \neq 0$ 时,函数的增量 Δy 与微分 $\mathrm{d}y = f'(x)\Delta x$ 的关系是( );

A. $\Delta y = \mathrm{d}y$ 　　　　　　　　B. $\Delta y < \mathrm{d}y$

C. $\Delta y > \mathrm{d}y$ 　　　　　　　　D. $\Delta y \approx \mathrm{d}y$

(5) 若 $f(x)$ 为可微函数,当 $\Delta x \to 0$ 时,在点 x 处的 $\Delta y - \mathrm{d}y$ 是关于 Δx 的( );

A. 高阶无穷小　　　　　　　B. 等价无穷小

C. 低阶无穷小　　　　　　　D. 不可以比较

(6) 函数 $y = f(x)$ 在某点 x 处自变量有增量 $\Delta x = 0.2$,对应的函数增量 Δy 的主部等于 0.8,则 $f'(x) = ($).

A. 0.4 　　　B. 0.16 　　　C. 4 　　　D. 1.6

2. 下列结论是否正确？为什么？

(1) $f'(x_0) = [f(x_0)]'$；

(2) $f'(x_0) = f'(x)|_{x=x_0}$；

(3) 设函数 $y = f(x)$ 在点 $x = 0$ 处可导，且 $f(0) = 0$，则 $f'(0) = 0$；

(4) 若函数 $f(x), g(x)$ 在区间 (a, b) 内可导，且 $f(x) > g(x)$，则 $f'(x) > g'(x)$.

3. 试证明：函数 $y = \sqrt[3]{x}$ 在点 $x = 0$ 处连续但不可导.

4. 求曲线 $f(x) = \begin{cases} \ln x, & x \geq 1, \\ x - 1, & x < 1 \end{cases}$ 在任意点处的切线斜率.

5. 求曲线 $x^3 + y^3 = 3xy$ 在点 $M\left(\dfrac{3}{2}, \dfrac{3}{2}\right)$ 处的切线，并证明：该曲线在点 $M\left(\dfrac{3}{2}, \dfrac{3}{2}\right)$ 处的法线通过原点.

6. 求抛物线 $y = x^2 + 1$ 的通过原点的切线方程.

7. 求函数 (1) $\sim$ (3) 的导数，函数 (4) 的 $y'(0)$：

(1) $y = \left(\dfrac{a}{b}\right)^x \left(\dfrac{b}{x}\right)^a \left(\dfrac{x}{a}\right)^b$ $(a > 0, b > 0, x > 0)$；

(2) $y = (\arctan x)^x$ $(x > 0)$；

(3) $y = \dfrac{1 + \cos^2 x}{\cos x^2}$；

(4) $y = \ln \sqrt{\dfrac{(1-x)\mathrm{e}^x}{\arccos x}}$.

8. 设函数 $f(x)$ 可导，求下列函数的导数：

(1) $y = \sin f(x)$； (2) $y = \ln f(x^2)$.

9. 设函数 $y = \dfrac{1}{2 - x - x^2}$，求 $y^{(20)}$ 及 $y^{(n)}$.

10. 已知

(1) $x^{\frac{3}{2}} + y^{\frac{3}{2}} = a^{\frac{3}{2}}$，求 $\dfrac{\mathrm{d}y}{\mathrm{d}x}$；

(2) $\begin{cases} x = \dfrac{3at}{1+t^3}, \\ y = \dfrac{3at^2}{1+t^3} \end{cases}$ $(a$ 为常数$)$，求 $\dfrac{\mathrm{d}y}{\mathrm{d}x}$；

(3) $\begin{cases} x = (1+t^2)^{\frac{1}{2}}, \\ y = (1-t^2)^{\frac{1}{2}}, \end{cases}$ 求 $\dfrac{\mathrm{d}^2 y}{\mathrm{d}x^2}$；

(4) $y = \dfrac{ax+b}{cx+d}$ $(ad \neq bc)$，求 $y^{(n)}$.

11. 求下列函数的微分 $\mathrm{d}y$：

(1) $y = x\sqrt{a^2 - x^2} + a^2 \arcsin \dfrac{x}{a}$；

(2) $y = \arctan \sqrt{1 - \ln x}$；

(3) $x + y = \arctan y$；

(4) $y = \tan(x + y)$.

12. 求下列函数的近似值：

(1) $y = \sqrt{1+x}$，当 $x = 0.2$ 时；

(2) $y = \sqrt[3]{\dfrac{1-x}{1+x}}$，当 $x = 0.1$ 时.

13. 计算下列数的近似值：

(1) $\lg 11$； (2) $\cos 151°$； (3) $\arcsin 0.54$.

03 第三章
微分中值定理与导数的应用

导致微分学产生的第三类问题是"求最大值和最小值"，此类问题在生产实践中具有深刻的应用背景. 例如，求炮弹从炮筒里射出后运动的水平距离（即射程），其依赖于炮筒对地面的倾斜角（即发射角）. 又如，在天文学中，求行星离太阳的最远和最近距离等. 一直以来，导数作为函数的变化率，在研究函数变化的性态中有着十分重要的意义，因而在自然科学、工程技术以及社会科学等领域中得到广泛的应用.

在第二章中，我们介绍了微分学的两个基本概念——导数与微分及其计算方法. 本章以微分学基本定理——微分中值定理为基础，进一步介绍利用导数研究函数的性态，如判断函数的单调性和函数曲线的凹凸性，求函数的极值、最大值与最小值以及函数作图的方法.

第一节　微分中值定理

微分中值定理揭示了函数在某区间上的整体性质与函数在该区间内某一点的导数之间的关系,微分中值定理既是用微分学知识解决应用问题的理论基础,又是解决微分学自身发展的一种理论性模型,因而称为微分中值定理.

一、罗尔中值定理

如图 3-1 所示,设函数 $y = f(x)$ 在区间 $[a,b]$ 上的图形是一条光滑曲线弧,这条曲线在区间 (a,b) 内每一点都存在不垂直于 x 轴的切线,且区间 $[a,b]$ 的两个端点的函数值相等,即 $f(a) = f(b)$,则可以发现在曲线弧上的最高点或最低点处,曲线有水平切线,即有 $f'(\xi) = 0$. 如果用数学语言来描述这种几何现象,就可得到下面的罗尔(Rolle)中值定理.

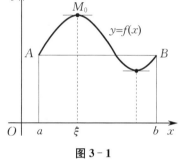

图 3-1

罗尔中值定理　设函数 $y = f(x)$ 满足下列条件:

(1) 在闭区间 $[a,b]$ 上连续;

(2) 在开区间 (a,b) 内可导;

(3) $f(a) = f(b)$,

则至少存在一点 $\xi \in (a,b)$,使得 $f'(\xi) = 0$.

证明从略.

罗尔中值定理的几何意义是:如果连续曲线 $y = f(x)$ 在闭区间的两个端点上的纵坐标相等,且除端点外处处有不垂直于 x 轴的切线,则在此曲线弧上至少有一点,曲线在该点处的切线平行于 x 轴(见图 3-1).

例 1

如果方程 $a_0 x^3 + a_1 x^2 + a_2 x = 0$ 有正根 x_0,证明:方程
$$3a_0 x^2 + 2a_1 x + a_2 = 0$$
至少有一个小于 x_0 的正根.

证　设函数 $f(x) = a_0 x^3 + a_1 x^2 + a_2 x$. 因为函数 $f(x)$ 在闭区间 $[0,x_0]$ 上连续,在开区间 $(0,x_0)$ 内可导,且 $f(0) = f(x_0) = 0$,所以由罗尔中值定理知,至少存在一点 $\xi \in (0,x_0)$,使得
$$f'(\xi) = 3a_0 \xi^2 + 2a_1 \xi + a_2 = 0.$$
因此,方程 $3a_0 x^2 + 2a_1 x + a_2 = 0$ 至少有一个小于 x_0 的正根 ξ.

由此例可见,罗尔中值定理也可以用来判定方程实根的存在性.

值得注意的是,若函数 $f(x)$ 不能同时满足罗尔中值定理的三个条件,则结论不成立. 也就是说,罗尔中值定理的条件是充分的,但不是必要的.

二、拉格朗日中值定理

如图 3-2 所示,如果函数 $y = f(x)$ 不满足罗尔中值定理中的条件 $f(a) = f(b)$,当

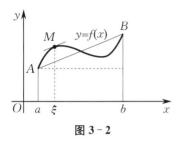

图 3-2

$f(a) \neq f(b)$ 时,弦 AB 是斜线,此时连续曲线 $y = f(x)$ 上存在点 $M(\xi, f(\xi))$,曲线在点 M 处的切线平行于弦 AB. 由于曲线在点 M 处切线的斜率为 $f'(\xi)$,弦 AB 的斜率为 $\dfrac{f(b) - f(a)}{b - a}$,因此

$$f'(\xi) = \frac{f(b) - f(a)}{b - a}.$$

我们有下面的定理.

拉格朗日(Lagrange)中值定理 设函数 $y = f(x)$ 满足下列条件:

(1) 在闭区间 $[a, b]$ 上连续;

(2) 在开区间 (a, b) 内可导,

则至少存在一点 $\xi \in (a, b)$,使得

$$f'(\xi) = \frac{f(b) - f(a)}{b - a}. \tag{3-1}$$

证 利用罗尔中值定理来证明.

记 $k = \dfrac{f(b) - f(a)}{b - a}$,则弦 AB 的方程为 $y = f(a) + k(x - a)$. 由于弦 AB 的端点与曲线 $y = f(x)$ 的端点重合,因此 $f(x)$ 与 $f(a) + k(x - a)$ 之差

$$F(x) = f(x) - [f(a) + k(x - a)]$$

满足 $F(a) = F(b) = 0$. 根据罗尔中值定理,至少存在一点 $\xi \in (a, b)$,使得

$$F'(\xi) = f'(\xi) - k = 0,$$

即

$$f'(\xi) = \frac{f(b) - f(a)}{b - a}.$$

(3-1)式对 $a > b$ 也成立,我们把

$$f(b) - f(a) = f'(\xi)(b - a) \quad (\xi \text{ 在 } a \text{ 与 } b \text{ 之间}) \tag{3-2}$$

称为**拉格朗日中值公式**,它具有下面几种不同的变形.

令 $a = x, b = x + \Delta x$,则(3-2)式可改写为

$$\Delta y = f(x + \Delta x) - f(x) = f'(\xi) \Delta x \quad (\xi \text{ 在 } x \text{ 与 } x + \Delta x \text{ 之间}). \tag{3-3}$$

若将 ξ 表示为 $\xi = x + \theta \Delta x (0 < \theta < 1)$,则(3-3)式又可写成

$$\Delta y = f'(x + \theta \Delta x) \Delta x \quad (0 < \theta < 1). \tag{3-4}$$

拉格朗日中值定理在微分学中占有重要的地位,它精确地表达了函数在一个区间上的增量与函数在该区间内某点处的导数之间的关系,从而使我们可以用导数去研究函数在区间上的性态.

显然,如果在拉格朗日中值定理中加上条件 $f(a) = f(b)$,那么就成为罗尔中值定理,故拉格朗日中值定理是罗尔中值定理的推广.

例 2

验证函数 $f(x) = \cos x$ 在区间 $\left[0, \dfrac{\pi}{2}\right]$ 上满足拉格朗日中值定理,并求出相应的 ξ.

解 因为函数 $f(x)=\cos x$ 在闭区间 $\left[0,\dfrac{\pi}{2}\right]$ 上连续，在开区间 $\left(0,\dfrac{\pi}{2}\right)$ 内可导，所以 $f(x)$ 满足拉格朗日中值定理的条件. 而

$$f'(x)=-\sin x,\quad \frac{f\left(\dfrac{\pi}{2}\right)-f(0)}{\dfrac{\pi}{2}-0}=\frac{2}{\pi}\left(\cos\frac{\pi}{2}-\cos 0\right)=-\frac{2}{\pi},$$

由 $-\sin\xi=-\dfrac{2}{\pi}$，解得

$$\xi=\arcsin\frac{2}{\pi}\quad\left(0<\arcsin\frac{2}{\pi}<\frac{\pi}{2}\right).$$

我们知道，常数的导数等于 0，但反过来，导数为 0 的函数是否为常数呢？回答是肯定的，现在我们用拉格朗日中值定理来证明其正确性.

推论 1 如果函数 $f(x)$ 在区间 (a,b) 内的导数恒为 0，那么 $f(x)$ 在 (a,b) 内是一个常数.

证 在区间 (a,b) 内任取两点 $x_1,x_2(x_1<x_2)$，在区间 $[x_1,x_2]$ 上应用拉格朗日中值定理，由 $(3-2)$ 式得

$$f(x_2)-f(x_1)=f'(\xi)(x_2-x_1)\quad(\xi\text{ 在 }x_1\text{ 与 }x_2\text{ 之间}).$$

又 $f'(\xi)=0$，得 $f(x_1)=f(x_2)$. 由 x_1,x_2 的任意性知，$f(x)$ 在 (a,b) 内为一常数.

推论 2 若函数 $f(x)$ 及 $g(x)$ 在区间 (a,b) 内满足条件 $f'(x)=g'(x)$，则在 (a,b) 内，
$$f(x)=g(x)+C\quad(C\text{ 为常数}).$$

显然，令函数 $F(x)=f(x)-g(x)$，对 $F(x)$ 应用推论 1，便可得推论 2 的证明（读者自己完成）.

例 3

证明：$\arcsin x+\arccos x=\dfrac{\pi}{2}$，$x\in(-1,1)$.

证 设函数 $f(x)=\arcsin x+\arccos x,x\in(-1,1)$. 显然，$f(x)$ 在区间 $(-1,1)$ 内可导且
$$f'(x)=(\arcsin x)'+(\arccos x)'=0,$$
得 $f(x)\equiv C,x\in(-1,1)$. 又因

$$f(0)=\arcsin 0+\arccos 0=0+\frac{\pi}{2}=\frac{\pi}{2},$$

故 $C=\dfrac{\pi}{2}$，从而 $\arcsin x+\arccos x=\dfrac{\pi}{2}$.

例 4

证明：当 $x>0$ 时，$\dfrac{x}{1+x}<\ln(1+x)<x$.

证 设函数 $f(x)=\ln(1+x)$. 显然，$f(x)$ 在区间 $[0,x]$ 上满足拉格朗日中值定理的条件，则存在 $\xi\in(0,x)$，使得

$$f(x)-f(0)=f'(\xi)(x-0)\quad(0<\xi<x).$$

因为

$$f(0) = 0, \quad f'(x) = \frac{1}{1+x},$$

所以上式即为

$$\ln(1+x) = \frac{x}{1+\xi} \quad (0 < \xi < x).$$

由于 $0 < \xi < x$,因此 $1 < 1+\xi < 1+x$,则 $\frac{x}{1+x} < \frac{x}{1+\xi} < x$,即

$$\frac{x}{1+x} < \ln(1+x) < x.$$

三、柯西中值定理

作为拉格朗日中值定理的推广,有如下定理.

柯西中值定理 设函数 $f(x)$ 及 $g(x)$ 满足下列条件:

(1) 在闭区间 $[a,b]$ 上连续;

(2) 在开区间 (a,b) 内可导,且 $g'(x) \neq 0$,

则至少存在一点 $\xi \in (a,b)$,使得

$$\frac{f'(\xi)}{g'(\xi)} = \frac{f(b) - f(a)}{g(b) - g(a)}.$$

此定理的证明与拉格朗日中值定理类同,这里从略.

在柯西中值定理中,若取 $g(x) = x$,即得拉格朗日中值公式.

思 考 题 3-1

1. 罗尔中值定理的三个条件中有一个不满足,结论是否成立?举例说明.

2. 若函数 $f(x)$ 在区间 (a,b) 内可导,则在 (a,b) 内必存在 ξ,使得 $f'(\xi) = \frac{f(b) - f(a)}{b-a}$,对吗?

3. 若函数 $f(x)$ 在闭区间 $[a,b]$ 上连续,则在开区间 (a,b) 内必存在 ξ,使得 $f'(\xi) = \frac{f(b) - f(a)}{b-a}$,对吗?

习 题 3-1

1. 试在抛物线 $y = x^2$ 的两端点 $A(1,1)$ 和 $B(3,9)$ 之间的弧段上求一点,使得过此点的切线平行于弦 AB.

2. 证明:对函数 $f(x) = px^2 + qx + r(p,q,r$ 为常数) 应用拉格朗日中值定理时,求出的使得拉格朗日中值公式成立的 ξ 总是位于区间的中点处.

3. 证明:方程 $x^5 + x - 1 = 0$ 只有正根.

4. 不用求出函数 $f(x) = (x-1)(x-2)(x-3)$ 的导数,说明方程 $f'(x) = 0$ 有几个实根,并指出这些根所在的区间.

第二节　　洛必达法则

如果当 $x \to x_0$(或 $x \to \infty$)时,两个函数 $f(x)$ 与 $g(x)$ 都趋于 0 或都趋于无穷大,则极限

$\lim\limits_{x\to x_0}\dfrac{f(x)}{g(x)}\left[或\lim\limits_{x\to\infty}\dfrac{f(x)}{g(x)}\right]$ 可能存在,也可能不存在,通常把这种极限称为**未定式**,并分别记作 $\dfrac{0}{0}$

型未定式或 $\dfrac{\infty}{\infty}$ 型未定式. 下面介绍求未定式极限的一种有效法则 —— 洛必达(L'Hospital)

法则.

一、$\dfrac{0}{0}$ 型及 $\dfrac{\infty}{\infty}$ 型未定式的极限

定理 1　设函数 $f(x)$ 及 $g(x)$ 在点 x_0 的某一去心邻域内有定义,且满足下列条件:

(1) $\lim\limits_{x\to x_0}f(x)=0,\lim\limits_{x\to x_0}g(x)=0$;

(2) $f'(x)$ 和 $g'(x)$ 都存在,且 $g'(x)\neq 0$;

(3) $\lim\limits_{x\to x_0}\dfrac{f'(x)}{g'(x)}$ 存在(或为 ∞),

则

$$\lim_{x\to x_0}\frac{f(x)}{g(x)}=\lim_{x\to x_0}\frac{f'(x)}{g'(x)}.$$

证　因为极限 $\lim\limits_{x\to x_0}\dfrac{f(x)}{g(x)}$ 是否存在与 $f(x_0)$ 和 $g(x_0)$ 取何值无关,所以可补充定义

$$f(x_0)=g(x_0)=0.$$

于是,由条件(1),(2)可知,函数 $f(x)$ 及 $g(x)$ 在点 x_0 的某一邻域内是连续、可导的. 设 x 是该邻域内任意一点($x\neq x_0$),则 $f(x)$ 及 $g(x)$ 在以 x 及 x_0 为端点的区间上满足柯西中值定理的条件,从而存在 ξ(ξ 介于 x 与 x_0 之间),使得

$$\frac{f(x)}{g(x)}=\frac{f(x)-f(x_0)}{g(x)-g(x_0)}=\frac{f'(\xi)}{g'(\xi)}.$$

当 $x\to x_0$ 时,有 $\xi\to x_0$,因此

$$\lim_{x\to x_0}\frac{f(x)}{g(x)}=\lim_{x\to x_0}\frac{f'(x)}{g'(x)}.$$

上述法则对于 $x\to\infty$ 时的 $\dfrac{0}{0}$ 型未定式同样适用.

例 1

求 $\lim\limits_{x\to 0}\dfrac{\sin ax}{x}$ $(a\neq 0)$.

解　这是 $\dfrac{0}{0}$ 型未定式,由洛必达法则,可得

$$\lim_{x\to 0}\frac{\sin ax}{x}=\lim_{x\to 0}\frac{(\sin ax)'}{(x)'}=\lim_{x\to 0}\frac{a\cos ax}{1}=a.$$

如果 $\dfrac{f'(x)}{g'(x)}$ 当 $x\to x_0$(或 $x\to\infty$) 时仍为 $\dfrac{0}{0}$ 型未定式,且 $f'(x)$ 与 $g'(x)$ 能满足定理 1 中的条件,则可继续使用洛必达法则.

例 2

求 $\lim\limits_{x \to 1} \dfrac{x^3 - 3x + 2}{x^3 - x^2 - x + 1}$.

解 这是 $\dfrac{0}{0}$ 型未定式,由洛必达法则,可得

$$\lim_{x \to 1} \frac{x^3 - 3x + 2}{x^3 - x^2 - x + 1} = \lim_{x \to 1} \frac{3x^2 - 3}{3x^2 - 2x - 1} = \lim_{x \to 1} \frac{6x}{6x - 2} = \frac{3}{2}.$$

例 3

求 $\lim\limits_{x \to +\infty} \dfrac{\dfrac{\pi}{2} - \arctan x}{\dfrac{1}{x}}$.

解 这是 $\dfrac{0}{0}$ 型未定式,由洛必达法则,可得

$$\lim_{x \to +\infty} \frac{\dfrac{\pi}{2} - \arctan x}{\dfrac{1}{x}} = \lim_{x \to +\infty} \frac{-\dfrac{1}{1 + x^2}}{-\dfrac{1}{x^2}} = \lim_{x \to +\infty} \frac{x^2}{1 + x^2} = 1.$$

对于 $x \to x_0$(或 $x \to \infty$)时的 $\dfrac{\infty}{\infty}$ 型未定式,也有相应的洛必达法则.

定理 2 设函数 $f(x)$ 及 $g(x)$ 在点 x_0 的某一去心邻域内有定义,且满足下列条件:

(1) $\lim\limits_{x \to x_0} f(x) = \infty$,$\lim\limits_{x \to x_0} g(x) = \infty$;

(2) $f'(x)$ 和 $g'(x)$ 都存在,且 $g'(x) \neq 0$;

(3) $\lim\limits_{x \to x_0} \dfrac{f'(x)}{g'(x)}$ 存在(或为 ∞),

则

$$\lim_{x \to x_0} \frac{f(x)}{g(x)} = \lim_{x \to x_0} \frac{f'(x)}{g'(x)}.$$

上述法则对于 $x \to \infty$ 时的 $\dfrac{\infty}{\infty}$ 型未定式同样适用.

例 4

求 $\lim\limits_{x \to 0^+} \dfrac{\ln \cot x}{\ln x}$.

解 $\lim\limits_{x \to 0^+} \dfrac{\ln \cot x}{\ln x} = \lim\limits_{x \to 0^+} \dfrac{\dfrac{1}{\cot x}\left(-\dfrac{1}{\sin^2 x}\right)}{\dfrac{1}{x}} = -\lim\limits_{x \to 0^+} \dfrac{x}{\sin x \cos x}$

$$= -\lim_{x \to 0^+} \frac{x}{\sin x} \cdot \lim_{x \to 0^+} \frac{1}{\cos x} = -1.$$

例 5

求 $\lim\limits_{x \to +\infty} \dfrac{\ln x}{x^n} \quad (n > 0)$.

解 $\lim\limits_{x\to+\infty}\dfrac{\ln x}{x^n}=\lim\limits_{x\to+\infty}\dfrac{\dfrac{1}{x}}{nx^{n-1}}=\lim\limits_{x\to+\infty}\dfrac{1}{nx^n}=0.$

例 6

求 $\lim\limits_{x\to0}\dfrac{\sin x(1-\cos x)}{x^2(1-\mathrm{e}^x)}.$

解 这是 $\dfrac{0}{0}$ 型未定式，由于 $\lim\limits_{x\to0}\dfrac{\sin x}{x}=1$,而

$$\lim\limits_{x\to0}\dfrac{1-\cos x}{x(1-\mathrm{e}^x)}=\lim\limits_{x\to0}\dfrac{\sin x}{1-\mathrm{e}^x-x\mathrm{e}^x}=\lim\limits_{x\to0}\dfrac{\cos x}{-2\mathrm{e}^x-x\mathrm{e}^x}=-\dfrac{1}{2},$$

因此

$$\lim\limits_{x\to0}\dfrac{\sin x(1-\cos x)}{x^2(1-\mathrm{e}^x)}=\lim\limits_{x\to0}\dfrac{\sin x}{x}\cdot\lim\limits_{x\to0}\dfrac{1-\cos x}{x(1-\mathrm{e}^x)}=-\dfrac{1}{2}.$$

例 6 这样求显然比直接用洛必达法则计算要简便得多.

例 7

求 $\lim\limits_{x\to0}\dfrac{x^2\sin\dfrac{1}{x}}{\sin x}.$

解 因为有界函数与无穷小的乘积仍为无穷小，所以 $\lim\limits_{x\to0}x^2\sin\dfrac{1}{x}=0$. 这是 $\dfrac{0}{0}$ 型未定式,
而分子、分母分别求导后,有

$$\dfrac{2x\sin\dfrac{1}{x}-\cos\dfrac{1}{x}}{\cos x},$$

当 $x\to0$ 时其极限不存在,即洛必达法则失效. 但

$$\lim\limits_{x\to0}\dfrac{x^2\sin\dfrac{1}{x}}{\sin x}=\lim\limits_{x\to0}\dfrac{x}{\sin x}\cdot x\sin\dfrac{1}{x}=\lim\limits_{x\to0}\dfrac{x}{\sin x}\cdot\lim\limits_{x\to0}x\sin\dfrac{1}{x}=1\times0=0.$$

例 8

求 $\lim\limits_{x\to+\infty}\dfrac{\sqrt{1+x^2}}{x}.$

解 这是 $\dfrac{\infty}{\infty}$ 型未定式,由洛必达法则,可得

$$\lim\limits_{x\to+\infty}\dfrac{\sqrt{1+x^2}}{x}=\lim\limits_{x\to+\infty}\dfrac{\dfrac{x}{\sqrt{1+x^2}}}{1}=\lim\limits_{x\to+\infty}\dfrac{x}{\sqrt{1+x^2}}$$

$$=\lim\limits_{x\to+\infty}\dfrac{1}{\dfrac{x}{\sqrt{1+x^2}}}=\lim\limits_{x\to+\infty}\dfrac{\sqrt{1+x^2}}{x},$$

又还原为原来的问题,因而洛必达法则失效. 事实上,

$$\lim_{x \to +\infty} \frac{\sqrt{1+x^2}}{x} = \lim_{x \to +\infty} \sqrt{\frac{1}{x^2}+1} = \sqrt{\lim_{x \to +\infty}\left(\frac{1}{x^2}+1\right)} = 1.$$

使用洛必达法则求未定式的极限时,应注意以下几点:

(1) 每次使用该法则,需检验是否属于 $\frac{0}{0}$ 型或 $\frac{\infty}{\infty}$ 型未定式.

(2) 如果有可约去的公因子,或有非零极限值的乘积因子,可以先行约去或提取出来,以简化演算. 例如在例 6 中,先提出有非零极限值的乘积因子 $\frac{\sin x}{x}$.

(3) 由例 7 可知,法则的条件是充分而非必要的,遇到 $\lim\limits_{\substack{x \to x_0 \\ (x \to \infty)}} \dfrac{f'(x)}{g'(x)}$ 不存在且不为 ∞ 时,不能断定 $\lim\limits_{\substack{x \to x_0 \\ (x \to \infty)}} \dfrac{f(x)}{g(x)}$ 也不存在.

二、其他未定式的极限

除 $\frac{0}{0}$ 型与 $\frac{\infty}{\infty}$ 型未定式外,还有 $0 \cdot \infty, \infty - \infty, 0^0, 1^\infty, \infty^0$ 等类型的未定式,它们经过适当的变形,就可化为 $\frac{0}{0}$ 型或 $\frac{\infty}{\infty}$ 型未定式.

例 9

求 $\lim\limits_{x \to +\infty} x\left(\dfrac{\pi}{2} - \arctan x\right)$.

解 这是 $0 \cdot \infty$ 型未定式,可恒等变形为

$$\lim_{x \to +\infty} x\left(\frac{\pi}{2} - \arctan x\right) = \lim_{x \to +\infty} \frac{\frac{\pi}{2} - \arctan x}{\frac{1}{x}}.$$

这是 $\frac{0}{0}$ 型未定式,由例 3 的结果知

$$\lim_{x \to +\infty} x\left(\frac{\pi}{2} - \arctan x\right) = 1.$$

例 10

求 $\lim\limits_{x \to 1}\left(\dfrac{1}{\ln x} - \dfrac{1}{x-1}\right)$.

解 这是 $\infty - \infty$ 型未定式,通分后可化为 $\frac{0}{0}$ 型未定式,得

$$\lim_{x \to 1}\left(\frac{1}{\ln x} - \frac{1}{x-1}\right) = \lim_{x \to 1}\frac{(x-1)-\ln x}{(x-1)\ln x} = \lim_{x \to 1}\frac{1-\frac{1}{x}}{\frac{x-1}{x}+\ln x}$$

$$= \lim_{x \to 1}\frac{\frac{1}{x^2}}{\frac{1}{x^2}+\frac{1}{x}} = \frac{1}{2}.$$

例 11

求 $\lim\limits_{x\to 0^+}(\cot x)^{\frac{1}{\ln x}}$.

解　这是 ∞^0 型未定式. 设函数 $y=(\cot x)^{\frac{1}{\ln x}}$，两边同时取自然对数得 $\ln y=\dfrac{\ln \cot x}{\ln x}$，从而由例 4 的结果知

$$\lim_{x\to 0^+}\frac{\ln \cot x}{\ln x}=-1.$$

故

$$\lim_{x\to 0^+}(\cot x)^{\frac{1}{\ln x}}=\mathrm{e}^{-1}=\frac{1}{\mathrm{e}}.$$

思 考 题 3-2

1. 洛必达法则的条件是什么？结论是什么？哪些极限可用洛必达法则计算？

2. 下列题中的运算是否正确？若不正确，请改正：

(1) $\lim\limits_{x\to\infty}\dfrac{x-\sin x}{x+\sin x}=\lim\limits_{x\to\infty}\dfrac{1-\cos x}{1+\cos x}=\lim\limits_{x\to\infty}\dfrac{\sin x}{-\sin x}=-1$;

(2) $\lim\limits_{x\to 0}\dfrac{\mathrm{e}^x-\cos x}{x\sin x}=\lim\limits_{x\to 0}\dfrac{\mathrm{e}^x+\sin x}{x\cos x+\sin x}=\lim\limits_{x\to 0}\dfrac{\mathrm{e}^x+\cos x}{2\cos x-x\sin x}=\dfrac{2}{2}=1$.

习　题　3-2

1. 求下列极限：

(1) $\lim\limits_{x\to\frac{\pi}{2}}\dfrac{\ln\sin x}{(\pi-2x)^2}$;

(2) $\lim\limits_{x\to 0}\dfrac{\ln(1+x)-x}{\cos x-1}$;

(3) $\lim\limits_{x\to 0}\dfrac{x-\sin x}{x-\tan x}$;

(4) $\lim\limits_{x\to 0}\dfrac{1-\cos^2 x}{x(1-\mathrm{e}^x)}$;

(5) $\lim\limits_{x\to 0^+}\dfrac{\ln x}{\ln\sin x}$;

(6) $\lim\limits_{x\to 1}\left[(1-x)\tan\dfrac{\pi x}{2}\right]$;

(7) $\lim\limits_{x\to 0}x^2\mathrm{e}^{\frac{1}{x^2}}$;

(8) $\lim\limits_{x\to 0}\arcsin x\cot x$;

(9) $\lim\limits_{x\to 0}\left(\dfrac{1}{x}-\dfrac{1}{\mathrm{e}^x-1}\right)$;

(10) $\lim\limits_{x\to 1}x^{\frac{1}{1-x}}$.

2. 求 $\lim\limits_{x\to 0^+}\dfrac{\mathrm{e}^x-1+x^2\sin\dfrac{1}{x}}{x}$.

3. 讨论 $\lim\limits_{x\to+\infty}\dfrac{\mathrm{e}^x-\mathrm{e}^{-x}}{\mathrm{e}^x+\mathrm{e}^{-x}}$ 运用洛必达法则的可能性，并说明理由.

4. 验证 $\lim\limits_{x\to\infty}\dfrac{x-\sin x}{x+\sin x}=1$，但不满足洛必达法则的条件.

第三节　　函数的单调性与极值

我们已经会用初等数学的方法研究一些函数的单调性和某些简单函数的性质，但这些方

法使用范围较窄,并且有些需要借助某些特殊的技巧,因而不具有一般性.本节将以导数为工具,介绍判断函数单调性和极值的简便且具有一般性的方法.

一、函数单调性的判别法

如图 3-3 所示,作曲线在各点处的切线,不难观察到:

函数 $y = f(x)$ 在区间 (a,b) 内单调增加,它的图形[见图 3-3(a)]是一条沿 x 轴正向上升的曲线,其上各点处的切线对 x 轴的倾角 α 均是锐角,故

$$f'(x) = \tan \alpha > 0.$$

函数 $y = g(x)$ 在区间 (a,b) 内单调减少,它的图形[见图 3-3(b)]是一条沿 x 轴正向下降的曲线,其上各点处的切线对 x 轴的倾角 α 均是钝角,故

$$g'(x) = \tan \alpha < 0.$$

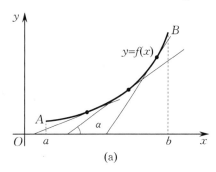 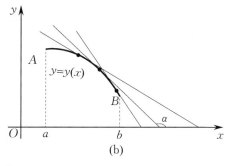

图 3-3

由此可见,可导函数的单调性与导数的正、负号有着密切的联系.反之,能否用导数的符号来判定函数的单调性呢?下面我们给出判定可导函数单调性的充分条件.

定理 1 设函数 $y = f(x)$ 在闭区间 $[a,b]$ 上连续,在开区间 (a,b) 内可导.

(1) 如果在 (a,b) 内 $f'(x) > 0$,则 $f(x)$ 在 $[a,b]$ 上单调增加;

(2) 如果在 (a,b) 内 $f'(x) < 0$,则 $f(x)$ 在 $[a,b]$ 上单调减少.

证 仅证情况(1).

对任意 $x_1, x_2 \in [a,b]$,不妨设 $x_1 < x_2$,在区间 $[x_1, x_2]$ 上应用拉格朗日中值定理,得

$$f(x_2) - f(x_1) = f'(\xi)(x_2 - x_1), \quad \xi \in (x_1, x_2).$$

因为在 (a,b) 内 $f'(x) > 0$,所以 $f'(\xi) > 0$.又 $x_2 - x_1 > 0$,得 $f'(\xi)(x_2 - x_1) > 0$,故有 $f(x_2) > f(x_1)$.由 x_1, x_2 的任意性知,函数 $f(x)$ 在 $[a,b]$ 上是单调增加的.

显然,把定理中的闭区间 $[a,b]$ 换成区间 (a,b),$[a,b)$,$(a,b]$ 以及无限区间,相应的结论仍然成立.

通常把使得 $f'(x) = 0$ 的点称为**驻点**.

例 1

讨论函数 $f(x) = x^3 - 3x$ 的单调性.

解 函数的定义域为 $(-\infty, +\infty)$,$f'(x) = 3x^2 - 3$,令 $f'(x) = 0$,得驻点 $x = \pm 1$.点 $x = 1$ 及 $x = -1$ 将 $f(x)$ 的定义域分成三个部分区间,在每个部分区间内确定 $f'(x)$ 的符号,判定函数的单调性,列表讨论如下(见表 3-1):

表 3 - 1

x	$(-\infty,-1)$	-1	$(-1,1)$	1	$(1,+\infty)$
$f'(x)$	$+$	0	$-$	0	$+$
$y=f(x)$	单调增加		单调减少		单调增加

所以,函数 $f(x)$ 在区间 $(-\infty,-1]$ 及 $[1,+\infty)$ 上单调增加,在区间 $[-1,1]$ 上单调减少.

由于函数 $f(x)$ 在区间 $(-\infty,-1]$,$[-1,1]$,$[1,+\infty)$ 上保持单调,故称这些区间为 $f(x)$ 的单调区间.

注　(1) 从例 1 可见,函数 $f(x)=x^3-3x$ 在其定义域上并不具有单调性,但是将定义域适当划分后,在各个部分区间上函数是单调的,导数等于 0 的点可能是单调区间的分界点.

函数 $f(x)=|x|$ 在 $(-\infty,0]$ 上单调减少,在 $[0,+\infty)$ 上单调增加,$f(x)$ 在点 $x=0$ 处不可导,$x=0$ 是单调区间的分界点. 由此可以看出,讨论函数在定义区间上的单调性时,导数不存在的点也可能是单调区间的分界点.

一般地,如果函数在其定义区间上连续,除去有限个导数不存在的点外导数存在且连续,那么,当用驻点和不可导点把函数 $f(x)$ 的定义区间划分成若干个部分区间后,就能保证 $f'(x)$ 在各个部分区间内保持固定符号.

(2) 在定理 1 的条件下,如果 $f'(x)$ 在 (a,b) 内仅有有限个零点,则定理 1 的结论仍成立. 例如,函数 $y=x^3$ 的导数 $y'=3x^2$ 在 $(-\infty,+\infty)$ 上仅有一个零点 $x=0$,并且导数在 $(-\infty,+\infty)$ 上除 $x=0$ 外均大于 0,因而 $y=x^3$ 在 $(-\infty,+\infty)$ 上单调增加.

例 2

证明:当 $0<x<\dfrac{\pi}{2}$ 时,$\tan x>x$.

证　设函数 $f(x)=\tan x-x$. 显然,$f(x)$ 在 $\left[0,\dfrac{\pi}{2}\right)$ 上连续,在 $\left(0,\dfrac{\pi}{2}\right)$ 内可导,且

$$f'(x)=\sec^2 x-1=\tan^2 x>0,$$

故 $f(x)$ 在 $\left[0,\dfrac{\pi}{2}\right)$ 上单调增加. 于是,当 $0<x<\dfrac{\pi}{2}$ 时,$f(x)>f(0)=0$,即

$$\tan x>x,\quad 0<x<\dfrac{\pi}{2}.$$

例 3

证明:方程 $x^5+x+1=0$ 在区间 $(-1,0)$ 内有且只有一个实根.

证　令函数 $f(x)=x^5+x+1$,因为 $f(x)$ 在闭区间 $[-1,0]$ 上连续,且 $f(-1)=-1<0$,$f(0)=1>0$,根据方程实根的存在定理,$f(x)$ 在 $(-1,0)$ 内至少有一个零点. 另一方面,对于任意实数 x,有 $f'(x)=5x^4+1>0$,因此 $f(x)$ 在 $(-\infty,+\infty)$ 上单调增加,即曲线 $y=f(x)$ 与 x 轴至多只有一个交点.

综上所述,方程 $x^5+x+1=0$ 在区间 $(-1,0)$ 内有且只有一个实根.

二、函数的极值

1. 函数极值的定义

定义 1 设函数 $y = f(x)$ 在点 x_0 的某一邻域 $U(x_0, \delta)$ 内有定义. 若当 $x \in U(x_0, \delta)$ 而 $x \neq x_0$ 时,恒有 $f(x) < f(x_0)$,则称 $f(x_0)$ 是函数 $f(x)$ 的一个**极大值**;若当 $x \in U(x_0, \delta)$ 而 $x \neq x_0$ 时,恒有 $f(x) > f(x_0)$,则称 $f(x_0)$ 是函数 $f(x)$ 的一个**极小值**.

函数的极大值与极小值统称为**极值**,使得函数取得极值的点称为**极值点**.

函数的极值概念是局部性的. 例如,函数 $y = f(x)$ 在点 x_0 处取得极大值(或极小值),那只是对点 x_0 附近的一个局部范围内而言,$f(x_0)$ 是 $f(x)$ 的一个最大值(或最小值). 如果对 $f(x)$ 的整个定义域而言,$f(x_0)$ 不一定是最大值(或最小值).

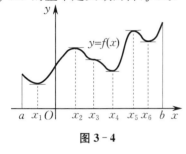

图 3-4

如图 3-4 所示,$f(x_2)$,$f(x_5)$ 是函数 $f(x)$ 的极大值,$f(x_1)$,$f(x_4)$,$f(x_6)$ 是函数 $f(x)$ 的极小值,其中极大值 $f(x_2)$ 比极小值 $f(x_6)$ 还小,而在整个定义域 $[a, b]$ 上,最小值是 $f(x_1)$,最大值是 $f(b)$. 从图 3-4 还可以看出,在函数的极值点处,曲线上的切线是水平的,即

$$f'(x_1) = f'(x_2) = f'(x_4) = f'(x_5) = f'(x_6) = 0,$$

由此得到下面的定理.

定理 2 如果函数 $y = f(x)$ 在点 x_0 处可导,且在点 x_0 处取得极值,则 $f'(x_0) = 0$.

证 不妨设 $f(x_0)$ 是函数 $f(x)$ 的极小值,即存在点 x_0 的某一邻域 $U(x_0, \delta)$,对于该邻域内任何点 $x(x \neq x_0)$,恒有 $f(x) > f(x_0)$. 设 $\Delta x = x - x_0$,有

$$\Delta y = f(x_0 + \Delta x) - f(x_0) = f(x) - f(x_0) > 0,$$

从而当 $\Delta x > 0$ 时,$\dfrac{\Delta y}{\Delta x} > 0$;当 $\Delta x < 0$ 时,$\dfrac{\Delta y}{\Delta x} < 0$.

因为函数 $f(x)$ 在点 x_0 处可导,所以由导数的定义及极限的保号性,得

$$f'(x_0) = \lim_{\Delta x \to 0^+} \frac{\Delta y}{\Delta x} \geqslant 0, \quad f'(x_0) = \lim_{\Delta x \to 0^-} \frac{\Delta y}{\Delta x} \leqslant 0,$$

从而推出

$$f'(x_0) = 0.$$

定理 2 的逆命题不一定成立,即对于可导函数 $y = f(x)$,若 $f'(x_0) = 0$,我们未必能推出 x_0 是极值点. 例如,图 3-4 中在点 x_3 处有 $f'(x_3) = 0$,但点 x_3 不是极值点;又如,函数 $y = x^3$ 在点 $x = 0$ 处有 $y'(0) = 0$,但点 $x = 0$ 不是函数 $y = x^3$ 的极值点.

另一方面,如果函数 $y = f(x)$ 在点 x_0 处不可导,也有可能在点 x_0 处取得极值,如函数 $y = |x|$ 在点 $x = 0$ 处有极小值,但在点 $x = 0$ 处不可导. 因此,对于连续函数来说,导数不存在的点也可能是函数的极值点.

函数在定义域中的驻点及不可导点统称为**极值可疑点**,连续函数仅在极值可疑点处可能取得极值.

2. 函数极值的求法

下面我们介绍如何求函数 $y = f(x)$ 在某一区间上的极值.

如图 3-5 所示,x_1,x_2 是函数 $y = f(x)$ 的驻点,函数 $y = f(x)$ 在点 x_3 处的导数不存在,点 A 是曲线 $y = f(x)$ 单调减少与单调增加的分界点,则函数 $y = f(x)$ 在点 x_1 处取得极小值;点 B 是曲线 $y = f(x)$ 单调增加与单调减少的分界点,则函数 $y = f(x)$ 在点 x_2 处取得极大值. 函数 $y = f(x)$ 在点 x_3 处同样取得极大值. 因此,如果函数在极值可疑点 x_0 的左右两侧具有不同的单调性,则点 x_0 是极值点. 由单调性与导数符号的关系,可得下面的定理.

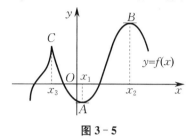

图 3-5

定理 3(极值的第一充分条件) 设函数 $y = f(x)$ 在极值可疑点 x_0 的 δ 邻域内连续,在点 x_0 的去心 δ 邻域内可导.

(1) 如果当 $x \in (x_0 - \delta, x_0)$ 时 $f'(x) > 0$;当 $x \in (x_0, x_0 + \delta)$ 时 $f'(x) < 0$,则 $f(x)$ 在点 x_0 处取得极大值.

(2) 如果当 $x \in (x_0 - \delta, x_0)$ 时 $f'(x) < 0$;当 $x \in (x_0, x_0 + \delta)$ 时 $f'(x) > 0$,则 $f(x)$ 在点 x_0 处取得极小值.

(3) 如果在点 x_0 的两侧,$f'(x)$ 具有相同的符号,则 $f(x)$ 在点 x_0 处没有极值.

由此得到求连续函数 $f(x)$ 的极值步骤如下:

(1) 确定函数 $f(x)$ 的定义域,求出导数 $f'(x)$;

(2) 找出函数 $f(x)$ 的极值可疑点,即找出使 $f'(x)$ 等于 0 的点及 $f'(x)$ 不存在的点;

(3) 用极值可疑点将定义域分成若干个部分区间,并确定 $f'(x)$ 在每个部分区间上的符号;

(4) 按定理 3,确定 $f(x)$ 在极值可疑点处是否有极值,是极大值还是极小值.

例 4

求函数 $f(x) = 2x^3 - 9x^2 + 12x - 3$ 的极值.

解 函数 $f(x)$ 在定义域 $(-\infty, +\infty)$ 上连续,
$$f'(x) = 6x^2 - 18x + 12 = 6(x-2)(x-1).$$

令 $f'(x) = 0$,得驻点 $x_1 = 1, x_2 = 2$,函数 $f(x)$ 没有导数不存在的点. 用点 $x_1 = 1$ 和 $x_2 = 2$ 将定义域分成三个部分区间,在每个部分区间上确定 $f'(x)$ 的符号,然后应用定理 3 判定点 $x_1 = 1$ 和 $x_2 = 2$ 是否为极值点,列表讨论如下(见表 3-2):

表 3-2

x	$(-\infty, 1)$	1	$(1,2)$	2	$(2, +\infty)$
$f'(x)$	+	0	−	0	+
$y = f(x)$	单调增加	有极大值	单调减少	有极小值	单调增加

于是,在点 $x_1 = 1$ 处,函数 $f(x)$ 有极大值 $f(1) = 2$;在点 $x_2 = 2$ 处,函数 $f(x)$ 有极小值 $f(2) = 1$.

例 5

求函数 $y = (2x - 5)\sqrt[3]{x^2}$ 的极值.

解 函数 $y = (2x-5)\sqrt[3]{x^2}$ 在定义域 $(-\infty, +\infty)$ 上连续,

$$y' = \left(2x^{\frac{5}{3}} - 5x^{\frac{2}{3}}\right)' = \frac{10}{3}x^{\frac{2}{3}} - \frac{10}{3}x^{-\frac{1}{3}} = \frac{10(x-1)}{3\sqrt[3]{x}}.$$

函数的极值可疑点为 $x_1 = 0$(导数不存在的点)及 $x_2 = 1$(驻点),列表讨论如下(见表 3-3):

表 3-3

x	$(-\infty, 0)$	0	$(0,1)$	1	$(1, +\infty)$
y'	$+$	不存在	$-$	0	$+$
$y = f(x)$	单调增加	有极大值	单调减少	有极小值	单调增加

于是,在点 $x_1 = 0$ 处,函数取得极大值 $f(0) = 0$;在点 $x_2 = 1$ 处,函数取得极小值 $f(1) = -3$.

当函数 $f(x)$ 在驻点处的二阶导数存在且不为 0 时,有如下判定极值的第二充分条件.

$\boxed{\text{定理 4(极值的第二充分条件)}}$ 设 x_0 是函数 $f(x)$ 的驻点且 $f''(x_0)$ 存在.

(1) 若 $f''(x_0) > 0$,则 $f(x)$ 在点 x_0 处取得极小值;

(2) 若 $f''(x_0) < 0$,则 $f(x)$ 在点 x_0 处取得极大值.

证 (1) 由于 $f''(x_0) > 0$,$f'(x_0) = 0$,按二阶导数的定义,有

$$f''(x_0) = \lim_{x \to x_0} \frac{f'(x) - f'(x_0)}{x - x_0} = \lim_{x \to x_0} \frac{f'(x)}{x - x_0} > 0.$$

根据极限的局部保号性,在点 x_0 的某一邻域 $(x_0 - \delta, x_0 + \delta)$ 内必有

$$\frac{f'(x)}{x - x_0} > 0 \quad (x \neq x_0).$$

于是,当 $x \in (x_0 - \delta, x_0)$ 时,$f'(x) < 0$;当 $x \in (x_0, x_0 + \delta)$ 时,$f'(x) > 0$.由定理 3 可知,$f(x)$ 在点 x_0 处取得极小值.

用类似的方法可证(2)成立.

例 6

求函数 $f(x) = \dfrac{1}{2}\cos 2x + \sin x (0 \leqslant x \leqslant \pi)$ 的极值.

解 函数 $f(x)$ 在定义域 $[0, \pi]$ 上连续,

$$f'(x) = -\sin 2x + \cos x = \cos x(1 - 2\sin x),$$
$$f''(x) = -2\cos 2x - \sin x.$$

令 $f'(x) = 0$,在 $0 \leqslant x \leqslant \pi$ 上函数 $f(x)$ 有三个驻点 $\dfrac{\pi}{6}, \dfrac{\pi}{2}, \dfrac{5\pi}{6}$. 而

$$f''\left(\frac{\pi}{6}\right) = f''\left(\frac{5\pi}{6}\right) = -\frac{3}{2} < 0, \quad f''\left(\frac{\pi}{2}\right) = 1 > 0,$$

由定理 4 得 $f\left(\dfrac{\pi}{6}\right) = \dfrac{3}{4}$ 和 $f\left(\dfrac{5\pi}{6}\right) = \dfrac{3}{4}$ 是函数的极大值,$f\left(\dfrac{\pi}{2}\right) = \dfrac{1}{2}$ 是函数的极小值.

例 7

求函数 $f(x) = (x^2 - 1)^3 + 1$ 的极值.

解 函数 $f(x)$ 在定义域 $(-\infty, +\infty)$ 上连续,

$$f'(x) = 6x(x^2-1)^2,$$
$$f''(x) = 6(x^2-1)(5x^2-1),$$

令 $f'(x) = 0$,得驻点 $x_1 = -1, x_2 = 0, x_3 = 1$.

由 $f''(0) = 6 > 0$,得函数 $f(x)$ 在点 $x_2 = 0$ 处取得极小值 $f(0) = 0$;在点 $x = \pm 1$ 处,$f''(-1) = f''(1) = 0$,此时定理 4 的条件失效,仍然用定理 3 来判定.

因为在点 $x_1 = -1$ 的某一邻域内,$f'(x) = 6x(x^2-1)^2 < 0$,所以 $f(x)$ 在点 $x_1 = -1$ 处没有极值.同理,$f(x)$ 在点 $x_3 = 1$ 处也没有极值(见图 3-6).

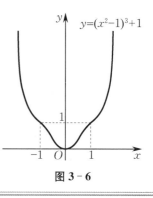

图 3-6

三、函数的最大值和最小值

如果函数 $f(x)$ 在闭区间 $[a,b]$ 上连续,则 $f(x)$ 在 $[a,b]$ 上必能取得最大值和最小值. 函数的最大值和最小值统称为函数的**最值**.

设函数 $f(x)$ 在点 x_0 处取得最大值(或最小值). 若 $x_0 \in (a,b)$,那么 $f(x_0)$ 也是 $f(x)$ 的极大值(或极小值),即 x_0 必是 $f(x)$ 的极值可疑点. x_0 也可能是区间的端点 a 或 b. 例如,在闭区间 $[a,b]$ 上单调增加的函数 $f(x)$,$f(a)$ 是其最小值,$f(b)$ 是其最大值. 因此,对于闭区间 $[a,b]$ 上的连续函数,只要算出极值可疑点及端点处的函数值,比较这些值的大小,即可求得函数的最大值和最小值.

例 8

求函数 $f(x) = 2x^3 + 3x^2 - 12x + 14$ 在区间 $[-3,4]$ 上的最大值和最小值.

解 函数 $f(x)$ 在区间 $[-3,4]$ 上连续,
$$f'(x) = 6x^2 + 6x - 12 = 6(x+2)(x-1).$$

令 $f'(x) = 0$,得驻点 $x_1 = -2, x_2 = 1$. 由于
$$f(-3) = 23, \quad f(-2) = 34, \quad f(1) = 7, \quad f(4) = 142,$$

因此比较可得 $f(x)$ 在 $[-3,4]$ 上取得最大值 $f(4) = 142$,取得最小值 $f(1) = 7$.

例 9

求函数 $f(x) = (x-3)^{\frac{1}{3}}(x-6)^{\frac{2}{3}}$ 在区间 $[0,6]$ 上的最大值和最小值.

解 函数 $f(x)$ 在区间 $[0,6]$ 上连续,

$$f'(x) = \frac{1}{3}(x-3)^{-\frac{2}{3}}(x-6)^{\frac{2}{3}} + \frac{2}{3}(x-3)^{\frac{1}{3}}(x-6)^{-\frac{1}{3}}$$

$$= \frac{x-4}{(x-3)^{\frac{2}{3}}(x-6)^{\frac{1}{3}}}.$$

故 $f(x)$ 在 $[0,6]$ 上有极值可疑点 $x_1 = 3, x_2 = 4, x_3 = 6$,与区间左端点一起算出对应的函数值如下:

$$f(3) = f(6) = 0, \quad f(4) = \sqrt[3]{4}, \quad f(0) = -3\sqrt[3]{4},$$

比较可得 $f(x)$ 在 $[0,6]$ 上取得最大值 $f(4) = \sqrt[3]{4}$,取得最小值 $f(0) = -3\sqrt[3]{4}$.

思 考 题 3-3

1. 函数 $f(x) = x - \dfrac{5}{7}x^{\frac{7}{5}}$ 在什么区间范围内单调增加？在什么区间范围内单调减少？

2. 怎样利用导数来确定函数的单调区间？怎样判断函数的单调性？

3. 函数的极值可疑点有哪些？怎样确定函数的极值？怎样确定函数的最值？

4. 若点 x_0 是函数 $y = f(x)$ 的驻点，则点 x_0 一定是 $y = f(x)$ 的极值点吗？

5. 函数 $y = f(x)$ 在区间 $[a,b]$ 上的最大值点可能出现在哪里？

6. 试问 a 为何值时，函数 $f(x) = a\sin x + \dfrac{1}{3}\sin 3x$ 在点 $x = \dfrac{\pi}{3}$ 处取得极值？它是极大值还是极小值？并求此极值.

习 题 3-3

1. 证明：

(1) 如果函数 $f(x)$ 在区间 (a,b) 内恒有 $f'(x) = 0$，则在 (a,b) 内 $f(x) = C$（C 为常数）；

(2) 如果对区间 (a,b) 内的任意 x，恒有 $f'(x) = g'(x)$，则在 (a,b) 内 $f(x) = g(x) + C$（C 为常数）.

2. 证明下列等式成立：

(1) $\arctan x + \operatorname{arccot} x = \dfrac{\pi}{2}$；

(2) $\arctan x + \arcsin \dfrac{1}{\sqrt{1+x^2}} = \dfrac{\pi}{2}$ $(x > 0)$.

3. 求下列函数的单调区间：

(1) $f(x) = \dfrac{1}{5}x^5 - \dfrac{1}{3}x^3$；

(2) $f(x) = 2\sin x + \cos 2x$ $(0 \leqslant x \leqslant \pi)$；

(3) $f(x) = x\ln x$；

(4) $f(x) = xe^{-x}$.

4. 证明下列不等式：

(1) $2\sqrt{x} > 3 - \dfrac{1}{x}$ $(x > 1)$；

(2) $x - \dfrac{x^2}{2} < \ln(1+x) < x$ $(x > 0)$；

(3) $e^x > 1 + x$ $(x \neq 0)$.

5. 证明：方程 $\sin x = x$ 只有一个实根.

6. 求下列函数的极值：

(1) $y = -\dfrac{1}{4}(x^4 - 4x^3 + 3)$；

(2) $y = (x-1)^2(x+1)^3$；

(3) $y = x^2 e^{-x}$；

(4) $y = \dfrac{x}{\ln x}$；

(5) $y = \dfrac{x^2 - 2x + 2}{x - 1}$；

(6) $y = 2x + 3\sqrt[3]{x^2}$.

7. 设函数 $f(x) = a\ln x + bx^2 + x$ 在点 $x_1 = 1$ 和 $x_2 = 2$ 处都取得极值，试求出 a,b 的值，并确定 $f(x)$ 在点 x_1,x_2 处取得的是极大值还是极小值.

8. 求下列函数在给定区间上的最大值与最小值：

(1) $y = \sqrt{2x - x^2}$，$x \in [0,2]$；

(2) $y = \arctan \dfrac{1-x}{1+x}$，$x \in [0,1]$；

(3) $y = x^2 e^{-x^2}$，$x \in [-2,2]$.

曲线的凹凸性及函数图形的描绘

一、曲线的凹凸性及拐点

如图 3-7 所示,当 $x>0$ 时,函数 $y=x^2$ 和 $y=\sqrt{x}$ 都是单调增加函数,但是它们的图形是两条沿 x 轴正向上升但弯曲方向不同的曲线.由此可以看出,要想比较准确地描绘函数的图形,仅仅知道函数的单调性是不够的,还须讨论曲线的弯曲方向.

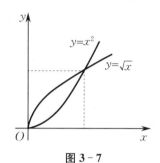

图 3-7

观察函数 $y=x^2-2x+2$ 的图形(见图 3-8),它是一条向上弯曲的曲线,且该曲线位于其上每一点处切线的上方.曲线的切线斜率随 x 的增加而增加,即 $y'=2(x-1)$ 是单调增加函数.

再观察函数 $y=-x^2$ 的图形(见图 3-9),它是一条向下弯曲的曲线,且该曲线位于其上每一点处切线的下方.曲线的切线斜率随 x 的增加而减少,即 $y'=-2x$ 是单调减少函数.

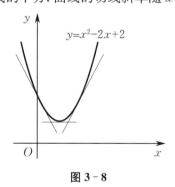

图 3-8

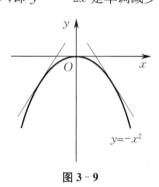

图 3-9

综合以上分析,我们给出曲线的凹凸性的定义.

定义1 在某一区间内,若曲线弧位于其上每一点处切线的上方,则称此曲线弧是**凹**的;若曲线弧位于其上每一点处切线的下方,则称此曲线弧是**凸**的.

根据定义 1,我们称曲线 $y=x^2-2x+2$ 是凹的,曲线 $y=-x^2$ 是凸的.

由于函数 $f(x)$ 的导数 $f'(x)$ 一般仍是 x 的函数,根据第三节所讲的判别函数的单调性的方法,我们可用二阶导数的符号来判别导数 $f'(x)$ 的单调性,于是得到下面的曲线的凹凸性的判别定理.

定理1 设函数 $y=f(x)$ 在闭区间 $[a,b]$ 上连续,在开区间 (a,b) 内具有二阶导数.

(1) 若在 (a,b) 内 $f''(x) > 0$,则曲线弧 $y = f(x)$ 在 (a,b) 内是凹的;

(2) 若在 (a,b) 内 $f''(x) < 0$,则曲线弧 $y = f(x)$ 在 (a,b) 内是凸的.

例 1

判定曲线 $y = \ln x$ 的凹凸性.

解 函数 $y = \ln x$ 的定义域为 $(0, +\infty)$,$y' = \dfrac{1}{x}$,$y'' = -\dfrac{1}{x^2}$. 当 $x \in (0, +\infty)$ 时,$y'' = -\dfrac{1}{x^2} < 0$,故曲线在整个定义域内是凸的(见图 3-10).

例 2

判定曲线 $y = \ln(1+x^2)(x > 0)$ 的凹凸性.

解 函数 $y = \ln(1+x^2)$ 的一阶导数和二阶导数分别为

$$y' = \frac{2x}{1+x^2}, \quad y'' = \frac{2(1-x^2)}{(1+x^2)^2},$$

故 $y''(1) = 0$.用 $x = 1$ 把区间 $(0, +\infty)$ 分成两个部分区间,列表讨论如下(见表 3-4):

表 3-4

x	$(0,1)$	1	$(1,+\infty)$
y''	+	0	−
$y = f(x)$	凹的		凸的

于是,在点 $x = 1$ 处 $y''(x) = 0$,且点 $(1, \ln 2)$ 是曲线 $y = \ln(1+x^2)$ 的凹弧与凸弧的分界点(见图 3-11).

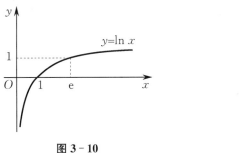

图 3-10

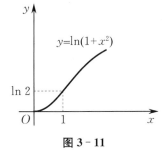

图 3-11

定义 2 设函数 $y = f(x)$ 在所考虑的区间内是连续的,则曲线 $y = f(x)$ 的凹弧与凸弧的分界点,称为曲线 $y = f(x)$ 的**拐点**.

例 3

求曲线 $y = \sqrt[3]{x}$ 的凹凸区间及拐点.

解 函数 $y = \sqrt[3]{x}$ 的定义域是 $(-\infty, +\infty)$,

$$y' = \frac{1}{3}x^{-\frac{2}{3}}, \quad y'' = -\frac{2}{9}x^{-\frac{5}{3}}.$$

当 $x = 0$ 时,y',y'' 均不存在,故 $x = 0$ 将定义域分成两个部分区间,列表讨论如下(见表 3-5):

表 3 - 5

x	$(-\infty,0)$	0	$(0,+\infty)$
y''	$+$	不存在	$-$
$y=f(x)$	凹的	0	凸的

于是,曲线 $y=\sqrt[3]{x}$ 在 $(-\infty,0)$ 上是凹的,在 $(0,+\infty)$ 上是凸的,点 $(0,0)$ 是曲线的拐点.

由上述两例,我们得到判定曲线 $y=f(x)$ 的凹凸性与拐点的步骤如下:

(1) 写出函数 $y=f(x)$ 的定义域,并求 $f'(x)$,$f''(x)$;

(2) 求出所有二阶导数 $f''(x)$ 等于 0 的点及二阶导数不存在的点;

(3) 用步骤(2)中求得的点,把函数的定义域分成若干部分区间,列表讨论二阶导数在各部分区间上的符号,判定曲线在各部分区间上的凹凸性,并求出拐点.

例 4

求曲线 $y=(x-1)\sqrt[3]{x^2}$ 的凹凸区间及拐点.

解 函数 $y=(x-1)\sqrt[3]{x^2}$ 的定义域为 $(-\infty,+\infty)$,

$$y'=\left(x^{\frac{5}{3}}-x^{\frac{2}{3}}\right)'=\frac{5}{3}x^{\frac{2}{3}}-\frac{2}{3}x^{-\frac{1}{3}},$$

$$y''=\frac{10}{9}x^{-\frac{1}{3}}+\frac{2}{9}x^{-\frac{4}{3}}=\frac{2(5x+1)}{9\sqrt[3]{x^4}}.$$

当 $x=-\frac{1}{5}$ 时,$y''=0$;当 $x=0$ 时,y'' 不存在,故点 $x=-\frac{1}{5}$ 和 $x=0$ 将定义域分成三个部分区间,列表讨论如下(见表 3 - 6):

表 3 - 6

x	$\left(-\infty,-\frac{1}{5}\right)$	$-\frac{1}{5}$	$\left(-\frac{1}{5},0\right)$	0	$(0,+\infty)$
y''	$-$	0	$+$	不存在	$+$
$y=f(x)$	凸的	有拐点	凹的	无拐点	凹的

于是,曲线 $y=(x-1)\sqrt[3]{x^2}$ 在 $\left(-\infty,-\frac{1}{5}\right)$ 上是凸的,在 $\left(-\frac{1}{5},0\right)$,$(0,+\infty)$ 内是凹的,

$\left(-\frac{1}{5},\frac{6}{5}\sqrt[3]{\frac{1}{25}}\right)$ 是曲线的拐点,在点 $x=0$ 处曲线无拐点(见图 3 - 12).

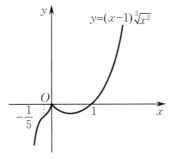

图 3 - 12

二、垂直渐近线和水平渐近线

我们知道,等轴双曲线的方程为 $xy = 1$,当动点沿等轴双曲线无限远离原点时,曲线会与直线 $x = 0$ 和 $y = 0$ 无限接近(见图 3-15),称直线 $x = 0$ 和 $y = 0$ 为曲线 $xy = 1$ 的渐近线. 可见,曲线的渐近线对确定曲线的形状有重要意义,对函数图形无限远离原点的情况,有时可借助渐近线来描绘.

定义 3 如果当自变量 x 从点 x_0 的右侧(或左侧)趋于点 x_0 时,函数 $y = f(x)$ 为无穷大,即

$$\lim_{x \to x_0^+} f(x) = \infty \quad \left[或 \lim_{x \to x_0^-} f(x) = \infty \right],$$

则称直线 $x = x_0$ 为曲线 $y = f(x)$ 的一条**垂直渐近线**.

显然,定义 3 中的点 x_0 是函数 $f(x)$ 的无穷间断点.

定义 4 如果当 $x \to \infty (x \to -\infty$ 或 $x \to +\infty)$ 时,函数 $y = f(x)$ 的极限为常数 b,则称直线 $y = b$ 为曲线 $y = f(x)$ 的一条**水平渐近线**.

例如,因为 $\lim\limits_{x \to 0} \dfrac{1}{x} = \infty$,$\lim\limits_{x \to \infty} \dfrac{1}{x} = 0$,所以直线 $x = 0$ 是曲线 $y = \dfrac{1}{x}$ 的垂直渐近线,直线 $y = 0$ 是曲线 $y = \dfrac{1}{x}$ 的水平渐近线(见图 3-13).

又如,因为 $\lim\limits_{x \to +\infty} \arctan x = \dfrac{\pi}{2}$,$\lim\limits_{x \to -\infty} \arctan x = -\dfrac{\pi}{2}$,所以曲线 $y = \arctan x$ 有两条水平渐近线 $y = \dfrac{\pi}{2}$,$y = -\dfrac{\pi}{2}$(见图 3-14).

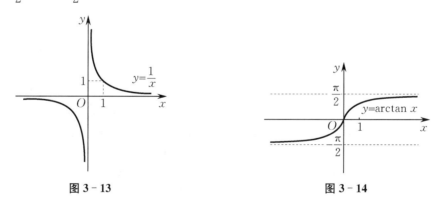

图 3-13   图 3-14

三、函数图形的描绘

利用导数描绘函数 $y = f(x)$ 的图形的一般步骤如下:

(1)求函数 $y = f(x)$ 的定义域,考察函数的奇偶性、周期性;

(2)确定函数 $y = f(x)$ 的单调区间、极值点及曲线的凹凸区间、拐点;

(3)确定函数 $y = f(x)$ 的图形的渐近线;

(4)求出曲线上某些特殊点,如曲线与坐标轴的交点、拐点及函数极值对应的点,有时还需补充一些点,然后描绘函数的图形.

例5

描绘函数 $y = f(x) = x^3 - x^2 - x + 1$ 的图形.

解 (1) 该函数的定义域为 $(-\infty, +\infty)$.

(2) $f'(x) = 3x^2 - 2x - 1 = (3x+1)(x-1)$, $f''(x) = 2(3x-1)$.

令 $f'(x) = 0$, 得驻点 $x_1 = -\dfrac{1}{3}$, $x_2 = 1$; 令 $f''(x) = 0$, 得 $x_3 = \dfrac{1}{3}$. 列表讨论如下(见表3-7):

表 3-7

x	$\left(-\infty, -\dfrac{1}{3}\right)$	$-\dfrac{1}{3}$	$\left(-\dfrac{1}{3}, \dfrac{1}{3}\right)$	$\dfrac{1}{3}$	$\left(\dfrac{1}{3}, 1\right)$	1	$(1, +\infty)$
$f'(x)$	$+$	0	$-$	$-$	$-$	0	$+$
$f''(x)$	$-$	$-$	$-$	0	$+$	$+$	$+$
$y = f(x)$	↗	极大值 $\dfrac{32}{27}$	↘	拐点 $\left(\dfrac{1}{3}, \dfrac{16}{27}\right)$	↘	极小值 0	↗

表3-7中符号 ↗ 表示曲线弧单调上升且是凸的, ↘ 表示曲线弧单调下降且是凸的, ↘ 表示曲线弧单调下降且是凹的, ↗ 表示曲线弧单调上升且是凹的.

(3) 曲线 $y = f(x)$ 无渐近线.

(4) 曲线 $y = f(x)$ 与 y 轴的交点为 $(0,1)$, 与 x 轴的交点为 $(-1,0)$, $(1,0)$. 再求出该曲线上的一点 $\left(\dfrac{3}{2}, \dfrac{5}{8}\right)$.

根据以上讨论, 即可描绘函数 $y = f(x)$ 的图形(见图3-15).

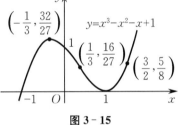

图 3-15

例6

描绘函数 $y = \varphi(x) = \dfrac{1}{\sqrt{2\pi}} e^{-\frac{x^2}{2}}$ 的图形.

解 (1) 该函数的定义域为 $(-\infty, +\infty)$. 因为 $\varphi(-x) = \varphi(x)$, 所以 $\varphi(x)$ 是偶函数, 其图形关于 y 轴对称, 于是可以只讨论 $\varphi(x)$ 在 $[0, +\infty)$ 上的图形.

(2) $\varphi'(x) = -\dfrac{x}{\sqrt{2\pi}} e^{-\frac{x^2}{2}}$, $\varphi''(x) = \dfrac{1}{\sqrt{2\pi}} e^{-\frac{x^2}{2}} (x^2 - 1)$.

令 $\varphi'(x) = 0$, 得驻点 $x_1 = 0$; 令 $\varphi''(x) = 0$, 得 $x_2 = 1$. 列表讨论如下(见表3-8):

表 3-8

x	0	$(0,1)$	1	$(1, +\infty)$
$\varphi'(x)$	0	$-$	$-$	$-$
$\varphi''(x)$	$-$	$-$	0	$+$
$y = \varphi(x)$	极大值 $\dfrac{1}{\sqrt{2\pi}}$	↘	拐点 $\left(1, \dfrac{1}{\sqrt{2\pi e}}\right)$	↘

(3) 因为 $\lim\limits_{x \to +\infty} \varphi(x) = \lim\limits_{x \to +\infty} \dfrac{1}{\sqrt{2\pi}} e^{-\frac{x^2}{2}} = 0$, 所以曲线 $y = \varphi(x)$ 有一条水平渐近线 $y = 0$.

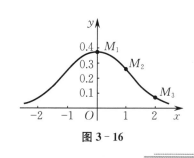

图 3-16

(4) 曲线与 y 轴的交点为 $M_1\left(0,\dfrac{1}{\sqrt{2\pi}}\right)$，在点 $x=1$ 处曲线有拐点 $M_2\left(1,\dfrac{1}{\sqrt{2\mathrm{e}}}\right)$，再在曲线上找一点 $M_3\left(2,\dfrac{1}{\sqrt{2\pi}\,\mathrm{e}^2}\right)$.

根据以上讨论，即可描绘出函数 $y=\varphi(x)$ 在 $[0,+\infty)$ 上的图形，由 $y=\varphi(x)$ 的图形关于 y 轴对称，描出其在 $(-\infty,0)$ 上的图形(见图 3-16).

这条曲线是概率论与数理统计中的一条非常重要的曲线,在对工农业产品做抽样检验时,常会遇到.

思 考 题 3-4

1. 曲线 $y=f(x)$ 的拐点与 $f''(x)=0$ 的点及 $f''(x)$ 不存在的点之间有何关系?

2. 若 $f''(x_0)=0$, 点 $(x_0,f(x_0))$ 一定是拐点吗?

3. 若点 $(x_0,f(x_0))$ 为拐点, 一定有 $f''(x_0)=0$ 吗?

4. a,b 为何值时, 点 $(1,3)$ 是曲线 $y=ax^3+bx^2$ 的拐点?

5. 已知曲线 $y=x^3+ax^2+9x+4$ 在点 $x=1$ 处有拐点, 试确定常数 a 的值.

习 题 3-4

1. 求下列函数图形的凹凸区间及拐点:

(1) $y=x^4-12x^3+48x^2-50$;　　　　(2) $y=a-\sqrt[3]{x-b}$;

(3) $y=\dfrac{1}{x^2+1}$;　　　　(4) $y=\mathrm{e}^{-x^2}$.

2. 试确定 a,b,c 的值, 使得曲线 $y=ax^3+bx^2+cx$ 有一拐点 $(1,2)$, 且在该点处的切线斜率为 -1.

3. 证明: 由方程 $y^2=f(x)$ 所确定的函数的图形上, 其拐点的横坐标 ξ 满足

$$[f'(\xi)]^2=2f(\xi)f''(\xi).$$

4. 试确定函数 $y=k(x^2-3)^2$ 中的 k 的值, 使得该函数的图形在拐点处的法线通过原点.

5. 作出下列函数的图形:

(1) $y=\dfrac{x}{1+x^2}$;　　　　(2) $y=\mathrm{e}^{-\frac{1}{x}}$;

(3) $y=x^2+\dfrac{1}{x}$;　　　　(4) $y=(2x-5)\sqrt[3]{x^2}+3$.

第五节　　曲 率

曲线的弯曲程度是一个重要问题. 例如, 材料力学中梁在外力(载荷)的作用下要产生弯曲形变,断裂往往发生在弯曲得最厉害的地方.下面,我们将介绍表示曲线弯曲程度的曲率概念及其计算.

一、曲率

我们先从图形上分析曲线弧的弯曲程度与哪些因素有关.

如图 3-17 所示,设点 M 沿曲线弧 $\overset{\frown}{MN}$ 移动到点 N 时,切线 MT 随着点 M 的移动而连续转动,切线 MT 转动到 T_1N 时所转过的角度 $\Delta\alpha_1$ 称为曲线弧 $\overset{\frown}{MN}$ 的切线的转角. 容易得到:

(1) 若两条曲线弧 $\overset{\frown}{MN}$ 和 $\overset{\frown}{MC}$ 的长度相等,则曲线弧的弯曲程度越大,对应的切线的转角也越大(见图 3-17);

(2) 若两条曲线弧 $\overset{\frown}{AB}$ 和 $\overset{\frown}{CD}$ 的切线的转角相等,则曲线弧的长度越短,其弯曲程度越大(见图 3-18).

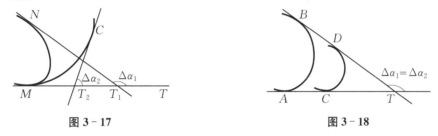

图 3-17　　　　　　　　　　图 3-18

因此,曲线弧的弯曲程度与曲线弧的长度和切线的转角这两个因素有关.

如图 3-19 所示,设曲线弧 $\overset{\frown}{M_0A}$ 具有连续转动的切线,规定曲线弧的左端点 M_0 作为度量弧长的起点. 对曲线弧上的任意点 M,用 s 表示曲线弧 $\overset{\frown}{M_0M}$ 的长度. 显然,弧长 s 是 x 的单调增加函数.

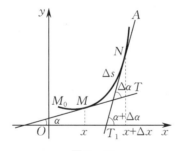

图 3-19

当自变量 x 有增量 Δx(对应曲线弧上点 N)时,弧长的增量为 Δs,则曲线弧 $\overset{\frown}{MN}$ 的弧长等于 $|\Delta s|$. 设曲线弧 $\overset{\frown}{MN}$ 的切线的转角为 $\Delta\alpha$,我们把比值

$$\bar{\kappa} = \left| \frac{\Delta\alpha}{\Delta s} \right|$$

称为曲线弧 $\overset{\frown}{MN}$ 的**平均曲率**. 当点 N 沿着曲线弧 $\overset{\frown}{M_0A}$ 无限趋近于点 M,即 $\Delta s \to 0$ 时,如果平均曲率 $\left| \frac{\Delta\alpha}{\Delta s} \right|$ 的极限存在,则称此极限值为曲线弧 $\overset{\frown}{MN}$ 在点 M 处的**曲率**,记作 κ,即

$$\kappa = \lim_{\Delta s \to 0} \left| \frac{\Delta\alpha}{\Delta s} \right| = \left| \frac{\mathrm{d}\alpha}{\mathrm{d}s} \right|. \tag{3-5}$$

例 1

证明:圆周上任一点处的曲率等于半径的倒数.

证 如图 3-20 所示,设圆的半径为 R,当点 M 沿圆周移动到点 N 时,切线的转角 $\Delta\alpha$ 等于中心角 $\angle MCN$,故圆弧段 $\overset{\frown}{MN}$ 的长度等于 $R\Delta\alpha$,从而

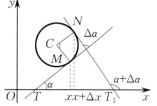

$$\bar{\kappa} = \left| \frac{\Delta\alpha}{\Delta s} \right| = \frac{1}{R}.$$

图 3-20

所以,

$$\kappa = \lim_{\Delta s \to 0} \left| \frac{\Delta\alpha}{\Delta s} \right| = \frac{1}{R},$$

即圆周上任一点处的曲率等于半径的倒数.

显然,圆的半径越小,曲率越大,圆弧的弯曲程度也越大.

二、曲率的计算公式

设曲线弧 $\overset{\frown}{M_0 A}$ 的方程为 $y = f(x)$,且 $f(x)$ 具有二阶导数,用 α 表示曲线在点 M 处的切线倾角(见图 3-19).由(3-5)式可得,$\dfrac{\mathrm{d}\alpha}{\mathrm{d}s}$ 可看作切线倾角 α 的微分与弧长 s 的微分之商.因此,只要求出这两个微分,就可得到曲率的计算公式.

因为 $y' = \tan\alpha$,所以 $\alpha = \arctan y'$,于是

$$\mathrm{d}\alpha = \frac{y''}{1+(y')^2}\mathrm{d}x.$$

另一方面,当 $|\Delta x|$ 很小时,可以用弦 MN 的长度 $\sqrt{(\Delta x)^2 + (\Delta y)^2}$ 近似代替弧 $\overset{\frown}{MN}$ 的长度 $|\Delta s|$,并且 $|\Delta x|$ 越小,弦 MN 的长度就越接近于弧 $\overset{\frown}{MN}$ 的长度,则

$$\frac{\sqrt{(\Delta x)^2 + (\Delta y)^2}}{|\Delta x|} = \sqrt{1 + \left(\frac{\Delta y}{\Delta x}\right)^2}$$

也就越接近于 $\dfrac{\Delta s}{\Delta x}$.而

$$\lim_{\Delta x \to 0} \sqrt{1 + \left(\frac{\Delta y}{\Delta x}\right)^2} = \sqrt{1 + \left(\frac{\mathrm{d}y}{\mathrm{d}x}\right)^2} = \sqrt{1 + (y')^2},$$

因此

$$\frac{\mathrm{d}s}{\mathrm{d}x} = \lim_{\Delta x \to 0} \frac{\Delta s}{\Delta x} = \lim_{\Delta x \to 0} \sqrt{1 + \left(\frac{\Delta y}{\Delta x}\right)^2} = \sqrt{1 + (y')^2},$$

从而

$$\frac{\mathrm{d}s}{\mathrm{d}x} = \sqrt{1 + (y')^2} \quad \text{或} \quad \mathrm{d}s = \sqrt{1 + (y')^2}\,\mathrm{d}x.$$

将求得的 $\mathrm{d}\alpha$ 与 $\mathrm{d}s$ 代入(3-5)式,得曲率的计算公式

$$\kappa = \frac{|y''|}{[1+(y')^2]^{\frac{3}{2}}}.$$

例 2

求直线 $y = ax + b$ 上任一点处的曲率.

解 由于 $y' = a$,$y'' = 0$,因此 $\kappa = 0$,即直线 $y = ax + b$ 在任一点处的曲率都等于 0,这与我们的直观认识"直线没有弯曲"是一致的.

例 3

求曲线 $y = \dfrac{x^3}{6RL}$ 在点 $O(0,0)$ 及点 $M\left(x_0, \dfrac{x_0^3}{6RL}\right)$ 处的曲率,其中 L, R 为大于 0 的常数.

解　易得,$y' = \dfrac{x^2}{2RL}$,$y'' = \dfrac{x}{RL}$.

当 $x = 0$ 时,$y'(0) = y''(0) = 0$,即 $\kappa = 0$,曲线在点 $O(0,0)$ 处的曲率为 0;

当 $x = x_0$ 时,$y'(x_0) = \dfrac{x_0^2}{2RL}$,$y''(x_0) = \dfrac{x_0}{RL}$,则曲线在点 M 处的曲率为

$$\kappa = \dfrac{\left| \dfrac{x_0}{RL} \right|}{\left[1 + \left(\dfrac{x_0^2}{2RL} \right)^2 \right]^{\frac{3}{2}}}.$$

列车在轨道上运行时,为行驶平稳,要求轨道曲线具有连续变化的曲率. 如图 3-21 所示,列车由直道 AO 转入半径为 R 的圆弧轨道时,往往在直线和圆弧部分之间接入一条长为 L 的缓冲曲线弧轨道 $\overset{\frown}{OM}$,使得它的曲率逐渐由 0 过渡到 $\dfrac{1}{R}$. 此时,通常采用例 3 中的曲线 $y = \dfrac{x^3}{6RL}$ 作为缓冲轨道曲线.

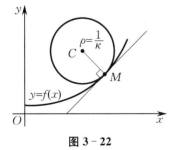

图 3-21

可以选择常数 L,使 L 与 x_0 非常接近,那么

$$y'(x_0) = \dfrac{x_0^2}{2RL} \approx \dfrac{L}{2R}, \quad y''(x_0) = \dfrac{x_0}{RL} \approx \dfrac{1}{R}.$$

于是,缓冲曲线弧在点 M 处的曲率

$$\kappa = \dfrac{\dfrac{1}{R}}{\left[1 + \left(\dfrac{L}{2R} \right)^2 \right]^{\frac{3}{2}}}.$$

又当 $\dfrac{L}{2R}$ 很小时,$\left(\dfrac{L}{2R} \right)^2$ 可略去,于是缓冲曲线弧在点 M 处的曲率

$$\kappa \approx \dfrac{1}{R}.$$

三、曲率半径与曲率圆

由例 1 知,圆周上任一点处的曲率相等,且曲率的倒数正好等于圆的半径. 一般地,若曲线弧在点 M 处的曲率 $\kappa \neq 0$,则把曲率 κ 的倒数叫作曲线弧在点 M 处的**曲率半径**,记作 ρ,即

$$\rho = \dfrac{1}{\kappa}.$$

图 3-22

曲线上某点处的曲率半径较大时,曲线在该点处的曲率就较小,即曲线在该点附近比较平坦. 反之,当曲率半径较小时,曲线在该点处的曲率就较大,即曲线在该点附近较弯曲.

如图 3-22 所示,设点 M 为曲线 $y = f(x)$ 上的一点,过点

M 作曲线的法线,在曲线凹向一侧的法线上取一点 C,使得 MC 的长度等于曲线在点 M 处的曲率半径 ρ,即 $|MC| = \rho$,则称点 C 为曲线 $y = f(x)$ 在点 M 处的**曲率中心**.以点 C 为中心,以 ρ 为半径作一圆,则称此圆为曲线在点 M 处的**曲率圆**.

曲率圆具有下列性质:

(1) 它与曲线在点 M 处相切;

(2) 它与曲线在点 M 处凹向一致;

(3) 它的曲率与曲线在点 M 处的曲率相等.

由于点 M 处的曲率圆与曲线的这种密切关系,有时也称曲率圆为密切圆.在实际问题中,讨论有关曲线在某点处的性态时,经常用该点处的曲率圆来代替曲线,使问题简化.例如,在研究质点的曲线运动时,用曲线上某一点处的曲率圆代替该点附近的曲线弧,就可以利用圆周运动的知识来分析该点处的曲线运动.

例 4

设工件内表面的截线为抛物线 $y = 0.4x^2$(见图 3-23),现在要用砂轮磨削其内表面,问:用直径多大的砂轮,才比较合适?

解 为了在磨削工件内表面时,不使砂轮与工件接触处附近的那部分磨去太多,砂轮的半径应小于(或等于)抛物线上各点处曲率半径中的最小值.

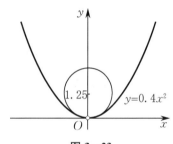

图 3-23

由 $y' = 0.8x$,$y'' = 0.8$,得抛物线在任一点处的曲率

$$\kappa = \frac{0.8}{\left[1 + (0.8x)^2\right]^{\frac{3}{2}}}.$$

显然,当 $x = 0$ 时,κ 取最大值 0.8,即抛物线在各点处的曲率半径中的最小值为

$$\rho = \frac{1}{0.8} = 1.25.$$

所以,选用砂轮的直径不超过 2.50 单位长才比较合适.

习 题 3-5

1.求下列曲线在给定点处的曲率和曲率半径:

(1) $y = \sin x$,给定点 $\left(\dfrac{\pi}{2}, 1\right)$;   (2) $y = 4x - x^2$,给定点 $(2, 4)$;

(3) $xy = 4$,给定点 $(2, 2)$;   (4) $\begin{cases} x = a\cos^3 t, \\ y = a\sin^3 t, \end{cases}$ 在 $t = t_0$ 的对应点处.

2.设一物体在半立方抛物线 $4y^2 = x^3 (y > 0)$ 上运动,问:当物体距 y 轴 $1\,\mathrm{m}$ 时,方向的改变率(即在 $x = 1$ 对应点处的曲率)如何?

3.求抛物线 $y = ax^2 + bx + c$ 上曲率最大的点.

4.求曲线 $y = 2(x-1)^2$ 的最小曲率半径.

5.求曲线 $y = \ln x$ 的最小曲率半径.

本章小结

本章要求:在理解微分中值定理的基础上,重点掌握求函数的极值、判断函数的单调性与函数图形的凹凸性,以及求函数图形拐点等的方法;能描绘简单的常用函数图形,掌握简单的最大值和最小值应用题的求解.

1. 微分中值定理

(1) 罗尔中值定理、拉格朗日中值定理和柯西中值定理.

(2) 洛必达法则. 设函数 $f(x)$ 和 $g(x)$ 在点 x_0 的某一邻域内可导,且满足下列条件:

① $\lim\limits_{x \to x_0} f(x) = 0, \lim\limits_{x \to x_0} g(x) = 0$;

② $\lim\limits_{x \to x_0} \dfrac{f'(x)}{g'(x)} = A(或 \infty)$,

则有

$$\lim_{x \to x_0} \frac{f(x)}{g(x)} = \lim_{x \to x_0} \frac{f'(x)}{g'(x)} = A(或 \infty).$$

2. 导数的应用

(1) 函数的单调性判别法. 设函数 $y = f(x)$ 在闭区间 $[a,b]$ 上连续,在开区间 (a,b) 内可导. 若对 (a,b) 内的每一点 x,均有 $f'(x) > 0[或 f'(x) < 0]$,则 $f(x)$ 在 $[a,b]$ 上是单调增加(或单调减少)的.

(2) 函数的极值及其求法. 设函数 $y = f(x)$ 在点 x_0 的某一邻域内连续,在此邻域内(但点 x_0 可除外)可导.

① 若当 $x < x_0$ 时,$f'(x) > 0$;当 $x > x_0$ 时,$f'(x) < 0$,则 $f(x)$ 在点 x_0 处取得极大值.

② 若当 $x < x_0$ 时,$f'(x) < 0$;当 $x > x_0$ 时,$f'(x) > 0$,则 $f(x)$ 在点 x_0 处取得极小值.

③ 若当 $x \neq x_0$ 时,$f'(x) < 0$;或当 $x \neq x_0$ 时,$f'(x) > 0$,则 $f(x)$ 在点 x_0 处没有极值.

设函数 $y = f(x)$ 在点 x_0 处具有二阶导数,且 $f'(x_0) = 0, f''(x_0) \neq 0$,则

① 当 $f''(x_0) < 0$ 时,$f(x)$ 在点 x_0 处取得极大值;

② 当 $f''(x_0) > 0$ 时,$f(x)$ 在点 x_0 处取得极小值.

(3) 最大(小)值求法. 设函数 $y = f(x)$ 在闭区间 $[a,b]$ 上连续,该函数在 $[a,b]$ 上的最大值、最小值可能在导数等于 0 的点、导数不存在的点或区间端点上取得. 因此,只要将这些点全部找出,并比较这些点的函数值,其中最大者就是最大值,最小者就是最小值.

求实际问题的最优解,关键是将实际问题的目标函数列出来,然后再用上述方法求出其最优解.

(4) 曲线的凹凸性、拐点和函数作图.

① 设函数 $y = f(x)$ 在区间 (a,b) 内的二阶导数存在. 如果在 (a,b) 内 $f''(x) > 0$,则曲线弧 $y = f(x)$ 在 (a,b) 内是凹的;如果在 (a,b) 内 $f''(x) < 0$,则曲线弧 $y = f(x)$ 在 (a,b) 内是凸的.

② 对使得 $f''(x) = 0$ 或 $f''(x)$ 不存在但连续的点 x_0,若在点 x_0 左右两边 $f''(x)$ 的符号发生改变,则点 $(x_0, f(x_0))$ 一定是拐点,否则点 $(x_0, f(x_0))$ 就不是拐点.

③ 函数图形的描绘.

第一步:求函数 $y = f(x)$ 的定义域,考察函数的奇偶性、周期性等;

第二步:确定函数的单调区间、极值点及曲线的凹凸区间、拐点;

第三步:确定曲线的渐近线;

第四步:求出曲线上某些特殊点,然后描绘函数的图形.

(5)曲率.

① 曲率计算公式 $\kappa = \dfrac{|y''|}{[1+(y')^2]^{\frac{3}{2}}}$.

② 曲率半径 $\rho = \dfrac{1}{\kappa}$.

自测题三

1. 选择题(前五题为多选题,后五题为单选题)

(1)下列函数在给定区间上满足罗尔中值定理的是( );

A. $y = x^2 - 5x + 6$, $x \in [2,3]$

B. $y = \dfrac{1}{\sqrt[3]{(x-1)^2}}$, $x \in [0,2]$

C. $y = \sin x$, $x \in \left[-\dfrac{3\pi}{2}, \dfrac{\pi}{2}\right]$

D. $y = \begin{cases} x+1, & x < 5, \\ 1, & x \geqslant 5, \end{cases}$ $x \in [0,5]$

(2)下列函数在给定区间上满足拉格朗日中值定理的是( );

A. $y = \dfrac{2x}{1+x^2}$, $x \in [-1,1]$

B. $y = |x|$, $x \in [-1,2]$

C. $y = \ln(2-x)$, $x \in [1,e]$

D. $y = \ln(1+x^2)$, $x \in [0,3]$

(3)下列求极限问题不能用洛必达法则的是( );

A. $\lim\limits_{x \to 0} \dfrac{x^2 \sin \dfrac{1}{x}}{(x-1)^2}$

B. $\lim\limits_{x \to +\infty}\left[x\left(\dfrac{\pi}{2} - \arctan x\right)\right]$

C. $\lim\limits_{x \to 0} \dfrac{x - \sin x}{x + \cos x}$

D. $\lim\limits_{x \to \infty}\left(1 + \dfrac{k}{x}\right)^x$

(4)设函数 $f(x)$ 在点 x_0 的某一邻域内有定义,且 $f'(x_0) = 0$,$f''(x_0) = 0$,则在点 x_0 处 $f(x)$( );

A. 必有极值

B. 必有拐点

C. 可能有极值也可能没有极值

D. 在点 $(x_0, f(x_0))$ 处可能有拐点也可能没有拐点

(5)下列曲线有垂直渐近线的是( );

A. $y = \dfrac{2x-1}{(x-1)^2}$

B. $y = e^{-\frac{1}{x}}$

C. $y = x + \dfrac{\ln x}{x}$

D. $y = \dfrac{1}{1 + e^{-x}}$

(6)已知函数 $y = f(x)$ 在闭区间 $[a,b]$ 上连续,在开区间 (a,b) 内可导,且当 $x \in (a,b)$ 时,$f'(x) > 0$. 又 $f(a) < 0$,则( );

A. $f(x)$ 在 $[a,b]$ 上单调增加,且 $f(b) > 0$

B. $f(x)$ 在 $[a,b]$ 上单调增加,且 $f(b) < 0$

C. $f(x)$ 在 $[a,b]$ 上单调减少,且 $f(b) < 0$

D. $f(x)$ 在 $[a,b]$ 上单调增加,但 $f(b)$ 的符号无法确定

(7) 函数 $y = \dfrac{2x}{1+x^2}$（　　）；

A. 在 $(-\infty, +\infty)$ 上单调增加

B. 在 $(-\infty, +\infty)$ 上单调减少

C. 在 $(-1,1)$ 内单调增加，在其他定义区间单调减少

D. 在 $(-1,1)$ 内单调减少，在其他定义区间单调增加

(8) 若函数 $y = f(x)$ 在点 x_0 处取得极大值，则必有（　　）；

A. $f'(x_0) = 0$ 　　　　　　　　　　B. $f''(x_0) < 0$

C. $f'(x_0) = 0$ 且 $f''(x_0) < 0$ 　　　D. $f'(x_0) = 0$ 或不存在

(9) 条件 $f''(x_0) = 0$ 是曲线 $y = f(x)$ 在点 $(x_0, f(x_0))$ 处有拐点的（　　）条件；

A. 必要 　　　　　　　　　　　　B. 充分

C. 充要 　　　　　　　　　　　　D. 无关

(10) 若点 $(0,1)$ 是曲线 $y = ax^3 + bx^2 + c$ 的拐点，则有（　　）.

A. $a = 1, b = 3, c = 1$ 　　　　　　B. a 为任意值，$b = 0, c = 1$

C. $a = 1, b = 0, c$ 为任意值 　　　　D. a, b 为任意值，$c = 1$

2. 下列结论是否正确？若不正确，试举例说明：

(1) 如果函数 $y = f(x)$ 在 (a,b) 内可导，且单调增加，则在 (a,b) 内 $f'(x) > 0$；

(2) 如果 $f'(x_0) = 0$，则点 x_0 必是 $f(x)$ 的极值点；

(3) 如果点 x_0 是函数 $y = f(x)$ 的极值点，则必有 $f'(x_0) = 0$.

3. 试证：方程 $x^3 + x - 1 = 0$ 在开区间 $(0,1)$ 内有且仅有一个实根.

4. 设函数 $f(x)$ 在 $(0, +\infty)$ 上可导，$\lim\limits_{x \to +\infty} f(x) = \infty$，$\lim\limits_{x \to +\infty} f'(x) = A$，证明：

$$\lim_{x \to +\infty} \frac{f(x)}{x} = A.$$

5. 求下列极限：

(1) $\lim\limits_{x \to 0} \dfrac{\cos x - \mathrm{e}^{-\frac{x^3}{3}}}{x^2}$； 　　　　　　(2) $\lim\limits_{x \to 0} \dfrac{1 + \sin^2 x - \cos x}{\tan^2 x}$.

6. 设函数 $f(x) = \begin{cases} 0, & x = 0, \\ \dfrac{x\ln x}{1-x}, & x > 0 \text{ 且 } x \neq 1, \\ -1, & x = 1. \end{cases}$

(1) 求 $\lim\limits_{x \to 0^+} \dfrac{x\ln x}{1-x}, \lim\limits_{x \to 1} \dfrac{x\ln x}{1-x}$；

(2) 讨论函数 $f(x)$ 在点 $x = 1$ 处的连续性及可导性；

(3) 证明：函数 $f(x)$ 在 $(0,1)$ 内单调减少.

7. 求下列函数的单调区间与极值：

(1) $y = \arctan x - \ln(1+x^2)$； 　　　　(2) $y = x^{\frac{2}{3}} \mathrm{e}^{-x}$.

04 第四章
不 定 积 分

　　数学发展的动力主要来源于社会发展的需要.17世纪,微积分的创立主要是为了解决当时数学面临的四类问题:求曲线的长度、曲线围成的面积、曲面围成的体积、物体的质心和引力.上述问题的研究具有长远的历史,例如,古希腊人曾用穷竭法求出了某些图形的面积和体积,我国南北朝时期的祖冲之、祖暅也曾推导出某些图形的面积和体积.在欧洲,对此四类问题的研究兴起于17世纪,先是穷竭法被不断修改,后来由于微积分的创立,彻底改变了解决这四类问题的方法.

　　由求运动物体的速度、曲线的切线和极值等问题产生了导数和微分,构成了微积分学的微分学部分;同时,由已知物体的速度求路程、已知切线求曲线以及求面积与体积等问题产生了不定积分和定积分,构成了微积分学的积分学部分.

　　前面已经介绍已知函数求导数的问题,现在我们考虑其反问题:已知导数求其原函数,即求一个未知函数,使其导数恰好是某一已知函数.这种由导数或微分求原函数的逆运算称为不定积分.本章将介绍不定积分的概念及计算方法.

第一节 不定积分的概念与性质

一、原函数与不定积分的概念

从微分学知道:若已知曲线方程 $y=f(x)$,则可求出该曲线在任一点 x 处的切线的斜率为 $k=f'(x)$. 例如,曲线 $y=x^2$ 在点 x 处的切线的斜率为 $2x$.

现在要解决其反问题:已知曲线上任一点 x 处切线的斜率,要求该曲线的方程. 为此,我们引进原函数的概念.

定义 1 设函数 $f(x)$ 在某一区间内有定义. 如果存在可导函数 $F(x)$,使得在该区间内有

$$F'(x)=f(x) \quad 或 \quad \mathrm{d}F(x)=f(x)\mathrm{d}x,$$

则称 $F(x)$ 为 $f(x)$ 在该区间内的一个**原函数**.

例如,在区间 $(-\infty,+\infty)$ 上,$(x^2)'=2x$,那么 x^2 就是函数 $2x$ 的一个原函数;$\left(\dfrac{1}{2}\sin 2x\right)'=\cos 2x$,那么 $\dfrac{1}{2}\sin 2x$ 是函数 $\cos 2x$ 的一个原函数.

关于原函数,我们有如下几点说明:

(1) 如果函数 $f(x)$ 在某一区间内连续,那么它的原函数一定存在(这个结论将在第五章给予证明).

(2) 如果函数 $f(x)$ 有一个原函数 $F(x)$,由于 $[F(x)+C]'=F'(x)=f(x)$,因此 $F(x)+C$ 也是 $f(x)$ 的原函数(C 是任意常数),从而 $f(x)$ 有无穷多个原函数.

(3) 如果函数 $F(x)$ 是 $f(x)$ 的一个原函数,则 $f(x)$ 的全体原函数可表示为 $F(x)+C$(C 是任意常数). 因为,若 $G(x)$ 也是 $f(x)$ 的原函数,则

$$[G(x)-F(x)]'=G'(x)-F'(x)=f(x)-f(x)\equiv 0.$$

而导数等于 0 的函数必为常数函数,于是 $G(x)-F(x)=C$(C 为任意常数),即 $G(x)=F(x)+C$,所以 $f(x)$ 的全体原函数可表示为 $F(x)+C$.

定义 2 把函数 $f(x)$ 的全体原函数 $F(x)+C$ 称为 $f(x)$ 的**不定积分**,记作 $\int f(x)\mathrm{d}x$,即

$$\int f(x)\mathrm{d}x=F(x)+C,$$

其中 $\int$ 称为积分号,$f(x)$ 称为**被积函数**,x 称为**积分变量**,$f(x)\mathrm{d}x$ 称为**被积表达式**,C 称为**积分常数**.

由定义 2 知,求函数 $f(x)$ 的不定积分时,只需先求出它的一个原函数,再加上任意常数 C 即可. 例如,x^2 是 $2x$ 的一个原函数,故 $\int 2x\mathrm{d}x=x^2+C$.

例 1

求 $\int \sin x\mathrm{d}x$.

解 因为 $(-\cos x)' = \sin x$,所以
$$\int \sin x \mathrm{d}x = -\cos x + C.$$

例2

求 $\int x^2 \mathrm{d}x.$

解 因为 $\left(\dfrac{x^3}{3}\right)' = x^2$,所以
$$\int x^2 \mathrm{d}x = \dfrac{x^3}{3} + C.$$

例3

求 $\int \dfrac{1}{1+x^2} \mathrm{d}x.$

解 因为 $(\arctan x)' = \dfrac{1}{1+x^2}$,所以
$$\int \dfrac{1}{1+x^2} \mathrm{d}x = \arctan x + C.$$

例4

求 $\int \dfrac{1}{x} \mathrm{d}x.$

解 当 $x > 0$ 时,$(\ln x)' = \dfrac{1}{x}$,故
$$\int \dfrac{1}{x} \mathrm{d}x = \ln x + C \quad (x > 0);$$

当 $x < 0$ 时,$[\ln(-x)]' = \dfrac{(-x)'}{-x} = \dfrac{1}{x}$,故
$$\int \dfrac{1}{x} \mathrm{d}x = \ln(-x) + C \quad (x < 0).$$

综上所述,得
$$\int \dfrac{1}{x} \mathrm{d}x = \ln|x| + C.$$

二、不定积分的性质

根据不定积分的定义,可以推得下列性质.

性质1 如果将函数先积分,再求导,其结果等于被积函数,即
$$\dfrac{\mathrm{d}}{\mathrm{d}x}\left[\int f(x)\mathrm{d}x\right] = f(x) \quad \text{或} \quad \mathrm{d}\left[\int f(x)\mathrm{d}x\right] = f(x)\mathrm{d}x.$$

性质2 如果将函数先求导(或微分),再积分,其结果等于原来的函数再加上一个任意常数,即
$$\int F'(x)\mathrm{d}x = F(x) + C \quad \text{或} \quad \int \mathrm{d}F(x) = F(x) + C.$$

从上面两个性质可以看出,如果不计相差一个常数的情况,求导数和求不定积分互为逆运算.

性质 3 被积函数中不为 0 的常数因子可以提到积分号外,即

$$\int k f(x) \mathrm{d}x = k \int f(x) \mathrm{d}x \quad (k \text{ 是常数且 } k \neq 0).$$

性质 4 两个函数的代数和的不定积分,等于两个函数不定积分的代数和,即

$$\int [f(x) \pm g(x)] \mathrm{d}x = \int f(x) \mathrm{d}x \pm \int g(x) \mathrm{d}x.$$

性质 4 可以推广到有限个函数的代数和的情形.

三、基本积分公式

因为求不定积分是求导数的逆运算,所以可由导数的基本公式得到下列相应的基本积分公式:

(1) $\int \mathrm{d}x = x + C$;

(2) $\int x^{\mu} \mathrm{d}x = \dfrac{1}{\mu + 1} x^{\mu+1} + C \quad (\mu \neq -1)$;

(3) $\int \dfrac{1}{x} \mathrm{d}x = \ln|x| + C$;

(4) $\int a^{x} \mathrm{d}x = \dfrac{a^{x}}{\ln a} + C \quad (a > 0 \text{ 且 } a \neq 1)$;

(5) $\int \mathrm{e}^{x} \mathrm{d}x = \mathrm{e}^{x} + C$;

(6) $\int \sin x \mathrm{d}x = -\cos x + C$;

(7) $\int \cos x \mathrm{d}x = \sin x + C$;

(8) $\int \dfrac{1}{\cos^{2} x} \mathrm{d}x = \int \sec^{2} x \mathrm{d}x = \tan x + C$;

(9) $\int \dfrac{1}{\sin^{2} x} \mathrm{d}x = \int \csc^{2} x \mathrm{d}x = -\cot x + C$;

(10) $\int \sec x \tan x \mathrm{d}x = \sec x + C$;

(11) $\int \csc x \cot x \mathrm{d}x = -\csc x + C$;

(12) $\int \dfrac{1}{1 + x^{2}} \mathrm{d}x = \arctan x + C$;

(13) $\int \dfrac{1}{\sqrt{1 - x^{2}}} \mathrm{d}x = \arcsin x + C.$

下面的公式可以通过直接求导来验证,对等式右边的函数求导后所得到的函数等于左边的被积函数.

(14) $\int \dfrac{1}{a^2+x^2}\mathrm{d}x = \dfrac{1}{a}\arctan \dfrac{x}{a}+C$ $(a>0)$；

(15) $\int \dfrac{1}{\sqrt{a^2-x^2}}\mathrm{d}x = \arcsin \dfrac{x}{a}+C$ $(a>0)$.

利用基本积分公式和不定积分的性质可求出一些函数的不定积分.

例 5

求 $\int \left(\dfrac{1}{x^2}+\dfrac{2}{x}-2\right)\mathrm{d}x$.

解 $\int \left(\dfrac{1}{x^2}+\dfrac{2}{x}-2\right)\mathrm{d}x = \int x^{-2}\mathrm{d}x+2\int \dfrac{1}{x}\mathrm{d}x-2\int \mathrm{d}x = -\dfrac{1}{x}+2\ln|x|-2x+C$.

例 6

求 $\int \dfrac{1}{x^2 \sqrt[3]{x}}\mathrm{d}x$.

解 $\int \dfrac{1}{x^2 \sqrt[3]{x}}\mathrm{d}x = \int x^{-\frac{7}{3}}\mathrm{d}x = \dfrac{1}{-\frac{7}{3}+1}x^{-\frac{7}{3}+1}+C = -\dfrac{3}{4}x^{-\frac{4}{3}}+C = -\dfrac{3}{4x\sqrt[3]{x}}+C$.

例 7

求 $\int x\sqrt{x}(x-2)\mathrm{d}x$.

解 $\int x\sqrt{x}(x-2)\mathrm{d}x = \int \left(x^{\frac{5}{2}}-2x^{\frac{3}{2}}\right)\mathrm{d}x = \dfrac{2}{7}x^{\frac{7}{2}}-\dfrac{4}{5}x^{\frac{5}{2}}+C = x^2\sqrt{x}\left(\dfrac{2}{7}x-\dfrac{4}{5}\right)+C$.

例 8

求 $\int \dfrac{1}{2+x^2}\mathrm{d}x$.

解 用 $a=\sqrt{2}$ 代入基本积分公式(14)，得

$$\int \dfrac{1}{2+x^2}\mathrm{d}x = \int \dfrac{1}{(\sqrt{2})^2+x^2}\mathrm{d}x = \dfrac{1}{\sqrt{2}}\arctan \dfrac{x}{\sqrt{2}}+C.$$

例 9

求 $\int \dfrac{x^2}{1+x^2}\mathrm{d}x$.

解 $\int \dfrac{x^2}{1+x^2}\mathrm{d}x = \int \dfrac{x^2+1-1}{1+x^2}\mathrm{d}x = \int \left(1-\dfrac{1}{1+x^2}\right)\mathrm{d}x = x-\arctan x+C$.

例 10

求 $\int 3^{x+1}\mathrm{e}^x\mathrm{d}x$.

解 $\int 3^{x+1}\mathrm{e}^x\mathrm{d}x = 3\int 3^x\mathrm{e}^x\mathrm{d}x = 3\int (3\mathrm{e})^x\mathrm{d}x = \dfrac{3(3\mathrm{e})^x}{\ln(3\mathrm{e})}+C = \dfrac{3^{x+1}\mathrm{e}^x}{1+\ln 3}+C$.

例 11

求 $\int \cos^2 \dfrac{x}{2}\mathrm{d}x$.

解 $\displaystyle\int \cos^2 \frac{x}{2}\mathrm{d}x = \frac{1}{2}\int(1+\cos x)\mathrm{d}x = \frac{1}{2}(x+\sin x)+C.$

例 12

求 $\displaystyle\int \tan^2 x\mathrm{d}x.$

解 $\displaystyle\int \tan^2 x\mathrm{d}x = \int(\sec^2 x-1)\mathrm{d}x = \tan x - x + C.$

例 13

求 $\displaystyle\int \frac{1}{\sin^2 x\cos^2 x}\mathrm{d}x.$

解 $\displaystyle\int \frac{1}{\sin^2 x\cos^2 x}\mathrm{d}x = \int \frac{\sin^2 x+\cos^2 x}{\sin^2 x\cos^2 x}\mathrm{d}x = \int(\sec^2 x+\csc^2 x)\mathrm{d}x = \tan x - \cot x + C.$

思 考 题 4 - 1

1. 若函数 $f(x)$ 的一个原函数为 $x^3 - \mathrm{e}^x$,求 $\displaystyle\int f(x)\mathrm{d}x.$

2. 若 $\displaystyle\int f(x)\mathrm{d}x = 3^x + \cos x + C$,则函数 $f(x) = $ _____.

3. 若函数 $f(x)$ 的一个原函数为 $\sin x$,则 $\displaystyle\int f'(x)\mathrm{d}x = $ _____.

4. 若函数 $f(x)$ 的一个原函数为 $\sin x$,则 $\left[\displaystyle\int f(x)\mathrm{d}x\right]' = $ _____.

5. 若函数 $f(x) = \ln x$,则 $\displaystyle\int(\mathrm{e}^{2x}+\mathrm{e}^x)f'(\mathrm{e}^x)\mathrm{d}x = $ _____.

6. (_____ $)' = 0, \displaystyle\int 0\mathrm{d}x = $ _____.

7. $\left(-\frac{1}{2}\cos 2x\right)' = $ _____ , $\displaystyle\int$ _____ $\mathrm{d}x = -\frac{1}{2}\cos 2x + C.$

8. $\dfrac{\mathrm{d}}{\mathrm{d}x}\left(\displaystyle\int \sin x\mathrm{d}x\right) = $ _____.

9. $\displaystyle\int\left[\dfrac{\mathrm{d}(\sin x)}{\mathrm{d}x}\right]\mathrm{d}x = $ _____.

10. $\displaystyle\int \cos^2 x\mathrm{d}x = \frac{1}{2}x+\frac{1}{4}\sin 2x + C$ 是 _____ 的 _____ 原函数.

11. 设一曲线经过点 $(0,3)$,且曲线上任一点 (x,y) 处的切线斜率为 e^x,试求该曲线的方程.

习 题 4 - 1

1. 证明:
(1) $y = \ln 2x, y = \ln x + 2, y = \ln ax(a>0)$ 是同一函数的原函数;
(2) $y = (\mathrm{e}^x+\mathrm{e}^{-x})^2, y = (\mathrm{e}^x-\mathrm{e}^{-x})^2$ 是同一函数的原函数.

2. 验证下列等式成立:
(1) $\displaystyle\int \cos^2 x\mathrm{d}x = \int \frac{1+\cos 2x}{2}\mathrm{d}x = \frac{1}{2}x+\frac{1}{4}\sin 2x + C;$

(2) $\displaystyle\int \csc x\mathrm{d}x = \ln\tan\frac{x}{2}+C;$

(3) $\int \sqrt{a^2-x^2}\,\mathrm{d}x = \dfrac{a^2}{2}\arcsin\dfrac{x}{a} + \dfrac{x}{2}\sqrt{a^2-x^2} + C \quad (a>0).$

3. 设函数 $f(x)$ 的一个原函数是 $\arcsin\dfrac{x}{2} + \dfrac{1}{2}\arctan\dfrac{x-2}{2}$，求 $f(x)$，$\int f(x)\,\mathrm{d}x$.

4. 求下列函数的不定积分：

(1) $\displaystyle\int \left(\dfrac{2}{x} + \dfrac{x}{3}\right)^2 \mathrm{d}x$；

(2) $\displaystyle\int \dfrac{(x-\sqrt{x})(1+\sqrt{x})}{\sqrt[3]{x}}\mathrm{d}x$；

(3) $\displaystyle\int \dfrac{\sqrt{1+x^2}}{\sqrt{1-x^4}}\mathrm{d}x$；

(4) $\displaystyle\int \dfrac{1+2x^2}{x^2(1+x^2)}\mathrm{d}x$；

(5) $\displaystyle\int \left(\dfrac{1}{x^3} + \dfrac{1}{3+x^2}\right)\mathrm{d}x$；

(6) $\displaystyle\int 2^{x-3}\,\mathrm{d}x$；

(7) $\displaystyle\int \sin\dfrac{x}{2}\left(\cos\dfrac{x}{2} + \sin\dfrac{x}{2}\right)\mathrm{d}x$；

(8) $\displaystyle\int \dfrac{\cos 2x}{\cos^2 x \sin^2 x}\mathrm{d}x$.

5. 设一曲线在其上任一点处的切线斜率等于该点横坐标的倒数，且通过点 $(\mathrm{e}^3, 3)$，求此曲线的方程.

第二节 　　换元积分法

能够用基本积分分式与积分性质求不定积分的函数是很少的，因此有必要寻求更有效的积分方法. 对应于复合函数的求导法则，可以得到相应的积分法则，通常称其为换元积分法.

一、第一类换元积分法

我们知道 $(\sin 2x)' = 2\cos 2x$，因此 $\sin 2x$ 是 $2\cos 2x$ 的一个原函数，从而

$$\int 2\cos 2x\,\mathrm{d}x = \sin 2x + C,$$

即

$$\int \cos 2x \cdot (2x)'\,\mathrm{d}x = \sin 2x + C.$$

一般地，如果所求的不定积分，其被积函数能写成 $f[\varphi(x)]\varphi'(x)$ 的形式，则有下面的定理.

定理 1（第一类换元积分法） 设 $\displaystyle\int f(u)\,\mathrm{d}u = F(u) + C$，**函数** $u=\varphi(x)$ **具有连续导数**，则

$$\int f[\varphi(x)]\varphi'(x)\,\mathrm{d}x = F[\varphi(x)] + C,$$

或记作

$$\int f[\varphi(x)]\,\mathrm{d}\varphi(x) = F[\varphi(x)] + C.$$

证 由于 $F'(u) = f(u)$，由复合函数的求导法则，可得

$$\frac{\mathrm{d}}{\mathrm{d}x}F[\varphi(x)] = F'(u)\varphi'(x) = f(u)\varphi'(x) = f[\varphi(x)]\varphi'(x),$$

这表示 $F[\varphi(x)]$ 是 $f[\varphi(x)]\varphi'(x)$ 的一个原函数，从而

$$\int f[\varphi(x)]\varphi'(x)\,\mathrm{d}x = F[\varphi(x)] + C,$$

或写成

$$\int f[\varphi(x)] \mathrm{d}\varphi(x) = F[\varphi(x)] + C.$$

定理 1 表明,如果把基本积分公式中的自变量 x 换成中间变量 u[设 $u = \varphi(x)$,且有连续导数],公式仍然成立. 例如,由 $\int \cos x \mathrm{d}x = \sin x + C$ 可以推出 $\int \cos 2x \mathrm{d}(2x) = \sin 2x + C$,$\int \cos(\ln x) \mathrm{d}(\ln x) = \sin(\ln x) + C$,等等.

应用定理 1 可以这样理解,如果不定积分 $\int g(x) \mathrm{d}x$ 不能应用基本积分方式和积分性质求出结果,但可设法把 $g(x)$ 改写成 $f[\varphi(x)]\varphi'(x)$ 的形式,那么就可用定理 1 的公式计算 $\int g(x) \mathrm{d}x$. 整个过程在形式上可写成如下的一串表达式:

$$\int g(x) \mathrm{d}x \xrightarrow{\text{恒等变形}} \int f[\varphi(x)]\varphi'(x) \mathrm{d}x \xrightarrow{\text{凑微分}} \int f[\varphi(x)] \mathrm{d}\varphi(x)$$

$$\xrightarrow{\text{代换 } u = \varphi(x)} \int f(u) \mathrm{d}u \xrightarrow{\text{若 } F'(u) = f(u)} F(u) + C$$

$$\xrightarrow{\text{还原 } u = \varphi(x)} F[\varphi(x)] + C.$$

这一过程中关键一步在于将 $g(x) \mathrm{d}x$"凑成"$f[\varphi(x)] \mathrm{d}\varphi(x)$ 的形式,因而这种方法亦称**凑微分法**. 对这种方法熟练以后,可不必设 u,即虚框部分可省略.

例 1

求 $\int (2 + 3x)^7 \mathrm{d}x$.

解 对照基本积分公式,如果将 $\mathrm{d}x$ 凑成 $\frac{1}{3}\mathrm{d}(2 + 3x)$,这个不定积分就可用幂函数积分公式求出,于是

$$\int (2 + 3x)^7 \mathrm{d}x = \frac{1}{3}\int (2 + 3x)^7 \mathrm{d}(2 + 3x) \xrightarrow{\text{设 } 2 + 3x = u} \frac{1}{3}\int u^7 \mathrm{d}u$$

$$= \frac{1}{24}u^8 + C \xrightarrow{\text{回代 } u = 2 + 3x} \frac{1}{24}(2 + 3x)^8 + C.$$

例 2

求 $\int \frac{1}{2x + 1} \mathrm{d}x$.

解 将 $\mathrm{d}x$ 凑成 $\frac{1}{2}\mathrm{d}(2x + 1)$,从而

$$\int \frac{1}{2x + 1} \mathrm{d}x = \frac{1}{2}\int \frac{1}{2x + 1} \mathrm{d}(2x + 1) \xrightarrow{\text{设 } 2x + 1 = u} \frac{1}{2}\int \frac{1}{u} \mathrm{d}u$$

$$= \frac{1}{2}\ln|u| + C \xrightarrow{\text{回代 } u = 2x + 1} \frac{1}{2}\ln|2x + 1| + C.$$

例 3

求 $\int \dfrac{1}{x^2}\sin\dfrac{1}{x}\mathrm{d}x$.

解 $\int \dfrac{1}{x^2}\sin\dfrac{1}{x}\mathrm{d}x = -\int \sin\dfrac{1}{x}\mathrm{d}\left(\dfrac{1}{x}\right) = \cos\dfrac{1}{x} + C.$

例 4

求 $\int \cos x\sqrt{\sin x}\,\mathrm{d}x$.

解 $\int \cos x\sqrt{\sin x}\,\mathrm{d}x = \int (\sin x)^{\frac{1}{2}}\mathrm{d}(\sin x) = \dfrac{2}{3}(\sin x)^{\frac{3}{2}} + C = \dfrac{2}{3}\sqrt{\sin^3 x} + C.$

例 5

求 $\int \dfrac{1}{a^2 - x^2}\mathrm{d}x \quad (a \neq 0)$.

解 因为 $\dfrac{1}{a^2 - x^2} = \dfrac{(a-x)+(a+x)}{(a-x)(a+x)} \cdot \dfrac{1}{2a} = \dfrac{1}{2a}\left(\dfrac{1}{a+x} + \dfrac{1}{a-x}\right)$，所以

$$\int \dfrac{1}{a^2 - x^2}\mathrm{d}x = \dfrac{1}{2a}\int \left(\dfrac{1}{a+x} + \dfrac{1}{a-x}\right)\mathrm{d}x = \dfrac{1}{2a}\left[\int \dfrac{1}{a+x}\mathrm{d}(a+x) - \int \dfrac{1}{a-x}\mathrm{d}(a-x)\right]$$

$$= \dfrac{1}{2a}(\ln|a+x| - \ln|a-x|) + C = \dfrac{1}{2a}\ln\left|\dfrac{a+x}{a-x}\right| + C.$$

类似地，可得

$$\int \dfrac{1}{x^2 - a^2}\mathrm{d}x = \dfrac{1}{2a}\ln\left|\dfrac{x-a}{x+a}\right| + C \quad (a \neq 0).$$

例 6

求 $\int \dfrac{1}{x^2 + 2x + 3}\mathrm{d}x$.

解 $\int \dfrac{1}{x^2 + 2x + 3}\mathrm{d}x = \int \dfrac{1}{(x+1)^2 + (\sqrt{2})^2}\mathrm{d}x = \int \dfrac{1}{(x+1)^2 + (\sqrt{2})^2}\mathrm{d}(x+1)$

$$= \dfrac{1}{\sqrt{2}}\arctan\dfrac{x+1}{\sqrt{2}} + C.$$

例 7

求 $\int \tan x\mathrm{d}x$.

解 $\int \tan x\mathrm{d}x = \int \dfrac{\sin x}{\cos x}\mathrm{d}x = -\int \dfrac{1}{\cos x}\mathrm{d}(\cos x) = -\ln|\cos x| + C.$

类似地，可得

$$\int \cot x\mathrm{d}x = \ln|\sin x| + C.$$

例 8

求 $\int \cos 3x\cos 2x\mathrm{d}x$.

解 $\displaystyle\int \cos 3x \cos 2x \mathrm{d}x = \frac{1}{2}\int (\cos 5x + \cos x)\mathrm{d}x = \frac{1}{2}\left[\frac{1}{5}\int \cos 5x \mathrm{d}(5x) + \int \cos x \mathrm{d}x\right]$

$$= \frac{1}{10}\sin 5x + \frac{1}{2}\sin x + C.$$

例 9

求 $\displaystyle\int \frac{1}{x\ln x}\mathrm{d}x.$

解 因为 $\dfrac{1}{x}\mathrm{d}x = \mathrm{d}(\ln x)$,所以

$$\int \frac{1}{x\ln x}\mathrm{d}x = \int \frac{1}{\ln x}\mathrm{d}(\ln x) = \ln|\ln x| + C.$$

例 10

求 $\displaystyle\int \sec^4 x \mathrm{d}x.$

解 $\displaystyle\int \sec^4 x \mathrm{d}x = \int \sec^2 x \cdot \sec^2 x \mathrm{d}x = \int (1 + \tan^2 x)\mathrm{d}(\tan x)$

$$= \int \mathrm{d}(\tan x) + \int \tan^2 x \mathrm{d}(\tan x) = \tan x + \frac{1}{3}\tan^3 x + C.$$

例 11

求 $\displaystyle\int \sec x \mathrm{d}x.$

解 $\displaystyle\int \sec x \mathrm{d}x = \int \frac{\cos x}{\cos^2 x}\mathrm{d}x = \int \frac{1}{1 - \sin^2 x}\mathrm{d}(\sin x)$,则由例 5 的结果知

$$\int \sec x \mathrm{d}x = \frac{1}{2}\ln\left|\frac{1 + \sin x}{1 - \sin x}\right| + C.$$

又由于 $\dfrac{1 + \sin x}{1 - \sin x} = \dfrac{(1 + \sin x)^2}{1 - \sin^2 x} = \dfrac{(1 + \sin x)^2}{\cos^2 x} = (\sec x + \tan x)^2$,因此

$$\int \sec x \mathrm{d}x = \frac{1}{2}\ln(\sec x + \tan x)^2 + C = \ln|\sec x + \tan x| + C.$$

类似地,可得

$$\int \csc x \mathrm{d}x = \ln|\csc x - \cot x| + C.$$

例 12

求 $\displaystyle\int \frac{2x - 3}{x^2 - 5x + 6}\mathrm{d}x.$

解 分母 $x^2 - 5x + 6$ 的导数等于 $2x - 5$,把分子 $2x - 3$ 化为 $2x - 5 + 2$,于是

$$\int \frac{2x - 3}{x^2 - 5x + 6}\mathrm{d}x = \int \frac{2x - 5 + 2}{x^2 - 5x + 6}\mathrm{d}x = \int \frac{2x - 5}{x^2 - 5x + 6}\mathrm{d}x + \int \frac{2}{x^2 - 5x + 6}\mathrm{d}x$$

$$= \int \frac{2x - 5}{x^2 - 5x + 6}\mathrm{d}x + 2\int \frac{(x - 2) - (x - 3)}{(x - 3)(x - 2)}\mathrm{d}x$$

$$= \int \frac{1}{x^2 - 5x + 6} \mathrm{d}(x^2 - 5x + 6) + 2\left(\int \frac{1}{x-3}\mathrm{d}x - \int \frac{1}{x-2}\mathrm{d}x\right)$$

$$= \ln|x^2 - 5x + 6| + 2(\ln|x-3| - \ln|x-2|) + C$$

$$= 3\ln|x-3| - \ln|x-2| + C.$$

例 13

求 $\displaystyle\int \frac{x+1}{x^2 - 2x + 5}\mathrm{d}x$.

解 分母 $x^2 - 2x + 5$ 的导数等于 $2x - 2 = 2(x-1)$,把分子 $x+1$ 化为 $x - 1 + 2$,于是

$$\int \frac{x+1}{x^2 - 2x + 5}\mathrm{d}x = \int \frac{(x-1)+2}{x^2 - 2x + 5}\mathrm{d}x = \int \frac{x-1}{x^2 - 2x + 5}\mathrm{d}x + 2\int \frac{1}{x^2 - 2x + 5}\mathrm{d}x$$

$$= \frac{1}{2}\int \frac{1}{x^2 - 2x + 5}\mathrm{d}(x^2 - 2x + 5) + 2\int \frac{1}{(x-1)^2 + 2^2}\mathrm{d}(x-1)$$

$$= \frac{1}{2}\ln|x^2 - 2x + 5| + \arctan \frac{x-1}{2} + C.$$

例 14

求 $\displaystyle\int \frac{1 + \sin x}{1 + \cos x}\mathrm{d}x$.

解 被积函数的分子、分母同时乘以 $1 - \cos x$,得

$$\frac{1 + \sin x}{1 + \cos x} = \frac{(1 + \sin x)(1 - \cos x)}{1 - \cos^2 x}$$

$$= \frac{1 + \sin x - \cos x - \sin x\cos x}{\sin^2 x}$$

$$= \csc^2 x + \csc x - \csc x\cot x - \cot x,$$

所以

$$\int \frac{1 + \sin x}{1 + \cos x}\mathrm{d}x = \int (\csc^2 x + \csc x - \csc x\cot x - \cot x)\mathrm{d}x$$

$$= -\cot x + \ln|\csc x - \cot x| + \csc x - \ln|\sin x| + C.$$

在上述的例题中,有一些函数的不定积分今后经常用到,我们把它们作为公式使用.

(16) $\displaystyle\int \tan x\mathrm{d}x = -\ln|\cos x| + C$;

(17) $\displaystyle\int \cot x\mathrm{d}x = \ln|\sin x| + C$;

(18) $\displaystyle\int \sec x\mathrm{d}x = \ln|\sec x + \tan x| + C$;

(19) $\displaystyle\int \csc x\mathrm{d}x = \ln|\csc x - \cot x| + C$;

(20) $\displaystyle\int \frac{1}{x^2 - a^2}\mathrm{d}x = \frac{1}{2a}\ln\left|\frac{x-a}{x+a}\right| + C \quad (a \neq 0)$.

下面我们把一些常用的凑微分公式列表归纳(见表 4-1).

表 4 - 1

积分类型	换元公式
(1) $\int f(ax+b)\mathrm{d}x = \frac{1}{a}\int f(ax+b)\mathrm{d}(ax+b)$ $(a \neq 0)$	$u = ax + b$
(2) $\int f(x^{\mu})x^{\mu-1}\mathrm{d}x = \frac{1}{\mu}\int f(x^{\mu})\mathrm{d}(x^{\mu})$ $(\mu \neq 0)$	$u = x^{\mu}$
(3) $\int f(\ln x)\frac{1}{x}\mathrm{d}x = \int f(\ln x)\mathrm{d}(\ln x)$	$u = \ln x$
(4) $\int f(\mathrm{e}^{ax})\mathrm{e}^{ax}\mathrm{d}x = \frac{1}{a}\int f(\mathrm{e}^{ax})\mathrm{d}(\mathrm{e}^{ax})$ $(a \neq 0)$	$u = \mathrm{e}^{ax}$
(5) $\int f(a^{x})a^{x}\mathrm{d}x = \frac{1}{\ln a}\int f(a^{x})\mathrm{d}(a^{x})$ $(a>0\,\text{且}\,a \neq 1)$	$u = a^{x}$
(6) $\int f(\sin x)\cos x\mathrm{d}x = \int f(\sin x)\mathrm{d}(\sin x)$	$u = \sin x$
(7) $\int f(\cos x)\sin x\mathrm{d}x = -\int f(\cos x)\mathrm{d}(\cos x)$	$u = \cos x$
(8) $\int f(\tan x)\sec^2 x\mathrm{d}x = \int f(\tan x)\mathrm{d}(\tan x)$	$u = \tan x$
(9) $\int f(\cot x)\csc^2 x\mathrm{d}x = -\int f(\cot x)\mathrm{d}(\cot x)$	$u = \cot x$
(10) $\int f(\arctan x)\frac{1}{1+x^2}\mathrm{d}x = \int f(\arctan x)\mathrm{d}(\arctan x)$	$u = \arctan x$
(11) $\int f(\arcsin x)\frac{1}{\sqrt{1-x^2}}\mathrm{d}x = \int f(\arcsin x)\mathrm{d}(\arcsin x)$	$u = \arcsin x$

表格左侧纵排文字：第一类换元积分法

二、第二类换元积分法

第一类换元积分法是将所要求的不定积分 $\int g(x)\mathrm{d}x$ "凑成" $\int f[\varphi(x)]\varphi'(x)\mathrm{d}x$，通过变量代换 $u = \varphi(x)$，化为易求的不定积分 $\int f(u)\mathrm{d}u$. 有时我们也会遇到相反的情形，即适当地选择变量代换 $x = \varphi(u)$，将所要求的不定积分 $\int f(x)\mathrm{d}x$ 化为易求的不定积分 $\int f[\varphi(u)]\varphi'(u)\mathrm{d}u$，这种方法称为第二类换元积分法.

定理 2（第二类换元积分法） 设 $x = \varphi(u)$ 是单调的可导函数，且 $\varphi'(u) \neq 0$. 若

$$\int f[\varphi(u)]\varphi'(u)\mathrm{d}u = \Phi(u) + C,$$

则

$$\int f(x)\mathrm{d}x = \Phi[\varphi^{-1}(x)] + C,$$

其中 $u = \varphi^{-1}(x)$ 是 $x = \varphi(u)$ 的反函数.

证 由假设，

$$\Phi'(u) = f[\varphi(u)]\varphi'(u) = f(x)\frac{\mathrm{d}x}{\mathrm{d}u},$$

利用复合函数的求导法则及反函数的求导法则,推出

$$\frac{\mathrm{d}}{\mathrm{d}x}\Phi[\varphi^{-1}(x)] = \frac{\mathrm{d}\Phi(u)}{\mathrm{d}x} = \frac{\mathrm{d}\Phi(u)}{\mathrm{d}u} \cdot \frac{\mathrm{d}u}{\mathrm{d}x} = \Phi'(u)\frac{\mathrm{d}u}{\mathrm{d}x}$$

$$= f(x)\frac{\mathrm{d}x}{\mathrm{d}u} \cdot \frac{\mathrm{d}u}{\mathrm{d}x} = f(x).$$

这表示 $\Phi[\varphi^{-1}(x)]$ 是 $f(x)$ 的一个原函数,从而

$$\int f(x)\mathrm{d}x = \Phi[\varphi^{-1}(x)] + C.$$

使用第二类换元积分法的关键是合理地选择变量代换 $x = \varphi(u)$. 在具体计算时,形式上可写成

$$\int f(x)\mathrm{d}x \xrightarrow{\text{令}\,x=\varphi(u)} \int f[\varphi(u)]\varphi'(u)\mathrm{d}u \xrightarrow{\text{设可积出}} \Phi(u) + C$$

$$\xrightarrow{\text{回代}\,u=\varphi^{-1}(x)} \Phi[\varphi^{-1}(x)] + C.$$

下面我们举例说明第二类换元积分法的应用.

(1) 被积函数含有根式 $\sqrt[n]{ax+b}$.

例 15

求 $\displaystyle\int \frac{1}{1+\sqrt{x}}\mathrm{d}x$.

解 令 $\sqrt{x} = u$,即做变量代换 $x = u^2(u > 0)$,则 $\mathrm{d}x = 2u\mathrm{d}u$. 于是

$$\int \frac{1}{1+\sqrt{x}}\mathrm{d}x = \int \frac{2u}{1+u}\mathrm{d}u = 2\int \frac{(u+1)-1}{1+u}\mathrm{d}u$$

$$= 2\int \left(1 - \frac{1}{1+u}\right)\mathrm{d}u = 2(u - \ln|1+u|) + C$$

$$= 2(\sqrt{x} - \ln|1+\sqrt{x}|) + C.$$

例 16

求 $\displaystyle\int \frac{x+1}{x\sqrt{x-2}}\mathrm{d}x$.

解 令 $\sqrt{x-2} = u$,即做变量代换 $x = 2 + u^2(u > 0)$,则 $\mathrm{d}x = 2u\mathrm{d}u$. 于是

$$\int \frac{x+1}{x\sqrt{x-2}}\mathrm{d}x = \int \frac{2+u^2+1}{(2+u^2)u} \cdot 2u\mathrm{d}u = 2\int \left(1 + \frac{1}{2+u^2}\right)\mathrm{d}u$$

$$= 2\left(u + \frac{1}{\sqrt{2}}\arctan\frac{u}{\sqrt{2}}\right) + C = 2\sqrt{x-2} + \sqrt{2}\arctan\sqrt{\frac{x-2}{2}} + C.$$

(2) 被积函数含有根式 $\sqrt{a^2 - x^2}$ 或 $\sqrt{x^2 \pm a^2}$.

例 17

求 $\displaystyle\int \sqrt{a^2 - x^2}\,\mathrm{d}x \quad (a > 0)$.

解 令 $x = a\sin u, u \in \left(-\dfrac{\pi}{2}, \dfrac{\pi}{2}\right)$，则 $\mathrm{d}x = a\cos u \mathrm{d}u, \sqrt{a^2 - x^2} = a\cos u.$ 于是

$$\int \sqrt{a^2 - x^2}\,\mathrm{d}x = \int a\cos u \cdot a\cos u \mathrm{d}u = a^2 \int \cos^2 u \mathrm{d}u$$

$$= \frac{a^2}{2}\int (1 + \cos 2u)\mathrm{d}u = \frac{a^2}{2}\left(u + \frac{1}{2}\sin 2u\right) + C.$$

根据变量代换 $x = a\sin u$ 作直角三角形(见图 4-1)，由 $\sin u = \dfrac{x}{a}$，可得

$$u = \arcsin\frac{x}{a}, \quad \cos u = \frac{\sqrt{a^2 - x^2}}{a},$$

$$\sin 2u = 2\sin u\cos u = \frac{2}{a^2}x\sqrt{a^2 - x^2}.$$

把 u 回代成 x 的函数，得

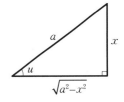

图 4-1

$$\int \sqrt{a^2 - x^2}\,\mathrm{d}x = \frac{a^2}{2}\arcsin\frac{x}{a} + \frac{1}{2}x\sqrt{a^2 - x^2} + C.$$

例 18

求 $\displaystyle\int \frac{1}{\sqrt{x^2 - a^2}}\mathrm{d}x \quad (a > 0).$

解 被积函数的定义域为 $(-\infty, -a)$ 和 $(a, +\infty)$ 两个区间，分别在这两个区间上求不定积分.

当 $x \in (a, +\infty)$ 时，令 $x = a\sec u, u \in \left(0, \dfrac{\pi}{2}\right)$，则 $\mathrm{d}x = a\sec u\tan u \mathrm{d}u, \sqrt{x^2 - a^2} = a\tan u.$ 于是

$$\int \frac{1}{\sqrt{x^2 - a^2}}\mathrm{d}x = \int \frac{a\sec u\tan u}{a\tan u}\mathrm{d}u = \int \sec u \mathrm{d}u$$

$$= \ln|\sec u + \tan u| + C_1.$$

根据变量代换 $x = a\sec u$ 作直角三角形(见图 4-2)，由 $\sec u = \dfrac{x}{a}$，可得

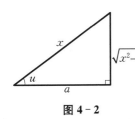

图 4-2

$$\tan u = \frac{\sqrt{x^2 - a^2}}{a}.$$

把 u 回代成 x 的函数，得

$$\int \frac{1}{\sqrt{x^2 - a^2}}\mathrm{d}x = \ln\left(\frac{x}{a} + \frac{\sqrt{x^2 - a^2}}{a}\right) + C_1$$

$$= \ln(x + \sqrt{x^2 - a^2}) + C,$$

其中 $C = C_1 - \ln a$ 为任意常数.

当 $x \in (-\infty, -a)$ 时，令 $x = -u$，则 $u > a.$ 由上述结果有

$$\int \frac{1}{\sqrt{x^2 - a^2}}\mathrm{d}x = -\int \frac{1}{\sqrt{u^2 - a^2}}\mathrm{d}u = -\ln(u + \sqrt{u^2 - a^2}) + C_1$$

$$= -\ln(-x + \sqrt{x^2 - a^2}) + C_1 = \ln\frac{-x - \sqrt{x^2 - a^2}}{a^2} + C_1$$

$$= \ln(-x - \sqrt{x^2 - a^2}) + C,$$

其中 $C = C_1 - 2\ln a$ 为任意常数.

综上所述,得

$$\int \frac{1}{\sqrt{x^2 - a^2}} dx = \ln|x + \sqrt{x^2 - a^2}| + C.$$

类似地,可得

$$\int \frac{1}{\sqrt{x^2 + a^2}} dx = \ln(x + \sqrt{x^2 + a^2}) + C \quad (a > 0).$$

例 19

求 $\displaystyle\int \frac{1}{x^2 \sqrt{x^2 + a^2}} dx \quad (a > 0)$.

解 令 $x = a\tan u, u \in \left(-\dfrac{\pi}{2}, \dfrac{\pi}{2}\right)$,则 $dx = a\sec^2 u\, du, \sqrt{x^2 + a^2} = a\sec u$. 于是

$$\int \frac{1}{x^2 \sqrt{x^2 + a^2}} dx = \int \frac{a\sec^2 u}{a^2 \tan^2 u \cdot a\sec u} du = \frac{1}{a^2} \int \frac{\sec u}{\tan^2 u} du$$

$$= \frac{1}{a^2} \int \frac{\cos u}{\sin^2 u} du = -\frac{1}{a^2} \cdot \frac{1}{\sin u} + C.$$

根据变量代换 $x = a\tan u$ 作直角三角形(见图 4-3),由 $\tan u = \dfrac{x}{a}$,可得

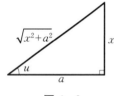

图 4-3

$$\sin u = \frac{x}{\sqrt{x^2 + a^2}}.$$

把 u 回代成 x 的函数,得

$$\int \frac{1}{x^2 \sqrt{x^2 + a^2}} dx = -\frac{\sqrt{x^2 + a^2}}{a^2 x} + C.$$

注 三角代换有时也可以用于其他形式的被积函数,例如 $\displaystyle\int \frac{1}{(x^2 + a^2)^2} dx (a > 0)$ 就可用
三角代换 $x = a\tan u$ 把被积函数化为易于积分的形式.

上述例题中有几个不定积分也经常遇到,故把它们的结果也当作公式使用,即有

(21) $\displaystyle\int \frac{1}{\sqrt{x^2 + a^2}} dx = \ln(x + \sqrt{x^2 + a^2}) + C \quad (a > 0)$;

(22) $\displaystyle\int \frac{1}{\sqrt{x^2 - a^2}} dx = \ln|x + \sqrt{x^2 - a^2}| + C \quad (a > 0)$.

例 20

求 $\displaystyle\int x\sqrt{x^2 - a^2}\, dx$.

解 被积函数含有二次根式,用第二类换元积分法,做变量代换 $x = a\sec u$ 可化去根号.
于是 $\sqrt{x^2 - a^2} = a\tan u, dx = a\sec u\tan u\, du$,代入不定积分得

$$\int x\sqrt{x^2-a^2}\,\mathrm{d}x = \int a\sec u \cdot a\tan u \cdot a\sec u\tan u\,\mathrm{d}u = a^3\int \sec^2 u\tan^2 u\,\mathrm{d}u$$

$$= a^3\int \tan^2 u\,\mathrm{d}(\tan u) = \frac{a^3}{3}\tan^3 u + C$$

$$= \frac{a^3}{3}\cdot\frac{\sqrt{(x^2-a^2)^3}}{a^3} + C = \frac{1}{3}(x^2-a^2)^{\frac{3}{2}} + C.$$

若用凑微分法,把 $x\mathrm{d}x$ "凑成" $\frac{1}{2}\mathrm{d}(x^2-a^2)$,则

$$\int x\sqrt{x^2-a^2}\,\mathrm{d}x = \frac{1}{2}\int (x^2-a^2)^{\frac{1}{2}}\mathrm{d}(x^2-a^2) = \frac{1}{3}(x^2-a^2)^{\frac{3}{2}} + C.$$

显然,要比用第二类换元积分法方便得多.

思 考 题 4-2

1.第一类换元积分法(即凑微分法)与第二类换元积分法的区别是什么?

2.已知 $\int f(x)\mathrm{d}x = F(x)+C$,则 $\int f(3x)\mathrm{d}x = $ _____.

3.$\frac{1}{1+9x^2}\mathrm{d}x = $ _____ $\mathrm{d}(\arctan 3x)$.

4.求一个函数 $f(x)$,使其满足 $f'(x) = \frac{1}{\sqrt{1+x}}$,且 $f(0)=1$.

习 题 4-2

1.若 $\int f(t)\mathrm{d}t = F(t)+C$,证明:

(1) $\int f(ax+b)\mathrm{d}x = \frac{1}{a}F(ax+b)+C$ $(a\neq 0)$;

(2) $\int f(x^a)x^{a-1}\mathrm{d}x = \frac{1}{a}F(x^a)+C$ $(a\neq 0)$.

2.求下列不定积分:

(1) $\int \frac{1}{(3-2x)^2}\mathrm{d}x$;

(2) $\int xe^{-x^2}\mathrm{d}x$;

(3) $\int \frac{x-1}{3+x^2}\mathrm{d}x$;

(4) $\int \frac{x}{x-\sqrt{x^2-1}}\mathrm{d}x$;

(5) $\int \frac{\sqrt{4+\ln(1+x)}}{1+x}\mathrm{d}x$;

(6) $\int \frac{1}{x(1+2\ln x)}\mathrm{d}x$;

(7) $\int \frac{1-x}{\sqrt{2x-x^2}}\mathrm{d}x$;

(8) $\int \frac{x}{1+x^4}\mathrm{d}x$;

(9) $\int \frac{e^x}{\sqrt{1-e^{2x}}}\mathrm{d}x$;

(10) $\int \cos^2(\omega t+\varphi)\sin(\omega t+\varphi)\mathrm{d}t$;

(11) $\int \frac{\sin x}{\cos^2 x}\mathrm{d}x$;

(12) $\int \frac{1}{x^2}\tan\frac{1}{x}\mathrm{d}x$;

(13) $\int \frac{1}{\sin x\cos x}\mathrm{d}x$;

(14) $\int \frac{x}{\sin^2(x^2+1)}\mathrm{d}x$;

(15) $\int \frac{\sin x\cos x}{\sqrt{1+\sin^2 x}}\mathrm{d}x$;

(16) $\int \cos^3 x\mathrm{d}x$.

(17) $\displaystyle\int (\tan^2 x + \tan^4 x)\mathrm{d}x$;

(18) $\displaystyle\int \tan^3 x\mathrm{d}x$;

(19) $\displaystyle\int \frac{1-\tan x}{1+\tan x}\mathrm{d}x$;

(20) $\displaystyle\int \cos x\cos\frac{x}{2}\mathrm{d}x$;

(21) $\displaystyle\int \frac{1}{\cos^2 x\,\sqrt{\tan x-1}}\mathrm{d}x$;

(22) $\displaystyle\int \frac{1+\sin x}{1-\sin x}\mathrm{d}x$;

(23) $\displaystyle\int \frac{\cos x-\sin x}{1+\sin 2x}\mathrm{d}x$;

(24) $\displaystyle\int \frac{3}{x^2-8x+25}\mathrm{d}x$;

(25) $\displaystyle\int \frac{1}{4x^2+4x-3}\mathrm{d}x$;

(26) $\displaystyle\int \frac{1}{(x+1)(x-2)}\mathrm{d}x$;

(27) $\displaystyle\int \frac{1}{\mathrm{e}^x+\mathrm{e}^{-x}}\mathrm{d}x$;

(28) $\displaystyle\int \frac{1}{1-\mathrm{e}^x}\mathrm{d}x$.

3.求下列不定积分:

(1) $\displaystyle\int \frac{1}{x\,\sqrt{2x+1}}\mathrm{d}x$;

(2) $\displaystyle\int \frac{\sqrt{x+1}-1}{\sqrt{x+1}+1}\mathrm{d}x$;

(3) $\displaystyle\int \frac{1}{(1+\sqrt[3]{x})\sqrt{x}}\mathrm{d}x$;

(4) $\displaystyle\int x\,\sqrt{4-x^2}\,\mathrm{d}x$;

(5) $\displaystyle\int \frac{1}{(a^2-x^2)^{\frac{3}{2}}}\mathrm{d}x\quad (a>0)$;

(6) $\displaystyle\int \frac{\sqrt{a^2-x^2}}{x^2}\mathrm{d}x\quad (a>0)$;

(7) $\displaystyle\int \frac{\sqrt{x^2+1}}{x}\mathrm{d}x$;

(8) $\displaystyle\int \frac{1}{\sqrt{a^2+4x^2}}\mathrm{d}x$;

(9) $\displaystyle\int \frac{1}{(1+x^2)^{\frac{5}{2}}}\mathrm{d}x$;

(10) $\displaystyle\int \frac{1}{x\,\sqrt{x^2-1}}\mathrm{d}x$;

(11) $\displaystyle\int \frac{1}{x^2\,\sqrt{x^2-9}}\mathrm{d}x$;

(12) $\displaystyle\int \frac{\sqrt{4x^2-9}}{x}\mathrm{d}x$.

第三节　分部积分法

由函数的积的求导法则,可得到求不定积分的又一重要方法 —— **分部积分法**.

设函数 $u=u(x)$,$v=v(x)$ 均有连续的导数,由

$$(uv)' = u'v + uv'$$

得

$$uv' = (uv)' - u'v.$$

上式两边同时对 x 求不定积分,得

$$\int uv'\mathrm{d}x = uv - \int u'v\mathrm{d}x,$$

或记作

$$\int u\mathrm{d}v = uv - \int v\mathrm{d}u.$$

这就是分部积分公式.

当 $\displaystyle\int u'v\mathrm{d}x$ 比 $\displaystyle\int uv'\mathrm{d}x$ 易求时,就可应用分部积分公式.

通常,当被积函数是 $x^n\ln x, x^n\sin x, x^n\cos x, x^n\arcsin x, x^n\arctan x, x^n\mathrm{e}^x$ 等类型时,适合用分部积分公式.

例 1

求 $\int x\cos x\mathrm{d}x$.

解 设 $u=x, v'=\cos x$,由 $\cos x\mathrm{d}x=\mathrm{d}(\sin x)$,得
$$\int x\cos x\mathrm{d}x=\int x\mathrm{d}(\sin x)=x\sin x-\int \sin x\mathrm{d}x$$
$$=x\sin x+\cos x+C.$$

若选择 $u=\cos x, v'=x$,则由 $x\mathrm{d}x=\frac{1}{2}\mathrm{d}(x^2)$,得
$$\int x\cos x\mathrm{d}x=\frac{1}{2}\int \cos x\mathrm{d}(x^2)=\frac{1}{2}\Big[x^2\cos x-\int x^2\mathrm{d}(\cos x)\Big]$$
$$=\frac{1}{2}\Big(x^2\cos x+\int x^2\sin x\mathrm{d}x\Big).$$

因为不定积分 $\int x^2\sin x\mathrm{d}x$ 比原不定积分更复杂,所以这样做更难求出该不定积分.

例 2

求 $\int x^2\mathrm{e}^{-x}\mathrm{d}x$.

解
$$\int x^2\mathrm{e}^{-x}\mathrm{d}x=-\int x^2\mathrm{d}(\mathrm{e}^{-x})=-\Big[x^2\mathrm{e}^{-x}-\int \mathrm{e}^{-x}\mathrm{d}(x^2)\Big]$$
$$=-x^2\mathrm{e}^{-x}+2\int x\mathrm{e}^{-x}\mathrm{d}x.$$

在应用了一次分部积分公式后,虽然没有求出结果,但简化了原不定积分. 将 $\int x\mathrm{e}^{-x}\mathrm{d}x$ 再次使用分部积分公式,得
$$\int x\mathrm{e}^{-x}\mathrm{d}x=-\int x\mathrm{d}(\mathrm{e}^{-x})=-\Big(x\mathrm{e}^{-x}-\int \mathrm{e}^{-x}\mathrm{d}x\Big)$$
$$=-x\mathrm{e}^{-x}-\mathrm{e}^{-x}+C_1=-\mathrm{e}^{-x}(x+1)+C_1.$$
将该结果代入上式,得
$$\int x^2\mathrm{e}^{-x}\mathrm{d}x=-x^2\mathrm{e}^{-x}-2\mathrm{e}^{-x}(x+1)+C$$
$$=-\mathrm{e}^{-x}(x^2+2x+2)+C \quad (C=2C_1).$$

例 3

求 $\int x\arctan x\mathrm{d}x$.

解 设 $u=\arctan x, v'=x$,由 $x\mathrm{d}x=\frac{1}{2}\mathrm{d}(x^2)$,得
$$\int x\arctan x\mathrm{d}x=\frac{1}{2}\int \arctan x\mathrm{d}(x^2)$$
$$=\frac{1}{2}\Big[x^2\arctan x-\int x^2\mathrm{d}(\arctan x)\Big]$$

$$= \frac{1}{2}\left(x^2\arctan x - \int \frac{x^2}{1+x^2}\mathrm{d}x\right)$$

$$= \frac{1}{2}\left[x^2\arctan x - \int \frac{(x^2+1)-1}{1+x^2}\mathrm{d}x\right]$$

$$= \frac{1}{2}(x^2\arctan x + \arctan x - x) + C.$$

例 4

求 $\int \ln x\mathrm{d}x$.

解 直接应用分部积分公式,设 $u = \ln x, v' = 1$,得

$$\int \ln x\mathrm{d}x = x\ln x - \int x\mathrm{d}(\ln x) = x\ln x - \int x \cdot \frac{1}{x}\mathrm{d}x$$

$$= x\ln x - \int \mathrm{d}x = x\ln x - x + C.$$

例 5

求 $\int \mathrm{e}^x\sin x\mathrm{d}x$.

解 $\int \mathrm{e}^x\sin x\mathrm{d}x = \int \sin x\mathrm{d}(\mathrm{e}^x) = \mathrm{e}^x\sin x - \int \mathrm{e}^x\mathrm{d}(\sin x)$

$$= \mathrm{e}^x\sin x - \int \mathrm{e}^x\cos x\mathrm{d}x = \mathrm{e}^x\sin x - \int \cos x\mathrm{d}(\mathrm{e}^x)$$

$$= \mathrm{e}^x\sin x - \mathrm{e}^x\cos x - \int \mathrm{e}^x\sin x\mathrm{d}x.$$

上式右边最后一项的不定积分为所要求的不定积分,移项得

$$2\int \mathrm{e}^x\sin x\mathrm{d}x = \mathrm{e}^x(\sin x - \cos x) + C_1,$$

于是

$$\int \mathrm{e}^x\sin x\mathrm{d}x = \frac{1}{2}\mathrm{e}^x(\sin x - \cos x) + C \quad \left(C = \frac{C_1}{2}\right).$$

在例 5 中,两次使用分部积分公式时,都是取指数函数为 v',也可以两次都取三角函数为 v' 而解之.

例 6

求 $\int \sec^3 x\mathrm{d}x$.

解 $\int \sec^3 x\mathrm{d}x = \int \sec^2 x\sec x\mathrm{d}x = \int \sec x\mathrm{d}(\tan x)$

$$= \sec x\tan x - \int \tan x\mathrm{d}(\sec x)$$

$$= \sec x\tan x - \int \tan x\sec x\tan x\mathrm{d}x$$

$$= \sec x\tan x - \int \sec x(\sec^2 x - 1)\mathrm{d}x$$

$$= \sec x\tan x - \int \sec^3 x\mathrm{d}x + \int \sec x\mathrm{d}x$$

$$= \sec x\tan x + \ln|\sec x + \tan x| - \int \sec^3 x\mathrm{d}x.$$

上式右边最后一项的不定积分为所要求的不定积分,移项得

$$\int \sec^3 x\mathrm{d}x = \frac{1}{2}\Big(\sec x\tan x + \ln|\sec x + \tan x|\Big) + C.$$

在计算不定积分时,有时要兼用换元积分法与分部积分法.

例 7

求 $\int \sin\sqrt{x}\,\mathrm{d}x.$

解 令 $\sqrt{x} = u$,即做变量代换 $x = u^2 (u > 0)$,则 $\mathrm{d}x = 2u\mathrm{d}u.$ 于是

$$\int \sin\sqrt{x}\,\mathrm{d}x = \int \sin u \cdot 2u\mathrm{d}u = 2\int u\sin u\mathrm{d}u = -2\int u\mathrm{d}(\cos u)$$

$$= -2\Big(u\cos u - \int \cos u\mathrm{d}u\Big) = -2(u\cos u - \sin u) + C$$

$$= 2(\sin\sqrt{x} - \sqrt{x}\cos\sqrt{x}) + C.$$

通过这几节的学习,我们可以体会到积分比微分复杂多了,甚至有些看上去并不复杂的不定积分,例如

$$\int e^{-x^2}\mathrm{d}x, \quad \int \frac{e^x}{x}\mathrm{d}x, \quad \int \frac{\sin x}{x}\mathrm{d}x, \quad \int \sqrt{1 - k^2\sin^2 x}\,\mathrm{d}x \quad (0 < k < 1)$$

都不能用初等函数来表示,即被积函数的原函数不是初等函数. 在这种情况下,就说不定积分"积不出".

思 考 题 4-3

1.运用分部积分公式 $\int u\mathrm{d}v = uv - \int v\mathrm{d}u$ 的关键是什么?选取 u 和 v' 遵循什么原则?

2.已知 e^{-x} 是函数 $f(x)$ 的一个原函数,则 $\int xf(x)\mathrm{d}x = $ _____.

习 题 4-3

1.求下列不定积分:

(1) $\int \arccos x\mathrm{d}x$;

(2) $\int x^n\ln x\mathrm{d}x$;

(3) $\int \ln(x + \sqrt{1+x^2})\mathrm{d}x$;

(4) $\int \frac{\arcsin x}{\sqrt{1+x}}\mathrm{d}x$;

(5) $\int \frac{x\arctan x}{\sqrt{1+x^2}}\mathrm{d}x$;

(6) $\int \cos\ln x\mathrm{d}x$;

(7) $\int \frac{x\cos x}{\sin^3 x}\mathrm{d}x$;

(8) $\int x\tan^2 x\mathrm{d}x$.

2.求下列不定积分:

(1) $\int \frac{1+x}{\sqrt{1-x^2}}\mathrm{d}x$;

(2) $\int \frac{x^2}{\sqrt{2-x}}\mathrm{d}x$;

(3) $\int \dfrac{\sqrt{x^2-9}}{x^2}\mathrm{d}x$;

(4) $\int \dfrac{x^3}{\sqrt{4-x^2}}\mathrm{d}x$;

(5) $\int \dfrac{x-4}{x^2-2x+10}\mathrm{d}x$;

(6) $\int \dfrac{6x-3}{3x^2-6x+1}\mathrm{d}x$;

(7) $\int \mathrm{e}^{\sqrt{x}}\mathrm{d}x$;

(8) $\int \dfrac{\ln(x+1)}{\sqrt{x}}\mathrm{d}x$.

第四节 有理函数与三角函数有理式的不定积分

一、有理函数的不定积分

设 $P(x)$ 和 $Q(x)$ 是两个多项式,称 $\dfrac{P(x)}{Q(x)}$ 为有理函数,当多项式 $P(x)$ 的次数比多项式 $Q(x)$ 的次数低时,称此有理函数为**真分式**,否则称为**假分式**.

一般来说,求有理函数的不定积分,可分为以下三个步骤:

(1) 当该有理函数为假分式时,可以通过多项式的除法把它化为一个多项式与一个真分式的和,例如,

$$\frac{x^3+5x^2+9x+7}{x^2+3x+2}=x+2+\frac{x+3}{x^2+3x+2}.$$

(2) 将真分式分解成部分分式之和.

根据代数学知识,我们可以将真分式中的分母在实数范围内分解成一次因式和二次质因式的乘积,然后将真分式分解成如下形式的一些部分分式的和:

$$\frac{A}{x-a},\quad \frac{A}{(x-a)^k},\quad \frac{Mx+N}{x^2+px+q},\quad \frac{Mx+N}{(x^2+px+q)^k},$$

其中 A,M,N,a,p,q 均为常数,k 为大于 1 的正整数,且 $p^2-4q<0$.

(3) 求出各部分分式的不定积分.

综上分析,求有理函数的不定积分,关键在于将真分式分解成部分分式之和,对于这一点,我们通过具体的例子来说明.

例 1

将 $R(x)=\dfrac{x+3}{x^2+3x+2}$ 分解成部分分式之和.

解 因为分母 $x^2+3x+2=(x+1)(x+2)$,所以这个真分式可分解为

$$R(x)=\frac{x+3}{(x+1)(x+2)}=\frac{A}{x+1}+\frac{B}{x+2},\qquad (4-1)$$

其中 A,B 为待定常数.下面介绍确定 A,B 的方法.

方法 1 将(4-1)式右边通分,等号两边的分子应相等,故

$$x+3=A(x+2)+B(x+1).$$

比较等式两边 x 的同次幂的系数及常数项,有

$$A + B = 1, \quad 2A + B = 3,$$

解得 $A = 2, B = -1$.

方法 2　在 $(4-1)$ 式两边同时乘以 $x+1$,得

$$R(x)(x+1) = \frac{x+3}{x+2} = A + \frac{B}{x+2}(x+1).$$

令 $x \to -1$,得

$$A = \lim_{x \to -1}[R(x)(x+1)] = \lim_{x \to -1}\frac{x+3}{x+2} = 2.$$

类似地,可得

$$B = \lim_{x \to -2}[R(x)(x+2)] = \lim_{x \to -2}\frac{x+3}{x+1} = -1.$$

于是

$$R(x) = \frac{x+3}{x^2 + 3x + 2} = \frac{2}{x+1} - \frac{1}{x+2}.$$

一般地,如果真分式 $R(x) = \dfrac{P(x)}{Q(x)}$ 的分母 $Q(x)$ 中含有单重因子 $x-a$,则 $R(x)$ 分解后含有部分分式 $\dfrac{A}{x-a}$,且

$$A = \lim_{x \to a}[R(x)(x-a)]. \tag{4-2}$$

例 2

将 $R(x) = \dfrac{1}{x\,(x-1)^2}$ 分解成部分分式之和.

解　这个真分式可分解为

$$R(x) = \frac{1}{x\,(x-1)^2} = \frac{A}{x} + \frac{B_1}{x-1} + \frac{B_2}{(x-1)^2}, \tag{4-3}$$

其中 A, B_1 和 B_2 为待定常数.

由 $(4-2)$ 式得

$$A = \lim_{x \to 0}[R(x)x] = \lim_{x \to 0}\frac{1}{(x-1)^2} = 1.$$

把 $A = 1$ 代入 $(4-3)$ 式,移项化简得

$$\frac{B_1}{x-1} + \frac{B_2}{(x-1)^2} = \frac{1}{x\,(x-1)^2} - \frac{1}{x} = \frac{-x+2}{(x-1)^2}$$

$$= \frac{-x+1+1}{(x-1)^2} = -\frac{1}{x-1} + \frac{1}{(x-1)^2},$$

即 $B_1 = -1, B_2 = 1$. 于是

$$R(x) = \frac{1}{x\,(x-1)^2} = \frac{1}{x} - \frac{1}{x-1} + \frac{1}{(x-1)^2}.$$

注　分母 $x(x-1)^2$ 中含有二重因子 $(x-1)^2$,部分分式相应地也有两项:一项的分母为 $(x-1)^2$,另一项的分母为 $x-1$,而分子均为常数.

例 3

将 $R(x) = \dfrac{x+4}{x^3+2x-3}$ 分解成部分分式之和.

解 $x^3+2x-3 = (x-1)(x^2+x+3)$,因为 x^2+x+3 是二次质因式,所以这个真分式可分解为

$$R(x) = \frac{x+4}{(x-1)(x^2+x+3)} = \frac{A}{x-1} + \frac{Mx+N}{x^2+x+3}, \tag{4-4}$$

其中 A, M 和 N 为待定常数.

由 $(4-2)$ 式得

$$A = \lim_{x \to 1}[R(x)(x-1)] = \lim_{x \to 1}\frac{x+4}{x^2+x+3} = 1.$$

为确定 N 的值,把 $A=1$ 代入 $(4-4)$ 式,令 $x=0$,得

$$-\frac{4}{3} = -1 + \frac{N}{3},$$

解得 $N=-1$. 再把 $A=1, N=-1$ 代入 $(4-4)$ 式,令 $x=-1$,得

$$-\frac{1}{2} = -\frac{1}{2} + \frac{-M-1}{3},$$

解得 $M=-1$. 于是

$$R(x) = \frac{x+4}{(x-1)(x^2+x+3)} = \frac{1}{x-1} - \frac{x+1}{x^2+x+3}.$$

注 $(4-4)$ 式右边第二项的分母是二次质因式,这时分子应为一次多项式.

例 4

求 $\displaystyle\int \frac{x^3+5x^2+9x+7}{x^2+3x+2}\mathrm{d}x$.

解 被积函数是假分式,用多项式的除法把其化为

$$x+2+\frac{x+3}{x^2+3x+2}.$$

由例 1 可知

$$\frac{x+3}{x^2+3x+2} = \frac{2}{x+1} - \frac{1}{x+2},$$

于是

$$\int \frac{x^3+5x^2+9x+7}{x^2+3x+2}\mathrm{d}x = \int \left(x+2+\frac{2}{x+1}-\frac{1}{x+2}\right)\mathrm{d}x$$

$$= \frac{x^2}{2} + 2x + 2\ln|x+1| - \ln|x+2| + C.$$

例 5

求 $\displaystyle\int \frac{x+4}{x^3+2x-3}\mathrm{d}x$.

解 由例 3 可知

$$\frac{x+4}{x^3+2x-3} = \frac{1}{x-1} - \frac{x+1}{x^2+x+3},$$

于是

$$\int \frac{x+4}{x^3+2x-3}\mathrm{d}x = \int \left(\frac{1}{x-1} - \frac{x+1}{x^2+x+3}\right)\mathrm{d}x = \int \left[\frac{1}{x-1} - \frac{x+\frac{1}{2}}{x^2+x+3} - \frac{\frac{1}{2}}{x^2+x+3}\right]\mathrm{d}x$$

$$= \ln|x-1| - \frac{1}{2}\ln|x^2+x+3| - \frac{1}{\sqrt{11}}\arctan\frac{2x+1}{\sqrt{11}} + C.$$

上面我们介绍了求有理函数的不定积分的一般方法,但对于某些有理函数的不定积分,解题时应根据被积函数的特点,尽量选择较简便的方法.

例 6

求 $\displaystyle\int \frac{x^4+x^2+1}{x\,(x^2+1)^2}\mathrm{d}x$.

解 $\displaystyle\int \frac{x^4+x^2+1}{x\,(x^2+1)^2}\mathrm{d}x = \int \frac{(x^2+1)^2 - x^2}{x\,(x^2+1)^2}\mathrm{d}x = \int \left[\frac{1}{x} - \frac{x}{(x^2+1)^2}\right]\mathrm{d}x$

$$= \ln|x| + \frac{1}{2(x^2+1)} + C.$$

二、三角函数有理式的不定积分

三角函数有理式是指由三角函数和常数经过有限次四则运算所构成的函数. 由于三角函数都是 $\sin x$ 和 $\cos x$ 的有理式,因此三角函数有理式可化为 $\sin x$ 和 $\cos x$ 的有理式.

做变量代换 $\tan\frac{x}{2} = u$,于是

$$x = 2\arctan u, \quad \mathrm{d}x = \frac{2}{1+u^2}\mathrm{d}u,$$

$$\sin x = \frac{2\sin\frac{x}{2}\cos\frac{x}{2}}{\cos^2\frac{x}{2} + \sin^2\frac{x}{2}} = \frac{2\tan\frac{x}{2}}{1+\tan^2\frac{x}{2}} = \frac{2u}{1+u^2},$$

$$\cos x = \frac{\cos^2\frac{x}{2} - \sin^2\frac{x}{2}}{\cos^2\frac{x}{2} + \sin^2\frac{x}{2}} = \frac{1-\tan^2\frac{x}{2}}{1+\tan^2\frac{x}{2}} = \frac{1-u^2}{1+u^2},$$

从而 $\sin x$ 和 $\cos x$ 的有理式可化为 u 的有理函数. 因此,三角函数有理式的不定积分均可化为有理函数的不定积分,变量代换 $\tan\frac{x}{2} = u$ 称为万能代换.

例 7

求 $\displaystyle\int \frac{1}{\sin x}\mathrm{d}x$.

解 设 $\tan\frac{x}{2} = u$,则 $\sin x = \frac{2u}{1+u^2}$,$\mathrm{d}x = \frac{2}{1+u^2}\mathrm{d}u$. 于是

$$\int \frac{1}{\sin x}\mathrm{d}x = \int \frac{1}{\dfrac{2u}{1+u^2}} \cdot \frac{2}{1+u^2}\mathrm{d}u = \int \frac{1}{u}\mathrm{d}u$$

$$= \ln|u| + C = \ln\left|\tan\frac{x}{2}\right| + C.$$

不难验证,这个结果与公式$\int \csc x\mathrm{d}x = \ln|\csc x - \cot x| + C$是一致的.

例 8

求$\displaystyle\int \frac{1}{\sin x + \tan x}\mathrm{d}x$.

解 设$\tan\dfrac{x}{2} = u$,则$\sin x = \dfrac{2u}{1+u^2}$,$\tan x = \dfrac{2u}{1-u^2}$,$\mathrm{d}x = \dfrac{2}{1+u^2}\mathrm{d}u$. 于是

$$\int \frac{1}{\sin x + \tan x}\mathrm{d}x = \int \frac{1}{\dfrac{2u}{1+u^2} + \dfrac{2u}{1-u^2}} \cdot \frac{2}{1+u^2}\mathrm{d}u = \int \frac{(1+u^2)(1-u^2)}{4u} \cdot \frac{2}{1+u^2}\mathrm{d}u$$

$$= \frac{1}{2}\int\left(\frac{1}{u} - u\right)\mathrm{d}u = \frac{1}{2}\left(\ln|u| - \frac{u^2}{2}\right) + C$$

$$= \frac{1}{2}\ln\left|\tan\frac{x}{2}\right| - \frac{1}{4}\tan^2\frac{x}{2} + C.$$

例 9

求$\displaystyle\int \frac{1}{(2+\cos x)\sin x}\mathrm{d}x$.

解 设$\tan\dfrac{x}{2} = u$,则$\cos x = \dfrac{1-u^2}{1+u^2}$,$\sin x = \dfrac{2u}{1+u^2}$,$\mathrm{d}x = \dfrac{2}{1+u^2}\mathrm{d}u$. 于是

$$\int \frac{1}{(2+\cos x)\sin x}\mathrm{d}x = \int \frac{1}{\left(2 + \dfrac{1-u^2}{1+u^2}\right)\dfrac{2u}{1+u^2}} \cdot \frac{2}{1+u^2}\mathrm{d}u$$

$$= \int \frac{1+u^2}{u(3+u^2)}\mathrm{d}u.$$

因为

$$\frac{1+u^2}{u(3+u^2)} = \frac{\dfrac{1}{3}}{u} + \frac{\dfrac{2}{3}u}{3+u^2},$$

所以

$$\int \frac{1}{(2+\cos x)\sin x}\mathrm{d}x = \frac{1}{3}\int\left(\frac{1}{u} + \frac{2u}{3+u^2}\right)\mathrm{d}u = \frac{1}{3}\left(\ln|u| + \ln|3+u^2|\right) + C$$

$$= \frac{1}{3}\ln\left|\tan\frac{x}{2}\left(3 + \tan^2\frac{x}{2}\right)\right| + C.$$

万能代换可以将三角函数有理式的不定积分化为有理函数的不定积分,但是对于某些特殊的三角函数有理式的不定积分,可采用更简便的方法,例如,

$$\int \frac{\sin x}{a + \cos x}\mathrm{d}x = -\int \frac{1}{a + \cos x}\mathrm{d}(a + \cos x) = -\ln|a + \cos x| + C.$$

思考题 4 - 4

求下列不定积分：

(1) $\int \dfrac{1}{\cos^2 x \sin x}\mathrm{d}x$;

(2) $\int \dfrac{\cos x - \sin x}{\cos x + \sin x}\mathrm{d}x$;

(3) $\int \dfrac{\cot x}{1 + \sin^2 x}\mathrm{d}x$;

(4) $\int \dfrac{\sin x \cos x}{1 + \sin^4 x}\mathrm{d}x$.

习　题　4 - 4

1. 求下列不定积分：

(1) $\int \dfrac{2x+3}{(x-2)(x-5)}\mathrm{d}x$;

(2) $\int \dfrac{x}{(x+1)(x+2)(x+3)}\mathrm{d}x$;

(3) $\int \dfrac{x^3}{x+3}\mathrm{d}x$;

(4) $\int \dfrac{x^2 - 5x + 9}{x^2 - 5x + 6}\mathrm{d}x$;

(5) $\int \dfrac{1}{x^2(x+2)}\mathrm{d}x$;

(6) $\int \dfrac{1}{(x-2)^2(x-3)}\mathrm{d}x$;

(7) $\int \dfrac{2x^2 + x + 1}{(x+3)(x-1)^2}\mathrm{d}x$;

(8) $\int \dfrac{1}{x^3 + 1}\mathrm{d}x$;

(9) $\int \dfrac{x^2 + 4}{(x-1)(x^2 - 6x + 10)}\mathrm{d}x$;

(10) $\int \dfrac{x^3 + 2x^2}{x^2 + x + 1}\mathrm{d}x$.

2. 求下列不定积分：

(1) $\int \dfrac{1}{5 + 3\cos x}\mathrm{d}x$;

(2) $\int \dfrac{1}{2 + \sin x}\mathrm{d}x$;

(3) $\int \dfrac{1}{2\sin x - \cos x + 1}\mathrm{d}x$;

(4) $\int \dfrac{1 + \sin x}{\sin x(1 + \cos x)}\mathrm{d}x$;

(5) $\int \dfrac{1 + \tan x}{\sin 2x}\mathrm{d}x$;

(6) $\int \dfrac{\sin x}{\sin x + \cos x}\mathrm{d}x$.

本章小结

本章要求：在理解原函数与不定积分的概念的基础上，重点掌握不定积分的性质，熟记不定积分的基本积分公式，掌握不定积分的第一类、第二类换元积分法和分部积分法，会把较简单的有理函数分解成部分分式之和，会求较简单的有理函数的不定积分.

1. 原函数与不定积分的概念

设函数 $f(x)$ 在某一区间上有定义. 如果在该区间上 $F'(x) = f(x)$ 或 $\mathrm{d}F(x) = f(x)\mathrm{d}x$，则称 $F(x)$ 为 $f(x)$ 在该区间上的一个原函数.

把函数 $f(x)$ 的全体原函数称为 $f(x)$ 的不定积分，记作 $\int f(x)\mathrm{d}x$，即

$$\int f(x)\mathrm{d}x = F(x) + C.$$

2. 求不定积分的方法

(1) 将被积函数进行适当恒等变形，化成能用基本积分公式中的函数之和，从而可逐项求不定积分.

(2) 第一类换元积分法——凑微分法：设 $\int f(u)\mathrm{d}u = F(u) + C$，函数 $u = \varphi(x)$ 具有连续

导数,则

$$\int f[\varphi(x)]\varphi'(x)\mathrm{d}x = \int f[\varphi(x)]\mathrm{d}\varphi(x) = F[\varphi(x)] + C.$$

(3) 第二类换元积分法:设 $x = \varphi(u)$ 是单调的可导函数,且 $\varphi'(u) \neq 0$. 若 $\int f[\varphi(u)]\varphi'(u)\mathrm{d}u = \Phi(u) + C$,则

$$\int f(x)\mathrm{d}x = \int f[\varphi(u)]\varphi'(u)\mathrm{d}u = \Phi[\varphi^{-1}(x)] + C.$$

(4) 分部积分法:设函数 $u = u(x)$,$v = v(x)$ 均有连续的导数,则

$$\int u\mathrm{d}v = uv - \int v\mathrm{d}u.$$

(5) 有理函数、三角函数有理式的不定积分.

自测题四

1. 选择题

(1) 当 $0 < x < \dfrac{\pi}{2}$ 时,下列选项中,除( )外都是同一函数的原函数;

A. $\ln \tan \dfrac{x}{2}$ B. $\ln(\csc x - \cot x) + 1$

C. $\ln \sqrt{\dfrac{1 - \cos x}{1 + \cos x}} + 2$ D. $\ln \cot \dfrac{x}{2}$

(2) 下列选项中成立的是( );

A. $\int f'(x)\mathrm{d}x = f(x)$ B. $\mathrm{d}\left[\int f(x)\mathrm{d}x\right] = f(x)$

C. $\int \dfrac{1}{x^2}\mathrm{d}x = \dfrac{1}{x} + C$ D. $\int x^2 \mathrm{d}x = \dfrac{x^3}{3} + C$

(3) 在区间 $[a,b]$ 上,如果 $f'(x) = \varphi'(x)$,则( ) 不一定成立;

A. $f(x) = \varphi(x)$ B. $f(x) = \varphi(x) + C$

C. $\int f(x)\mathrm{d}x = \int \varphi(x)\mathrm{d}x + C$ D. $\int \mathrm{d}f(x) = \int \mathrm{d}\varphi(x)$

(4) 设函数 $y_1 = \dfrac{1}{2}\mathrm{e}^{2x}$,$y_2 = \mathrm{e}^x \mathrm{sh}\, x$,$y_3 = \mathrm{e}^x \mathrm{ch}\, x$,则( );

A. y_1,y_2 和 y_3 的原函数不相同

B. y_1 与 y_3 有相同的原函数,但与 y_2 的原函数不相同

C. y_1,y_2 和 y_3 有相同的原函数 $\dfrac{\mathrm{e}^x}{\mathrm{ch}\, x + \mathrm{sh}\, x}$

D. y_1,y_2 和 y_3 有相同的原函数 $\dfrac{\mathrm{e}^x}{\mathrm{ch}\, x - \mathrm{sh}\, x}$

(5) 设函数 $f(x)$ 的一个原函数为 $\ln x$,则 $f'(x)$ 等于( );

A. $\dfrac{1}{x}$ B. $x\ln x$

C. $-\dfrac{1}{x^2}$ D. e^x

(6) 设 e^{-x} 是函数 $f(x)$ 的一个原函数,则 $\int xf(x)\mathrm{d}x$ 等于( );

A. $e^{-x}(1-x)+C$ B. $e^{-x}(1+x)+C$

C. $e^{-x}(x-1)+C$ D. $-e^{-x}(x+1)+C$

(7) 设 $\int f(x)\mathrm{d}x = F(x)+C$,则 $\int e^{-x}f(e^{-x})\mathrm{d}x$ 等于( );

A. $F(e^x)+C$ B. $-F(e^{-x})+C$

C. $F(e^{-x})+C$ D. $\frac{1}{x}F(e^{-x})+C$

(8) 设 $\int f(x)\mathrm{d}x = x\ln x+C$,则 $\int xf(x)\mathrm{d}x$ 等于( );

A. $x^2\left(\frac{1}{2}+\frac{1}{4}\ln x\right)+C$ B. $x^2\left(\frac{1}{4}+\frac{1}{2}\ln x\right)+C$

C. $x^2\left(\frac{1}{4}-\frac{1}{2}\ln x\right)+C$ D. $x^2\left(\frac{1}{2}-\frac{1}{4}\ln x\right)+C$

(9) 求不定积分( ),可做变量代换 $x=3\tan u$.

A. $\int \sqrt{9-x^2}\,\mathrm{d}x$ B. $\int \sqrt{x^2-9}\,\mathrm{d}x$

C. $\int \sqrt{9+x^2}\,\mathrm{d}x$ D. $\int \frac{1}{(x^2-9)^{\frac{3}{2}}}\,\mathrm{d}x$

2. 比较下列不定积分的解题方法:

(1) $\int \cos x\mathrm{d}x$, $\int \cos^2 x\mathrm{d}x$, $\int \cos^3 x\mathrm{d}x$, $\int \cos^4 x\mathrm{d}x$;

(2) $\int \frac{1}{1+x^2}\mathrm{d}x$, $\int \frac{x}{1+x^2}\mathrm{d}x$, $\int \frac{x^2}{1+x^2}\mathrm{d}x$, $\int \frac{x^3}{1+x^2}\mathrm{d}x$.

3. 设函数 $f(x)$ 的原函数为 e^{-x^2},求 $f'(x)$,$\int xf'(x)\mathrm{d}x$.

05 第五章 定 积 分

　　不定积分是微分逆运算的一个侧面,本章要介绍的定积分则是微分逆运算的另一个侧面.定积分起源于求图形的面积和体积等实际问题.古希腊的阿基米德用"穷竭法",我国魏晋时期的刘徽用"割圆术",都曾计算出一些几何体的面积和体积,他们的方法均为定积分的雏形.17世纪中叶,牛顿和莱布尼茨先后提出了定积分的概念,并发现了积分与微分之间的内在联系,给出了计算定积分的一般方法,从而使定积分成为解决有关实际问题的有力工具,并使各自独立的微分学与积分学联系在一起,构成完整的理论体系——微积分学.

　　本章先从几何问题与运动学问题引入定积分的定义,然后讨论定积分的性质和计算方法.

第一节   定积分的概念与性质

一、定积分问题的两个实际引例

1. 曲边梯形的面积

设函数 $y = f(x) \geqslant 0$，且在区间 $[a,b]$ 上连续. 由曲线 $y = f(x)$ 与直线 $x = a, x = b, x$ 轴所围成的平面图形(见图 5-1)，称为**曲边梯形**，现在我们计算它的面积 A.

如果函数 $y = f(x)$ 在 $[a,b]$ 上是常数，则曲边梯形是一个矩形，其面积容易求出. 现在 DC 是一条曲线弧，在该弧段上每一点的高度是不同的，因而不能用初等几何的方法解决. 但是，如果把底边分割成若干小段，并在每个分点处作垂直于 x 轴的直线，这样就将整个曲边梯形分成若干个小曲边梯形. 对于每一个小曲边梯形来讲，由于底边很小，高度变化也不大，因此可以用小曲边梯形底边上任一点的函数值为高，作一个小矩形，用该小矩形的面积近似代替小曲边梯形的面积. 显然，只要曲边梯形底边分割得越细，那么小矩形的面积与相应的小曲边梯形的面积就越接近，所有小矩形面积之和，就越趋近于原来的曲边梯形的面积 A. 因此，我们可以应用极限求曲边梯形的面积 A(见图 5-2)，其具体步骤如下：

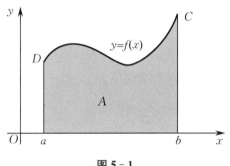
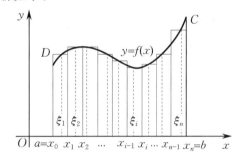

图 5-1   图 5-2

(1) 分割. 在区间 $[a,b]$ 内任意插入 $n-1$ 个分点 $x_1, x_2, \cdots, x_{n-1}$，且
$$a = x_0 < x_1 < x_2 < \cdots < x_{n-1} < x_n = b.$$
这些分点将 $[a,b]$ 分成 n 个小区间
$$[x_0, x_1], \quad [x_1, x_2], \quad \cdots, \quad [x_{n-1}, x_n],$$
小区间 $[x_{i-1}, x_i]$ 的长度依次记为 $\Delta x_i = x_i - x_{i-1}(i = 1, 2, \cdots, n)$.

(2) 近似代替. 过每个分点作垂直于 x 轴的直线，把整个曲边梯形分成 n 个小曲边梯形. 记第 $i(i = 1, 2, \cdots, n)$ 个小曲边梯形的面积为 ΔA_i，于是曲边梯形的面积 $A = \sum\limits_{i=1}^{n} \Delta A_i$. 在小区间 $[x_{i-1}, x_i]$ 上任取一点 ξ_i，用小矩形的面积 $f(\xi_i)\Delta x_i$ 近似代替第 i 个小曲边梯形的面积 ΔA_i，即
$$\Delta A_i \approx f(\xi_i)\Delta x_i \quad (i = 1, 2, \cdots, n).$$

(3) 求和. 把这 n 个小矩形的面积加起来，得到曲边梯形面积 A 的近似值，即
$$A \approx f(\xi_1)\Delta x_1 + f(\xi_2)\Delta x_2 + \cdots + f(\xi_n)\Delta x_n = \sum_{i=1}^{n} f(\xi_i)\Delta x_i.$$

(4) 取极限. 记 $\lambda = \max\limits_{1 \leqslant i \leqslant n}\{\Delta x_i\}$, 当区间 $[a,b]$ 划分得越来越细, 即 $\lambda \to 0$ 时, $\sum\limits_{i=1}^{n} f(\xi_i)\Delta x_i$ 的极限就是曲边梯形的面积 A, 即

$$A = \lim_{\lambda \to 0} \sum_{i=1}^{n} f(\xi_i)\Delta x_i.$$

2. 变速直线运动的位移

设一物体做直线运动, 已知速度 $v = v(t)$ 是时间间隔 $[T_1, T_2]$ 上的连续函数, 且 $v(t) \geqslant 0$, 现在要计算在这段时间内物体的位移 s.

如果物体做匀速直线运动, 则位移 $s = v(T_2 - T_1)$, 但现在速度随时间 t 的变化而变化, 不能按此计算位移. 由于速度 $v(t)$ 是连续变化的, 在很短一段时间内, 速度的变化很小, 近似于匀速, 因此在时间间隔很短的条件下, 可以用匀速运动来近似代替变速运动. 这样, 我们可以应用求曲边梯形面积所采用的方法, 类似地求位移 s.

(1) 分割. 在时间间隔 $[T_1, T_2]$ 内任意插入 $n-1$ 个分点 $t_1, t_2, \cdots, t_{n-1}$, 且

$$T_1 = t_0 < t_1 < t_2 < \cdots < t_{n-1} < t_n = T_2.$$

这些分点将 $[T_1, T_2]$ 分成 n 个小区间

$$[t_0, t_1], \quad [t_1, t_2], \quad \cdots, \quad [t_{n-1}, t_n],$$

小区间 $[t_{i-1}, t_i]$ 的长度依次记为 $\Delta t_i = t_i - t_{i-1}(i = 1, 2, \cdots, n)$.

(2) 近似代替. 在小区间 $[t_{i-1}, t_i]$ 上任取一时刻 ξ_i, 以 $t = \xi_i$ 时的速度 $v(\xi_i)$ 近似代替 $[t_{i-1}, t_i]$ 上各时刻的速度, 即将这段时间内的运动看作速度是 $v(\xi_i)$ 的匀速直线运动, 于是得到第 i 个小区间上物体的位移 Δs_i 的近似值

$$\Delta s_i \approx v(\xi_i)\Delta t_i \quad (i = 1, 2, \cdots, n).$$

(3) 求和. 将 $\Delta s_i(i = 1, 2, \cdots, n)$ 的近似值求和, 得总位移的近似值为

$$s \approx v(\xi_1)\Delta t_1 + v(\xi_2)\Delta t_2 + \cdots + v(\xi_n)\Delta t_n = \sum_{i=1}^{n} v(\xi_i)\Delta t_i.$$

(4) 取极限. 记 $\lambda = \max\limits_{1 \leqslant i \leqslant n}\{\Delta t_i\}$, 当 $\lambda \to 0$ 时, $\sum\limits_{i=1}^{n} v(\xi_i)\Delta t_i$ 的极限就是物体从时间 T_1 到 T_2 的位移 s, 即

$$s = \lim_{\lambda \to 0} \sum_{i=1}^{n} v(\xi_i)\Delta t_i.$$

上面所讨论的两个实际问题, 尽管它们的具体意义各不相同, 但解决问题的方法完全相同, 我们都采用了分割、近似代替、求和、取极限四个步骤, 并且最后都归结为具有相同结构的一种特定和式的极限.

二、定积分的定义

📍**定义 1** 设函数 $f(x)$ 是定义在区间 $[a,b]$ 上的有界函数, 在 $[a,b]$ 内任意插入 $n-1$ 个分点: $a = x_0 < x_1 < x_2 < \cdots < x_{n-1} < x_n = b$, 将 $[a,b]$ 分成 n 个小区间 $[x_{i-1}, x_i](i = 1, 2, \cdots, n)$, 并记 $\Delta x_i = x_i - x_{i-1}$ 为第 i 个小区间的长度. 在第 i 个小区间 $[x_{i-1}, x_i]$ 上任取一点 ξ_i, 做函数值 $f(\xi_i)$ 与小区间长度 Δx_i 的乘积 $f(\xi_i)\Delta x_i(i = 1, 2, \cdots, n)$, 并做和式 $\sum\limits_{i=1}^{n} f(\xi_i)\Delta x_i$. 记 $\lambda =$

$\max\limits_{1\leqslant i\leqslant n}\{\Delta x_i\}$,如果极限$\lim\limits_{\lambda\to0}\sum\limits_{i=1}^{n}f(\xi_i)\Delta x_i$存在,且与$[a,b]$的分法及点$\xi_i$的取法无关,则称$f(x)$在$[a,b]$上**可积**,且称这个极限值为$f(x)$在$[a,b]$上的**定积分**,记作$\int_a^b f(x)\mathrm{d}x$,即

$$\int_a^b f(x)\mathrm{d}x = \lim_{\lambda\to0}\sum_{i=1}^{n}f(\xi_i)\Delta x_i,$$

其中$f(x)$称为**被积函数**,$f(x)\mathrm{d}x$称为**被积表达式**,x称为**积分变量**,$[a,b]$称为积分区间,a称为**积分下限**,b称为**积分上限**.

由定积分的定义,前面所讨论的曲边梯形的面积A及变速直线运动的位移s可分别表示为

$$A=\int_a^b f(x)\mathrm{d}x, \quad s=\int_{T_1}^{T_2}v(t)\mathrm{d}t.$$

关于定积分的定义要注意以下三点.

(1) 定积分表示一个数,它只取决于积分区间和被积函数,而与积分变量用什么记号表示无关,即

$$\int_a^b f(x)\mathrm{d}x = \int_a^b f(t)\mathrm{d}t.$$

(2) 在定积分的定义中,我们曾假设$a<b$,为运用方便,现做两条规定:

① 如果$b<a$,则$\int_a^b f(x)\mathrm{d}x=-\int_b^a f(x)\mathrm{d}x$;

② $\int_a^a f(x)\mathrm{d}x=0$.

(3) 若函数$f(x)$在$[a,b]$上连续或只有有限个第一类间断点,则$f(x)$在$[a,b]$上可积.

例 1

利用定积分的定义计算定积分$\int_0^1 x^2\mathrm{d}x$.

解　因为函数$f(x)=x^2$在区间$[0,1]$上连续,所以$f(x)$在$[0,1]$上可积,也就是极限$\lim\limits_{\lambda\to0}\sum\limits_{i=1}^{n}f(\xi_i)\Delta x_i=\lim\limits_{\lambda\to0}\sum\limits_{i=1}^{n}\xi_i^2\Delta x_i$无论区间$[0,1]$如何划分、点$\xi_i$如何选取都存在.为便于计算,将区间$[0,1]$ n等分,分点分别为$x_i=\dfrac{i}{n}(i=1,2,\cdots,n-1)$(见图5-3),每个小区间$[x_{i-1},x_i]$的长度$\Delta x_i=\dfrac{1}{n}(i=1,2,\cdots,n)$.取每个小区间的右端点作为$\xi_i$,即$\xi_i=x_i=\dfrac{i}{n}(i=1,2,\cdots,n)$,于是得

$$\sum_{i=1}^{n}f(\xi_i)\Delta x_i=\sum_{i=1}^{n}\xi_i^2\Delta x_i=\sum_{i=1}^{n}\frac{i^2}{n^2}\cdot\frac{1}{n}=\frac{1}{n^3}\sum_{i=1}^{n}i^2$$
$$=\frac{1}{n^3}\left[\frac{1}{6}n(n+1)(2n+1)\right]$$
$$=\frac{1}{6}\left(1+\frac{1}{n}\right)\left(2+\frac{1}{n}\right).$$

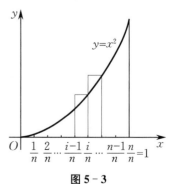

图 5-3

这里,$\lambda=\max\limits_{1\leqslant i\leqslant n}\{\Delta x_i\}=\dfrac{1}{n}$.当$\lambda\to0$时,$n\to\infty$,取上式右

边的极限,由定积分的定义,得

$$\int_0^1 x^2 \mathrm{d}x = \lim_{\lambda \to 0} \sum_{i=1}^n \xi_i^2 \Delta x_i = \lim_{n \to \infty} \frac{1}{6}\left(1+\frac{1}{n}\right)\left(2+\frac{1}{n}\right) = \frac{1}{3}.$$

三、定积分的性质

在下面的论述中,我们假设被积函数都是连续的.

性质 1　两个可积函数的代数和的定积分等于它们各自定积分的代数和,即

$$\int_a^b [f(x) \pm g(x)]\mathrm{d}x = \int_a^b f(x)\mathrm{d}x \pm \int_a^b g(x)\mathrm{d}x.$$

此性质对有限个可积函数的代数和也适用.

性质 2　可积函数中的常数因子可以提到积分号外,即

$$\int_a^b kf(x)\mathrm{d}x = k\int_a^b f(x)\mathrm{d}x \quad (k \text{ 为常数}).$$

性质 3　被积函数为常数 k 时,其积分值等于 k 乘以积分区间的长度,即

$$\int_a^b k\mathrm{d}x = k(b-a).$$

特别地,若 $k=1$,则

$$\int_a^b \mathrm{d}x = b-a.$$

性质 4(区间可加性)　不论 a,b,c 的相关位置如何,总有

$$\int_a^b f(x)\mathrm{d}x = \int_a^c f(x)\mathrm{d}x + \int_c^b f(x)\mathrm{d}x.$$

性质 5　如果在区间 $[a,b]$ 上,$f(x) \leqslant \varphi(x)$,则

$$\int_a^b f(x)\mathrm{d}x \leqslant \int_a^b \varphi(x)\mathrm{d}x.$$

特别地,若在区间 $[a,b]$ 上,$f(x) \geqslant 0$,则

$$\int_a^b f(x)\mathrm{d}x \geqslant 0.$$

性质 1 到性质 5,均可由定积分的定义证得,这里从略.

性质 6　设 M 和 m 分别是函数 $f(x)$ 在区间 $[a,b]$ 上的最大值与最小值,则

$$m(b-a) \leqslant \int_a^b f(x)\mathrm{d}x \leqslant M(b-a).$$

证　因为 $m \leqslant f(x) \leqslant M$,由性质 5,得

$$\int_a^b m\mathrm{d}x \leqslant \int_a^b f(x)\mathrm{d}x \leqslant \int_a^b M\mathrm{d}x.$$

又由性质 3,则有

$$m(b-a) \leqslant \int_a^b f(x)\mathrm{d}x \leqslant M(b-a).$$

性质 7(积分中值定理)　设函数 $f(x)$ 在区间 $[a,b]$ 上连续,则在 $[a,b]$ 上至少存在一点 ξ,使得

$$\int_a^b f(x)\mathrm{d}x = f(\xi)(b-a).$$

证 设 M 和 m 分别是连续函数 $f(x)$ 在 $[a,b]$ 上的最大值和最小值,则由性质 6,得

$$m(b-a) \leqslant \int_a^b f(x)\mathrm{d}x \leqslant M(b-a),$$

即

$$m \leqslant \frac{1}{b-a}\int_a^b f(x)\mathrm{d}x \leqslant M.$$

根据闭区间上连续函数的介值定理,在 $[a,b]$ 上至少存在一点 ξ,使得

$$\frac{1}{b-a}\int_a^b f(x)\mathrm{d}x = f(\xi),$$

即

$$\int_a^b f(x)\mathrm{d}x = f(\xi)(b-a).$$

当 $f(x) \geqslant 0$ 时,积分中值定理有如下的几何解释:在闭区间 $[a,b]$ 上至少存在一点 ξ,使得以 $[a,b]$ 为底、曲线 $y=f(x)$ 为曲边的曲边梯形的面积等于以 $[a,b]$ 为底、$f(\xi)$ 为高的矩形的面积(见图 5-4).通常称 $f(\xi)$ 为该曲边梯形在 $[a,b]$ 上的"平均高度",也称它为函数 $f(x)$ 在 $[a,b]$ 上的平均值,这是有限个数的算术平均值概念的推广.

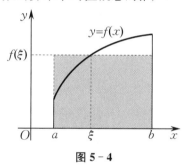

图 5-4

思 考 题 5-1

1. 如何表达定积分的几何意义?利用定积分的几何意义计算下列积分值:

(1) $\int_{-1}^1 |x|\,\mathrm{d}x$;   (2) $\int_0^{2\pi} \sin x\,\mathrm{d}x$;   (3) $\int_0^a \sqrt{a^2-x^2}\,\mathrm{d}x$.

2. 判断下列说法是否正确,不正确的请予以更正:

(1) 函数 $f(x)$ 在闭区间 $[a,b]$ 上连续是 $f(x)$ 在 $[a,b]$ 上可积的充分条件,但不是必要条件;

(2) 若当 $a \leqslant x \leqslant b$ 时,有 $f(x) \leqslant g(x)$,则 $\int_a^b f(x)\mathrm{d}x \leqslant \int_a^b g(x)\mathrm{d}x$ 成立.

3. 设曲边梯形由曲线 $y=2x^2$ 与直线 $x=2,x=4,x$ 轴围成,试用定积分表示该曲边梯形的面积 A.

习 题 5-1

1. 试用定积分表示由曲线 $y=x^2+1$ 与直线 $x=-1,x=2,x$ 轴所围成的曲边梯形的面积 A.

2. 利用定积分的定义计算下列定积分:

(1) $\int_0^1 \mathrm{d}x$;   (2) $\int_1^2 x\,\mathrm{d}x$.

3.已知 $\int_a^b f(x)\mathrm{d}x = p,\int_a^b [f(x)]^2\mathrm{d}x = q$,计算定积分 $\int_a^b [4f(x)+3]^2\mathrm{d}x$.

4.如图 5-5 所示,曲线 $y=f(x)$ 在区间 $[a,b]$ 上连续,且 $f(x)>0$,试在 $[a,b]$ 上找一点 ξ,使得在该点处两边阴影部分的面积相等.

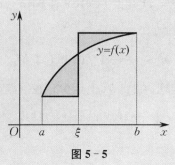

图 5-5

第二节　牛顿-莱布尼茨公式

从上节知,用定积分的定义计算积分值很烦琐,本节通过揭示定积分与原函数的关系,导出定积分的基本计算公式 —— 牛顿-莱布尼茨公式.

一、变上限定积分

设物体做变速直线运动,其速度 $v = v(t)$.我们已经知道在时间间隔 $[T_1,T_2]$ 上物体的位移 $s = \int_{T_1}^{T_2} v(t)\mathrm{d}t$.此外,假若能找到位移 s 与时间 t 的函数 $s(t)$,则此函数在 $[T_1,T_2]$ 上的增量 $s(T_2) - s(T_1)$ 就是物体在这段时间间隔上的位移,于是可得

$$\int_{T_1}^{T_2} v(t)\mathrm{d}t = s(T_2) - s(T_1). \tag{5-1}$$

由第二章知,$s'(t) = v(t)$,即 $s(t)$ 是 $v(t)$ 的原函数,因此求变速直线运动的物体在时间间隔 $[T_1,T_2]$ 上的位移就转化为寻求 $v(t)$ 的原函数 $s(t)$ 在 $[T_1,T_2]$ 上的增量.

这个实际问题的结论是否具有普遍性?也就是说,函数 $f(x)$ 在区间 $[a,b]$ 上的定积分 $\int_a^b f(x)\mathrm{d}x$ 是否等于 $f(x)$ 的原函数 $F(x)$ 在 $[a,b]$ 上的增量 $F(b)-F(a)$ 呢?在解决这个问题之前,我们先讨论原函数的存在问题.

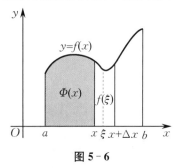

图 5-6

设函数 $f(x)$ 在区间 $[a,b]$ 上连续,当 x 取 $[a,b]$ 上任一定值时,$\int_a^x f(t)\mathrm{d}t$ 有唯一确定的值与 x 对应.因此,$\int_a^x f(t)\mathrm{d}t$ 在区间 $[a,b]$ 上确定了一个 x 的函数(见图 5-6),称其为**变上限定积分所确定的函数**,简称**变上限定积分**,记作

$$\Phi(x) = \int_a^x f(t)\mathrm{d}t, \quad x \in [a,b].$$

定理1　如果函数 $f(x)$ 在区间 $[a,b]$ 上连续,则变上限

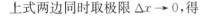

定积分 $\Phi(x) = \int_a^x f(t)\mathrm{d}t, x \in [a,b]$ 可导,且

$$\Phi'(x) = \frac{\mathrm{d}}{\mathrm{d}x}\int_a^x f(t)\mathrm{d}t = f(x).$$

证 当积分上限在点 $x(a \leqslant x \leqslant b)$ 处取得增量 $\Delta x(x + \Delta x \in [a,b])$ 时,函数 $\Phi(x)$ 的增量

$$\Delta\Phi = \Phi(x + \Delta x) - \Phi(x) = \int_a^{x+\Delta x} f(t)\mathrm{d}t - \int_a^x f(t)\mathrm{d}t$$

$$= \int_a^{x+\Delta x} f(t)\mathrm{d}t + \int_x^a f(t)\mathrm{d}t = \int_x^{x+\Delta x} f(t)\mathrm{d}t.$$

由积分中值定理,在 x 与 $x + \Delta x$ 之间至少存在一点 ξ,使得

$$\Delta\Phi = \int_x^{x+\Delta x} f(t)\mathrm{d}t = f(\xi)\Delta x,$$

即

$$\frac{\Delta\Phi}{\Delta x} = f(\xi).$$

上式两边同时取极限 $\Delta x \to 0$,得

$$\lim_{\Delta x \to 0}\frac{\Delta\Phi}{\Delta x} = \lim_{\Delta x \to 0}f(\xi).$$

当 $\Delta x \to 0$ 时,$\xi \to x$. 又由于函数 $f(x)$ 在 $[a,b]$ 上连续,因此上式右边的极限存在且为 $f(x)$,从而

$$\lim_{\Delta x \to 0}\frac{\Delta\Phi}{\Delta x} = \lim_{\xi \to x}f(\xi) = f(x),$$

即

$$\Phi'(x) = f(x).$$

注 如果函数 $f(x)$ 区间在区间 $[a,b]$ 上连续,则 $\Phi(x) = \int_a^x f(t)\mathrm{d}t$ 就是 $f(x)$ 在 $[a,b]$ 上的一个原函数,从而解决了上一章留下的原函数存在问题.

例 1

求 $\dfrac{\mathrm{d}}{\mathrm{d}x}\displaystyle\int_0^x \sqrt{1+t^4}\,\mathrm{d}t$.

解 $\dfrac{\mathrm{d}}{\mathrm{d}x}\displaystyle\int_0^x \sqrt{1+t^4}\,\mathrm{d}t = \sqrt{1+x^4}$.

二、牛顿-莱布尼茨公式

现在我们将 $(5-1)$ 式的结果进行推广,从而得到用原函数计算定积分的公式.

定理 2 如果函数 $F(x)$ 是连续函数 $f(x)$ 在区间 $[a,b]$ 上的任一原函数,则

$$\int_a^b f(x)\mathrm{d}x = F(b) - F(a). \tag{5-2}$$

证 因为函数 $f(x)$ 在 $[a,b]$ 上连续,由定理 1 知 $\Phi(x) = \int_a^x f(t)\mathrm{d}t, x \in [a,b]$ 也是 $f(x)$ 在 $[a,b]$ 上的一个原函数,所以与 $F(x)$ 相差一个常数,即

$$F(x) - \int_a^x f(t)\mathrm{d}t = C,$$

其中 C 为常数. 在上式中,令 $x = a$,得 $F(a) - \int_a^a f(t)\mathrm{d}t = C$. 因为 $\int_a^a f(t)\mathrm{d}t = 0$,所以 $C = F(a)$,于是上式成为

$$F(x) - \int_a^x f(t)\mathrm{d}t = F(a).$$

再令 $x = b$,得

$$F(b) - \int_a^b f(t)\mathrm{d}t = F(a),$$

即

$$\int_a^b f(t)\mathrm{d}t = F(b) - F(a).$$

因为定积分与积分变量无关,仍用 x 表示积分变量,即得公式(5-2).

(5-2)式称为**牛顿-莱布尼茨公式**,也称为**微积分基本公式**.

在使用(5-2)式时,原函数 $F(x)$ 在 $[a,b]$ 上的增量 $F(b) - F(a)$ 通常记作 $F(x)\Big|_a^b$,这样牛顿-莱布尼茨公式又可写成

$$\int_a^b f(x)\mathrm{d}x = F(x)\Big|_a^b.$$

牛顿-莱布尼茨公式揭示了定积分与原函数或不定积分之间的联系. 它表明一个连续函数在某一区间上的定积分等于它的任一原函数在该区间上的增量,这就为计算定积分提供了一个简便的方法.

例 2

计算 $\int_0^1 x^2 \mathrm{d}x$.

解 因为 $\int x^2 \mathrm{d}x = \dfrac{x^3}{3} + C$,所以

$$\int_0^1 x^2 \mathrm{d}x = \frac{x^3}{3}\Big|_0^1 = \frac{1}{3}.$$

例 3

计算 $\int_2^4 \dfrac{1}{x}\mathrm{d}x$.

解 因为 $\int \dfrac{1}{x}\mathrm{d}x = \ln|x| + C$,所以

$$\int_2^4 \frac{1}{x}\mathrm{d}x = \ln|x|\,\Big|_2^4 = \ln 4 - \ln 2 = \ln 2.$$

例 4

计算 $\int_0^{\frac{1}{2}} \dfrac{2x+1}{\sqrt{1-x^2}}\mathrm{d}x$.

解 $\displaystyle\int_0^{\frac{1}{2}} \frac{2x+1}{\sqrt{1-x^2}}\mathrm{d}x = \int_0^{\frac{1}{2}} \frac{2x}{\sqrt{1-x^2}}\mathrm{d}x + \int_0^{\frac{1}{2}} \frac{1}{\sqrt{1-x^2}}\mathrm{d}x = -2\sqrt{1-x^2}\,\Big|_0^{\frac{1}{2}} + \arcsin x\,\Big|_0^{\frac{1}{2}}$

$$= \left[-\sqrt{3} - (-2)\right] + \left(\frac{\pi}{6} - 0\right) = 2 - \sqrt{3} + \frac{\pi}{6}.$$

例 5

计算 $\int_0^4 f(x)\mathrm{d}x$，其中

$$f(x)=\begin{cases}3x, & 0\leqslant x\leqslant 2,\\ x^2, & 2<x\leqslant 4.\end{cases}$$

解 $\int_0^4 f(x)\mathrm{d}x=\int_0^2 f(x)\mathrm{d}x+\int_2^4 f(x)\mathrm{d}x=\int_0^2 3x\mathrm{d}x+\int_2^4 x^2\mathrm{d}x$

$$=\frac{3}{2}x^2\Big|_0^2+\frac{x^3}{3}\Big|_2^4=6+\frac{1}{3}(4^3-2^3)=\frac{74}{3}.$$

例 6

求曲线 $y=\sin x$ 和 x 轴在区间 $[0,\pi]$ 上所围成图形的面积 A.

解 因为在区间 $[0,\pi]$ 上，$y=\sin x\geqslant 0$，所以

$$A=\int_0^\pi \sin x\mathrm{d}x=-\cos x\Big|_0^\pi=-(\cos\pi-\cos 0)=2.$$

例 7

已知自由落体的物体的运动速度 $v=gt$，试求在前 3 s 内物体下落的距离 s.

解 当 $t\in[0,3]$ 时，$v(t)=gt$，故

$$s=\int_0^3 gt\mathrm{d}t=\frac{1}{2}gt^2\Big|_0^3=\frac{9}{2}g.$$

思 考 题 5-2

1.若函数 $f(x)=\int_1^{x^2}\frac{\sin t}{t}\mathrm{d}t$，那么 $f'(x)=\frac{\sin x^2}{x^2}$ 对吗？

2.设函数 $f(x)$ 连续，问：$\left(\int_a^x f(t)\mathrm{d}t\right)\Big|_x^1$ 与 a 有关吗？

3.$\int_{-2}^2\frac{1}{x^3}\mathrm{d}x=-\frac{1}{2x^2}\Big|_{-2}^2=\left(-\frac{1}{8}\right)-\left(-\frac{1}{8}\right)=0$ 对吗？

4.在使用牛顿-莱布尼茨公式时，要求被积函数 $f(x)$ 在积分区间 $[a,b]$ 上连续，问：在区间 $[a,b]$ 上有第一类间断点和第二类间断点时，还能否用牛顿-莱布尼茨公式计算定积分？为什么？

习 题 5-2

1.求下列函数的导数：

(1) $\Phi(x)=\int_0^x t\cos t\mathrm{d}t$，求 $\Phi'(x),\Phi'(\pi)$； (2) $\Phi(x)=\int_1^x\frac{1}{1+t^2}\mathrm{d}t$，求 $\Phi'(x)$.

2.设函数 $f(x)$ 在区间 $[a,b]$ 上连续，那么 $\int_x^b f(t)\mathrm{d}t$ 的导数等于什么？并求函数 $\int_x^{-2}\sqrt[3]{t}\ln(t^2+1)\mathrm{d}t$ 的导数.

3.当 x 为何值时，函数 $\Phi(x)=\int_0^x te^{-t^2}\mathrm{d}t$ 有极值？极值为多少？

4.求下列极限：

(1) $\lim_{x\to 0}\frac{\int_0^x \cos^2 t\mathrm{d}t}{x}$； (2) $\lim_{x\to 0}\frac{\int_0^x \tan t\mathrm{d}t}{x^2}$.

5.试利用牛顿-莱布尼茨公式计算下列定积分:

(1) $\int_{-1}^{0} \dfrac{3x^4+3x^2+1}{x^2+1}\mathrm{d}x$;

(2) $\int_{0}^{1} \mathrm{e}^x \mathrm{d}x$;

(3) $\int_{-1}^{-2} \dfrac{1}{x^{100}}\mathrm{d}x$;

(4) $\int_{0}^{2} \dfrac{1}{1+x}\mathrm{d}x$;

(5) $\int_{2}^{3} (x-1)(x+2)\mathrm{d}x$;

(6) $\int_{-a}^{a} x^{2n+1}\mathrm{d}x$ (n 是正整数, a 是实数);

(7) $\int_{9}^{16} \dfrac{x+1}{\sqrt{x}}\mathrm{d}x$;

(8) $\int_{1}^{4} \dfrac{x^2+2x+5}{x^{\frac{3}{2}}}\mathrm{d}x$;

(9) $\int_{2}^{4} \dfrac{x^2+7x+6}{x+1}\mathrm{d}x$;

(10) $\int_{\frac{\pi}{6}}^{\frac{\pi}{4}} \dfrac{1}{\sin^2 x}\mathrm{d}x$;

(11) $\int_{0}^{\frac{\pi}{4}} \sec^2 x\mathrm{d}x$;

(12) $\int_{0}^{\pi} \sqrt{\cos^2 x}\,\mathrm{d}x$;

(13) $\int_{-2}^{2} x\sqrt{x^2}\,\mathrm{d}x$;

(14) $\int_{1}^{2} \left(x+\dfrac{1}{x}\right)^2\mathrm{d}x$;

(15) $\int_{0}^{\frac{\pi}{4}} \tan^2 x\mathrm{d}x$;

(16) $\int_{-3}^{3} |x-1|\mathrm{d}x$;

(17) $\int_{0}^{\frac{\pi}{6}} (\cos x-\sin x)\mathrm{d}x$;

(18) $\int_{-2}^{1} x\sqrt{|x|}\,\mathrm{d}x$;

(19) $\int_{-2}^{5} f(x)\mathrm{d}x$, 其中 $f(x)=\begin{cases} 13-x^3, & x<2, \\ 1+x^2, & x\geqslant 2. \end{cases}$

第三节　定积分的换元积分法与分部积分法

牛顿-莱布尼茨公式给出了计算定积分的简便方法. 但是有时原函数很难直接求出. 本节我们引进定积分的换元积分法与分部积分法.

一、定积分的换元积分法

设函数 $f(x)$ 在区间 $[a,b]$ 上连续,函数 $x=\varphi(u)$ 在 $[\alpha,\beta]$ 上单调且有连续并不为 0 的导数 $\varphi'(u)$,又 $\varphi(\alpha)=a,\varphi(\beta)=b$,则

$$\int_{a}^{b} f(x)\mathrm{d}x = \int_{\alpha}^{\beta} f[\varphi(u)]\varphi'(u)\mathrm{d}u. \qquad (5-3)$$

这就是**定积分的换元积分公式**.

证明从略.

例 1

计算 $\int_{0}^{3} \dfrac{x}{\sqrt{1+x}}\mathrm{d}x$.

解 设 $\sqrt{1+x}=u$,则 $x=u^2-1, \mathrm{d}x=2u\mathrm{d}u$,且当 $x=0$ 时, $u=1$;当 $x=3$ 时, $u=2$. 于是

$$\int_{0}^{3} \dfrac{x}{\sqrt{1+x}}\mathrm{d}x = \int_{1}^{2} \dfrac{u^2-1}{u}\cdot 2u\mathrm{d}u = 2\int_{1}^{2} (u^2-1)\mathrm{d}u = 2\left(\dfrac{u^3}{3}-u\right)\bigg|_{1}^{2} = \dfrac{8}{3}.$$

例 2

计算 $\int_{-2}^{-1} \dfrac{1}{(11+5x)^3}\,\mathrm{d}x.$

解　令 $11+5x=u$，则 $\mathrm{d}x=\dfrac{1}{5}\mathrm{d}u$，且当 $x=-2$ 时，$u=1$；当 $x=-1$ 时，$u=6$. 于是

$$\int_{-2}^{-1}\dfrac{1}{(11+5x)^3}\,\mathrm{d}x=\int_1^6\dfrac{\frac{1}{5}}{u^3}\,\mathrm{d}u=-\dfrac{1}{5}\cdot\dfrac{1}{2u^2}\Big|_1^6=-\dfrac{1}{10}\Big(\dfrac{1}{36}-1\Big)=\dfrac{7}{72}.$$

注　从以上两例可见，定积分的换元积分法与不定积分的换元积分法的不同之处在于定积分的换元积分法不必换回原积分变量，并且在换元的同时必须换积分的上下限.

例 3

计算 $\int_0^{\frac{T}{2}}\sin\Big(\dfrac{2\pi}{T}t-\varphi_0\Big)\mathrm{d}t.$

解　令 $\dfrac{2\pi}{T}t-\varphi_0=u$，则 $\mathrm{d}t=\dfrac{T}{2\pi}\mathrm{d}u$，且当 $t=0$ 时，$u=-\varphi_0$；当 $t=\dfrac{T}{2}$ 时，$u=\pi-\varphi_0$. 于是

$$\int_0^{\frac{T}{2}}\sin\Big(\dfrac{2\pi}{T}t-\varphi_0\Big)\mathrm{d}t=\int_{-\varphi_0}^{\pi-\varphi_0}\sin u\cdot\dfrac{T}{2\pi}\mathrm{d}u=-\dfrac{T}{2\pi}\cos u\Big|_{-\varphi_0}^{\pi-\varphi_0}$$

$$=-\dfrac{T}{2\pi}\big[\cos(\pi-\varphi_0)-\cos(-\varphi_0)\big]$$

$$=-\dfrac{T}{2\pi}(-\cos\varphi_0-\cos\varphi_0)=\dfrac{T}{\pi}\cos\varphi_0.$$

例 4

计算 $\int_0^{\ln 2}\sqrt{\mathrm{e}^x-1}\,\mathrm{d}x.$

解　令 $\sqrt{\mathrm{e}^x-1}=u$，则 $x=\ln(1+u^2)$，$\mathrm{d}x=\dfrac{2u}{1+u^2}\mathrm{d}u$，且当 $x=0$ 时，$u=0$；当 $x=\ln 2$ 时，$u=1$. 于是

$$\int_0^{\ln 2}\sqrt{\mathrm{e}^x-1}\,\mathrm{d}x=\int_0^1 u\cdot\dfrac{2u}{1+u^2}\mathrm{d}u=2\int_0^1\dfrac{u^2+1-1}{1+u^2}\mathrm{d}u$$

$$=2(u-\arctan u)\Big|_0^1=2\Big(1-\dfrac{\pi}{4}\Big).$$

例 5

计算 $\int_0^2\dfrac{1}{\sqrt{x+1}+\sqrt{(x+1)^3}}\,\mathrm{d}x.$

解　设 $\sqrt{x+1}=u$，则 $\mathrm{d}x=2u\mathrm{d}u$，且当 $x=0$ 时，$u=1$；当 $x=2$ 时，$u=\sqrt{3}$. 于是

$$\int_0^2\dfrac{1}{\sqrt{x+1}+\sqrt{(x+1)^3}}\,\mathrm{d}x=\int_1^{\sqrt3}\dfrac{2u}{u+u^3}\mathrm{d}u=2\int_1^{\sqrt3}\dfrac{1}{1+u^2}\mathrm{d}u$$

$$=2\arctan u\Big|_1^{\sqrt3}=2\Big(\dfrac{\pi}{3}-\dfrac{\pi}{4}\Big)=\dfrac{\pi}{6}.$$

换元积分公式(5-3)也可以反过来应用,把换元积分公式(5-3)中左右两边对调位置,同时将 u 换为 x,而将 x 换为 u,得

$$\int_{\alpha}^{\beta} f[\varphi(x)]\varphi'(x)\mathrm{d}x = \int_{a}^{b} f(u)\mathrm{d}u.$$

这里,我们用 $u = \varphi(x)$ 来引入新的积分变量 u,且 $a = \varphi(\alpha), b = \varphi(\beta)$.

例 6

计算 $\int_{0}^{\frac{\pi}{2}} \cos^{6}x \sin 2x \mathrm{d}x$.

解 设 $u = \cos x$,则 $\mathrm{d}u = -\sin x\mathrm{d}x$,且当 $x = 0$ 时,$u = 1$;当 $x = \dfrac{\pi}{2}$ 时,$u = 0$. 于是

$$\int_{0}^{\frac{\pi}{2}} \cos^{6}x \sin 2x \mathrm{d}x = -2\int_{1}^{0} u^{7}\mathrm{d}u = 2 \cdot \frac{u^{8}}{8}\Big|_{0}^{1} = \frac{1}{4}.$$

注 本例也可以不明显引进新的积分变量 u,这时就不必更换定积分的上、下限:

$$\int_{0}^{\frac{\pi}{2}} \cos^{6}x \sin 2x \mathrm{d}x = -2\int_{0}^{\frac{\pi}{2}} \cos^{7}x\mathrm{d}(\cos x) = -2 \cdot \frac{1}{8}\cos^{8}x\Big|_{0}^{\frac{\pi}{2}} = \frac{1}{4}.$$

这种解法显然更为方便.

利用定积分的换元积分法,可以证明一些有用的结论.

例 7

证明:

(1) 若函数 $f(x)$ 在区间 $[-a, a]$ 上连续且为偶函数,则 $\int_{-a}^{a} f(x)\mathrm{d}x = 2\int_{0}^{a} f(x)\mathrm{d}x$;

(2) 若函数 $f(x)$ 在区间 $[-a, a]$ 上连续且为奇函数,则 $\int_{-a}^{a} f(x)\mathrm{d}x = 0$.

证 $\int_{-a}^{a} f(x)\mathrm{d}x = \int_{-a}^{0} f(x)\mathrm{d}x + \int_{0}^{a} f(x)\mathrm{d}x.$

对于积分 $\int_{-a}^{0} f(x)\mathrm{d}x$,设 $x = -u$,则 $\mathrm{d}x = -\mathrm{d}u$,且当 $x = -a$ 时,$u = a$;当 $x = 0$ 时,$u = 0$. 于是

$$\int_{-a}^{0} f(x)\mathrm{d}x = \int_{a}^{0} -f(-u)\mathrm{d}u = \int_{0}^{a} f(-u)\mathrm{d}u = \int_{0}^{a} f(-x)\mathrm{d}x,$$

得

$$\int_{-a}^{a} f(x)\mathrm{d}x = \int_{0}^{a} f(-x)\mathrm{d}x + \int_{0}^{a} f(x)\mathrm{d}x.$$

(1) 若 $f(x)$ 在 $[-a, a]$ 上连续且为偶函数,则 $f(-x) = f(x)$,从而

$$\int_{-a}^{a} f(x)\mathrm{d}x = 2\int_{0}^{a} f(x)\mathrm{d}x.$$

(2) 若 $f(x)$ 在 $[-a, a]$ 上连续且为奇函数,则 $f(-x) = -f(x)$,从而

$$\int_{-a}^{a} f(x)\mathrm{d}x = -\int_{0}^{a} f(x)\mathrm{d}x + \int_{0}^{a} f(x)\mathrm{d}x = 0.$$

例 8

计算下列定积分的值:

(1) $\displaystyle\int_{-1}^{1} x^2 \mid x \mid \mathrm{d}x$;

(2) $\displaystyle\int_{-\sqrt{3}}^{\sqrt{3}} \dfrac{x^5 \sin^2 x}{1+x^2+x^4} \mathrm{d}x$.

解 (1) 由于被积函数 $x^2 \mid x \mid$ 是 $[-1,1]$ 上的偶函数,因此有

$$\int_{-1}^{1} x^2 \mid x \mid \mathrm{d}x = 2\int_{0}^{1} x^3 \mathrm{d}x = 2 \cdot \frac{1}{4} x^4 \Big|_{0}^{1} = \frac{1}{2}.$$

(2) 由于被积函数 $\dfrac{x^5 \sin^2 x}{1+x^2+x^4}$ 是 $[-\sqrt{3},\sqrt{3}]$ 上的奇函数,因此有

$$\int_{-\sqrt{3}}^{\sqrt{3}} \frac{x^5 \sin^2 x}{1+x^2+x^4} \mathrm{d}x = 0.$$

例 9

证明:$\displaystyle\int_{0}^{\frac{\pi}{2}} \sin^n x \mathrm{d}x = \int_{0}^{\frac{\pi}{2}} \cos^n x \mathrm{d}x$.

证 对于积分 $\displaystyle\int_{0}^{\frac{\pi}{2}} \sin^n x \mathrm{d}x$,设 $x = \dfrac{\pi}{2} - u$,则 $\mathrm{d}x = -\mathrm{d}u$,且当 $x = 0$ 时,$u = \dfrac{\pi}{2}$;当 $x = \dfrac{\pi}{2}$ 时,$u = 0$. 于是

$$\int_{0}^{\frac{\pi}{2}} \sin^n x \mathrm{d}x = \int_{\frac{\pi}{2}}^{0} -\cos^n u \mathrm{d}u = \int_{0}^{\frac{\pi}{2}} \cos^n u \mathrm{d}u = \int_{0}^{\frac{\pi}{2}} \cos^n x \mathrm{d}x.$$

二、定积分的分部积分法

设函数 $u = u(x)$,$v = v(x)$ 均在区间 $[a,b]$ 上有连续导数,则

$$\int_{a}^{b} u \mathrm{d}v = \int_{a}^{b} \mathrm{d}(uv) - \int_{a}^{b} v \mathrm{d}u$$

或

$$\int_{a}^{b} u \mathrm{d}v = uv \Big|_{a}^{b} - \int_{a}^{b} v \mathrm{d}u. \tag{5-4}$$

这就是**定积分的分部积分公式**.

例 10

计算 $\displaystyle\int_{0}^{1} x \mathrm{e}^x \mathrm{d}x$.

解 $\displaystyle\int_{0}^{1} x \mathrm{e}^x \mathrm{d}x = \int_{0}^{1} x \mathrm{d}(\mathrm{e}^x) = x \mathrm{e}^x \Big|_{0}^{1} - \int_{0}^{1} \mathrm{e}^x \mathrm{d}x = \mathrm{e} - \mathrm{e}^x \Big|_{0}^{1} = 1.$

例 11

计算 $\displaystyle\int_{0}^{1} x \arctan x \mathrm{d}x$.

解 $\displaystyle\int_{0}^{1} x \arctan x \mathrm{d}x = \frac{1}{2} \int_{0}^{1} \arctan x \mathrm{d}(x^2) = \frac{1}{2}\left(x^2 \arctan x \Big|_{0}^{1} - \int_{0}^{1} \frac{x^2}{1+x^2} \mathrm{d}x\right)$

$\displaystyle \qquad\qquad = \frac{1}{2}\left[\frac{\pi}{4} - \int_{0}^{1}\left(1 - \frac{1}{1+x^2}\right)\mathrm{d}x\right] = \frac{1}{2}\left[\frac{\pi}{4} - (x - \arctan x)\Big|_{0}^{1}\right]$

$$= \frac{1}{2}\left(\frac{\pi}{4}-1+\frac{\pi}{4}\right)=\frac{\pi}{4}-\frac{1}{2}.$$

例 12

计算 $\int_0^{\frac{\pi}{2}} \mathrm{e}^x \sin x \mathrm{d}x$.

解 $\int_0^{\frac{\pi}{2}} \mathrm{e}^x \sin x \mathrm{d}x = \int_0^{\frac{\pi}{2}} \sin x \mathrm{d}(\mathrm{e}^x) = \mathrm{e}^x \sin x \Big|_0^{\frac{\pi}{2}} - \int_0^{\frac{\pi}{2}} \mathrm{e}^x \mathrm{d}(\sin x)$

$$= \mathrm{e}^{\frac{\pi}{2}} - \int_0^{\frac{\pi}{2}} \mathrm{e}^x \cos x \mathrm{d}x = \mathrm{e}^{\frac{\pi}{2}} - \int_0^{\frac{\pi}{2}} \cos x \mathrm{d}(\mathrm{e}^x)$$

$$= \mathrm{e}^{\frac{\pi}{2}} - \mathrm{e}^x \cos x \Big|_0^{\frac{\pi}{2}} + \int_0^{\frac{\pi}{2}} \mathrm{e}^x \mathrm{d}(\cos x)$$

$$= \mathrm{e}^{\frac{\pi}{2}} + 1 - \int_0^{\frac{\pi}{2}} \mathrm{e}^x \sin x \mathrm{d}x,$$

得

$$\int_0^{\frac{\pi}{2}} \mathrm{e}^x \sin x \mathrm{d}x = \frac{1}{2}\left(\mathrm{e}^{\frac{\pi}{2}} + 1\right).$$

例 13

计算 $\int_0^a \sqrt{x^2+a^2} \mathrm{d}x \quad (a>0)$.

解 $\int_0^a \sqrt{x^2+a^2} \mathrm{d}x = x\sqrt{x^2+a^2}\Big|_0^a - \int_0^a x \mathrm{d}(\sqrt{x^2+a^2}) = \sqrt{2}a^2 - \int_0^a \frac{x^2}{\sqrt{x^2+a^2}} \mathrm{d}x$

$$= \sqrt{2}a^2 - \int_0^a \left(\sqrt{x^2+a^2} - \frac{a^2}{\sqrt{x^2+a^2}}\right) \mathrm{d}x$$

$$= \sqrt{2}a^2 - \int_0^a \sqrt{x^2+a^2} \mathrm{d}x + a^2 \int_0^a \frac{1}{\sqrt{x^2+a^2}} \mathrm{d}x$$

$$= \sqrt{2}a^2 - \int_0^a \sqrt{x^2+a^2} \mathrm{d}x + a^2 \ln(x+\sqrt{x^2+a^2})\Big|_0^a$$

$$= \sqrt{2}a^2 - \int_0^a \sqrt{x^2+a^2} \mathrm{d}x + a^2[\ln(a+\sqrt{2}a) - \ln a]$$

$$= \sqrt{2}a^2 - \int_0^a \sqrt{x^2+a^2} \mathrm{d}x + a^2\ln(1+\sqrt{2}),$$

得

$$\int_0^a \sqrt{x^2+a^2} \mathrm{d}x = \frac{\sqrt{2}}{2}a^2 + \frac{a^2}{2}\ln(1+\sqrt{2}).$$

例 14

计算 $\int_{\frac{1}{e}}^e |\ln x| \mathrm{d}x$.

解 $\int_{\frac{1}{e}}^e |\ln x| \mathrm{d}x = \int_{\frac{1}{e}}^1 (-\ln x) \mathrm{d}x + \int_1^e \ln x \mathrm{d}x$

$$= -x\ln x\Big|_{\frac{1}{e}}^1 + \int_{\frac{1}{e}}^1 x \cdot \frac{1}{x} \mathrm{d}x + x\ln x\Big|_1^e - \int_1^e x \cdot \frac{1}{x} \mathrm{d}x$$

$$=-\frac{1}{e}+\left(1-\frac{1}{e}\right)+e-(e-1)=2-\frac{2}{e}.$$

思 考 题 5-3

1. 下列运算是否正确? 为什么?

(1) $\int_{-1}^{1}\frac{1}{1+x^2}dx=\int_{-1}^{1}\frac{1}{1+\frac{1}{t^2}}d\left(\frac{1}{t}\right)=\int_{-1}^{1}\frac{1}{1+t^2}dt=-\int_{-1}^{1}\frac{1}{1+x^2}dx$, 移项得 $\int_{-1}^{1}\frac{1}{1+x^2}dx=0$;

(2) $\int_{-\frac{\pi}{2}}^{\frac{\pi}{2}}\sqrt{\cos x-\cos^3 x}\,dx=\int_{-\frac{\pi}{2}}^{\frac{\pi}{2}}(\cos x)^{\frac{1}{2}}\sin x\,dx=\int_{-\frac{\pi}{2}}^{\frac{\pi}{2}}(\cos x)^{\frac{1}{2}}d(\cos x)$

$$=-\frac{2}{3}\cos^{\frac{3}{2}}x\Big|_{-\frac{\pi}{2}}^{\frac{\pi}{2}}=0.$$

2. 应用定积分的换元积分法时, 强调换元必须换限. 凑微分法是换元积分法的一种, 用凑微分法时是否一定要换限呢?

习 题 5-3

1. 用换元积分法计算下列定积分:

(1) $\int_{-2}^{0}\frac{1}{x^2+2x+2}dx$;

(2) $\int_{1}^{3}\frac{1}{x+x^2}dx$;

(3) $\int_{0}^{4}\frac{1}{1+\sqrt{x}}dx$;

(4) $\int_{-1}^{1}\frac{x}{\sqrt{5-4x}}dx$;

(5) $\int_{0}^{\sqrt{2}}\sqrt{2-x^2}\,dx$;

(6) $\int_{1}^{2}\frac{\sqrt{x^2-1}}{x}dx$;

(7) $\int_{1}^{\sqrt{3}}\frac{1}{(4-x^2)^{\frac{3}{2}}}dx$;

(8) $\int_{-1}^{1}\frac{1}{(1+x^2)^2}dx$;

(9) $\int_{-\frac{\pi}{2}}^{\frac{\pi}{2}}\frac{1}{1+\cos x}dx$;

(10) $\int_{0}^{\pi}\sqrt{\sin x-\sin^3 x}\,dx$;

(11) $\int_{-\frac{\pi}{2}}^{\frac{\pi}{2}}\sqrt{\cos x-\cos^3 x}\,dx$;

(12) $\int_{0}^{\pi}\sqrt{1+\cos 2x}\,dx$;

(13) $\int_{0}^{1}\frac{1}{1+e^x}dx$;

(14) $\int_{0}^{1}x\sqrt{4+5x}\,dx$;

(15) $\int_{1}^{\sqrt{3}}\frac{1}{x\sqrt{x^2+1}}dx$;

(16) $\int_{1}^{e}\frac{1+\ln x}{x}dx$;

(17) $\int_{0}^{\sqrt{\pi}}x\cos(\pi+x^2)dx$;

(18) $\int_{0}^{1}\frac{1}{e^x+e^{-x}}dx$.

2. 利用函数的奇偶性计算下列定积分:

(1) $\int_{-\frac{1}{2}}^{\frac{1}{2}}\frac{(\arcsin x)^2}{\sqrt{1-x^2}}dx$;

(2) $\int_{-\pi}^{\pi}x^4\sin x\,dx$;

(3) $\int_{-3}^{3}\frac{x^2\sin^2 2x}{x^4+2x+1}dx$;

(4) $\int_{-\frac{\pi}{2}}^{\frac{\pi}{2}}4\cos^4 x\,dx$.

3. 设函数 $f(x)$ 在积分区间上连续, 试证明:

(1) $\int_{-b}^{b}f(x)dx=\int_{-b}^{b}f(-x)dx$;

(2) $\int_0^1 x^m(1-x)^n \mathrm{d}x = \int_0^1 x^n(1-x)^m \mathrm{d}x$;

(3) $\int_0^{\frac{\pi}{2}} f(\sin x)\mathrm{d}x = \int_0^{\frac{\pi}{2}} f(\cos x)\mathrm{d}x$.

4. 设函数 $f(x)$ 以 T 为周期,试证明:

$$\int_a^{a+T} f(x)\mathrm{d}x = \int_0^T f(x)\mathrm{d}x \quad (a \text{ 为常数}).$$

提示:$\int_a^{a+T} f(x)\mathrm{d}x = \int_a^0 f(x)\mathrm{d}x + \int_0^T f(x)\mathrm{d}x + \int_T^{a+T} f(x)\mathrm{d}x$.

5. 试证明:$\int_{-a}^a \varphi(x^2)\mathrm{d}x = 2\int_0^a \varphi(x^2)\mathrm{d}x$,其中 $\varphi(x)$ 为连续函数.

6. 用分部积分法计算下列定积分:

(1) $\int_0^{e-1} \ln(x+1)\mathrm{d}x$;

(2) $\int_0^\pi x^3\sin x\,\mathrm{d}x$;

(3) $\int_0^{\frac{\pi}{2}} \mathrm{e}^{2x}\cos x\,\mathrm{d}x$;

(4) $\int_1^2 x\lg x\,\mathrm{d}x$;

(5) $\int_{\frac{\pi}{4}}^{\frac{\pi}{3}} \frac{x}{\sin^2 x}\mathrm{d}x$;

(6) $\int_0^1 x\arctan x\,\mathrm{d}x$;

(7) $\int_3^8 \mathrm{e}^{\sqrt{x+1}}\mathrm{d}x$;

(8) $\int_1^4 \frac{\ln x}{\sqrt{x}}\mathrm{d}x$;

(9) $\int_0^{\frac{\pi}{2}} x\cos x\,\mathrm{d}x$;

(10) $\int_1^2 \ln^2 x\,\mathrm{d}x$.

7. 试证明:$\int_a^b xf''(x)\mathrm{d}x = [bf'(b)-f(b)] - [af'(a)-f(a)]$.

第四节　反常积分

前面所讲的定积分,总是假定积分区间是有限区间,被积函数在积分区间上必须是有界的. 但在实际问题中,常涉及无限积分区间或无界被积函数的情况,这就要求我们把定积分的概念加以推广,从而形成反常积分的概念.

一、积分区间为无限区间的反常积分

定义 1 设函数 $f(x)$ 在区间 $[a,+\infty)$ 上连续,取 $b>a$,称极限 $\lim\limits_{b\to+\infty}\int_a^b f(x)\mathrm{d}x$ 为 $f(x)$ 在 $[a,+\infty)$ 上的**反常积分**,记作 $\int_a^{+\infty} f(x)\mathrm{d}x$,即

$$\int_a^{+\infty} f(x)\mathrm{d}x = \lim_{b\to+\infty}\int_a^b f(x)\mathrm{d}x. \tag{5-5}$$

若上式等号右边的极限存在,则称反常积分 $\int_a^{+\infty} f(x)\mathrm{d}x$ **收敛**,否则称此反常积分**发散**.

类似地,可定义函数 $f(x)$ 在区间 $(-\infty,b]$ 上的反常积分为

$$\int_{-\infty}^b f(x)\mathrm{d}x = \lim_{a\to-\infty}\int_a^b f(x)\mathrm{d}x. \tag{5-6}$$

同样,反常积分 $\int_{-\infty}^b f(x)\mathrm{d}x$ 也有收敛与发散的概念.

对于函数 $f(x)$ 在区间 $(-\infty, +\infty)$ 上的反常积分,可定义为

$$\int_{-\infty}^{+\infty} f(x)\mathrm{d}x = \int_{-\infty}^{c} f(x)\mathrm{d}x + \int_{c}^{+\infty} f(x)\mathrm{d}x, \tag{5-7}$$

其中 c 为任意给定的实数. 当反常积分 $\int_{-\infty}^{c} f(x)\mathrm{d}x$ 和 $\int_{c}^{+\infty} f(x)\mathrm{d}x$ 都收敛时,称反常积分 $\int_{-\infty}^{+\infty} f(x)\mathrm{d}x$ **收敛**,否则称此反常积分**发散**.

有时,为书写方便,在计算过程中省去极限记号,例如,若在 $[a, +\infty)$ 上,$F'(x) = f(x)$,则可记

$$\int_{a}^{+\infty} f(x)\mathrm{d}x = F(x)\Big|_{a}^{+\infty} = F(+\infty) - F(a),$$

其中 $F(+\infty)$ 应理解为 $F(+\infty) = \lim\limits_{x \to +\infty} F(x)$. 另外两种反常积分也有类似的简写.

例 1

计算反常积分 $\int_{1}^{+\infty} \dfrac{1}{x^4}\mathrm{d}x$.

解 由反常积分的定义,有

$$\int_{1}^{+\infty} \frac{1}{x^4}\mathrm{d}x = \lim_{b \to +\infty}\int_{1}^{b} \frac{1}{x^4}\mathrm{d}x = \lim_{b \to +\infty}\left(-\frac{1}{3x^3}\bigg|_{1}^{b}\right) = \lim_{b \to +\infty}\frac{1}{3}\left(1 - \frac{1}{b^3}\right) = \frac{1}{3}.$$

本例也可采用简便写法:

$$\int_{1}^{+\infty} \frac{1}{x^4}\mathrm{d}x = -\frac{1}{3x^3}\bigg|_{1}^{+\infty} = \frac{1}{3}.$$

例 2

计算反常积分 $\int_{e}^{+\infty} \dfrac{1}{x(\ln x)^2}\mathrm{d}x$.

解
$$\int_{e}^{+\infty} \frac{1}{x(\ln x)^2}\mathrm{d}x = \int_{e}^{+\infty} \frac{1}{(\ln x)^2}\mathrm{d}(\ln x) = -\frac{1}{\ln x}\bigg|_{e}^{+\infty}$$
$$= \lim_{x \to +\infty}\left(-\frac{1}{\ln x}\right) + \frac{1}{\ln e} = 1.$$

例 3

计算反常积分 $\int_{-\infty}^{0} t\mathrm{e}^{pt}\mathrm{d}t \quad (p > 0)$.

解
$$\int_{-\infty}^{0} t\mathrm{e}^{pt}\mathrm{d}t = \lim_{a \to -\infty}\int_{a}^{0} t\mathrm{e}^{pt}\mathrm{d}t = \lim_{a \to -\infty}\left(\frac{t}{p}\mathrm{e}^{pt}\bigg|_{a}^{0} - \frac{1}{p}\int_{a}^{0}\mathrm{e}^{pt}\mathrm{d}t\right) = \lim_{a \to -\infty}\left(-\frac{a}{p}\mathrm{e}^{ap} - \frac{1}{p^2}\mathrm{e}^{pt}\bigg|_{a}^{0}\right)$$
$$= \lim_{a \to -\infty}\left(-\frac{a}{p}\mathrm{e}^{ap} - \frac{1}{p^2} + \frac{1}{p^2}\mathrm{e}^{pa}\right) = -\frac{1}{p^2}.$$

注 式中的极限 $\lim\limits_{a \to -\infty} -\dfrac{a}{p}\mathrm{e}^{ap}$ 是未定式,可用洛必达法则来计算.

例 4

讨论反常积分 $\int_{1}^{+\infty} \dfrac{1}{x^p}\mathrm{d}x$ 的敛散性.

解 当 $p = 1$ 时,$\int_{1}^{+\infty} \dfrac{1}{x}\mathrm{d}x = \ln x\Big|_{1}^{+\infty} = +\infty$,发散;

当 $p \neq 1$ 时, $\int_1^{+\infty} \frac{1}{x^p} \mathrm{d}x = \frac{1}{1-p} x^{1-p} \Big|_1^{+\infty} = \begin{cases} +\infty, & p < 1, \\ \dfrac{1}{p-1}, & p > 1. \end{cases}$

因此,当 $p > 1$ 时,此反常积分收敛,其值为 $\dfrac{1}{p-1}$;当 $p \leqslant 1$ 时,此反常积分发散.

例 5

计算反常积分 $\int_{-\infty}^{+\infty} \dfrac{1}{1+x^2} \mathrm{d}x$.

解 根据(5-7)式,取 $c = 0$,则

$$\int_{-\infty}^{+\infty} \frac{1}{1+x^2} \mathrm{d}x = \int_{-\infty}^0 \frac{1}{1+x^2} \mathrm{d}x + \int_0^{+\infty} \frac{1}{1+x^2} \mathrm{d}x = \arctan x \Big|_{-\infty}^0 + \arctan x \Big|_0^{+\infty}$$
$$= \frac{\pi}{2} + \frac{\pi}{2} = \pi.$$

二、无界函数的反常积分

定义 2 设函数 $f(x)$ 在区间 $[a,b)$ 上连续,而在点 b 的左邻域内无界,取 $\varepsilon > 0$,称极限 $\lim\limits_{\varepsilon \to 0^+} \int_a^{b-\varepsilon} f(x) \mathrm{d}x$ 为无界函数 $f(x)$ 在区间 $[a,b)$ 上的**反常积分**,记作 $\int_a^b f(x)\mathrm{d}x$,即

$$\int_a^b f(x)\mathrm{d}x = \lim_{\varepsilon \to 0^+} \int_a^{b-\varepsilon} f(x)\mathrm{d}x. \tag{5-8}$$

若上式等号右边的极限存在,则称反常积分 $\int_a^b f(x)\mathrm{d}x$ **收敛**,否则称此反常积分**发散**.

若在点 a 的右邻域内无界,取 $\varepsilon > 0$,则定义函数 $f(x)$ 在区间 $(a,b]$ 上的反常积分为

$$\int_a^b f(x)\mathrm{d}x = \lim_{\varepsilon \to 0^+} \int_{a+\varepsilon}^b f(x)\mathrm{d}x. \tag{5-9}$$

同样,此反常积分也有相类似的收敛与发散的概念.

若函数 $f(x)$ 在区间 $[a,b]$ 上除一点 c 外都连续, $a < c < b$,而在点 c 的邻域内无界,则定义

$$\int_a^b f(x)\mathrm{d}x = \int_a^c f(x)\mathrm{d}x + \int_c^b f(x)\mathrm{d}x. \tag{5-10}$$

当反常积分 $\int_a^c f(x)\mathrm{d}x$ 与 $\int_c^b f(x)\mathrm{d}x$ 都收敛时,称反常积分 $\int_a^b f(x)\mathrm{d}x$ **收敛**,否则称此反常积分**发散**.

为书写方便,我们也可以省略极限记号,例如,若 $f(x)$ 在 $[a,b)$ 上,有 $F'(x) = f(x)$,则可记

$$\int_a^b f(x)\mathrm{d}x = F(x) \Big|_a^{b^-} = F(b^-) - F(a),$$

其中 $F(b^-)$ 应理解为 $F(b^-) = \lim\limits_{x \to b^-} F(x)$.

例 6

计算反常积分 $\int_0^1 \dfrac{x}{\sqrt{1-x^2}} \mathrm{d}x$.

解 点 $x = 1$ 是函数 $\dfrac{x}{\sqrt{1-x^2}}$ 的无穷间断点,因此被积函数在积分区间 $[0,1)$ 上无界. 按

(5-8)式有

$$\int_0^1 \frac{x}{\sqrt{1-x^2}}\mathrm{d}x = \lim_{\varepsilon\to 0^+}\int_0^{1-\varepsilon}\frac{x}{\sqrt{1-x^2}}\mathrm{d}x = -\lim_{\varepsilon\to 0^+}\left(\sqrt{1-x^2}\,\Big|_0^{1-\varepsilon}\right)$$

$$= -\lim_{\varepsilon\to 0^+}(\sqrt{2\varepsilon-\varepsilon^2}-1) = 1.$$

本例也可采用简便写法,因为$(-\sqrt{1-x^2})' = \dfrac{x}{\sqrt{1-x^2}}$,所以

$$\int_0^1 \frac{x}{\sqrt{1-x^2}}\mathrm{d}x = -\sqrt{1-x^2}\,\Big|_0^{1^-} = 1.$$

例 7

计算反常积分$\displaystyle\int_{-2}^{-1}\frac{1}{\sqrt{x^2-1}}\mathrm{d}x$.

解 点$x=-1$是函数$\dfrac{1}{\sqrt{x^2-1}}$的无穷间断点,因此

$$\int_{-2}^{-1}\frac{1}{\sqrt{x^2-1}}\mathrm{d}x = \lim_{\varepsilon\to 0^+}\int_{-2}^{-1-\varepsilon}\frac{1}{\sqrt{x^2-1}}\mathrm{d}x = \lim_{\varepsilon\to 0^+}\left(\ln|x+\sqrt{x^2-1}|\,\Big|_{-2}^{-1-\varepsilon}\right)$$

$$= \lim_{\varepsilon\to 0^+}\left(\ln|-1-\varepsilon+\sqrt{2\varepsilon+\varepsilon^2}|-\ln|-2+\sqrt{3}|\right)$$

$$= -\ln(2-\sqrt{3}) = \ln(2+\sqrt{3}).$$

本例也可采用简便写法,即

$$\int_{-2}^{-1}\frac{1}{\sqrt{x^2-1}}\mathrm{d}x = \ln|x+\sqrt{x^2-1}|\,\Big|_{-2}^{-1^-} = -\ln|-2+\sqrt{3}| = \ln(2+\sqrt{3}).$$

例 8

讨论反常积分$\displaystyle\int_a^b \frac{1}{(x-a)^q}\mathrm{d}x\,(q>0)$的敛散性.

解 当$q>0$时,点$x=a$为函数$\dfrac{1}{(x-a)^q}$的无穷间断点.

当$q=1$时,$\displaystyle\int_a^b \frac{1}{x-a}\mathrm{d}x = \ln|x-a|\,\Big|_{a^+}^b = \infty$;

当$q>1$时,$\displaystyle\int_a^b \frac{1}{(x-a)^q}\mathrm{d}x = \frac{1}{1-q}(x-a)^{1-q}\,\Big|_{a^+}^b = \infty$;

当$0<q<1$时,$\displaystyle\int_a^b \frac{1}{(x-a)^q}\mathrm{d}x = \frac{1}{1-q}(x-a)^{1-q}\,\Big|_{a^+}^b = \frac{(b-a)^{1-q}}{1-q}$.

因此,当$0<q<1$时,该反常积分收敛,其值为$\dfrac{(b-a)^{1-q}}{1-q}$;当$q\geqslant 1$时,该反常积分发散.

例 9

计算反常积分$\displaystyle\int_{-1}^1 \frac{1}{x^2}\mathrm{d}x$.

解 因为点$x=0$是函数$\dfrac{1}{x^2}$的无穷间断点,所以

$$\int_{-1}^{1} \frac{1}{x^2} \mathrm{d}x = \int_{-1}^{0} \frac{1}{x^2} \mathrm{d}x + \int_{0}^{1} \frac{1}{x^2} \mathrm{d}x.$$

又

$$\int_{0}^{1} \frac{1}{x^2} \mathrm{d}x = -\frac{1}{x} \Big|_{0^+}^{1} = \infty,$$

因此反常积分 $\int_{-1}^{1} \frac{1}{x^2} \mathrm{d}x$ 是发散的.

注 如果没有考虑到点 $x=0$ 是函数 $\frac{1}{x^2}$ 的无穷间断点,而仍按定积分计算,则得出错误的结果:

$$\int_{-1}^{1} \frac{1}{x^2} \mathrm{d}x = -\frac{1}{x} \Big|_{-1}^{1} = -1-1 = -2.$$

例 10

求曲线 $y = \frac{1}{\sqrt{x}}$ 与直线 $x=0, x=1, x$ 轴所围成的"开口曲边梯形"的面积 A(见图 $5-7$).

解 取小正数 $\varepsilon(0 < \varepsilon < 1)$,计算在区间 $[\varepsilon, 1]$ 上曲边为 $y = \frac{1}{\sqrt{x}}$ 的曲边梯形的面积,有

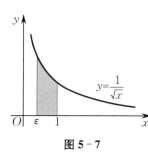

图 $5-7$

$$\int_{\varepsilon}^{1} \frac{1}{\sqrt{x}} \mathrm{d}x = 2\sqrt{x} \Big|_{\varepsilon}^{1} = 2 - 2\sqrt{\varepsilon}.$$

当 $\varepsilon \to 0^+$ 时,

$$\lim_{\varepsilon \to 0^+} \int_{\varepsilon}^{1} \frac{1}{\sqrt{x}} \mathrm{d}x = \lim_{\varepsilon \to 0^+} (2 - 2\sqrt{\varepsilon}) = 2,$$

显然这个极限值 2 就是"开口曲边梯形"的面积 A,即

$$A = \int_{0}^{1} \frac{1}{\sqrt{x}} \mathrm{d}x = \lim_{\varepsilon \to 0^+} \int_{\varepsilon}^{1} \frac{1}{\sqrt{x}} \mathrm{d}x = 2.$$

思考题 $5-4$

1. 反常积分使用了与定积分完全相同的记号 $\int_{a}^{b} f(x) \mathrm{d}x$,但两者的意义是否相同?

2. 运算 $\int_{1}^{2} \frac{1}{\sqrt{1-x^2}} \mathrm{d}x = \arcsin x \Big|_{1}^{2} = \arcsin 2 - \arcsin 1 = \arcsin 2 - \frac{\pi}{2}$ 是否正确? 为什么?

3. 计算下列反常积分:

(1) $\int_{a}^{+\infty} \frac{1}{x^2} \mathrm{d}x \quad (a > 0)$;

(2) $\int_{-\infty}^{1} \mathrm{e}^{2x} \mathrm{d}x$;

(3) $\int_{0}^{2} \frac{1}{(1-x)^2} \mathrm{d}x$;

(4) $\int_{0}^{1} \frac{1}{\sqrt{1-x^2}} \mathrm{d}x.$

习 题 $5-4$

1. 计算下列反常积分:

(1) $\int_{0}^{+\infty} x\mathrm{e}^{-x} \mathrm{d}x$;

(2) $\int_{0}^{+\infty} x\sin x \mathrm{d}x$;

(3) $\displaystyle\int_{-\infty}^{0}\frac{2x}{1+x^2}\mathrm{d}x$;

(4) $\displaystyle\int_{-\infty}^{+\infty}\frac{1}{k^2+x^2}\mathrm{d}x\ (k>0)$;

(5) $\displaystyle\int_{-\infty}^{+\infty}\frac{1}{x^2+2x+2}\mathrm{d}x$;

(6) $\displaystyle\int_{\frac{\pi}{2}}^{+\infty}\frac{1}{x^2}\sin\frac{1}{x}\mathrm{d}x$;

(7) $\displaystyle\int_{1}^{+\infty}\frac{1}{x^2(1+x)}\mathrm{d}x$.

2.计算下列反常积分:

(1) $\displaystyle\int_{\frac{\pi}{4}}^{\frac{\pi}{2}}\frac{1}{\cos^2 x}\mathrm{d}x$;

(2) $\displaystyle\int_{0}^{1}\frac{\arcsin x}{\sqrt{1-x^2}}\mathrm{d}x$;

(3) $\displaystyle\int_{a}^{2a}\frac{1}{(x-a)^{\frac{3}{2}}}\mathrm{d}x$;

(4) $\displaystyle\int_{1}^{2}\frac{1}{\sqrt{x^2-1}}\mathrm{d}x$;

(5) $\displaystyle\int_{-2}^{3}\frac{1}{\sqrt[3]{x^2}}\mathrm{d}x$;

(6) $\displaystyle\int_{0}^{2}\frac{1}{(1-x)^2}\mathrm{d}x$.

本章小结

本章要求:在理解定积分的概念、几何意义及基本性质的基础上,能熟练运用牛顿-莱布尼茨公式计算定积分,会求简单的变上限定积分的导数,会用换元积分法与分部积分法计算定积分,会求简单的反常积分的值.

1. 计算定积分的常用方法

(1) 用定积分的定义计算.

(2) 用牛顿-莱布尼茨公式计算.

(3) 用定积分的换元积分法计算(定积分的换元积分法所适用的类型与不定积分的换元积分法所适用的类型相同,所使用的变量代换也相同,不同的是定积分换元要换限,且换元后的积分上、下限要与原积分变量的上、下限对应).

(4) 用定积分的分部积分法计算(定积分的分部积分法所适用的类型与不定积分的分部积分法所适用的类型相同,u,v'的选取也相同).

2. 证明定积分恒等式的常用方法

(1) 换元积分法,适用于被积函数或其主要部分仅给出连续条件的命题.

(2) 分部积分法,适用于被积函数中含有 $f'(x)$ 或变上限定积分的命题.

自测题五

1.选择题

(1) 设函数 $f(x)$ 在 $[a,b]$ 上连续,$\varphi(x)=\displaystyle\int_{a}^{x}f(t)\mathrm{d}t$,则(   );

A. $\varphi(x)$ 是 $f(x)$ 在 $[a,b]$ 上的一个原函数

B. $f(x)$ 是 $\varphi(x)$ 的一个原函数

C. $\varphi(x)$ 是 $f(x)$ 在 $[a,b]$ 上唯一的原函数

D. $f(x)$ 是 $\varphi(x)$ 在 $[a,b]$ 上唯一的原函数

(2) 设 $I=\displaystyle\int_{-1}^{2}|x|\mathrm{d}x$,则下列选项正确的是(   );

A. $I = \int_{-1}^{0} x \mathrm{d}x + \int_{-1}^{0} (-x) \mathrm{d}x + \int_{0}^{2} x \mathrm{d}x + \int_{0}^{2} (-x) \mathrm{d}x = 0$

B. $I = \int_{-1}^{0} |x| \mathrm{d}x + \int_{0}^{2} |x| \mathrm{d}x = \int_{-1}^{0} (-x) \mathrm{d}x + \int_{0}^{2} x \mathrm{d}x = \dfrac{5}{2}$

C. $I = \int_{-1}^{2} x \mathrm{d}x + \int_{-1}^{2} (-x) \mathrm{d}x = 0$

D. $I = \dfrac{|x|^2}{2} \Big|_{-1}^{2} = \dfrac{3}{2}$

(3) 设 $I = \int_{0}^{\sqrt{2\pi}} \sin x^2 \mathrm{d}x$, 则 ( );

A. $I = \int_{0}^{\sqrt{2\pi}} \sin u \mathrm{d}u$

B. $I = \int_{0}^{2\pi} \sin u \mathrm{d}u$

C. $I = \int_{0}^{2\pi} \dfrac{\sin u}{2\sqrt{u}} \mathrm{d}u = \int_{0}^{\pi} \dfrac{\sin u}{2\sqrt{u}} \mathrm{d}u - \int_{0}^{\pi} \dfrac{\sin u}{2\sqrt{u+\pi}} \mathrm{d}u$

D. $I = \int_{0}^{\pi} \dfrac{\sin u}{2\sqrt{u}} \mathrm{d}u + \int_{0}^{\pi} \dfrac{\sin u}{2\sqrt{u+\pi}} \mathrm{d}u$

(4) 设 $I = \int_{0}^{1} x \mathrm{e}^{-x} \mathrm{d}x$, 则 ( );

A. $I = x \mathrm{e}^{-x} \Big|_{0}^{1} - \int_{0}^{1} \mathrm{e}^{-x} \mathrm{d}x$ B. $I = -x \mathrm{e}^{-x} \Big|_{0}^{1} - \int_{0}^{1} \mathrm{e}^{-x} \mathrm{d}x$

C. $I = x \mathrm{e}^{-x} \Big|_{0}^{1} + \int_{0}^{1} \mathrm{e}^{-x} \mathrm{d}x$ D. $I = -x \mathrm{e}^{-x} \Big|_{0}^{1} + \int_{0}^{1} \mathrm{e}^{-x} \mathrm{d}x$

(5) 函数 $f(x)$ 在闭区间 $[a,b]$ 上连续是定积分 $\int_{a}^{b} f(x) \mathrm{d}x$ 存在的 ( ).

A. 必要条件 B. 充分条件

C. 充要条件 D. 既非充分又非必要条件

2. 下列等式中, 哪几个是正确的?

(1) $\dfrac{\mathrm{d}}{\mathrm{d}x} \int f(x) \mathrm{d}x = f(x)$; (2) $\dfrac{\mathrm{d}}{\mathrm{d}x} \int_{a}^{b} f(x) \mathrm{d}x = f(x)$;

(3) $\dfrac{\mathrm{d}}{\mathrm{d}x} \int_{x}^{a} f(t) \mathrm{d}t = -f(t)$; (4) $\dfrac{\mathrm{d}}{\mathrm{d}x} \int_{a}^{x} f(t) \mathrm{d}t = f(x)$;

(5) $\dfrac{\mathrm{d}}{\mathrm{d}x} \int_{a}^{b} f(x+t) \mathrm{d}t = f(x+b) - f(x+a)$.

3. 试利用微分中值定理证明牛顿-莱布尼茨公式.

4. 试利用牛顿-莱布尼茨公式与微分中值定理证明积分中值定理, 即若函数 $f(x)$ 在区间 $[a,b]$ 上连续, 则在 $[a,b]$ 上至少存在一点 ξ, 使得 $\int_{a}^{b} f(x) \mathrm{d}x = f(\xi)(b-a)(a \leqslant \xi \leqslant b)$.

5. 计算下列定积分:

(1) $\int_{\frac{1}{\pi}}^{\frac{2}{\pi}} \dfrac{\sin \dfrac{1}{x}}{x^2} \mathrm{d}x$; (2) $\int_{0}^{1} (\arcsin x)^3 \mathrm{d}x$;

(3) $\int_0^{\frac{\pi}{6}} (2\cos 2x - 1) \mathrm{d}x$;　　　　　　(4) $\int_0^{\frac{\pi}{2}} (x - x\sin x) \mathrm{d}x$;

(5) $\int_{-\frac{\pi}{2}}^{\frac{\pi}{2}} \sin x \cos x \, \mathrm{d}x$;　　　　　　(6) $\int_0^{\frac{\pi}{2}} (1 - \cos x) \sin^2 x \, \mathrm{d}x$;

(7) $\int_0^{16} \dfrac{1}{\sqrt{x+9} - \sqrt{x}} \mathrm{d}x$;　　　　(8) $\int_0^{\sqrt{3}} x\sqrt[5]{1+x^2} \, \mathrm{d}x$;

(9) $\int_0^{-\ln 2} \sqrt{1 - \mathrm{e}^{2x}} \, \mathrm{d}x$;　　　　　(10) $\int_{-1}^{1} \dfrac{x}{x^2 + 2x + 5} \mathrm{d}x$;

(11) $\int_0^{\pi} f(x) \mathrm{d}x$，其中 $f(x) = \begin{cases} x, & 0 \leqslant x < \dfrac{\pi}{2}, \\ \sin x, & \dfrac{\pi}{2} \leqslant x < \pi. \end{cases}$

6. 设 $f'(x)$ 在区间 $[0,1]$ 上连续，试求 $\int_0^1 [1 + xf'(x)] \mathrm{e}^{f(x)} \mathrm{d}x$.

7. 设函数 $f(x)$ 在积分区间上连续，证明：

(1) $\int_{-a}^{a} f(x) \mathrm{d}x = \int_0^a [f(x) + f(x-a)] \mathrm{d}x$;

(2) $\int_0^{\pi} f(\sin x) \mathrm{d}x = 2\int_0^{\frac{\pi}{2}} f(\sin x) \mathrm{d}x$;

(3) $\int_0^{\pi} x f(\sin x) \mathrm{d}x = \dfrac{\pi}{2} \int_0^{\pi} f(\sin x) \mathrm{d}x$.

8. 证明：$\int_0^1 \ln(1+x) \mathrm{d}x > \int_0^1 \dfrac{x}{1+x} \mathrm{d}x$.

9. 证明：$\int_{ca}^{cb} \dfrac{1}{x} \mathrm{d}x = \int_a^b \dfrac{1}{x} \mathrm{d}x$，其中 a, b, c 为任意正数.

10. (1) 若函数 $f(x)$ 是连续的奇函数，证明：$\int_0^x f(t) \mathrm{d}t$ 是偶函数；

(2) 若函数 $f(x)$ 是连续的偶函数，证明：$\int_0^x f(t) \mathrm{d}t$ 是奇函数.

11. 设函数 $f(x)$ 在区间 $[a, +\infty)$ 上连续，证明：反常积分 $\int_a^{+\infty} f(x) \mathrm{d}x$ 与 $\int_c^{+\infty} f(x) \mathrm{d}x$（其中 $c > a$）同时收敛或同时发散.

12. 在下列积分中，哪几个是反常积分？

(1) $\int_{-1}^{5} \dfrac{\sin x}{x} \mathrm{d}x$;　　　　　　(2) $\int_1^{\mathrm{e}} \dfrac{1}{\sqrt{1 + \ln^2 x}} \mathrm{d}x$;

(3) $\int_0^1 \ln \dfrac{1}{x} \mathrm{d}x$;　　　　　　(4) $\int_0^1 \mathrm{e}^{-x} \mathrm{d}x$;

(5) $\int_0^{+\infty} \mathrm{e}^{-ax} \mathrm{d}x \quad (a > 0)$.

13. 计算下列反常积分：

(1) $\int_{\mathrm{e}}^{+\infty} \dfrac{(\ln x)^k}{x} \mathrm{d}x$;　　　　(2) $\int_{-\infty}^{+\infty} x\sin x^2 \, \mathrm{d}x$;

(3) $\int_1^{\mathrm{e}} \dfrac{1}{x\sqrt{1 - \ln x}} \mathrm{d}x$;　　　(4) $\int_1^2 \dfrac{1}{x\sqrt{x^2 - 1}} \mathrm{d}x$.

06 第六章
定积分的应用

定积分是求某种总量的数学模型,它在几何学、物理学、经济学、社会学等方面都有着广泛的应用,显示出其巨大的魅力.也正是这些广泛的应用,推动着积分学的不断发展和完善.因此,我们在学习的过程中,掌握计算某些实际问题的公式只是基本要求,更重要的还在于深刻领会用定积分解决实际问题的基本思想和方法——微元法,并不断积累和提高数学的应用能力.

| 第一节 | 定积分的微元法 |

用定积分解决实际问题的常用方法是微元法,下面介绍这种方法. 我们先回忆用定积分求曲边梯形的面积的问题:设函数 $y = f(x)$ 在区间 $[a,b]$ 上连续,且 $f(x) \geqslant 0$,求曲线 $y = f(x)$ 与直线 $x = a, x = b, y = 0$ 所围成的曲边梯形的面积 A. 其求解的步骤是:

(1) 分割. 将区间 $[a,b]$ 任意分成 n 个小区间 $[x_{i-1}, x_i](i = 1,2,\cdots,n)$,此曲边梯形相应地就分成 n 个小曲边梯形.

(2) 近似代替. 所求的曲边梯形的面积 A 为每个小区间上小曲边梯形面积 ΔA_i 之和,即 $A = \sum_{i=1}^{n} \Delta A_i$. 对于任意小区间 $[x_{i-1}, x_i]$ 上的小曲边梯形的面积 ΔA_i,在小区间 $[x_{i-1}, x_i]$ 上任取一点 ξ_i,用高为 $f(\xi_i)$、底为 $\Delta x_i = x_i - x_{i-1}$ 的小矩形的面积 $f(\xi_i)\Delta x_i$ 近似代替,即

$$\Delta A_i \approx f(\xi_i)\Delta x_i \quad (i = 1,2,\cdots,n).$$

(3) 求和. 把这 n 个小矩形的面积加起来,得到曲边梯形的面积 A 的近似值

$$A \approx \sum_{i=1}^{n} f(\xi_i)\Delta x_i.$$

(4) 取极限. 记 $\lambda = \max_{1 \leqslant i \leqslant n}\{\Delta x_i\}$,当 $\lambda \to 0$ 时,$\sum_{i=1}^{n} f(\xi_i)\Delta x_i$ 的极限就是曲边梯形的面积,即曲边梯形的面积

$$A = \lim_{\lambda \to 0} \sum_{i=1}^{n} f(\xi_i)\Delta x_i = \int_a^b f(x)\mathrm{d}x.$$

上述四个步骤中,由 (1) 知,所求的面积 A 与区间 $[a,b]$ 有关,如果把 $[a,b]$ 分成许多个小区间,那么我们所求的面积 A 相应地被分成许多部分量,而 A 是所有部分量之和. 这种性质称为 A 对 $[a,b]$ 具有可加性. 这样,也就确定了 $[a,b]$ 是定积分的积分区间.

由上述四个步骤中 (2) 的近似表达式 $\Delta A_i \approx f(\xi_i)\Delta x_i$ 可确定定积分的被积表达式 $f(x)\mathrm{d}x$. 我们不妨取 $\xi_i = x_{i-1}$,于是有 $\Delta A_i \approx f(x_{i-1})\Delta x_i$,如果记区间 $[a,b]$ 上的任一小区间 $[x_{i-1}, x_i]$ 为 $[x, x+\mathrm{d}x]$,那么所要求的 A 在这一小区间上相应的部分量 $\Delta A_i \approx f(x_{i-1})\Delta x_i$ 可写为 $\Delta A \approx f(x)\mathrm{d}x$. 称 $f(x)\mathrm{d}x$ 为所求的面积 A 的微元,记作 $\mathrm{d}A = f(x)\mathrm{d}x$,这就是被积表达式. 于是,所求量 $A = \int_a^b \mathrm{d}A = \int_a^b f(x)\mathrm{d}x$.

一般地,如果某一实际问题中所求量 F 满足以下条件:

(1) F 是与变量 x 的变化区间 $[a,b]$ 有关的量,且 F 对区间 $[a,b]$ 具有可加性,即如果把 $[a,b]$ 分成若干个小区间,那么所求量 F 就等于相应若干个小区间的部分量之和. 这是所求量 F 可以用定积分表示的前提,并给出了积分区间 $[a,b]$.

(2) 在区间 $[a,b]$ 的任一小区间 $[x, x+\mathrm{d}x]$ 上,求相应部分量 ΔF 的近似表达式,即求微元 $\mathrm{d}F = f(x)\mathrm{d}x[\Delta F$ 与 $f(x)\mathrm{d}x$ 之差是比 $\mathrm{d}x$ 高阶的无穷小],这就给出了被积表达式 $f(x)\mathrm{d}x$,从而所求量 F 可归结为定积分

$$F = \int_a^b \mathrm{d}F = \int_a^b f(x)\mathrm{d}x.$$

以上方法称为**微元法**. 下面我们将用微元法来讨论定积分在几何方面的一些应用.

第二节 平面图形的面积

我们知道,如果函数 $y=f(x)$ 在区间 $[a,b]$ 上连续,且 $f(x) \geqslant 0$,则定积分 $\int_a^b f(x) \mathrm{d}x$ 表示一个位于 x 轴上方,由直线 $x=a, x=b, y=0$ 及曲线 $y=f(x)$ 所围成的曲边梯形的面积.

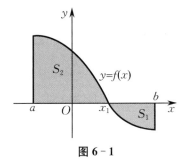

图 6-1

如图 6-1 所示,现在设函数 $y=f(x)$ 在区间 $[a,b]$ 上连续,在 $[a,x_1]$ 上 $f(x) \geqslant 0$,定积分 $\int_a^{x_1} f(x) \mathrm{d}x$ 表示 x 轴上方阴影部分的面积 S_1(称为正面积);在 $[x_1,b]$ 上 $f(x) \leqslant 0$,定积分 $\int_{x_1}^b f(x) \mathrm{d}x$ 表示 x 轴下方阴影部分面积的负值 $-S_2$(称为负面积). 因此,由定积分的性质可得

$$\int_a^b f(x) \mathrm{d}x = S_1 + (-S_2),$$

即定积分 $\int_a^b f(x) \mathrm{d}x$ 表示函数 $y=f(x)$ 在 $[a,b]$ 上的正、负面积的代数和. 而 $\int_a^b |f(x)| \mathrm{d}x$ 表示函数 $y=f(x)$ 在 $[a,b]$ 上的正、负面积的绝对值之和,即

$$A = \int_a^b |f(x)| \mathrm{d}x.$$

如图 6-2 所示,设函数 $y=f(x), y=g(x)$ 均在 $[a,b]$ 上连续,且 $f(x) \geqslant g(x)$,则由曲线 $y=f(x), y=g(x)$ 及直线 $x=a, x=b$ 所围成的平面图形的面积为

$$A = \int_a^b [f(x) - g(x)] \mathrm{d}x,$$

其中 $[f(x)-g(x)]\mathrm{d}x$ 为面积微元 $\mathrm{d}A$(见图 6-2).

类似地,由连续曲线 $x=\varphi(y), x=\psi(y) [\varphi(y) \geqslant \psi(y)]$ 及直线 $y=c, y=d$ 所围成的平面图形的面积为

$$A = \int_c^d [\varphi(y) - \psi(y)] \mathrm{d}y,$$

其中 $[\varphi(y)-\psi(y)]\mathrm{d}y$ 为面积微元 $\mathrm{d}A$(见图 6-3).

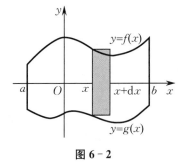

图 6-2

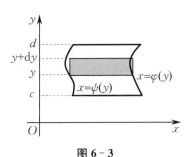

图 6-3

例1

计算由两抛物线 $y = x^2$ 和 $y^2 = x$ 所围成的平面图形的面积.

解 先求两抛物线的交点,为此解方程组

$$\begin{cases} y = x^2, \\ y^2 = x, \end{cases}$$

得两组解 $\begin{cases} x = 0, \\ y = 0, \end{cases} \begin{cases} x = 1, \\ y = 1, \end{cases}$ 即两抛物线的交点为 $(0,0)$ 及 $(1,1)$,

如图 6-4 所示. 由此可知,所围成的平面图形在直线 $x = 0$ 和

$x = 1$ 之间. 取 x 为积分变量,$x \in [0,1]$,相应于 $[0,1]$ 上任一小

区间 $[x, x+\mathrm{d}x]$ 的平面图形的面积近似为 $(\sqrt{x} - x^2)\mathrm{d}x$,从而得

面积微元 $\mathrm{d}A = (\sqrt{x} - x^2)\mathrm{d}x$.

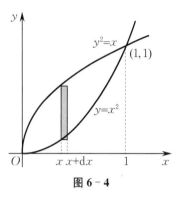

图 6-4

以 $(\sqrt{x} - x^2)\mathrm{d}x$ 为被积表达式,在区间 $[0,1]$ 上求定积分,便得所求的面积为

$$A = \int_0^1 (\sqrt{x} - x^2)\mathrm{d}x = \left(\frac{2}{3}x^{\frac{3}{2}} - \frac{1}{3}x^3 \right) \Big|_0^1 = \frac{1}{3}.$$

例2

计算由两抛物线 $y = x^2$,$y = (x-2)^2$ 与 x 轴所围成的平面图形的面积(见图 6-5).

解 先求两抛物线的交点,解方程组

$$\begin{cases} y = x^2, \\ y = (x-2)^2, \end{cases}$$

得交点 $(1,1)$,而两抛物线与 x 轴的交点分别为 $(0,0)$ 及 $(2,0)$.

由图 6-5 可见,所求面积要分成两个区间 $[0,1]$ 及 $[1,2]$ 来考虑.

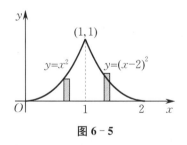

图 6-5

取 x 为积分变量,相应于 $[0,1]$ 上任一小区间 $[x, x+\mathrm{d}x]$ 的平面图形的面积近似为 $x^2\mathrm{d}x$,从而得面积微元

$$\mathrm{d}A_1 = x^2\mathrm{d}x.$$

相应于 $[1,2]$ 上任一小区间 $[x, x+\mathrm{d}x]$ 的平面图形的面积近似为 $(x-2)^2\mathrm{d}x$,从而得面积微元

$$\mathrm{d}A_2 = (x-2)^2\mathrm{d}x.$$

以 $x^2\mathrm{d}x$ 为被积表达式,在闭区间 $[0,1]$ 上求定积分,再以

$(x-2)^2\mathrm{d}x$ 为被积表达式,在闭区间 $[1,2]$ 上求定积分,并将所得结果相加,便得所求的面积为

$$A = \int_0^1 x^2\mathrm{d}x + \int_1^2 (x-2)^2\mathrm{d}x = \frac{x^3}{3}\Big|_0^1 + \frac{1}{3}(x-2)^3\Big|_1^2$$

$$= \frac{1}{3} + \frac{1}{3} = \frac{2}{3}.$$

例3

计算由抛物线 $y^2 = x+2$ 与直线 $x - y = 0$ 所围成的平面图形的面积.

解 如图 6-6 所示,为求抛物线与直线的交点,解方程组

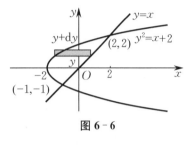

图 6-6

$$\begin{cases} y^2 = x+2, \\ x-y = 0, \end{cases}$$

得交点 $(-1,-1)$ 与 $(2,2)$. 取 y 为积分变量,$y \in [-1,2]$,相应于 $[-1,2]$ 上任一小区间 $[y,y+dy]$ 的平面图形的面积近似为 $[y-(y^2-2)]dy$,从而得面积微元 $dA = [y-(y^2-2)]dy$.

以 $[y-(y^2-2)]dy$ 为被积表达式,在区间 $[-1,2]$ 上求定积分,便得所求的面积为

$$A = \int_{-1}^{2} [y-(y^2-2)] dy = \left(\frac{1}{2}y^2 - \frac{1}{3}y^3 + 2y \right) \Big|_{-1}^{2} = \frac{9}{2}.$$

注 本例若以 x 为积分变量(留给学生作练习),计算会不方便,可见积分变量选取得当,会使计算简化.

在公式 $\int_a^b f(x)dx$ 中,如果曲线 $y = f(x)$ 的方程是由参数方程

$$\begin{cases} x = \varphi(t), \\ y = \psi(t) \end{cases} \quad (\alpha \leqslant t \leqslant \beta)$$

给出,其中 $\psi(t)$ 是连续的,$\varphi(t)$ 是可导函数,且 $\varphi(\alpha)=a,\varphi(\beta)=b$,当 $t_1 < t_2$ 时,有 $\varphi(t_1) < \varphi(t_2)$,则其所围成的平面图形的面积为

$$A = \int_\alpha^\beta \psi(t)\varphi'(t)dt.$$

如果 $\psi(t)$ 是连续的,$\varphi(t)$ 是可导函数,且 $\varphi(\alpha)=b,\varphi(\beta)=a$,当 $t_1 < t_2$ 时,有 $\varphi(t_1) > \varphi(t_2)$,则其所围成的平面图形的面积为

$$A = \int_\beta^\alpha \psi(t)\varphi'(t)dt.$$

例 4

计算由星形线 $\begin{cases} x = a\cos^3 t, \\ y = a\sin^3 t \end{cases}$ $(a > 0, 0 \leqslant t \leqslant 2\pi)$ 所围成的平面图形的面积(见图 6-7).

解 由图形的对称性知,第一象限内面积的 4 倍即为所求的面积.

在第一象限内,面积 $A_1 = \int_0^a y\,dx$. 当 $x = 0$ 时,$t = \frac{\pi}{2}$;当 $x = a$ 时,$t = 0$. 故

$$A_1 = \int_0^a y\,dx = \int_{\frac{\pi}{2}}^0 a\sin^3 t\,d(a\cos^3 t) = \int_{\frac{\pi}{2}}^0 (-3a^2)\sin^4 t\cos^2 t\,dt$$

$$= 3a^2 \int_0^{\frac{\pi}{2}} \sin^4 t(1-\sin^2 t)dt$$

$$= 3a^2 \left[\left(\frac{\sin 4t}{32} - \frac{\sin 2t}{4} + \frac{3t}{8} \right) \Big|_0^{\frac{\pi}{2}} \right.$$

$$\left. - \left(-\frac{\sin 6t}{192} + \frac{3\sin 4t}{64} - \frac{15\sin 2t}{64} + \frac{5t}{16} \right) \Big|_0^{\frac{\pi}{2}} \right]$$

$$= \frac{3}{32}\pi a^2.$$

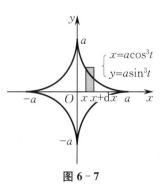

图 6-7

于是,所求面积为 $A = 4A_1 = \frac{3}{8}\pi a^2$.

思 考 题 6-2

1.用定积分解实际问题的主要步骤是什么？

2.求图 6-8 中各阴影部分的面积：

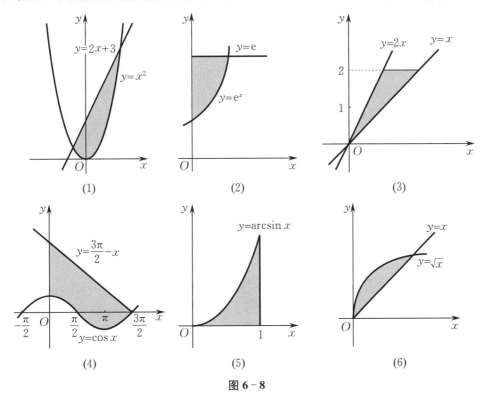

(1)　　　　　　　(2)　　　　　　　(3)

(4)　　　　　　　(5)　　　　　　　(6)

图 6-8

习　题　6-2

1.计算由抛物线 $y=x^2-2x+3$ 与直线 $y=x+3$ 所围成的平面图形的面积.

2.计算由抛物线 $y=-x^2+4x-3$ 及其在点$(0,-3)$ 和点$(3,0)$ 的切线所围成的平面图形的面积.

3.计算由直线 $y=2\pi-x,x=0,x=2\pi$ 与曲线 $y=\sin x$ 所围成的平面图形的面积.

4.计算由曲线 $xy=1$ 与直线 $y=x,y=2$ 所围成的平面图形的面积.

5.计算介于曲线 $y=\tan x$ 与直线 $x=\dfrac{\pi}{3}$,x 轴之间的平面图形的面积.

6.计算由曲线 $y=x^3$ 与 $y=2x-x^2$ 所围成的平面图形的面积.

7.计算由曲线 $y=\sin x$ 与 $y=\sin 2x$ 在区间$[0,\pi]$ 上所围成的平面图形的面积.

8.计算由曲线 $y=e^x-e$ 与直线 $x=0,x=2,y=0$ 所围成的平面图形的面积.

9.计算由下列曲线所围成的平面图形的面积：

(1) $\begin{cases} x=a\cos t, \\ y=b\sin t \end{cases}$ $(0\leqslant t\leqslant 2\pi,a>0,b>0)$;

(2) $\begin{cases} x=a(t-\sin t), \\ y=b(1-\cos t) \end{cases}$ $(0\leqslant t\leqslant 2\pi)$ 与 $y=0$.

第三节 体 积

本节讨论两种特殊的立体的体积,并给出计算公式.

一、旋转体的体积

由一个平面图形绕该平面上一条直线旋转一周而成的立体,称为**旋转体**,该直线称为**旋转轴**.

设一旋转体是由连续曲线 $y=f(x)$ 及直线 $x=a,x=b(a<b),y=0$ 所围成的曲边梯形绕 x 轴旋转一周而成的旋转体(见图 6-9). 现在我们来求该旋转体的体积.

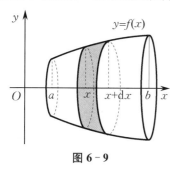

图 6-9

取 x 为积分变量,$x\in[a,b]$,过 $[a,b]$ 上任一点 x 作垂直于 x 轴的平面,所得截面是半径为 $f(x)$ 的圆,其面积 $A=\pi[f(x)]^2$. 在点 x 附近另取一点 $x+dx$ 再作截面,构成厚度为 dx 的薄片,它的体积近似为圆柱体的体积,从而形成体积微元. 由圆柱体的体积公式,可知该旋转体的体积微元为
$$dV=\pi[f(x)]^2dx,$$
故旋转体的体积为
$$V=\pi\int_a^b[f(x)]^2dx.$$

例 1

计算底面半径为 r、高为 h 的圆锥体的体积.

解 如图 6-10 所示取直角坐标系,所求立体可以看作由直线 $y=\dfrac{r}{h}x$,$y=0$,$x=h$ 所围成的图形绕 x 轴旋转一周而成的旋转体.

取 x 为积分变量,$x\in[0,h]$,圆锥体中相应于 $[0,h]$ 上任一小区间 $[x,x+dx]$ 的薄片的体积近似于底面半径为 $\dfrac{r}{h}x$、高为 dx 的圆柱体的体积,从而得体积微元为
$$dV=\pi\left(\frac{r}{h}x\right)^2dx.$$

以 $\pi\left(\dfrac{r}{h}x\right)^2dx$ 为被积表达式,在 $[0,h]$ 上求定积分,便得所求的体积为

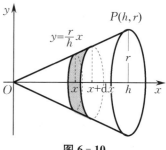

图 6-10

$$V=\int_0^h\pi\left(\frac{r}{h}x\right)^2dx=\pi\frac{r^2}{h^2}\cdot\frac{1}{3}x^3\Big|_0^h=\frac{1}{3}\pi r^2h.$$

例 2

计算椭圆 $\dfrac{x^2}{a^2}+\dfrac{y^2}{b^2}=1$ 绕 x 轴旋转一周而成的旋转体的体积.

解 这个旋转体可以看成半个椭圆 $y=\dfrac{b}{a}\sqrt{a^2-x^2}$ 及 x 轴所围成的图形绕 x 轴旋转一

周而成的立体(见图 6-11).

取 x 为积分变量,$x \in [-a,a]$,该立体中相应于$[-a,a]$上任一小区间$[x,x+\mathrm{d}x]$的薄片的体积近似于底面半径为$\dfrac{b}{a}\sqrt{a^2-x^2}$、高为 $\mathrm{d}x$ 的圆柱体的体积,从而得体积微元为 $\mathrm{d}V = \pi\left(\dfrac{b}{a}\sqrt{a^2-x^2}\right)^2\mathrm{d}x$. 于是,所求的体积为

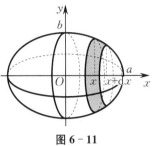

$$V = \int_{-a}^{a} \pi\left(\frac{b}{a}\sqrt{a^2-x^2}\right)^2\mathrm{d}x$$
$$= \pi\frac{b^2}{a^2}\left(a^2 x - \frac{1}{3}x^3\right)\Big|_{-a}^{a}$$
$$= \frac{4}{3}\pi ab^2.$$

图 6-11

用类似的方法,可以推得由连续曲线 $x=\varphi(y)$,直线 $y=c, y=d(c<d)$ 及 y 轴所围成的曲边梯形绕 y 轴旋转一周而成的旋转体(见图 6-12)的体积为

$$V = \int_{c}^{d} \pi[\varphi(y)]^2\mathrm{d}y.$$

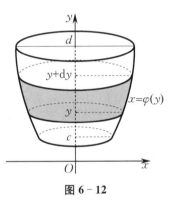

图 6-12

例 3

求由抛物线 $y=2x^2$,直线 $x=1$ 及 x 轴所围成的图形分别绕 x 轴、y 轴旋转一周而成的旋转体的体积(见图 6-13).

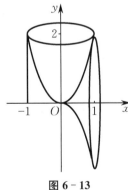

图 6-13

解 先求绕 x 轴旋转一周而成的旋转体的体积V_x. 取 x 为积分变量,$x \in [0,1]$,所求的体积为

$$V_x = \int_0^1 \pi y^2\mathrm{d}x = \int_0^1 \pi(2x^2)^2\mathrm{d}x = 4\pi\int_0^1 x^4\mathrm{d}x = \frac{4}{5}\pi.$$

再求绕 y 轴旋转一周而成的旋转体的体积 V_y. 取 y 为积分变量,$y \in [0,2]$. 所求的体积为圆柱体的体积减去抛物线绕 y 轴旋转一周而成的旋转体的体积,即

$$V_y = \pi \cdot 1^2 \cdot 2 - \int_0^2 \pi x^2\mathrm{d}y = 2\pi - \int_0^2 \pi\frac{y}{2}\mathrm{d}y = 2\pi - \frac{\pi}{4}y^2\Big|_0^2 = \pi.$$

二、平行截面面积为已知的立体体积

如图 6-14 所示,设一立体位于过点 $x=a$ 和 $x=b(a<b)$ 且垂直于 x 轴的两平面之间,

用垂直于 x 轴的任一平面截此立体所得的截面面积 $A(x)$ 是 x 的已知连续函数,现在求该立体的体积.

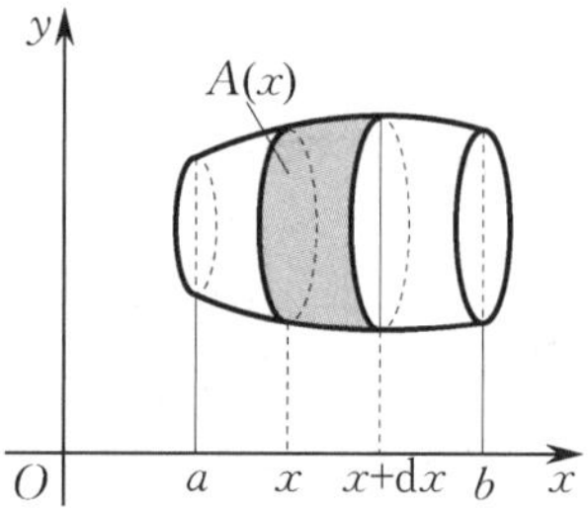

取 x 为积分变量,$x \in [a,b]$,而相应于 $[a,b]$ 上任一小区间 $[x,x+\mathrm{d}x]$ 上薄片的体积近似等于以 $A(x)$ 为底、$\mathrm{d}x$ 为高的圆柱体的体积,即体积微元为 $\mathrm{d}V=A(x)\mathrm{d}x$.以 $A(x)\mathrm{d}x$ 为被积表达式,在闭区间 $[a,b]$ 上求定积分,便得所求的立体体积为

$$V = \int_a^b A(x)\mathrm{d}x.$$

图 6-14

例 4

一平面经过半径为 R 的圆柱体的底圆中心,与底面交成 α 角(见图 6-15),求该平面截圆柱体所得立体的体积.

解 取该平面与圆柱体底面的交线为 x 轴,底面上过圆心且垂直于 x 轴的直线为 y 轴.于是,底面圆的方程为 $x^2+y^2=R^2$.取 x 为积分变量,$x \in [-R,R]$,过点 x 且垂直于 x 轴的截面是一直角三角形,它的两条直角边的长分别为 $y=\sqrt{R^2-x^2}$ 和 $y\tan\alpha=\sqrt{R^2-x^2}\tan\alpha$,因而截面面积为

$$A(x)=\frac{1}{2}\sqrt{R^2-x^2} \cdot \sqrt{R^2-x^2}\tan\alpha=\frac{1}{2}(R^2-x^2)\tan\alpha.$$

于是,体积微元为

$$\mathrm{d}V=\frac{1}{2}(R^2-x^2)\tan\alpha\,\mathrm{d}x,$$

所求立体的体积为

$$\begin{aligned}
V &= \int_{-R}^{R} \frac{1}{2}(R^2-x^2)\tan\alpha\,\mathrm{d}x \\
&= \frac{1}{2}\tan\alpha \cdot \left(R^2 x - \frac{1}{3}x^3\right)\Big|_{-R}^{R} \\
&= \frac{2}{3}R^3\tan\alpha.
\end{aligned}$$

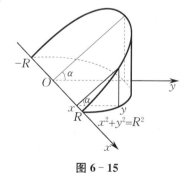

图 6-15

思 考 题 6-3

1. 求由曲线 $y=\sqrt{x}$ 与直线 $x=4$,$y=0$ 所围成的图形绕 x 轴旋转一周而成的旋转体的体积.

2. 求由曲线 $y=x^3$ 与直线 $x=2$,$y=0$ 所围成的图形分别绕 x 轴、y 轴旋转一周而成的旋转体的体积.

习 题 6-3

1. 求由半立方抛物线 $y^2=x^3$ 与直线 $x=1$,x 轴所围成的图形绕 x 轴旋转一周而成的旋转体的体积.

2. 求由抛物线 $y=\sqrt{8x}$ 及其在点 $(2,4)$ 处的法线和 x 轴所围成的图形绕 x 轴旋转一周而成的旋转体的体积.

3. 求由抛物线 $y = \dfrac{1}{4}x^2 (x > 0)$ 与直线 $y = 1, x = 0$ 所围成的图形分别绕 x 轴、y 轴旋转一周而成的旋转体的体积.

4. 求由曲线 $y = \sin x$ 从点 $x = 0$ 到点 $x = \pi$ 的一段和 x 轴所围成的图形绕 x 轴旋转一周而成的旋转体的体积.

5. 求由摆线 $\begin{cases} x = a(t - \sin t), \\ y = a(1 - \cos t) \end{cases}$ 的一拱和 x 轴所围成的图形绕 x 轴旋转一周而成的旋转体的体积.

第四节　平面曲线的弧长

设有光滑曲线 $y = f(x)$[即 $f'(x)$ 是连续的],求曲线从点 $x = a$ 到点 $x = b$ 的一段弧 $\overset{\frown}{AB}$ 的长度(见图 6 - 16).

取 x 为积分变量,$x \in [a, b]$,则曲线 $y = f(x)$ 相应于区间 $[a, b]$ 上任一小区间 $[x, x + \mathrm{d}x]$ 的一段弧的长度 Δs 可以用该曲线在点 $(x, f(x))$ 处的切线上对应的一小段 MT 的长度来近似,这一小段的长度为

$$\sqrt{(\mathrm{d}x)^2 + (\mathrm{d}y)^2} = \sqrt{1 + (y')^2}\,\mathrm{d}x,$$

从而得弧长微元为

$$\mathrm{d}s = \sqrt{1 + (y')^2}\,\mathrm{d}x.$$

以 $\sqrt{1 + (y')^2}\,\mathrm{d}x$ 为被积表达式,在 $[a, b]$ 上求定积分,便得所求的弧长为

$$s = \int_a^b \sqrt{1 + (y')^2}\,\mathrm{d}x.$$

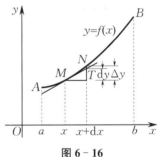

图 6 - 16

例 1

计算曲线弧 $y = \dfrac{1}{4}x^2 - \dfrac{1}{2}\ln x (1 \leqslant x \leqslant \mathrm{e})$ 的弧长.

解 $y' = \dfrac{1}{2}x - \dfrac{1}{2x} = \dfrac{1}{2}\left(x - \dfrac{1}{x}\right)$,则弧长微元为

$$\mathrm{d}s = \sqrt{1 + (y')^2}\,\mathrm{d}x = \sqrt{1 + \dfrac{1}{4}\left(x - \dfrac{1}{x}\right)^2}\,\mathrm{d}x = \dfrac{1}{2}\left(x + \dfrac{1}{x}\right)\mathrm{d}x,$$

所求的弧长为

$$s = \int_1^{\mathrm{e}} \sqrt{1 + (y')^2}\,\mathrm{d}x = \int_1^{\mathrm{e}} \dfrac{1}{2}\left(x + \dfrac{1}{x}\right)\mathrm{d}x = \dfrac{1}{2}\left(\dfrac{x^2}{2} + \ln x\right)\Big|_1^{\mathrm{e}} = \dfrac{1}{4}(\mathrm{e}^2 + 1).$$

若曲线弧由方程 $\begin{cases} x = \varphi(t), \\ y = \psi(t) \end{cases} (\alpha \leqslant t \leqslant \beta)$ 给出,并且 $\varphi'(t), \psi'(t)$ 在 $[\alpha, \beta]$ 上连续,这时弧长微元为

$$\mathrm{d}s = \sqrt{(\mathrm{d}x)^2 + (\mathrm{d}y)^2} = \sqrt{[\varphi'(t)]^2 + [\psi'(t)]^2}\,\mathrm{d}t,$$

于是所求曲线弧的弧长为

$$s = \int_{\alpha}^{\beta} \sqrt{[\varphi'(t)]^2 + [\psi'(t)]^2} \, dt.$$

例 2

计算星形线 $\begin{cases} x = a\cos^3 t, \\ y = a\sin^3 t \end{cases}$ $(a > 0)$ 的全长.

解 如图 6-17 所示,所求星形线的全长应是星形线在第一象限中长度的 4 倍,又弧长微元为

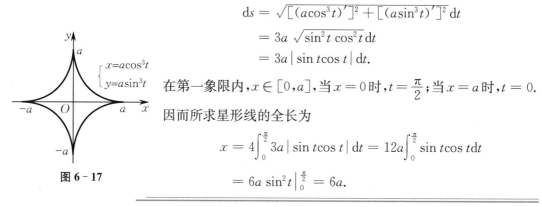

图 6-17

$$ds = \sqrt{[(a\cos^3 t)']^2 + [(a\sin^3 t)']^2} \, dt$$
$$= 3a\sqrt{\sin^2 t \cos^2 t} \, dt$$
$$= 3a|\sin t \cos t| \, dt.$$

在第一象限内,$x \in [0, a]$,当 $x = 0$ 时,$t = \dfrac{\pi}{2}$;当 $x = a$ 时,$t = 0$. 因而所求星形线的全长为

$$x = 4\int_0^{\frac{\pi}{2}} 3a|\sin t \cos t| \, dt = 12a\int_0^{\frac{\pi}{2}} \sin t \cos t \, dt$$
$$= 6a\sin^2 t \Big|_0^{\frac{\pi}{2}} = 6a.$$

注 计算曲线弧的弧长时,由于被积函数都是正的,因此为使弧长是正值,积分限应保持积分的下限小于上限.

若曲线弧由极坐标方程 $r = r(\theta)(\alpha \leqslant \theta \leqslant \beta)$ 给出,其中 $r(\theta)$ 在区间 $[\alpha, \beta]$ 上具有连续导数,要求曲线弧的弧长 s,此时可把极坐标方程化为参数方程

$$\begin{cases} x = r(\theta)\cos\theta, \\ y = r(\theta)\sin\theta \end{cases} \quad (\alpha \leqslant \theta \leqslant \beta),$$

其中 θ 为参数. 由于 $dx = (r'\cos\theta - r\sin\theta)d\theta, dy = (r'\sin\theta + r\cos\theta)d\theta$,因此弧长微元为

$$ds = \sqrt{(dx)^2 + (dy)^2} = \sqrt{r^2 + (r')^2} \, d\theta,$$

于是所求曲线弧的弧长为

$$s = \int_{\alpha}^{\beta} \sqrt{r^2 + (r')^2} \, d\theta.$$

思 考 题 6-4

1.计算曲线弧 $y = \dfrac{1}{2}x^2$ 从点 $x = 0$ 到点 $x = 1$ 的一段弧长.

2.计算曲线弧 $y = 1 - \ln\cos x$ 在点 $x = 0$ 和点 $x = \dfrac{\pi}{4}$ 之间的一段弧长.

3.计算曲线弧 $\begin{cases} x = \sin t, \\ y = \cos t \end{cases}$ 从点 $t = 0$ 到点 $t = \dfrac{\pi}{2}$ 的一段弧长.

习 题 6-4

1.计算曲线弧 $y^2 = x^3$ 上相应于点 $x = 0$ 到点 $x = 1$ 之间的一段弧长.

2.计算曲线弧 $y = \ln x$ 上相应于点 $x = \sqrt{3}$ 到点 $x = \sqrt{8}$ 之间的一段弧长.

3.计算曲线弧 $\int_{-\sqrt{3}}^{x} \sqrt{3-t^2} \, \mathrm{d}t$ 的全长.

4.计算圆的渐开线 $\begin{cases} x = a(\cos t + t\sin t), \\ y = a(\sin t - t\cos t) \end{cases}$ 从 $t = 0$ 到 $t = \pi$ 的一段弧长.

5.计算摆线 $\begin{cases} x = a(t - \sin t), \\ y = a(1 - \cos t) \end{cases}$ 上将摆线的第一拱的长度分成 $1:3$ 的点的坐标.

6.计算曲线弧 $\begin{cases} x = \arctan t, \\ y = \dfrac{1}{2}\ln(1+t^2) \end{cases}$ 上从 $t = 0$ 到 $t = 1$ 的一段弧长.

7.计算曲线 $r\theta = 1$ 相应于 $\theta = \dfrac{3}{4}$ 到 $\theta = \dfrac{4}{3}$ 的一段弧长.

本章小结

本章要求:在理解和掌握用微元法将实际问题表达成定积分的分析方法基础上,重点掌握平面图形的面积、立体的体积及平面曲线的弧长等的计算.

(1) 设曲边梯形由曲线 $y = f(x)$ 及直线 $x = a, x = b \, (a < b)$,x 轴所围成,则其面积为

$$A = \int_a^b |f(x)| \, \mathrm{d}x.$$

(2) 设某旋转体是由连续曲线 $y = f(x)$ 及直线 $x = a, x = b \, (a < b)$,x 轴所围成的曲边梯形绕 x 轴旋转一周而成的立体,则其体积为

$$V = \pi \int_a^b [f(x)]^2 \, \mathrm{d}x.$$

(3) 设某立体由曲面和平面 $x = a, x = b \, (a < b)$ 所围成,$A(x)$ 为过点 x 且垂直于 x 轴的截面面积,其中 $A(x)$ 是已知的连续函数,则其体积为

$$V = \int_a^b A(x) \, \mathrm{d}x.$$

(4) 设曲线弧由方程 $y = f(x) \, (a \leqslant x \leqslant b)$ 给出,则弧长函数 $s = s(x)$ 的微分满足

$$(\mathrm{d}s)^2 = (\mathrm{d}x)^2 + (\mathrm{d}y)^2 \quad \text{或} \quad \mathrm{d}s = \sqrt{1 + (y')^2} \, \mathrm{d}x,$$

对应区间 $[a,b]$ 上曲线弧的弧长为

$$s = \int_a^b \sqrt{1 + (y')^2} \, \mathrm{d}x.$$

自测题六

1.选择题

(1) 设由曲线 $y = \dfrac{1}{2}x^2, x^2 + y^2 = 8$ 所围成的平面图形的面积为 A(上半平面部分),则 A 等于(   );

A. $\displaystyle\int_{-2}^{2} \left(\sqrt{8-x^2} - \dfrac{x^2}{2} \right) \mathrm{d}x$ B. $\displaystyle\int_{-2}^{2} \left(\dfrac{x^2}{2} - \sqrt{8-x^2} \right) \mathrm{d}x$

C. $\displaystyle\int_{-1}^{1} \left(\sqrt{8-x^2} - \dfrac{x^2}{2} \right) \mathrm{d}x$ D. $\displaystyle\int_{-1}^{1} \left(\dfrac{x^2}{2} - \sqrt{8-x^2} \right) \mathrm{d}x$

(2) 曲线弧 $y = \ln(1-x^2)$ 上 $0 \leqslant x \leqslant \dfrac{1}{2}$ 的一段弧长 s 等于(   );

A. $\int_0^{\frac{1}{2}} \sqrt{1 + \left(\dfrac{1}{1-x^2}\right)^2}\, \mathrm{d}x$ B. $\int_0^{\frac{1}{2}} \dfrac{1+x^2}{1-x^2}\, \mathrm{d}x$

C. $\int_0^{\frac{1}{2}} \sqrt{1 + \dfrac{-2x}{1-x^2}}\, \mathrm{d}x$ D. $\int_0^{\frac{1}{2}} \sqrt{1 + [\ln(1-x^2)]^2}\, \mathrm{d}x$

（3）已知两曲线 $y = f(x), y = g(x)$ 分别相交于点 (x_1, y_1) 和点 $(x_2, y_2)(x_1 < x_2)$，且 $f(x) > 0, g(x) > 0$，这两曲线所围成的平面图形绕 x 轴旋转一周而成的旋转体的体积 V 等于（　　）.

A. $\int_{x_1}^{x_2} \pi [f(x) - g(x)]^2\, \mathrm{d}x$ B. $\int_{x_1}^{x_2} \pi \big| [f(x)]^2 - [g(x)]^2 \big|\, \mathrm{d}x$

C. $\int_{x_1}^{x_2} [\pi f(x)]^2\, \mathrm{d}x - \int_{x_1}^{x_2} [\pi g(x)]^2\, \mathrm{d}x$ D. $\int_{x_1}^{x_2} [\pi f(x) - \pi g(x)]^2\, \mathrm{d}x$

2. 计算由曲线 $y = \mathrm{e}^x, y = \mathrm{e}^{-x}$ 与直线 $x = 1$ 所围成的平面图形的面积.

3. 计算由曲线 $y = \ln x$ 与直线 $y = \ln a, y = \ln b (0 < a < b)$，$y$ 轴所围成的平面图形的面积.

4. 计算由曲线 $y = |x|, y = x^2 - 2$ 所围成的平面图形的面积.

5. 求由曲线 $y = \mathrm{e}^x, y = \sin x$ 与直线 $x = 0, x = 1$ 所围成的平面图形绕 x 轴旋转一周而成的旋转体的体积.

6. 求由曲线 $y = x(3 - x)$，直线 $y = 2$ 与 y 轴所围成的平面图形绕 y 轴旋转一周而成的旋转体的体积.

7. 设 T_1 是由抛物线 $y = 4x^2$ 与直线 $x = a(0 < a < 1)$，$x = 1, y = 0$ 所围成的部分；T_2 是由抛物线 $y = 4x^2$ 与直线 $x = a, y = 0$ 所围成的部分. 求：

（1）T_1 绕 x 轴旋转一周而成的旋转体的体积 V_1；

（2）T_2 绕 y 轴旋转一周而成的旋转体的体积 V_2；

（3）使 $T_1 + T_2$ 为最大时 a 的值.

8. 求曲线弧 $\begin{cases} x = \sqrt{(1-t)^3}, \\ y = \sqrt{(1+t)^3} \end{cases}$ 的弧长.

9. 求曲线弧 $y^2 = 2px$ 上从点 $(0, 0)$ 到点 $\left(\dfrac{p}{2}, p\right)$ 的一段弧长.

07 第七章
微 分 方 程

课程思政

　　微积分的研究对象是函数关系,但在实际问题中,往往很难直接得到所研究的变量之间的函数关系,却比较容易建立起这些变量与它们的导数或微分之间的联系,从而得到一个关于未知函数的导数或微分的方程,即微分方程.通过求解这种方程,同样可以找到指定变量之间的函数关系.因此,微分方程是数学联系实际,并应用于实际的重要途径和桥梁,是各个学科进行科学研究的强有力的工具.

　　微分方程是一门独立的数学学科,有完整的理论体系.本章我们主要介绍微分方程的一些基本概念、几种常用的微分方程的求解方法,以及线性微分方程的理论.

第一节   微分方程的基本概念

我们先观察两个实际问题.

例 1

已知一曲线上任意一点处的切线斜率等于该点的横坐标的平方,且该曲线通过点$(0,1)$, 求该曲线的方程.

解 设所求的曲线方程为 $y = f(x)$. 根据导数的几何意义,未知函数 $y = f(x)$ 应满足关系

$$\frac{\mathrm{d}f(x)}{\mathrm{d}x} = x^2 \quad \text{或} \quad \frac{\mathrm{d}y}{\mathrm{d}x} = x^2. \tag{7-1}$$

同时, $y = f(x)$ 还应满足条件

$$f(0) = 1 \quad \text{或} \quad y\big|_{x=0} = 1. \tag{7-2}$$

对方程 $(7-1)$ 两边积分,得

$$f(x) = \frac{1}{3}x^3 + C \quad \text{或} \quad y = \frac{1}{3}x^3 + C, \tag{7-3}$$

其中 C 为待定常数.

将条件 $(7-2)$ 代入 $(7-3)$ 式,得

$$1 = \frac{1}{3} \cdot 0^3 + C,$$

由此解得 $C = 1$,于是所求的曲线方程为

$$y = f(x) = \frac{1}{3}x^3 + 1. \tag{7-4}$$

例 2

一质量为 m 的质点,在重力的作用下,从高处由静止开始下落,求质点在 t 时刻的位移 $s(t)$.

解 根据牛顿第二定律,未知函数 $s(t)$ 应满足关系式

$$m\frac{\mathrm{d}^2 s}{\mathrm{d}t^2} = mg,$$

即

$$\frac{\mathrm{d}^2 s}{\mathrm{d}t^2} = g. \tag{7-5}$$

同时, $s(t)$ 还应满足条件

$$\begin{cases} s(0) = 0, \\ s'(0) = 0 \end{cases} \quad \text{或} \quad \begin{cases} s\big|_{t=0} = 0, \\ \dfrac{\mathrm{d}s}{\mathrm{d}t}\bigg|_{t=0} = 0. \end{cases} \tag{7-6}$$

对方程 $(7-5)$ 两边积分一次,得

$$\frac{\mathrm{d}s}{\mathrm{d}t} = gt + C_1. \tag{7-7}$$

对方程 $(7-7)$ 两边再积分一次,得

$$s = \frac{1}{2}gt^2 + C_1 t + C_2, \tag{7-8}$$

其中 C_1, C_2 为待定常数.

将条件(7-6)分别代入(7-7)式及(7-8)式,解得 $C_1 = 0, C_2 = 0$,于是所求的位移为

$$s(t) = \frac{1}{2}gt^2. \tag{7-9}$$

上述两例都归结出一个含未知函数的导数的方程,然后设法求出未知函数.下面我们介绍有关微分方程的基本概念.

定义 1　包含自变量、未知函数及未知函数的导数(或微分)的方程,称为**微分方程**.如果微分方程中的未知函数只含一个自变量,这样的方程称为**常微分方程**;未知函数不止一个自变量(含多个自变量的多元函数的概念参见第九章),这样的方程称为**偏微分方程**.

本章只讨论常微分方程.为方便起见,将其简称为微分方程或方程.

注　微分方程中必须含有未知函数的导数(或微分).

微分方程中出现的未知函数的导数的最高阶数,称为微分方程的**阶**.例如,方程(7-1)是一阶微分方程,方程(7-5)是二阶微分方程.又如,方程

$$x^4 \frac{\mathrm{d}^3 y}{\mathrm{d}x^3} + \frac{1}{1+x} \cdot \frac{\mathrm{d}y}{\mathrm{d}x} + 6xy^5 = 2\mathrm{e}^x$$

是三阶微分方程.

如果某个函数 $y = y(x)$ 代入微分方程后能使方程成为恒等式,这个函数就称为微分方程的**解**.如果微分方程的解中含有任意常数,且独立的任意常数的个数与微分方程的阶数相同,这样的解称为微分方程的**通解**.如果微分方程的通解中的任意常数被确定,这种不含任意常数的解称为**特解**.用来确定微分方程的通解中任意常数的条件(该条件通常描述未知函数在初始时刻的状态)称为**初始条件**.

例如,(7-8)式和(7-9)式是方程(7-5)的解,其中(7-8)式是通解,(7-9)式是特解.条件(7-6)是方程(7-5)的初始条件.

通常,一阶微分方程 $F(x, y, y') = 0$ 的初始条件为

$$y(x_0) = y_0 \quad \text{或} \quad y\big|_{x=x_0} = y_0,$$

其中 x_0, y_0 为已知数;二阶微分方程 $F(x, y, y', y'') = 0$ 的初始条件为

$$\begin{cases} y(x_0) = y_0, \\ y'(x_0) = y_1 \end{cases} \quad \text{或} \quad \begin{cases} y\big|_{x=x_0} = y_0, \\ \dfrac{\mathrm{d}y}{\mathrm{d}x}\Big|_{x=x_0} = y_1, \end{cases}$$

其中 x_0, y_0, y_1 为已知数.

求微分方程满足初始条件的特解的问题,称为**初值问题**.

例 3

验证函数 $y = (x^2 + C)\sin x$(C 为常数)是微分方程 $\dfrac{\mathrm{d}y}{\mathrm{d}x} - y\cot x - 2x\sin x = 0$ 的通解,并求满足初始条件 $y\left(\dfrac{\pi}{2}\right) = 0$ 的特解.

解　要验证一个函数是不是某微分方程的通解,只要将此函数代入该微分方程,看是否恒等,再看函数中所含的独立的任意常数的个数是否与该微分方程的阶数相同.

对 $y = (x^2 + C)\sin x$ 求一阶导数,得

$$\frac{dy}{dx} = 2x\sin x + (x^2 + C)\cos x.$$

把 y 和 $\dfrac{dy}{dx}$ 代入原微分方程的左边,得

$$\frac{dy}{dx} - y\cot x - 2x\sin x = 2x\sin x + (x^2 + C)\cos x - (x^2 + C)\sin x\cot x - 2x\sin x = 0.$$

因为微分方程两边恒等,且 y 中含有一个任意常数,所以 $y = (x^2 + C)\sin x$ 是该微分方程的通解.

将初始条件 $y|_{x=\frac{\pi}{2}} = 0$ 代入通解 $y = (x^2 + C)\sin x$,得

$$0 = \frac{\pi^2}{4} + C, \quad 即 \quad C = -\frac{\pi^2}{4},$$

从而所求特解为 $y = \left(x^2 - \dfrac{\pi^2}{4}\right)\sin x$.

思 考 题 7-1

1. 什么是微分方程?它与代数方程有何不同?什么是微分方程的阶?

2. 什么是微分方程的通解和特解?通解和特解的几何意义是什么?

3. 写出以 $y = Ce^x$ 为通解的一阶微分方程.

4. 同一微分方程的任意两个特解之间仅相差一个常数吗?

5. 验证下列函数均为微分方程 $\dfrac{d^2 x}{dt^2} + \omega^2 x = 0$($\omega$ 为常数)的解:

(1) $x = \cos\omega t$;

(2) $x = \sin\omega t$;

(3) $x = A\sin(\omega t + \varphi)$ (A, φ 为任意常数);

(4) $x = C_1\cos\omega t + C_2\sin\omega t$ (C_1, C_2 为任意常数).

习 题 7-1

1. 在下列微分方程的通解中,按给定的初始条件求其特解(C, C_1, C_2 为任意常数):

(1) $x^2 - y^2 = C, y(0) = 5$;

(2) $y = (C_1 + C_2 x)e^{2x}, y(0) = 0, y'(0) = 1$;

(3) $y = C_1\sin(x - C_2), y(\pi) = 1, y'(\pi) = 0$;

(4) $y = Cx^3, y(1) = 2$.

2. 写出由下列条件确定的曲线所满足的微分方程:

(1) 曲线上任一点 (x, y) 处的切线斜率等于该点的坐标之和;

(2) 曲线上任一点 $P(x, y)$ 处的切线与线段 OP 垂直;

(3) 曲线上任一点 (x, y) 处的切线与 x 轴交点的横坐标等于切点横坐标的一半.

3. 用微分方程表示某气体的压力 p 对温度 T 的变化率与压力成正比,与温度的平方成反比(比例系数为 k).

4. 一质量为 m 的质点,由静止从水面开始沉入水中,下沉时,质点受到的阻力与下沉的速度成正比,比例系数为 $k(k > 0)$,求质点的运动速度 $v(t)$ 所满足的微分方程及初始条件.

5. 已知一曲线通过点 $(0, 0)$,且该曲线上一点 (x, y) 处的切线斜率为 xe^{-x},求该曲线的方程.

一阶微分方程

微分方程的类型是多种多样的,它们的解法也各不相同.本节我们将根据微分方程的不同类型,给出相应的解法.

一、可分离变量的微分方程

如果一阶微分方程 $F(x,y,y')=0$ 可写成如下形式:

$$\frac{\mathrm{d}y}{\mathrm{d}x}=f(x)g(y),\qquad\qquad(7-10)$$

则称此方程为**可分离变量的微分方程**.

当 $g(y)\neq 0$ 时,方程 $(7-10)$ 可化为

$$\frac{1}{g(y)}\mathrm{d}y=f(x)\mathrm{d}x.\qquad\qquad(7-11)$$

两边积分,得方程 $(7-10)$ 的通解为

$$\int\frac{1}{g(y)}\mathrm{d}y=\int f(x)\mathrm{d}x.$$

如果 $G(y)$ 是 $\frac{1}{g(y)}$ 的一个原函数,$F(x)$ 是 $f(x)$ 的一个原函数,那么方程 $(7-10)$ 的通解为

$$G(y)=F(x)+C\quad(C\text{ 为任意常数}).$$

如果 $g(y_0)=0$,则易知 $y=y_0$ 也是方程 $(7-10)$ 的解.

例 1

求微分方程 $\dfrac{\mathrm{d}y}{\mathrm{d}x}=2xy$ 的通解.

解 这是可分离变量的微分方程,分离变量,得

$$\frac{1}{y}\mathrm{d}y=2x\mathrm{d}x.$$

两边积分,得

$$\int\frac{1}{y}\mathrm{d}y=\int 2x\mathrm{d}x,$$

即

$$\ln|y|=x^2+C_1.$$

将通解 $\ln|y|=x^2+C_1$ 的形式化简为

$$|y|=\mathrm{e}^{x^2+C_1},$$

即

$$y=\pm\,\mathrm{e}^{C_1}\mathrm{e}^{x^2}.$$

当 C_1 为任意常数时,$\pm\mathrm{e}^{C_1}$ 为任意非零常数,又 $y=0$ 也是原微分方程的一个解,于是原微分方程的通解可写为

$$y = Ce^{x^2}.$$

例 2

求微分方程$(x + xy^2)dx + (y - x^2y)dy = 0$的通解.

解 这是可分离变量的微分方程,分离变量,得

$$\frac{y}{1 + y^2}dy = \frac{-x}{1 - x^2}dx.$$

两边积分,得

$$\int \frac{y}{1 + y^2}dy = \int \frac{-x}{1 - x^2}dx,$$

于是有

$$\ln(1 + y^2) = \ln(1 - x^2) + \ln C,$$

即

$$1 + y^2 = C(1 - x^2).$$

二、齐次方程

如果一阶微分方程$F(x, y, y') = 0$可写成如下形式:

$$\frac{dy}{dx} = \varphi\left(\frac{y}{x}\right), \tag{7-12}$$

则称此方程为**齐次方程**.

求解齐次方程时,只要做变换$u = \frac{y}{x}$,于是有$y = xu, \frac{dy}{dx} = u + x\frac{du}{dx}$,原微分方程可化为

$$u + x\frac{du}{dx} = \varphi(u),$$

即

$$\frac{du}{dx} = \frac{\varphi(u) - u}{x}. \tag{7-13}$$

方程(7-13)是可分离变量的微分方程,其通解为

$$\int \frac{1}{\varphi(u) - u}du = \int \frac{1}{x}dx.$$

将上述通解中的u回代$\frac{y}{x}$,即得齐次方程(7-12)的通解.

例 3

求微分方程$\frac{dy}{dx} = \frac{y}{x} + \tan\frac{y}{x}$的通解.

解 该微分方程为齐次方程,设$u = \frac{y}{x}$,有

$$\frac{dy}{dx} = u + x\frac{du}{dx},$$

代入原微分方程,得

$$u + x\frac{du}{dx} = u + \tan u.$$

分离变量,得

$$\cot u\mathrm{d}u = \frac{1}{x}\mathrm{d}x.$$

两边积分,得

$$\ln|\sin u| = \ln|x| + \ln|C|,$$

即 $\sin u = Cx$. 将 $u = \frac{y}{x}$ 代回,便得到原微分方程的通解为

$$\sin \frac{y}{x} = Cx.$$

例 4

求微分方程 $xy' = y(1 + \ln y - \ln x)$ 的通解.

解 该微分方程可化为

$$\frac{\mathrm{d}y}{\mathrm{d}x} = \frac{y}{x}\left(1 + \ln \frac{y}{x}\right),$$

它是齐次方程. 设 $u = \frac{y}{x}$,有 $\frac{\mathrm{d}y}{\mathrm{d}x} = u + x\frac{\mathrm{d}u}{\mathrm{d}x}$,代入上述微分方程,得

$$u + x\frac{\mathrm{d}u}{\mathrm{d}x} = u(1 + \ln u),$$

即

$$\frac{\mathrm{d}u}{\mathrm{d}x} = \frac{u\ln u}{x}.$$

分离变量,得

$$\frac{1}{u\ln u}\mathrm{d}u = \frac{1}{x}\mathrm{d}x.$$

两边积分,得

$$\int \frac{1}{u\ln u}\mathrm{d}u = \int \frac{1}{x}\mathrm{d}x,$$

于是有

$$\ln|\ln u| = \ln|x| + \ln|C|,$$

即

$$u = \mathrm{e}^{Cx}.$$

将 $u = \frac{y}{x}$ 代入上式得所求微分方程的通解为 $\frac{y}{x} = \mathrm{e}^{Cx}$.

三、一阶线性微分方程

形如

$$\frac{\mathrm{d}y}{\mathrm{d}x} + P(x)y = Q(x) \tag{7-14}$$

的微分方程,称为**一阶线性微分方程**,它对于未知函数 y 及其导数是一次的.

当 $Q(x) \equiv 0$ 时,方程(7-14)成为

$$\frac{\mathrm{d}y}{\mathrm{d}x} + P(x)y = 0, \qquad\qquad (7-15)$$

称方程(7-15)为**一阶齐次线性微分方程**;当 $Q(x) \not\equiv 0$ 时,称方程(7-14)为**一阶非齐次线性微分方程**.

求解一阶非齐次线性微分方程(7-14)的方法如下:

先求方程(7-14)所对应的一阶齐次线性微分方程(7-15)的通解,记作 Y;

再求方程(7-14)的一个特解 y^*,那么方程(7-14)的通解为 $y = Y + y^*$.

这是因为,若 Y 是方程(7-15)的通解,则有

$$Y' + P(x)Y = 0,$$

且 Y 中含有一个任意常数. 又 y^* 是方程(7-14)的一个特解,故有

$$y^{*\prime} + P(x)y^* = Q(x).$$

将 $y = Y + y^*$ 代入方程(7-14),得

$$(Y + y^*)' + P(x)(Y + y^*) = [Y' + P(x)Y] + [y^{*\prime} + P(x)y^*] = Q(x),$$

即 $y = Y + y^*$ 是方程(7-14)的解,且 $y = Y + y^*$ 中含有一个任意常数,故 $y = Y + y^*$ 是方程(7-14)的通解.

下面讨论如何求 Y 和 y^*.

(1)求一阶齐次线性微分方程(7-15)的通解 Y.

方程(7-15)是可分离变量的微分方程,分离变量,得

$$\frac{1}{y}\mathrm{d}y = -P(x)\mathrm{d}x.$$

两边积分,得

$$\ln|y| = \int -P(x)\mathrm{d}x + \ln|C|,$$

即

$$Y = C\mathrm{e}^{-\int P(x)\mathrm{d}x}. \qquad\qquad (7-16)$$

注 (7-16)式是方程(7-15)的通解公式,在使用该公式时,由于公式中已经含有任意常数 C,故不定积分 $\int P(x)\mathrm{d}x$ 只需取 $P(x)$ 的一个原函数.

(2)求一阶非齐次线性微分方程(7-14)的一个特解 y^*.

做变换 $y = u(x)\mathrm{e}^{-\int P(x)\mathrm{d}x}$,如果待定函数 $u(x)$ 可求,那么 y 可求. 因为

$$y' = u'(x)\mathrm{e}^{-\int P(x)\mathrm{d}x} + u(x)\mathrm{e}^{-\int P(x)\mathrm{d}x} \cdot [-P(x)],$$

将 y, y' 代入方程(7-14),得

$$\left[u'(x)\mathrm{e}^{-\int P(x)\mathrm{d}x} - u(x)P(x)\mathrm{e}^{-\int P(x)\mathrm{d}x}\right] + u(x)\mathrm{e}^{-\int P(x)\mathrm{d}x} \cdot P(x) = Q(x),$$

即

$$u'(x) = Q(x)\mathrm{e}^{\int P(x)\mathrm{d}x},$$

于是

$$u(x) = \int Q(x)\mathrm{e}^{\int P(x)\mathrm{d}x}\mathrm{d}x.$$

因此,一阶非齐次线性微分方程(7-14)的一个特解为

$$y^* = \mathrm{e}^{-\int P(x)\mathrm{d}x}\int Q(x)\mathrm{e}^{\int P(x)\mathrm{d}x}\mathrm{d}x, \tag{7-17}$$

则一阶非齐次线性微分方程(7-14)的通解为

$$y = Y + y^* = \mathrm{e}^{-\int P(x)\mathrm{d}x}\left[C + \int Q(x)\mathrm{e}^{\int P(x)\mathrm{d}x}\mathrm{d}x\right]. \tag{7-18}$$

注　(1)(7-17)式中的不定积分均表示取其一个原函数.

(2)(7-18)式是一阶非齐次线性微分方程(7-14)的通解公式,由于公式中已经含有一个任意常数 C,因此(7-18)式中的不定积分仅取其一个原函数.

在求一阶非齐次线性微分方程(7-14)的一个特解时,做变换 $y = u(x)\mathrm{e}^{-\int P(x)\mathrm{d}x}$,该变换是将对应一阶齐次线性微分方程(7-15)的通解 $y = C\mathrm{e}^{-\int P(x)\mathrm{d}x}$ 中任意常数 C 换成待定函数 $u(x)$,然后求出 $u(x)$,从而得到特解 y^*,这种变换方法称为**常数变易法**.

例 5

求微分方程 $\dfrac{\mathrm{d}y}{\mathrm{d}x} - \dfrac{2y}{x+1} = (x+1)^{\frac{5}{2}}$ 的通解.

解　方法 1　这是一阶非齐次线性微分方程,用常数变易法求解.

先求对应一阶齐次线性微分方程

$$\frac{\mathrm{d}y}{\mathrm{d}x} - \frac{2y}{x+1} = 0$$

的通解 Y.

分离变量,得

$$\frac{1}{y}\mathrm{d}y = \frac{2}{x+1}\mathrm{d}x.$$

两边积分,得

$$\ln|y| = 2\ln|x+1| + \ln|C|,$$

即 $Y = C(x+1)^2$.

再求原微分方程的一个特解 y^*.

令 $y = u(x)(x+1)^2$,则 $y' = u'(x)(x+1)^2 + 2u(x)(x+1)$. 将 y, y' 代入原微分方程,得

$$\left[u'(x)(x+1)^2 + 2u(x)(x+1)\right] - \frac{2}{x+1}u(x)(x+1)^2 = (x+1)^{\frac{5}{2}},$$

解得

$$u'(x) = (x+1)^{\frac{1}{2}},$$

即

$$u(x) = \frac{2}{3}(x+1)^{\frac{3}{2}}.$$

原微分方程的一个特解为

$$y^* = \frac{2}{3}(x+1)^{\frac{3}{2}}(x+1)^2 = \frac{2}{3}(x+1)^{\frac{7}{2}},$$

通解为

$$y = Y + y^* = C(x+1)^2 + \frac{2}{3}(x+1)^{\frac{7}{2}}.$$

方法 2 直接利用公式(7-18)求解,此时 $P(x)=-\dfrac{2}{x+1}$,$Q(x)=(x+1)^{\frac{5}{2}}$,代入公式 (7-18),得原微分方程的通解为

$$y=\mathrm{e}^{\int\frac{2}{x+1}\mathrm{d}x}\Big[C+\int(x+1)^{\frac{5}{2}}\mathrm{e}^{-\int\frac{2}{x+1}\mathrm{d}x}\mathrm{d}x\Big]=\mathrm{e}^{2\ln(x+1)}\Big[C+\int(x+1)^{\frac{5}{2}}\mathrm{e}^{-2\ln(x+1)}\mathrm{d}x\Big]$$

$$=(x+1)^2\Big[C+\int(x+1)^{\frac{1}{2}}\mathrm{d}x\Big]=(x+1)^2\Big[C+\frac{2}{3}(x+1)^{\frac{3}{2}}\Big].$$

例 6

求微分方程 $(y^2-6x)\dfrac{\mathrm{d}y}{\mathrm{d}x}+2y=0$ 满足初始条件 $y(1)=1$ 的特解.

解 原微分方程可写成 $\dfrac{\mathrm{d}y}{\mathrm{d}x}=\dfrac{2y}{6x-y^2}$,它不属于前面讲解过的可分离变量的微分方程、齐次方程、一阶线性微分方程中的一种. 但如果把 y 看作自变量,把 $x=x(y)$ 看作未知函数,那么原微分方程可写成

$$\frac{\mathrm{d}x}{\mathrm{d}y}-\frac{3}{y}x=-\frac{y}{2},$$

它是未知函数 $x=x(y)$ 的一阶线性微分方程. 由相应的通解公式,有 $P(y)=-\dfrac{3}{y}$,$Q(y)=-\dfrac{y}{2}$,得

$$x=\mathrm{e}^{-\int P(y)\mathrm{d}y}\Big[C+\int Q(y)\mathrm{e}^{\int P(y)\mathrm{d}y}\mathrm{d}y\Big]=\mathrm{e}^{\int\frac{3}{y}\mathrm{d}y}\Big(C+\int-\frac{y}{2}\mathrm{e}^{-\int\frac{3}{y}\mathrm{d}y}\mathrm{d}y\Big)$$

$$=\mathrm{e}^{3\ln y}\Big(C+\int-\frac{y}{2}\mathrm{e}^{-3\ln y}\mathrm{d}y\Big)=y^3\Big(C+\int-\frac{y}{2}\cdot y^{-3}\mathrm{d}y\Big)$$

$$=Cy^3+\frac{1}{2}y^2.$$

将初始条件 $y(1)=1$ 代入上式,得 $C=\dfrac{1}{2}$,于是所求微分方程的特解为

$$x=\frac{1}{2}y^2(y+1).$$

思 考 题 7-2

1. 一阶非齐次线性微分方程的求解方法有哪两种?
2. 一阶微分方程的类型有几种?其特点是什么?如何求解?
3. 指出下列一阶微分方程属何种类型,并求其解:

(1) $\sin y\mathrm{d}x-x\ln x\cos y\mathrm{d}y=0$;　　　(2) $x^2\mathrm{d}y-(xy-y^2)\mathrm{d}x=0$;

(3) $x\mathrm{d}y-(2y+x^4)\mathrm{d}x=0$;　　　(4) $\mathrm{d}x-(2x-\mathrm{e}^y)\mathrm{d}y=0,y(0)=0$.

习 题 7-2

1. 求解下列微分方程:

(1) $x^2\mathrm{d}y-y^3\mathrm{d}x=0$;　　　(2) $\mathrm{e}^{2x+y}\mathrm{d}y=\mathrm{d}x$;

(3) $xy'-y\ln y=0$;　　　(4) $y'\tan x-y=3$;

(5) $x\dfrac{\mathrm{d}x}{\mathrm{d}y}+\mathrm{e}^{x^2+3y}=0$;　　　(6) $\tan x\dfrac{\mathrm{d}y}{\mathrm{d}x}-y\ln y=0,y\Big(\dfrac{\pi}{2}\Big)=\mathrm{e}$.

2.求解下列微分方程:

(1) $\dfrac{\mathrm{d}y}{\mathrm{d}x} = \dfrac{y}{x} + \tan\dfrac{y}{x}$;

(2) $\dfrac{\mathrm{d}y}{\mathrm{d}x} = \dfrac{x+y}{x-y}$;

(3) $(x-y)y\mathrm{d}x - x^2\mathrm{d}y = 0$;

(4) $2x^3\mathrm{d}y + y(y^2 - 2x^2)\mathrm{d}x = 0$;

(5) $xy\dfrac{\mathrm{d}y}{\mathrm{d}x} = y^2 + x^2, y(1) = 2$;

(6) $y' = \mathrm{e}^{-\frac{x}{x}} + \dfrac{y}{x}, y(1) = 0$.

3.求解下列微分方程:

(1) $y' + y = 2\mathrm{e}^x$;

(2) $y' + y\cos x = \mathrm{e}^{-\sin x}$;

(3) $\dfrac{\mathrm{d}y}{\mathrm{d}x} + y\tan x = \sin 2x$;

(4) $\dfrac{\mathrm{d}y}{\mathrm{d}x} + 2xy - x\mathrm{e}^{-x^2} = 0$;

(5) $xy' - y - \dfrac{x}{\ln x} = 0$;

(6) $y\ln y\mathrm{d}x + (x - \ln y)\mathrm{d}y = 0$;

(7) $\dfrac{\mathrm{d}y}{\mathrm{d}x} - y\tan x = \sec x, y(0) = 0$;

(8) $y\mathrm{d}x + (x - \mathrm{e}^y)\mathrm{d}y = 0, y(2) = 3$.

第三节　可降阶的高阶微分方程

二阶及二阶以上的微分方程统称为**高阶微分方程**.本节只介绍几种特殊类型的高阶微分方程,它们都能通过逐步降阶,最后化为一阶微分方程的求解问题,因此称为可降阶的高阶微分方程.

一、$y^{(n)} = f(x)$ 型的微分方程

微分方程

$$y^{(n)} = f(x) \tag{7-19}$$

的右边仅是自变量 x 的函数,左边是未知函数 y 的 n 阶导数.

令 $v = y^{(n-1)}$,则方程(7-19)化为

$$v' = f(x),$$

它是最简单的一阶微分方程.两边积分,得

$$v = \int f(x)\mathrm{d}x + C_1,$$

其中 $\int f(x)\mathrm{d}x$ 仅取一个原函数.

只要连续地两边积分 n 次,便可得方程(7-19)的通解,通解中含有 n 个独立的任意常数.

例 1

求微分方程 $y^{(4)} = \mathrm{e}^{2x} + 1$ 的通解.

解　对原微分方程连续两边积分四次,得

$$y''' = \int (\mathrm{e}^{2x} + 1)\mathrm{d}x = \frac{1}{2}\mathrm{e}^{2x} + x + C_1,$$

$$y'' = \int \left(\frac{1}{2}\mathrm{e}^{2x} + x + C_1\right)\mathrm{d}x = \frac{1}{4}\mathrm{e}^{2x} + \frac{1}{2}x^2 + C_1 x + C_2,$$

$$y' = \int \left(\frac{1}{4}e^{2x} + \frac{1}{2}x^2 + C_1 x + C_2\right)dx = \frac{1}{8}e^{2x} + \frac{1}{6}x^3 + \frac{C_1}{2}x^2 + C_2 x + C_3,$$

$$y = \int \left(\frac{1}{8}e^{2x} + \frac{1}{6}x^3 + \frac{C_1}{2}x^2 + C_2 x + C_3\right)dx = \frac{1}{16}e^{2x} + \frac{1}{24}x^4 + \frac{C_1}{6}x^3 + \frac{C_2}{2}x^2 + C_3 x + C_4.$$

因为 $\dfrac{C_1}{6}, \dfrac{C_2}{2}$ 仍为任意常数,若还记为 C_1, C_2,于是原微分方程的通解为

$$y = \frac{1}{16}e^{2x} + \frac{1}{24}x^4 + C_1 x^3 + C_2 x^2 + C_3 x + C_4.$$

二、$y'' = f(x, y')$ 型的微分方程

微分方程

$$y'' = f(x, y') \tag{7-20}$$

的右边不显含未知函数 y. 对于这类微分方程,其解法是做变换 $v(x) = y'$,则 $y'' = \dfrac{dv}{dx}$,于是方程(7-20)化为

$$\frac{dv}{dx} = f(x, v),$$

它是自变量 x 和新的未知函数 $v = v(x)$ 的一阶微分方程. 如果上述微分方程可求出通解,其通解为 $\varphi(x, v, C_1) = 0$,将 $v = y'$ 代入,得 $\varphi(x, y', C_1) = 0$,它是关于自变量 x 和函数 y 的一阶微分方程,解之便可得方程(7-20)的通解.

例 2

求微分方程 $xy'' + y' = 4x$ 的通解.

解 原微分方程可写为

$$y'' = 4 - \frac{y'}{x},$$

属于 $y'' = f(x, y')$ 型的微分方程. 令 $v = y'$,代入上述微分方程,得

$$v' + \frac{1}{x}v = 4,$$

它是一阶非齐次线性微分方程. 利用公式(7-18),得

$$v = e^{-\int \frac{1}{x}dx}\left(C_1 + \int 4e^{\int \frac{1}{x}dx}dx\right) = e^{-\ln x}\left(C_1 + \int 4e^{\ln x}dx\right)$$

$$= \frac{1}{x}\left(C_1 + \int 4xdx\right) = \frac{C_1}{x} + 2x.$$

将 $v = y'$ 代入上式,得

$$y' = \frac{C_1}{x} + 2x.$$

两边积分,得原微分方程的通解为

$$y = C_1 \ln|x| + x^2 + C_2.$$

例 3

求微分方程 $2xy'y'' = 1 + (y')^2$ 满足初始条件 $y(1) = 1, y'(1) = 0$ 的特解.

解 原微分方程可写为

$$y'' = \frac{1+(y')^2}{2xy'},$$

属于 $y'' = f(x,y')$ 型的微分方程. 令 $v = y'$, 代入上述微分方程, 得

$$\frac{\mathrm{d}v}{\mathrm{d}x} = \frac{1+v^2}{2xv},$$

它是可分离变量的微分方程. 分离变量, 得

$$\frac{2v}{1+v^2}\mathrm{d}v = \frac{1}{x}\mathrm{d}x.$$

两边积分, 得

$$\int \frac{2v}{1+v^2}\mathrm{d}v = \int \frac{1}{x}\mathrm{d}x,$$

即

$$\ln(1+v^2) = \ln|x| + \ln|C_1|,$$

于是有

$$1+v^2 = C_1 x.$$

将 $v = y'$ 代入上式, 得

$$1+(y')^2 = C_1 x.$$

将初始条件 $y'(1)=0$ 代入上式, 得 $C_1 = 1$, 于是有

$$y' = \pm\sqrt{x-1}.$$

两边积分, 得

$$y = \pm\int \sqrt{x-1}\mathrm{d}x = \pm\frac{2}{3}(x-1)^{\frac{3}{2}} + C_2.$$

将初始条件 $y(1)=1$ 代入上式, 得 $C_2 = 1$. 于是, 原微分方程的特解为

$$y = \pm\frac{2}{3}(x-1)^{\frac{3}{2}} + 1,$$

或写为

$$(y-1)^2 = \frac{4}{9}(x-1)^3.$$

三、$y'' = f(y,y')$ 型的微分方程

微分方程

$$y'' = f(y,y') \tag{7-21}$$

的右边不显含自变量 x. 对于这类微分方程, 其解法仍然是通过变换将微分方程降为一阶微分方程.

令 $v(y) = y'$, 有 $y'' = \frac{\mathrm{d}v}{\mathrm{d}x} = \frac{\mathrm{d}v}{\mathrm{d}y}\cdot\frac{\mathrm{d}y}{\mathrm{d}x} = v\frac{\mathrm{d}v}{\mathrm{d}y}$, 代入方程 (7-21), 得

$$v\frac{\mathrm{d}v}{\mathrm{d}y} = f(y,v),$$

它是关于变量 y 和 v 的一阶微分方程. 如果能求出其通解, 设通解为 $\varphi(y,v,C_1)=0$, 将 $v=y'$ 代入, 得 $\varphi(y,y',C_1)=0$, 它也是一阶微分方程, 解之便可得方程 (7-21) 的通解.

例 4

求微分方程 $y'' = 2yy'$ 满足初始条件 $y|_{x=0} = 1, y'|_{x=0} = 2$ 的特解.

解 原微分方程属于 $y'' = f(y, y')$ 型的微分方程. 令 $y' = v$, 有 $y'' = \dfrac{\mathrm{d}v}{\mathrm{d}x} = \dfrac{\mathrm{d}v}{\mathrm{d}y} \cdot \dfrac{\mathrm{d}y}{\mathrm{d}x} = v\dfrac{\mathrm{d}v}{\mathrm{d}y}$, 代入原微分方程, 得

$$v\frac{\mathrm{d}v}{\mathrm{d}y} = 2yv,$$

它是可分离变量的微分方程. 分离变量后两边积分, 得

$$\int \mathrm{d}v = \int 2y\mathrm{d}y,$$

于是有

$$v = y^2 + C_1.$$

将初始条件 $y|_{x=0} = 1, y'|_{x=0} = v|_{x=0} = 2$ 代入上式, 得 $C_1 = 1$, 于是有

$$y' = y^2 + 1,$$

它是可分离变量的微分方程. 分离变量后两边积分, 得

$$\int \frac{1}{1+y^2}\mathrm{d}y = \int \mathrm{d}x,$$

于是有 $\arctan y = x + C_2$. 将初始条件 $y|_{x=0} = 1$ 代入上式, 得 $C_2 = \dfrac{\pi}{4}$. 于是, 原微分方程的特解为

$$\arctan y = x + \frac{\pi}{4},$$

即

$$y = \tan\left(x + \frac{\pi}{4}\right).$$

思考题 7-3

1. 已学过的可降阶的高阶微分方程有几种? 其形式如何? 怎样求解?

2. 求解下列微分方程:

(1) $y^{(4)} = \sin x + 1$;

(2) $\dfrac{\mathrm{d}^2 s}{\mathrm{d}t^2} = A\sin(\omega t + \varphi)$ (A, ω, φ 为常数);

(3) $xy'' = y'$.

习 题 7-3

1. 求解下列微分方程:

(1) $y'' = \dfrac{1}{1+x^2}$;

(2) $y'' = x + \mathrm{e}^{2x}, y'(0) = 1, y(0) = 1$;

(3) $y^{(4)} = x\mathrm{e}^x, y(0) = y'(0) = y''(0) = y'''(0) = 0$;

(4) $\dfrac{\mathrm{d}^3 y}{\mathrm{d}x^3} = \ln x$.

2.求解下列微分方程:

(1) $y'' = y' + x$;

(2) $xy'' + y' = x^2 + 3x + 2$;

(3) $(x-2)y'' - y' = 2(x-2)^3$;

(4) $xy'' = \sqrt{1 + (y')^2}$;

(5) $y''(1 + e^x) + y' = 0, y(0) = 0, y'(0) = 2$;

(6) $y''(x^2 + 1) = 2xy', y(0) = 1, y'(0) = 3$;

(7) $xy'' = y'(\ln y' - \ln x), y(1) = 0, y'(1) = e^2$;

(8) $(1 - x^2)y'' - xy' = 0, y(0) = 0, y'(0) = 1$.

3.求解下列微分方程:

(1) $y'' + \dfrac{2}{1-y}(y')^2 = 0$;

(2) $yy'' - (y')^2 - y' = 0$;

(3) $y^3 y'' + 1 = 0, y(1) = 1, y'(1) = 0$;

(4) $yy'' - (y')^2 + y' = 0, y(0) = 1, y'(0) = 2$;

(5) $2(y')^2 = (y-1)y'', y(1) = 2, y'(1) = -1$.

第四节　二阶常系数线性微分方程

形如

$$y'' + P(x)y' + Q(x)y = f(x) \tag{7-22}$$

的微分方程,称为**二阶线性微分方程**,方程右边的 $f(x)$ 称为自由项.

当 $f(x) \equiv 0$ 时,方程(7-22)成为

$$y'' + P(x)y' + Q(x)y = 0, \tag{7-23}$$

称为**二阶齐次线性微分方程**;当 $f(x) \not\equiv 0$ 时,称方程(7-22)为**二阶非齐次线性微分方程**.

当系数 $P(x)$ 和 $Q(x)$ 分别为常数 p, q 时,方程(7-22)和方程(7-23)分别成为

$$y'' + py' + qy = f(x), \tag{7-24}$$

$$y'' + py' + qy = 0, \tag{7-25}$$

称方程(7-24)为**二阶常系数非齐次线性微分方程**,称方程(7-25)为**二阶常系数齐次线性微分方程**.

本节讨论二阶常系数线性微分方程的求解问题.

一、二阶线性微分方程的解的结构

与一阶线性微分方程类似,二阶线性微分方程有相同的解的结构,因此我们先讨论二阶线性微分方程的解的结构,然后求解.

1. 二阶齐次线性微分方程的解的结构

定理 1　如果函数 y_1 和 y_2 是方程(7-23)的解,则函数 $y = C_1 y_1 + C_2 y_2$ 也是方程(7-23)的解.

证　因为 y_1, y_2 是方程(7-23)的解,所以

$$y_1'' + P(x)y_1' + Q(x)y_1 = 0,$$

$$y_2'' + P(x)y_2' + Q(x)y_2 = 0.$$

将 $y = C_1 y_1 + C_2 y_2$ 代入微分方程 $y'' + P(x)y' + Q(x)y = 0$,得
$$(C_1 y_1 + C_2 y_2)'' + P(x)(C_1 y_1 + C_2 y_2)' + Q(x)(C_1 y_1 + C_2 y_2)$$
$$= C_1[y_1'' + P(x)y_1' + Q(x)y_1] + C_2[y_2'' + P(x)y_2' + Q(x)y_2]$$
$$= 0,$$
即 $y = C_1 y_1 + C_2 y_2$ 也是微分方程 $y'' + P(x)y' + Q(x)y = 0$ 的解.

上述解 $y = C_1 y_1 + C_2 y_2$ 不一定是方程(7-23)的通解,因为当 $\frac{y_2}{y_1} = k$ (k 为常数)时,$y = C_1 y_1 + C_2 k y_1 = (C_1 + kC_2)y_1$,此处 $C_1 + kC_2$ 实际上是一个任意常数,所以 y 就不是通解.当 $\frac{y_2}{y_1} = $ 常数时,称 y_1 与 y_2 **线性相关**;当 $\frac{y_2}{y_1} \neq$ 常数时,称 y_1 与 y_2 **线性无关**.我们有如下二阶齐次线性微分方程的通解结构的定理.

 定理 2 如果 y_1 和 y_2 是方程(7-23)的两个线性无关的特解,则 $y = C_1 y_1 + C_2 y_2$ 是方程(7-23)的通解.

该定理的结论是明显的.由定理 1 知,$y = C_1 y_1 + C_2 y_2$ 是方程(7-23)的解,又因为 $\frac{y_2}{y_1} \neq$ 常数,那么 $C_1 y_1 + C_2 y_2$ 中的两个任意常数 C_1 与 C_2 不能合并为一个任意常数,即 C_1 与 C_2 是两个独立的任意常数,所以 $y = C_1 y_1 + C_2 y_2$ 是方程(7-23)的通解.

 例 1

证明:$y = C_1 \cos x + C_2 \sin x$ 是微分方程 $y'' + y = 0$ 的通解.

证 将 $y = C_1 \cos x + C_2 \sin x$ 代入微分方程 $y'' + y = 0$,有
$$(C_1 \cos x + C_2 \sin x)'' + (C_1 \cos x + C_2 \sin x) = (-C_1 \cos x - C_2 \sin x) + (C_1 \cos x + C_2 \sin x)$$
$$= 0,$$
因此 $y = C_1 \cos x + C_2 \sin x$ 是微分方程 $y'' + y = 0$ 的解.又因为
$$\frac{\cos x}{\sin x} = \cot x \neq 常数,$$
所以 $y = C_1 \cos x + C_2 \sin x$ 是微分方程 $y'' + y = 0$ 的通解.

2. 二阶非齐次线性微分方程的解的结构

 定理 3 设 y^* 是二阶非齐次线性微分方程(7-22)的一个特解,Y 是对应的二阶齐次线性微分方程(7-23)的通解,则 $y = Y + y^*$ 是方程(7-22)的通解.

证 因为 y^*,Y 分别是方程(7-22)和方程(7-23)的特解和通解,所以
$$y^{*''} + P(x)y^{*'} + Q(x)y^* = f(x),$$
$$Y'' + P(x)Y' + Q(x)Y = 0.$$
将 $y = Y + y^*$ 代入方程(7-22),得
$$(Y + y^*)'' + P(x)(Y + y^*)' + Q(x)(Y + y^*)$$
$$= [Y'' + P(x)Y' + Q(x)Y] + [y^{*''} + P(x)y^{*'} + Q(x)y^*]$$
$$= f(x),$$
即 $y = Y + y^*$ 是方程(7-22)的解.又因为 Y 是方程(7-23)的通解,其中含有两个独立的任意常数,所以 $y = Y + y^*$ 中也含有两个独立的任意常数,从而 $y = Y + y^*$ 是方程(7-22)的

通解.

定理 4　设 $y = y_1 + \mathrm{i}y_2$ 是微分方程

$$y'' + P(x)y' + Q(x)y = f_1(x) + \mathrm{i}f_2(x)$$

的一个解,其中 $P(x), Q(x), y_1, y_2, f_1(x), f_2(x)$ 是实函数, $\mathrm{i}^2 = -1$, 则 y_1, y_2 分别是微分方程

$$y'' + P(x)y' + Q(x)y = f_1(x)$$

与

$$y'' + P(x)y' + Q(x)y = f_2(x)$$

的解.

证　因为 $y = y_1 + \mathrm{i}y_2$ 是微分方程 $y'' + P(x)y' + Q(x)y = f_1(x) + \mathrm{i}f_2(x)$ 的解,又函数 $y_1 + \mathrm{i}y_2$ 对 x 的导数为 $(y_1 + \mathrm{i}y_2)' = y_1' + \mathrm{i}y_2'$,所以

$$(y_1 + \mathrm{i}y_2)'' + P(x)(y_1 + \mathrm{i}y_2)' + Q(x)(y_1 + \mathrm{i}y_2) = f_1(x) + \mathrm{i}f_2(x),$$

即

$$[y_1'' + P(x)y_1' + Q(x)y_1] + \mathrm{i}[y_2'' + P(x)y_2' + Q(x)y_2] = f_1(x) + \mathrm{i}f_2(x).$$

根据两复数相等的条件,得

$$y_1'' + P(x)y_1' + Q(x)y_1 = f_1(x),$$

$$y_2'' + P(x)y_2' + Q(x)y_2 = f_2(x),$$

即 y_1, y_2 分别是微分方程 $y'' + P(x)y' + Q(x)y = f_1(x)$ 与 $y'' + P(x)y' + Q(x)y = f_2(x)$ 的解.

定理 5　如果 y_1 和 y_2 分别是微分方程

$$y'' + P(x)y' + Q(x)y = f_1(x)$$

与

$$y'' + P(x)y' + Q(x)y = f_2(x)$$

的特解,则 $y_1 + y_2$ 是微分方程

$$y'' + P(x)y' + Q(x)y = f_1(x) + f_2(x)$$

的一个特解.

证　将 $y_1 + y_2$ 代入微分方程 $y'' + P(x)y' + Q(x)y = f_1(x) + f_2(x)$ 的左边,得

$$(y_1 + y_2)'' + P(x)(y_1 + y_2)' + Q(x)(y_1 + y_2)$$

$$= [y_1'' + P(x)y_1' + Q(x)y_1] + [y_2'' + P(x)y_2' + Q(x)y_2]$$

$$= f_1(x) + f_2(x),$$

所以 $y_1 + y_2$ 是微分方程 $y'' + P(x)y' + Q(x)y = f_1(x) + f_2(x)$ 的一个特解.

二、二阶常系数齐次线性微分方程的解法

定理 2 指出,如果能求出二阶常系数齐次线性微分方程(7-25)的两个线性无关的特解 y_1 和 y_2,那么 $C_1 y_1 + C_2 y_2$ 为其通解.

由于方程(7-25)本身的特征,它有形如 e^{rx} (r 为待定常数)的特解. 为了确定 r,将 $y = \mathrm{e}^{rx}$ 代入方程(7-25).

因为 $y' = r\mathrm{e}^{rx}, y'' = r^2 \mathrm{e}^{rx}$,将其代入方程(7-25),于是有

$$r^2 \mathrm{e}^{rx} + pr\mathrm{e}^{rx} + q\mathrm{e}^{rx} = 0,$$

即

$$e^{rx}(r^2 + pr + q) = 0.$$

由于 $e^{rx} \neq 0$，有

$$r^2 + pr + q = 0. \tag{7-26}$$

由方程(7-26)可解出待定常数 r，于是特解 e^{rx} 也可求得.

方程(7-26)称为方程(7-25)的**特征方程**，它是关于 r 的二次方程，其中 r^2,r 的系数及常数项恰好是方程(7-25)中 y'',y' 及 y 的系数.

特征方程(7-26)的两个根记为 r_1,r_2，我们称其为**特征根**，特征根有三种不同的情形.

1. 特征方程有两个不相等的实根 $r_1 \neq r_2$

特征方程有两个不相等的实根时，$y_1 = e^{r_1 x}, y_2 = e^{r_2 x}$ 均为方程(7-25)的特解，且 $\frac{y_2}{y_1} = e^{(r_2-r_1)x} \neq$ 常数，因此方程(7-25)的通解为

$$y = C_1 e^{r_1 x} + C_2 e^{r_2 x}. \tag{7-27}$$

2. 特征方程有两个相等的实根 $r_1 = r_2$

特征方程有两个相等的实根时，仅得到方程(7-25)的一个特解 $y_1 = e^{r_1 x}$，还须寻求另一个特解 y_2. 由于要求 $\frac{y_2}{y_1} \neq$ 常数，我们可设 $\frac{y_2}{y_1} = v(x)$[$v(x)$ 为待定函数]，即令 $y_2 = y_1 v(x) = e^{r_1 x} v(x)$.

为了确定 $v(x)$，对 $y_2 = e^{r_1 x} v(x)$ 求导数，得

$$y_2' = e^{r_1 x}[v'(x) + r_1 v(x)],$$
$$y_2'' = e^{r_1 x}[v''(x) + 2r_1 v'(x) + r_1^2 v(x)].$$

将其代入方程(7-25)，可得

$$e^{r_1 x}[v''(x) + 2r_1 v'(x) + r_1^2 v(x)] + pe^{r_1 x}[v'(x) + r_1 v(x)] + qe^{r_1 x} v(x) = 0,$$

即

$$e^{r_1 x}[v''(x) + (2r_1 + p)v'(x) + (r_1^2 + pr_1 + q)v(x)] = 0.$$

因 $e^{r_1 x} \neq 0$，又 r_1 是 $r^2 + pr + q = 0$ 的重根，故有 $r_1^2 + pr_1 + q = 0, 2r_1 + p = 0$，于是

$$v''(x) = 0.$$

满足 $v''(x) = 0$ 的解很多，我们仅取一个最简单的函数 $v(x) = x$，于是方程(7-25)的另一个特解为 $y_2 = xe^{r_1 x}$，即方程(7-25)的通解为

$$y = (C_1 + C_2 x)e^{r_1 x}. \tag{7-28}$$

3. 特征方程有一对共轭复根 $r_{1,2} = \alpha \pm i\beta(\alpha,\beta$ 为实数，且 $\beta \neq 0)$

此时方程(7-25)有两个复数形式的特解 $y_1 = e^{(\alpha+i\beta)x}$ 和 $y_2 = e^{(\alpha-i\beta)x}$.

为了写出实数形式的通解，可由欧拉(Euler)公式

$$e^{i\theta} = \cos\theta + i\sin\theta$$

得

$$y_1 = e^{\alpha x}(\cos\beta x + i\sin\beta x), \quad y_2 = e^{\alpha x}(\cos\beta x - i\sin\beta x).$$

由定理1知，

$$\frac{1}{2}y_1 + \frac{1}{2}y_2 = e^{\alpha x}\cos\beta x$$

和

$$\frac{1}{2\mathrm{i}}y_1 - \frac{1}{2\mathrm{i}}y_2 = \mathrm{e}^{ax}\sin\beta x$$

也是方程(7-25)的特解,且 $\dfrac{\mathrm{e}^{ax}\cos\beta x}{\mathrm{e}^{ax}\sin\beta x} = \cot\beta x \neq$ 常数. 于是,方程(7-25)的通解为

$$y = \mathrm{e}^{ax}(C_1\cos\beta x + C_2\sin\beta x). \tag{7-29}$$

综上所述,求二阶常系数齐次线性微分方程(7-25)的通解的步骤如下:

(1) 写出该微分方程的特征方程 $r^2 + pr + q = 0$;

(2) 求出特征方程 $r^2 + pr + q = 0$ 的两个根 r_1 与 r_2;

(3) 根据特征根的不同情况,按表 7-1 写出方程(7-25)的通解.

表 7-1

特征方程 $r^2+pr+q=0$ 的两个根 r_1,r_2	微分方程 $y''+py'+qy=0$ 的通解 y
两个不相等的实根 r_1,r_2	$y = C_1\mathrm{e}^{r_1 x} + C_2\mathrm{e}^{r_2 x}$
两个相等的实根 $r_1 = r_2$	$y = (C_1 + C_2 x)\mathrm{e}^{r_1 x}$
一对共轭复根 $r_{1,2} = \alpha \pm \mathrm{i}\beta$	$y = \mathrm{e}^{ax}(C_1\cos\beta x + C_2\sin\beta x)$

例 2

求微分方程 $y'' - 5y' + 6y = 0$ 的通解.

解 该微分方程的特征方程为 $r^2 - 5r + 6 = 0$,其根为 $r_1 = 2, r_2 = 3$,因此该微分方程的通解为

$$y = C_1\mathrm{e}^{2x} + C_2\mathrm{e}^{3x}.$$

例 3

求微分方程 $\dfrac{\mathrm{d}^2 s}{\mathrm{d}t^2} + 2\dfrac{\mathrm{d}s}{\mathrm{d}t} + s = 0$ 满足初始条件 $s\big|_{t=0} = 4, \dfrac{\mathrm{d}s}{\mathrm{d}t}\Big|_{t=0} = -2$ 的特解.

解 该微分方程的特征方程为 $r^2 + 2r + 1 = 0$,其根为 $r_1 = r_2 = -1$,因此该微分方程的通解为

$$s = (C_1 + C_2 t)\mathrm{e}^{-t}.$$

将初始条件 $s\big|_{t=0} = 4$ 代入上式,将 $\dfrac{\mathrm{d}s}{\mathrm{d}t}\Big|_{t=0} = -2$ 代入

$$\frac{\mathrm{d}s}{\mathrm{d}t} = C_2\mathrm{e}^{-t} - (C_1 + C_2 t)\mathrm{e}^{-t},$$

得 $C_1 = 4, C_2 = 2$,于是该微分方程的特解为

$$s = (4 + 2t)\mathrm{e}^{-t}.$$

例 4

求微分方程 $y'' + 6y' + 13y = 0$ 的通解.

解 该微分方程的特征方程为 $r^2 + 6r + 13 = 0$,其根为 $r_{1,2} = -3 \pm 2\mathrm{i}$,因此该微分方程的通解为

$$y = \mathrm{e}^{-3x}(C_1\cos 2x + C_2\sin 2x).$$

三、二阶常系数非齐次线性微分方程的解法

由定理 3 知,求二阶常系数非齐次线性微分方程

$$y'' + py' + qy = f(x)$$

的通解,需要先求出对应的二阶齐次线性微分方程(7-25)的通解 Y(这个问题上面已解决),然后求出二阶常系数非齐次线性微分方程(7-24)的一个特解 y^*,那么方程(7-24)的通解为 $y = Y + y^*$. 因此,关键问题是如何求方程(7-24)的一个特解 y^*. 下面具体分析如何求 y^*.

显然,微分方程 $y'' + py' + qy = f(x)$ 的特解 y^* 与 $f(x)$ 有关,在实际问题中,$f(x)$ 的常见形式可归纳为以下几种:

(1) $f(x) = P_m(x) e^{\alpha x}$;

(2) $f(x) = P_m(x) e^{\alpha x} \cos \beta x$;

(3) $f(x) = P_m(x) e^{\alpha x} \sin \beta x$,

其中 $P_m(x)$ 为 m 次多项式,α, β 为实常数.

根据欧拉公式,

$$P_m(x) e^{(\alpha + i\beta) x} = P_m(x) e^{\alpha x} (\cos \beta x + i \sin \beta x),$$

上述 $f(x)$ 的三种形式,归结为 $P_m(x) e^{(\alpha + i\beta) x} (\beta = 0)$,$P_m(x) e^{(\alpha + i\beta) x}$ 的实部或 $P_m(x) e^{(\alpha + i\beta) x}$ 的虚部三种情况,于是我们仅讨论

$$f(x) = P_m(x) e^{\lambda x} \quad (\lambda = \alpha + i\beta)$$

的情形,即讨论如何求二阶常系数非齐次线性微分方程

$$y'' + py' + qy = P_m(x) e^{\lambda x} \tag{7-30}$$

的一个特解.

由于方程(7-30)的右边是多项式 $P_m(x)$ 与指数函数 $e^{\lambda x}$ 的乘积,而多项式与指数函数之积的导数仍为同类型的函数,因此可以推测方程(7-30)有形如

$$y^* = Q(x) e^{\lambda x} \quad [Q(x) \text{是某个多项式}]$$

的特解,于是问题化为如何选取适当的多项式 $Q(x)$.

对 $y^* = Q(x) e^{\lambda x}$ 求导数,有

$$y^{*\prime} = Q'(x) e^{\lambda x} + \lambda Q(x) e^{\lambda x} = e^{\lambda x} [Q'(x) + \lambda Q(x)].$$

注 对于复常数 λ,也有 $(e^{\lambda x})' = \lambda e^{\lambda x}$.

$$\begin{aligned} y^{*\prime\prime} &= \lambda e^{\lambda x} [Q'(x) + \lambda Q(x)] + e^{\lambda x} [Q''(x) + \lambda Q'(x)] \\ &= e^{\lambda x} [Q''(x) + 2\lambda Q'(x) + \lambda^2 Q(x)]. \end{aligned}$$

将 y, y' 和 y'' 代入方程(7-30),得

$$e^{\lambda x} [Q''(x) + 2\lambda Q'(x) + \lambda^2 Q(x)] + p e^{\lambda x} [Q'(x) + \lambda Q(x)] + q e^{\lambda x} Q(x) = P_m(x) e^{\lambda x}.$$

约去两边因子 $e^{\lambda x}$,得

$$Q''(x) + (2\lambda + p) Q'(x) + (\lambda^2 + p\lambda + q) Q(x) = P_m(x). \tag{7-31}$$

如果能求出满足(7-31)式的多项式 $Q(x)$,那么特解 $y^* = Q(x) e^{\lambda x}$ 可求得. 由于(7-31)式的两边都是多项式,要使其恒等,必须同次幂的系数相等,因此通过比较系数,可以确定 $Q(x)$ 的系数. 下面分三种情况讨论.

(1) 如果 λ 不是特征方程 $r^2 + pr + q = 0$ 的根,则 $\lambda^2 + p\lambda + q \neq 0$. 由于 $P_m(x)$ 是一个 m 次多项式,要使(7-31)式的两边恒等,那么 $Q(x)$ 的次数应与 $P_m(x)$ 的次数相同,即 $Q(x)$ 应是一个 m 次多项式,从而设 $Q(x) = Q_m(x)$,其中

$$Q_m(x) = b_m x^m + b_{m-1} x^{m-1} + \cdots + b_1 x + b_0. \tag{7-32}$$

将 $Q(x)$ 代入(7-31)式,由两边同次幂的系数相等,可确定(7-32)式中的待定系数 $b_m, b_{m-1}, \cdots,$

b_1, b_0,于是可求得 $Q(x)$.

(2) 如果 λ 是特征方程 $r^2 + pr + q = 0$ 的单根,则 $\lambda^2 + p\lambda + q = 0$,而 $2\lambda + p \neq 0$,(7-31)式成为

$$Q''(x) + (2\lambda + p)Q'(x) = P_m(x).$$

要使上式两边恒等,$Q'(x)$ 应是一个 m 次多项式,可取

$$Q(x) = xQ_m(x),$$

并且用同样的方法,确定 $Q_m(x)$ 的系数 $b_i (i = 0, 1, 2, \cdots, m)$.

(3) 如果 λ 是特征方程 $r^2 + pr + q = 0$ 的重根,则 $\lambda^2 + p\lambda + q = 0$,$2\lambda + p = 0$,(7-31)式成为

$$Q''(x) = P_m(x),$$

于是 $Q''(x)$ 应是一个 m 次多项式,可取

$$Q(x) = x^2 Q_m(x),$$

并且用同样的方法,确定 $Q_m(x)$ 的系数 $b_i (i = 0, 1, 2, \cdots, m)$.

综上所述,我们有如下结论:二阶常系数非齐次线性微分方程 $y'' + py' + qy = P_m(x)e^{\lambda x}$ 具有形如

$$y^* = x^k Q_m(x)e^{\lambda x}$$

的特解,其中

$$k = \begin{cases} 0, & \lambda \text{ 不是特征方程 } r^2 + pr + q = 0 \text{ 的根}, \\ 1, & \lambda \text{ 是特征方程 } r^2 + pr + q = 0 \text{ 的单根}, \\ 2, & \lambda \text{ 是特征方程 } r^2 + pr + q = 0 \text{ 的重根}, \end{cases}$$

而 $Q_m(x)$ 为 m 次多项式,它的 $m+1$ 个待定系数可由 $Q(x) = x^k Q_m(x)$ 所满足的(7-31)式,即

$$Q''(x) + (2\lambda + p)Q'(x) + (\lambda^2 + p\lambda + q)Q(x) = P_m(x)$$

来确定.下面举例说明.

例 5

求微分方程 $y'' - 2y' - 3y = (3x + 1)e^{2x}$ 的一个特解.

解 所给微分方程是二阶常系数非齐次线性微分方程,且 $(3x + 1)e^{2x}$ 属于 $P_m(x)e^{\lambda x}$ 型 $(m = 1, \lambda = 2)$.因为 $\lambda = 2$ 不是特征方程 $r^2 - 2r - 3 = 0$ 的根,设 $Q(x) = b_1 x + b_0$,所以特解为

$$y^* = (b_1 x + b_0)e^{2x}.$$

将 $Q(x) = b_1 x + b_0$ 及其导数代入

$$Q''(x) + (2\lambda + p)Q'(x) + (\lambda^2 + p\lambda + q)Q(x) = P_m(x),$$

得

$$0 + [2 \times 2 + (-2)]b_1 + [2^2 + (-2) \times 2 + (-3)](b_1 x + b_0) = 3x + 1.$$

由等式两边同次幂的系数相等,得

$$\begin{cases} -3b_1 = 3, \\ 2b_1 - 3b_0 = 1, \end{cases}$$

解得 $b_1 = -1, b_0 = -1$,于是所求微分方程的一个特解为

$$y^* = (-x - 1)e^{2x}.$$

例 6

求微分方程 $y'' + y' = 2x^2 - 3$ 的一个特解.

解 所给微分方程是二阶常系数非齐次线性微分方程,且 $2x^2 - 3$ 属于 $P_m(x)e^{\lambda x}$ 型 $(m = 2, \lambda = 0)$. 因为 $\lambda = 0$ 是特征方程 $r^2 + r = 0$ 的单根,设 $Q(x) = x(b_2 x^2 + b_1 x + b_0)$,所以特解为

$$y^* = x(b_2 x^2 + b_1 x + b_0).$$

将 $Q(x) = x(b_2 x^2 + b_1 x + b_0)$ 及其导数代入

$$Q''(x) + (2\lambda + p)Q'(x) + (\lambda^2 + p\lambda + q)Q(x) = P_m(x),$$

得

$$(6b_2 x + 2b_1) + (2 \times 0 + 1)(3b_2 x^2 + 2b_1 x + b_0) + 0 = 2x^2 - 3.$$

由等式两边同次幂的系数相等,得

$$\begin{cases} 3b_2 = 2, \\ 6b_2 + 2b_1 = 0, \\ 2b_1 + b_0 = -3, \end{cases}$$

解得 $b_2 = \dfrac{2}{3}, b_1 = -2, b_0 = 1$,于是所求微分方程的一个特解为

$$y^* = \frac{2}{3}x^3 - 2x^2 + x.$$

例 7

求微分方程 $y'' - 6y' + 9y = (3x^2 + 2)e^{3x}$ 的通解.

解 先求上述微分方程所对应的齐次线性微分方程

$$y'' - 6y' + 9y = 0$$

的通解 Y. 由特征方程 $r^2 - 6r + 9 = 0$,解得 $r_1 = r_2 = 3$,因此有

$$Y = (C_1 + C_2 x)e^{3x}.$$

再求原微分方程的一个特解 y^*. $(3x^2 + 2)e^{3x}$ 属于 $P_m(x)e^{\lambda x}$ 型 $(m = 2, \lambda = 3)$,因为 $\lambda = 3$ 是特征方程的重根,设 $Q(x) = x^2(b_2 x^2 + b_1 x + b_0)$,所以特解为

$$y^* = x^2(b_2 x^2 + b_1 x + b_0)e^{3x}.$$

将 $Q(x) = x^2(b_2 x^2 + b_1 x + b_0)$ 及其导数代入

$$Q''(x) + (2\lambda + p)Q'(x) + (\lambda^2 + p\lambda + q)Q(x) = P_m(x),$$

得

$$(12b_2 x^2 + 6b_1 x + 2b_0) + 0 + 0 = 3x^2 + 2.$$

由等式两边同次幂的系数相等,得

$$\begin{cases} 12b_2 = 3, \\ 6b_1 = 0, \\ 2b_0 = 2, \end{cases}$$

解得 $b_2 = \dfrac{1}{4}, b_1 = 0, b_0 = 1$,于是原微分方程的一个特解为

$$y^* = x^2\left(\frac{1}{4}x^2 + 1\right)e^{3x} = \left(\frac{1}{4}x^4 + x^2\right)e^{3x}.$$

因此,原微分方程的通解为

$$y = y^* + Y = (C_1 + C_2 x)e^{3x} + \left(\frac{1}{4}x^4 + x^2\right)e^{3x}.$$

例 8

求微分方程 $y'' + y' = e^{-x}\cos x$ 的一个特解.

解 由于 $e^{-x}\cos x$ 是 $e^{(-1+i)x}$ 的实部,因此先求微分方程
$$y'' + y' = e^{(-1+i)x}$$
的一个特解,记作 y_1^*. 由定理 4 知,y_1^* 的实部就是所求特解 y^*.

因为 $\lambda = -1 + i$ 不是特征方程 $r^2 + r = 0$ 的根,设 $Q(x) = b_0$,所以特解为
$$y_1^* = b_0 e^{(-1+i)x}.$$
将 $Q(x) = b_0$ 及其导数代入
$$Q''(x) + (2\lambda + p)Q'(x) + (\lambda^2 + p\lambda + q)Q(x) = P_m(x),$$
得
$$0 + 0 + [(-1+i)^2 + (-1+i) + 0]b_0 = 1,$$
解得 $b_0 = -\frac{1}{2} + \frac{1}{2}i$,于是

$$\begin{aligned}
y_1^* &= \left(-\frac{1}{2} + \frac{1}{2}i\right)e^{(-1+i)x} \\
&= \left(-\frac{1}{2} + \frac{1}{2}i\right)\left[e^{-x}(\cos x + i\sin x)\right] \\
&= e^{-x}\left[\left(-\frac{1}{2}\cos x - \frac{1}{2}\sin x\right) + i\left(\frac{1}{2}\cos x - \frac{1}{2}\sin x\right)\right].
\end{aligned}$$

取 y_1^* 的实部,可得原微分方程的一个特解为
$$y^* = e^{-x}\left(-\frac{1}{2}\cos x - \frac{1}{2}\sin x\right).$$

例 9

求微分方程 $y'' + y = 4x\sin x$ 的通解.

解 先求上述微分方程对应的齐次线性微分方程
$$y'' + y = 0$$
的通解 Y. 由特征方程 $r^2 + 1 = 0$ 得 $r_{1,2} = \pm i$,于是得
$$Y = C_1\cos x + C_2\sin x.$$

再求原微分方程的一个特解 y^*. 由于 $4x\sin x$ 是 $4xe^{ix}$ 的虚部,因此先求微分方程
$$y'' + y = 4xe^{ix}$$
的一个特解 y_1^*. 由定理 4 知,y_1^* 的虚部就是所求特解 y^*.

因为 $\lambda = i$ 是特征方程的单根,设
$$Q(x) = x(b_1 x + b_0),$$
所以特解为
$$y_1^* = x(b_1 x + b_0)e^{ix}.$$
将 $Q(x) = x(b_1 x + b_0)$ 及其导数代入
$$Q''(x) + (2\lambda + p)Q'(x) + (\lambda^2 + p\lambda + q)Q(x) = P_m(x),$$

得
$$2b_1 + (2\mathrm{i}+0)(2b_1 x + b_0) + 0 = 4x.$$
由等式两边同次幂的系数相等,得
$$\begin{cases} 4b_1\mathrm{i} = 4, \\ 2b_1 + 2b_0\mathrm{i} = 0, \end{cases}$$
解得 $b_1 = -\mathrm{i}, b_0 = 1$,于是
$$\begin{aligned} y_1^* &= x(-\mathrm{i}x+1)\mathrm{e}^{\mathrm{i}x} = x(-\mathrm{i}x+1)(\cos x + \mathrm{i}\sin x) \\ &= (x\cos x + x^2\sin x) + \mathrm{i}(-x^2\cos x + x\sin x). \end{aligned}$$
取 y_1^* 的虚部,可得原微分方程的一个特解为
$$y^* = -x^2\cos x + x\sin x.$$
因此,原微分方程的通解为
$$y = Y + y^* = C_1\cos x + C_2\sin x - x^2\cos x + x\sin x.$$

例 10

求微分方程 $y'' + y' = 2x^2 - 3 + \mathrm{e}^{-x}\cos x$ 的一个特解.

解 由定理 5 知,原微分方程的一个特解 y^* 是下面两个微分方程
$$y'' + y' = 2x^2 - 3 \quad \text{和} \quad y'' + y' = \mathrm{e}^{-x}\cos x$$
的特解 y_1^* 和 y_2^* 的和.

由例 6 知,$y'' + y' = 2x^2 - 3$ 的一个特解为
$$y_1^* = \frac{2}{3}x^3 - 2x^2 + x,$$
由例 8 知,$y'' + y' = \mathrm{e}^{-x}\cos x$ 的一个特解为
$$y_2^* = \mathrm{e}^{-x}\left(-\frac{1}{2}\cos x - \frac{1}{2}\sin x\right).$$

因此,原微分方程的一个特解为
$$y^* = y_1^* + y_2^* = \frac{2}{3}x^3 - 2x^2 + x + \mathrm{e}^{-x}\left(-\frac{1}{2}\cos x - \frac{1}{2}\sin x\right).$$

思考题 7-4

1.二阶常系数非齐次线性微分方程 $y'' + py' + qy = f(x)$ 的通解的结构如何?

2.怎样求二阶常系数齐次线性微分方程 $y'' + py' + qy = 0$ 的通解?

3.怎样求二阶常系数非齐次线性微分方程 $y'' + py' + qy = f(x)$ 的一个特解?

4.怎样求二阶常系数非齐次线性微分方程 $y'' + py' + qy = f_1(x) + f_2(x)$ 的一个特解?

5.求解下列微分方程:

(1) $y'' + y' - 6y = 0$;　　　　(2) $y'' + 2y' + 3y = 0$;

(3) $y'' + 4y' + 4y = 0$;　　　　(4) $y'' + 5y = 0$.

6.求下列微分方程的一个特解:

(1) $y'' - 2y' - 3y = (x+2)\mathrm{e}^{2x}$;　　(2) $y'' - 5y' + 6y = x\mathrm{e}^{2x}$;

(3) $y'' + 2y' + y = \mathrm{e}^x$;　　　　(4) $y'' + y' = 4x\cos x$.

习　题　7-4

1.求下列微分方程的通解:

(1) $y'' - 7y' + 12y = 0$;　　　　　　　　(2) $y'' + 4y' + 3y = 0$;

(3) $y'' + 6y' + 9y = 0$;　　　　　　　　(4) $4y'' - 4y' + y = 0$;

(5) $y'' + 4y = 0$;　　　　　　　　　　(6) $y'' + 2y' + 2y = 0$;

(7) $4y'' + 4y' + 17y = 0$;　　　　　　　(8) $3y'' - 2y' - 8y = 0$.

2.求下列微分方程满足所给初始条件的特解:

(1) $y'' - 4y' + 3y = 0, y(0) = 6, y'(0) = 10$;

(2) $y'' - 3y' - 4y = 0, y(0) = 0, y'(0) = -5$;

(3) $4y'' + 4y' + y = 0, y(-2) = 0, y'(-2) = e$;

(4) $y'' + 12y' + 36y = 0, y(0) = 3, y'(0) = 0$.

3.求满足微分方程 $y'' + 4y' + 4y = 0$ 的曲线 $y = y(x)$,且曲线在点 $(2,4)$ 处与直线 $y = x + 2$ 相切.

4.求下列微分方程的通解:

(1) $y'' - y' - 2y = 4e^x$;　　　　　　　　(2) $y'' - 4y' + 4y = (x^2 + x - 1)e^x$;

(3) $2y'' + y' - y = 2xe^{-x}$;　　　　　　　(4) $y'' + 5y' = 5x^2 - 2x - 1$;

(5) $y'' - 6y' + 9y = (x+1)e^{3x}$;　　　　　(6) $y'' + 2y' + y = 4xe^{-x}$;

(7) $y'' + 9y = x\cos 3x$;　　　　　　　　(8) $y'' - 2y' + 5y = e^x \sin 2x$.

5.求下列微分方程满足所给初始条件的特解:

(1) $y'' - 3y' + 2y = 5, y(0) = 1, y'(0) = 2$;

(2) $y'' - 10y' + 9y = e^{2x}, y(0) = \dfrac{6}{7}, y'(0) = \dfrac{33}{7}$;

(3) $y'' - y' = 4xe^x, y(0) = 0, y'(0) = 0$;

(4) $y'' - 4y' = 5, y\left(\dfrac{1}{4}\right) = \dfrac{1}{16}(6 + 5e), y'\left(\dfrac{1}{4}\right) = \dfrac{5}{4}(e-1)$;

(5) $y'' + 2y' + y = xe^{-x}, y(-1) = -\dfrac{13}{6}e, y'(-1) = \dfrac{17}{3}e$.

6.求下列微分方程的通解:

(1) $y'' + 2y' + y = e^x + e^{-x}$;　　　　　(2) $y'' + y = e^x + \cos x$;

(3) $y'' - y = \sin^2 x$.

本章小结 ▰▰▰

本章要求:在了解微分方程和微分方程的阶、解、初始条件、通解及特解等概念的基础上,重点是掌握微分方程的解法.

1.基本概念

微分方程和微分方程的阶、解、通解、特解及初始条件.

2.一阶微分方程

(1)可分离变量的微分方程 $\dfrac{\mathrm{d}y}{\mathrm{d}x} = f(x)g(y)$.

解法　① 分离变量,得 $\dfrac{1}{g(y)}\mathrm{d}y = f(x)\mathrm{d}x$.

② 两边积分,得 $\displaystyle\int \frac{1}{g(y)}\mathrm{d}y = \int f(x)\mathrm{d}x$.

(2) 齐次方程 $\displaystyle\frac{\mathrm{d}y}{\mathrm{d}x} = \varphi\left(\frac{y}{x}\right)$.

解法 ① 做变换 $u = \dfrac{y}{x}$,化为 $\dfrac{1}{\varphi(u)-u}\mathrm{d}u = \dfrac{1}{x}\mathrm{d}x$.

② 两边积分,得 $\displaystyle\int \frac{1}{\varphi(u)-u}\mathrm{d}u = \int \frac{1}{x}\mathrm{d}x$.

③ 用 $u = \dfrac{y}{x}$ 代回.

(3) 一阶线性微分方程 $\dfrac{\mathrm{d}y}{\mathrm{d}x} + P(x)y = Q(x)$.

解法 ① 公式法:$y = \mathrm{e}^{-\int P(x)\mathrm{d}x}\left[C + \int Q(x)\mathrm{e}^{\int P(x)\mathrm{d}x}\mathrm{d}x\right]$.

② 常数变易法.

3. 可降阶的高阶微分方程

(1) $y^{(n)} = f(x)$ 型的微分方程.

解法 逐次积分法.

(2) $y'' = f(x, y')$ 型的微分方程.

解法 令 $y' = v(x)$,则 $y'' = \dfrac{\mathrm{d}v}{\mathrm{d}x}$,原微分方程化为 $\dfrac{\mathrm{d}v}{\mathrm{d}x} = f(x,v)$,再按一阶微分方程求解.

(3) $y'' = f(y, y')$ 型的微分方程.

解法 令 $y' = v(y)$,则 $y'' = v\dfrac{\mathrm{d}v}{\mathrm{d}y}$,原微分方程化为 $v\dfrac{\mathrm{d}v}{\mathrm{d}y} = f(y,v)$,再按一阶微分方程求解.

4. 二阶常系数线性微分方程

(1) 二阶常系数齐次线性微分方程 $y'' + py' + qy = 0$.

解法 ① 写出特征方程 $r^2 + pr + q = 0$.

② 求出特征方程的根.

③ 由特征根的情况写出相应的微分方程的通解.

(2) 二阶常系数非齐次线性微分方程 $y'' + py' + qy = f(x)$.

解法 ① 求出对应的二阶齐次线性微分方程的通解 Y.

② 求出二阶非齐次线性微分方程本身的一个特解 y^*.

③ 写出二阶非齐次线性微分方程的通解 $y = Y + y^*$.

自测题七

1. 选择题

(1) 方程 $(y - \ln x)\mathrm{d}x + x\mathrm{d}y = 0$ 是( );

A. 可分离变量的微分方程　　　　　　　B. 齐次方程

C. 一阶非齐次线性微分方程　　　　　　D. 一阶齐次线性微分方程

(2) 下列微分方程中,( )是二阶微分方程;

A. $\left(\dfrac{\mathrm{d}y}{\mathrm{d}x}\right)^2 - xy = 2$ B. $y'y'' + \cos y' - 3x = 0$

C. $(y')^2 - 2xy' = \cos x$ D. $(y'')^2 + y' - 2y = x$

(3) 微分方程 $x\mathrm{d}y + y\mathrm{d}x = 0$ 的通解是(　　);

A. $y = \dfrac{1}{x}$ B. $xy = C$

C. $xy = 2$ D. $y = \dfrac{3}{x}$

(4) 微分方程 $y'' = \dfrac{1}{x}y' + x\mathrm{e}^x$ 的通解是(　　);

A. $y = (x-1)\mathrm{e}^x + \dfrac{1}{2}C_1 x^2 + C_2$ B. $y = (x-1)\mathrm{e}^x$

C. $y = (x-1)\mathrm{e}^x + \dfrac{1}{2}Cx^2$ D. $y = (x-1)\mathrm{e}^x + C$

(5) 函数 $y = C_1 \mathrm{e}^{\frac{5}{2}x} + C_2 x \mathrm{e}^{\frac{5}{2}x}$ 是微分方程(　　) 的通解;

A. $y'' - 20y' + 25y = 0$ B. $4y'' - y' + 25y = 0$

C. $4y'' - 20y' + 25y = 0$ D. $4y'' - 20y' + y = 0$

(6) 微分方程 $y'' - 4y' - 5y = x\mathrm{e}^{-x}$ 的特解的形式为(　　);

A. $a\mathrm{e}^{-x}$ B. $(ax+b)\mathrm{e}^{-x}$

C. $(ax+b)x\mathrm{e}^{-x}$ D. $(ax+b)x^2\mathrm{e}^{-x}$

(7) 求微分方程 $(x+1)y'' + y' = \ln(1+x)$ 的通解时,可(　　);

A. 令 $y' = v$,则 $y'' = v'$ B. 令 $y' = v$,则 $y'' = v\dfrac{\mathrm{d}v}{\mathrm{d}y}$

C. 令 $y' = v$,则 $y'' = v\dfrac{\mathrm{d}v}{\mathrm{d}x}$ D. 令 $y' = v$,则 $y'' = v'\dfrac{\mathrm{d}v}{\mathrm{d}x}$

(8) 求微分方程 $yy'' - (y')^2 = 0$ 的通解时,可(　　);

A. 令 $y' = v$,则 $y'' = v'$ B. 令 $y' = v$,则 $y'' = v\dfrac{\mathrm{d}v}{\mathrm{d}y}$

C. 令 $y' = v$,则 $y'' = v\dfrac{\mathrm{d}v}{\mathrm{d}x}$ D. 令 $y' = v$,则 $y'' = v'\dfrac{\mathrm{d}v}{\mathrm{d}x}$

(9) 下列微分方程中,(　　) 是一阶线性微分方程;

A. $y' + y^2 = 2$ B. $\dfrac{\mathrm{d}y}{\mathrm{d}x} = \dfrac{y}{y^2 x + \mathrm{e}^{-y}}$

C. $3y' + \cos y = 5x^2$ D. $\dfrac{\mathrm{d}y}{\mathrm{d}x} + x\sqrt{y} = y$

(10) 下列微分方程中,(　　) 是可降阶的高阶微分方程.

A. $y'' + xy' + y = 1$ B. $(1-x^2)y'' = (1+x)y$

C. $y'' = x\mathrm{e}^x + y$ D. $yy'' + (y')^2 = 5$

2. 判断题(对的在括号内打"√",错的打"✕")

(1) $3y''' + 4(y')^2 - 17y' + 2y = \mathrm{e}^{-x}\sin y$ 是四阶微分方程;　　　　(　　)

(2) 微分方程 $y'' - 4y = 0$ 的通解为 $y = C_1 \mathrm{e}^{2x} + C_2 \mathrm{e}^{-2x}$;　　　　(　　)

(3) 微分方程 $y'' + y' - 2y = \dfrac{1}{2}e^{-2x}$ 的一个特解可设为 $(Ax+B)e^{-2x}$；   （   ）

(4) 方程 $xy' + y = 2\sqrt{xy}$ 是可分离变量的微分方程；   （   ）

(5) 方程 $y'\sin x = y\cos x + x$ 是一阶线性微分方程.   （   ）

3. 求下列微分方程的通解：

(1) $(4y+x)\mathrm{d}y - (y+4x)\mathrm{d}x = 0$；   (2) $y' = \dfrac{y}{x+y^3}$；

(3) $x(1+x^2)\mathrm{d}y = (y+x^2y+x^2)\mathrm{d}x$.

4. 求解下列微分方程：

(1) $(1+x)y'' + y' = \ln(1+x)$；   (2) $y'' - 2y' + 5y = e^x\cos 2x$；

(3) $y'' - 5y' + 6y = 2e^{2x} + 3x, y'(0) = 1, y(0) = 1$.

5. 已知函数 $f(x)$ 满足 $f(0) = 0, f'(x) = 1 + \displaystyle\int_0^x [3e^{-t} - f(t)]\mathrm{d}t$，求 $f(x)$.

08 第八章
空间解析几何与向量代数

　　空间解析几何的产生是数学史上一个划时代的成就,笛卡儿(Descartes)和费马(Fermat)均于17世纪上半叶对此做出了开创性的工作.我们知道,代数学的优越性在于推理方法的程序化.鉴于这种优越性,人们产生了用代数方法研究几何问题的思想,这就是解析几何的基本思想.要用代数方法研究几何问题,就必须建立代数与几何的联系,而代数和几何中最基本的概念分别是数和点,于是人们首先要找到一种特定的数学结构来建立数与点的联系,这种数学结构就是坐标.通过坐标系,建立起数与点的一一对应关系,就可以把数学研究的两个基本对象数和形结合起来,于是既可以用代数方法来研究解决几何问题——这是解析几何的基本内容,也可以用几何方法来研究解决代数问题.

　　本章首先介绍向量的概念及向量的线性运算,然后再介绍空间解析几何,主要包括平面和直线的方程、一些常用的空间曲线和曲面的方程以及关于它们的某些基本问题.这些方程的建立和问题的解决是以向量为工具的.正像平面解析几何的知识对学习一元函数微积分是不可缺少的一样,本章的内容对以后学习多元函数微分学和积分学也将起到重要作用.

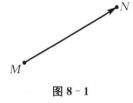

| 第一节 | 向量及其线性运算 |

一、向量的概念

在自然科学和工程技术中经常遇到的量大致可分为两大类：一类是只有大小的量，如长度、质量、温度、距离和体积等，这一类量叫作**数量**（或**标量**）；另一类是既有大小又有方向的量，如力、位移、速度和电场强度等，这一类量叫作**向量**（或**矢量**）.

在数学上，常用有向线段表示向量，有向线段的长度表示向量的大小，有向线段的方向表示向量的方向. 以 M 为起点、N 为终点的有向线段表示的向量，记作 $\overrightarrow{MN}$，如图 8-1 所示. 有时也用黑体字母表示向量，如 a，b，F 等.

图 8-1

向量 a 的大小叫作向量的**模**（或**长度**），记作 $|a|$. 模为 1 的向量叫作**单位向量**，模为 0 的向量叫作**零向量**，记作 $\boldsymbol{0}$. 零向量没有确定的方向，也可以认为其方向是任意的.

在许多实际问题中，有些向量与其起点有关，有些向量与其起点无关，在数学上我们仅讨论与起点无关的向量，这种向量称为**自由向量**. 如果两个向量 a 与 b 的模相等，且方向相同，则称这两个向量**相等**，记作 $a = b$，即向量在空间经过平行移动后所得的向量与原向量是相等的. 这样，今后如有必要，就可以把几个向量移到同一起点.

二、向量的线性运算

下面分别介绍向量的加法、减法以及向量与数的乘法运算.

1. 向量的加法

由力学知识可知，如果有两个力 $\boldsymbol{F}_1$ 和 $\boldsymbol{F}_2$ 作用在同一质点上，那么它们的合力 $\boldsymbol{F}$ 可按平行四边形法则求得. 类似地，可得对向量的加法的定义.

定义 1 把两个向量 a 与 b 的起点移到一起，以 a，b 为邻边作平行四边形，那么从起点到平行四边形的对角顶点的向量称为向量 a 与 b 的**和**，记作 $a + b$（见图 8-2）.

这种求向量的和的方法称为**平行四边形法则.** 由于向量可以平行移动，因此如果把向量 b 平行移动，使其起点与向量 a 的终点重合，那么从向量 a 的起点到向量 b 的终点的向量即为向量 a 与 b 的和. 这种求向量的和的方法称为**三角形法则**（见图 8-3）.

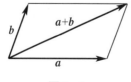

图 8-2

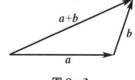

图 8-3

三个或三个以上向量相加时，只要将前一个向量的终点作为下一个向量的起点，直至最后一个向量，那么从第一个向量的起点到最后一个向量的终点的向量就是这些向量的和. 如

图 8‐4 所示，有 $\overrightarrow{OM} = \boldsymbol{a} + \boldsymbol{b} + \boldsymbol{c} + \boldsymbol{d}$，其中向量 $\boldsymbol{a}$ 的起点为 O，向量 $\boldsymbol{d}$ 的终点为 M，且这四个向量首尾相连.

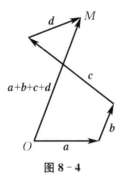

图 8‐4

2. 向量与数的乘法

定义 2　设 λ 为一实数，$\boldsymbol{a}$ 为任一向量，引入一个新的向量，记作 $\lambda\boldsymbol{a}$. 规定向量 $\lambda\boldsymbol{a}$ 的模等于 $|\boldsymbol{a}|$ 与数 $|\lambda|$ 的乘积，即 $|\lambda\boldsymbol{a}| = |\lambda||\boldsymbol{a}|$，且当 $\lambda > 0$ 时，$\lambda\boldsymbol{a}$ 与 $\boldsymbol{a}$ 同方向；当 $\lambda < 0$ 时，$\lambda\boldsymbol{a}$ 与 $\boldsymbol{a}$ 反方向；当 $\lambda = 0$ 时，$\lambda\boldsymbol{a}$ 为零向量，则称向量 $\lambda\boldsymbol{a}$ 为**向量 $\boldsymbol{a}$ 与数 λ 的乘法**（简称**数乘**）.

当 $\lambda = -1$ 时，记 $(-1)\boldsymbol{a} = -\boldsymbol{a}$，那么 $-\boldsymbol{a}$ 与 $\boldsymbol{a}$ 方向相反，模相等，称 $-\boldsymbol{a}$ 为 $\boldsymbol{a}$ 的**负向量**. 有了负向量的定义后，如图 8‐5 所示，我们可以定义向量的**减法**为

$$\boldsymbol{a} - \boldsymbol{b} = \boldsymbol{a} + (-\boldsymbol{b}).$$

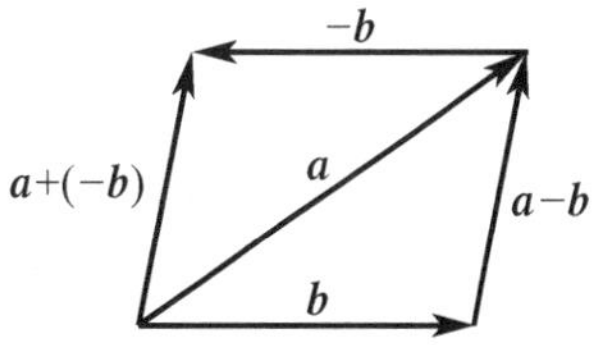

图 8‐5

向量的加法和向量的数乘统称为**向量的线性运算**. 向量的线性运算满足以下运算规律：

(1) 交换律：$\boldsymbol{a} + \boldsymbol{b} = \boldsymbol{b} + \boldsymbol{a}$；

(2) 结合律：$(\boldsymbol{a} + \boldsymbol{b}) + \boldsymbol{c} = \boldsymbol{a} + (\boldsymbol{b} + \boldsymbol{c})$，
　　　　　$\lambda(\mu\boldsymbol{a}) = (\lambda\mu)\boldsymbol{a} = \mu(\lambda\boldsymbol{a})$；

(3) 分配律：$(\lambda + \mu)\boldsymbol{a} = \lambda\boldsymbol{a} + \mu\boldsymbol{a}$，
　　　　　$\lambda(\boldsymbol{a} + \boldsymbol{b}) = \lambda\boldsymbol{a} + \lambda\boldsymbol{b}$.

从向量与数的乘法的定义可以看出，两非零向量 $\boldsymbol{a}$ 与 $\boldsymbol{b}$ 平行的充要条件是存在唯一的实数 λ，使得

$$\boldsymbol{a} = \lambda\boldsymbol{b} \quad (\lambda \neq 0).$$

我们把与非零向量 $\boldsymbol{a}$ 同方向的单位向量称为 $\boldsymbol{a}$ 的单位向量，记作 $\boldsymbol{e}_a$，显然有

$$\boldsymbol{e}_a = \frac{\boldsymbol{a}}{|\boldsymbol{a}|} \quad \text{或} \quad \boldsymbol{a} = |\boldsymbol{a}|\boldsymbol{e}_a.$$

例 1

化简向量 $\boldsymbol{a} - \boldsymbol{b} + 5\left(-\dfrac{1}{2}\boldsymbol{b} + \dfrac{\boldsymbol{b} - 3\boldsymbol{a}}{5}\right)$.

解　$\boldsymbol{a} - \boldsymbol{b} + 5\left(-\dfrac{1}{2}\boldsymbol{b} + \dfrac{\boldsymbol{b} - 3\boldsymbol{a}}{5}\right) = (1 - 3)\boldsymbol{a} + \left(-1 - \dfrac{5}{2} + \dfrac{1}{5} \times 5\right)\boldsymbol{b} = -2\boldsymbol{a} - \dfrac{5}{2}\boldsymbol{b}.$

例 2

如图 8‐6 所示，在平行四边形 $ABCD$ 中，设 $\overrightarrow{AB} = \boldsymbol{a}$，$\overrightarrow{AD} = \boldsymbol{b}$，$M$ 是平行四边形 $ABCD$ 的

对角线的交点,试用 a 和 b 表示向量 $\overrightarrow{MA}$, $\overrightarrow{MB}$, $\overrightarrow{MC}$ 和 $\overrightarrow{MD}$.

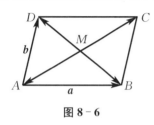

图 8-6

解 因为平行四边形的对角线互相平分,所以

$$a + b = \overrightarrow{AC} = 2\overrightarrow{AM}, \quad 即 \quad -(a+b) = 2\overrightarrow{MA},$$

从而

$$\overrightarrow{MA} = -\frac{1}{2}(a+b), \quad \overrightarrow{MC} = -\overrightarrow{MA} = \frac{1}{2}(a+b).$$

同理

$$\overrightarrow{MD} = \frac{1}{2}\overrightarrow{BD} = \frac{1}{2}(-a+b), \quad \overrightarrow{MB} = -\overrightarrow{MD} = \frac{1}{2}(a-b).$$

思 考 题 8-1

1. 设向量 a, b, c 两两不平行,分别将 b 的起点与 a 的终点,c 的起点与 b 的终点,a 的起点与 c 的终点重合,则向量 a, b, c 构成什么图形,$a+b+c$ 等于什么?

2. 任意两个向量相等吗?

习 题 8-1

1. 设向量 $u = a - b + 2c$, $v = -a + 3b - c$,试用 a, b, c 表示向量 $2u - 3v$.

2. 证明:对角线互相平分的四边形是平行四边形.

3. 把 $\triangle ABC$ 的 BC 边五等分,设分点依次为 D_1, D_2, D_3, D_4,再把各分点与点 A 相连,试以 $\overrightarrow{AB} = c$, $\overrightarrow{BC} = a$ 表示向量 $\overrightarrow{D_1A}, \overrightarrow{D_2A}, \overrightarrow{D_3A}, \overrightarrow{D_4A}$.

第二节 空间直角坐标系 向量的坐标

本节将建立空间中的点及向量与有序数组的对应关系,引进研究向量的代数方法,进而将代数方法与几何直观联系起来.

一、空间直角坐标系

在平面解析几何中,应用平面直角坐标系,将平面上的点 P 与有序实数对 (x, y) 一一对应,由此平面上的图形与方程建立了一一对应关系.

在空间任意取一定点 O,过点 O 作三条两两互相垂直的数轴,它们都以 O 为原点,且具有相同的长度单位.这三条数轴分别称为 x 轴(横轴)、y 轴(纵轴)、z 轴(竖轴),统称为**坐标轴**.三条坐标轴的正向满足右手法则,即用右手握住 z 轴,当右手的四指从 x 轴正向以 $\frac{\pi}{2}$ 角度转向 y 轴正向时,大拇指的指向就是 z 轴的正向,如图 8-7 所示.这样的三条坐标轴就构成了**空间直角坐标系**,其中点 O 称为**坐标原点**(简称原点).

图 8-7

在空间直角坐标系中,任意两条坐标轴所确定的平面称为**坐标面**.例如,由 x 轴和 y 轴所

确定的坐标面称为 xOy 平面. 类似地还有 yOz 平面和 zOx 平面. 三个坐标面把空间分为八个部分,每一部分称为一个**卦限**. 这八个卦限分别用罗马数字 Ⅰ, Ⅱ, Ⅲ, Ⅳ, Ⅴ, Ⅵ, Ⅶ, Ⅷ 表示,其顺序规定如图 8-8 所示,其中第 Ⅰ 卦限是在 x 轴、y 轴和 z 轴正半轴的那个卦限,第 Ⅰ 卦限的正下方是第 Ⅴ 卦限;第 Ⅰ, Ⅱ, Ⅲ, Ⅳ 卦限位于 xOy 平面的上方,并按逆时针方向排序;第 Ⅴ, Ⅵ, Ⅶ, Ⅷ 卦限位于 xOy 平面的下方,也按逆时针方向排序.

设 M 为空间直角坐标系中的任一点,过点 M 作三个平面分别垂直于 x 轴、y 轴、z 轴,它们与三条坐标轴的交点分别为 P, Q, R. 这三点在 x 轴、y 轴、z 轴上的坐标分别为 x, y, z. 于是,空间中一点 M 就唯一确定了一个三元有序数组 (x, y, z),如图 8-9 所示. 反之,对任意一个三元有序数组 (x, y, z),可依次在 x 轴、y 轴、z 轴上取坐标为 x, y, z 的点 P, Q, R,过点 P, Q, R 作三个平面分别垂直于 x 轴、y 轴、z 轴,这三个平面相交于唯一的一点 M. 由此可见,任何一个三元有序数组 (x, y, z) 唯一确定空间中一点 M. 通过空间直角坐标系,我们就建立了空间中的点 M 与一个三元有序数组 (x, y, z) 之间的一一对应关系,称三元有序数组 (x, y, z) 为点 M 的**坐标**,通常记作 $M(x, y, z)$,其中 x, y, z 依次称为点 M 的**横坐标**、**纵坐标**、**竖坐标**.

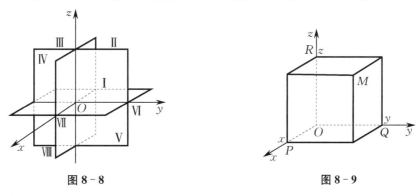

图 8-8　　　　　　　　　　　　　　图 8-9

坐标轴和坐标面上的点,其坐标都有一定的特征. 若点 $M(x, y, z)$ 在 x 轴上,则 $y = z = 0$;在 y 轴上,则 $x = z = 0$;在 z 轴上,则 $x = y = 0$. 若点 $M(x, y, z)$ 在 xOy 平面上,则 $z = 0$;在 yOz 平面上,则 $x = 0$;在 zOx 平面上,则 $y = 0$.

二、空间中两点间的距离

设 $M_1(x_1, y_1, z_1), M_2(x_2, y_2, z_2)$ 为空间中任意两点,我们可以用这两点的坐标来表示它们之间的距离 d.

过点 M_1, M_2 各作三个分别垂直于三条坐标轴的平面,这六个平面围成一个以 $M_1 M_2$ 为对角线的长方体(见图 8-10). 依据勾股定理,容易推得长方体的对角线的长度的平方等于它的三条棱的长度的平方和,即

$$d^2 = |M_1 M_2|^2 = |M_1 N|^2 + |NM_2|^2$$
$$= |M_1 P|^2 + |M_1 Q|^2 + |M_1 R|^2$$
$$= |P_1 P_2|^2 + |Q_1 Q_2|^2 + |R_1 R_2|^2$$
$$= |x_2 - x_1|^2 + |y_2 - y_1|^2 + |z_2 - z_1|^2,$$

所以

$$d = \sqrt{(x_2 - x_1)^2 + (y_2 - y_1)^2 + (z_2 - z_1)^2}.$$

这就是**空间中两点间的距离公式**.

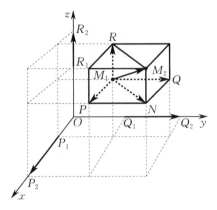

图 8 - 10

特别地,点(x,y,z)与原点$O(0,0,0)$的距离为

$$d = \sqrt{x^2 + y^2 + z^2}.$$

例 1

设点 P 在 x 轴上,它到点 $P_1(0,\sqrt{2},3)$ 的距离为到点 $P_2(0,1,-1)$ 的距离的两倍,求点 P 的坐标.

解 因点 P 在 x 轴上,故可设点 P 的坐标为$(x,0,0)$.易得

$$|PP_1| = \sqrt{x^2 + (\sqrt{2})^2 + 3^2} = \sqrt{x^2 + 11},$$
$$|PP_2| = \sqrt{x^2 + (-1)^2 + 1^2} = \sqrt{x^2 + 2},$$

由

$$|PP_1| = 2|PP_2|, \quad 即 \quad \sqrt{x^2 + 11} = 2\sqrt{x^2 + 2},$$

得 $x = \pm 1$.所求点为$(1,0,0)$ 或$(-1,0,0)$.

三、向量的坐标表示

前面讨论的向量的各种运算称为几何运算,只能在图形上表示,计算起来不方便,现在我们引入向量的坐标表示,以便将向量的几何运算转化为代数运算.

1. 径矢及其坐标表示

如图 8-11 所示,起点为原点、终点为空间中一点 $M(x,y,z)$ 的向量$\overrightarrow{OM}$ 称为点 M 的**径矢**,记作 $\boldsymbol{r}(M) = \overrightarrow{OM}$.

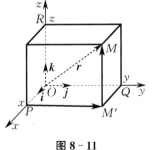

图 8 - 11

又

则

设 $\boldsymbol{i},\boldsymbol{j},\boldsymbol{k}$ 分别为空间直角坐标系中与 x 轴、y 轴、z 轴同方向的单位向量,则称它们为基本单位向量.由图 8-11 及向量的加法,得

$$\boldsymbol{r}(M) = \overrightarrow{OM} = \overrightarrow{OP} + \overrightarrow{PM'} + \overrightarrow{M'M}.$$

$$\overrightarrow{OP} = x\boldsymbol{i}, \quad \overrightarrow{PM'} = y\boldsymbol{j}, \quad \overrightarrow{M'M} = z\boldsymbol{k},$$

$$\boldsymbol{r}(M) = \overrightarrow{OM} = x\boldsymbol{i} + y\boldsymbol{j} + z\boldsymbol{k}, \tag{8-1}$$

或记作

$$r(M) = \overrightarrow{OM} = (x, y, z). \tag{8-2}$$

(8-1) 式称为径矢 $\overrightarrow{OM}$ 按基本单位向量的**分解式**, $x\boldsymbol{i}, y\boldsymbol{j}, z\boldsymbol{k}$ 分别称为径矢 $\overrightarrow{OM}$ 在 x 轴、y 轴、z 轴上的分向量. (8-2) 式称为径矢 $\overrightarrow{OM}$ 的坐标表示式, x, y, z 叫作径矢 $r(M)$ 的坐标.

2. 向量 $\boldsymbol{a}$ 的坐标表示式

在空间直角坐标系中,以点 $M_1(x_1, y_1, z_1)$ 为起点、点 $M_2(x_2, y_2, z_2)$ 为终点的向量 $\boldsymbol{a} = \overrightarrow{M_1M_2}$ (见图 8-12),由向量的减法,得

$$\boldsymbol{a} = \overrightarrow{M_1M_2} = r(M_2) - r(M_1),$$

即

$$\begin{aligned}\boldsymbol{a} &= (x_2\boldsymbol{i} + y_2\boldsymbol{j} + z_2\boldsymbol{k}) - (x_1\boldsymbol{i} + y_1\boldsymbol{j} + z_1\boldsymbol{k}) \\ &= (x_2 - x_1)\boldsymbol{i} + (y_2 - y_1)\boldsymbol{j} + (z_2 - z_1)\boldsymbol{k} \\ &= a_x\boldsymbol{i} + a_y\boldsymbol{j} + a_z\boldsymbol{k}, \tag{8-3}\end{aligned}$$

或简记作

$$\boldsymbol{a} = (a_x, a_y, a_z), \tag{8-4}$$

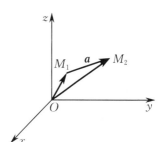

图 8-12

其中 $a_x = x_2 - x_1, a_y = y_2 - y_1, a_z = z_2 - z_1$. (8-3) 式称为向量 $\boldsymbol{a}$ 按基本单位向量的**分解式**, a_x, a_y, a_z 称为向量 $\boldsymbol{a}$ 在三条坐标轴上的投影. (8-4) 式称为向量 $\boldsymbol{a}$ 的坐标表示式.

例 2

设向量 $\boldsymbol{a} = (3, 2, 1), \boldsymbol{b} = (3, -5, -7)$,求 $\boldsymbol{a} - \boldsymbol{b}, 3\boldsymbol{a}$.

解

$$\begin{aligned}\boldsymbol{a} - \boldsymbol{b} &= (3\boldsymbol{i} + 2\boldsymbol{j} + \boldsymbol{k}) - (3\boldsymbol{i} - 5\boldsymbol{j} - 7\boldsymbol{k}) \\ &= (3-3)\boldsymbol{i} + [2 - (-5)]\boldsymbol{j} + [1 - (-7)]\boldsymbol{k} \\ &= 7\boldsymbol{j} + 8\boldsymbol{k},\end{aligned}$$

$$3\boldsymbol{a} = 3(3\boldsymbol{i} + 2\boldsymbol{j} + \boldsymbol{k}) = (3 \times 3)\boldsymbol{i} + (3 \times 2)\boldsymbol{j} + (3 \times 1)\boldsymbol{k} = 9\boldsymbol{i} + 6\boldsymbol{j} + 3\boldsymbol{k}.$$

四、向量的模与方向余弦

如图 8-13 所示,设点 M 的坐标为 (x, y, z),向量 $\boldsymbol{r} = \overrightarrow{OM}$ 的模 $|\boldsymbol{r}| = |\overrightarrow{OM}| = \sqrt{|OA|^2 + |OB|^2 + |OC|^2}$. 又 $OA = x, OB = y, OC = z$,即 $|\boldsymbol{r}| = \sqrt{x^2 + y^2 + z^2}$,其中 x, y, z 既是点 M 的坐标,又是向量 $\boldsymbol{r} = \overrightarrow{OM}$ 的坐标.

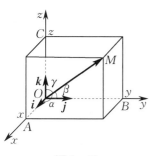

图 8-13

一般地,若向量 $\boldsymbol{a} = (a_x, a_y, a_z)$,则

$$|\boldsymbol{a}| = \sqrt{a_x^2 + a_y^2 + a_z^2}. \tag{8-5}$$

若向量 $\boldsymbol{r}$ 与三条坐标轴正向的夹角分别为 α, β, γ,则称 α, β, γ 为向量 $\boldsymbol{r}$ 的**方向角**. 同时,也称 $\cos\alpha, \cos\beta, \cos\gamma$ 为向量 $\boldsymbol{r}$ 的**方向余弦**.

在 $\triangle OAM, \triangle OBM, \triangle OCM$ 中,分别有

$$\cos\alpha = \frac{x}{|\boldsymbol{r}|} = \frac{x}{\sqrt{x^2 + y^2 + z^2}},$$

$$\cos \beta = \frac{y}{|\boldsymbol{r}|} = \frac{y}{\sqrt{x^2+y^2+z^2}},$$

$$\cos \gamma = \frac{z}{|\boldsymbol{r}|} = \frac{z}{\sqrt{x^2+y^2+z^2}}.$$

易见,$\cos \alpha, \cos \beta, \cos \gamma$ 满足关系式

$$\cos^2 \alpha + \cos^2 \beta + \cos^2 \gamma = 1. \tag{8-6}$$

这就是说,任一向量的方向余弦的平方和等于 1.

例 3

已知三个力 $\boldsymbol{F}_1 = \boldsymbol{i} - 2\boldsymbol{k}, \boldsymbol{F}_2 = 2\boldsymbol{i} - 3\boldsymbol{j} + 4\boldsymbol{k}, \boldsymbol{F}_3 = \boldsymbol{j} + \boldsymbol{k}$ 作用于同一点,求合力 $\boldsymbol{F}$ 的大小及方向余弦.

解 合力为

$$\boldsymbol{F} = \boldsymbol{F}_1 + \boldsymbol{F}_2 + \boldsymbol{F}_3 = (\boldsymbol{i} - 2\boldsymbol{k}) + (2\boldsymbol{i} - 3\boldsymbol{j} + 4\boldsymbol{k}) + (\boldsymbol{j} + \boldsymbol{k}) = 3\boldsymbol{i} - 2\boldsymbol{j} + 3\boldsymbol{k},$$

所以合力 $\boldsymbol{F}$ 的大小为

$$|\boldsymbol{F}| = \sqrt{3^2 + (-2)^2 + 3^2} = \sqrt{22},$$

方向余弦为

$$\cos \alpha = \frac{3}{\sqrt{22}}, \quad \cos \beta = \frac{-2}{\sqrt{22}}, \quad \cos \gamma = \frac{3}{\sqrt{22}}.$$

例 4

已知两点 $A(4,0,5)$ 和 $B(7,1,3)$,求与向量 $\overrightarrow{AB}$ 平行的向量的单位向量 $\boldsymbol{e}$.

解 所求的向量有两个,一个与向量 $\overrightarrow{AB}$ 同向,一个与向量 $\overrightarrow{AB}$ 反向.因为

$$\overrightarrow{AB} = (7-4, 1-0, 3-5) = (3, 1, -2),$$

所以

$$|\overrightarrow{AB}| = \sqrt{3^2 + 1^2 + (-2)^2} = \sqrt{14},$$

从而所求向量为

$$\boldsymbol{e} = \pm \frac{\overrightarrow{AB}}{|\overrightarrow{AB}|} = \pm \frac{1}{\sqrt{14}}(3, 1, -2).$$

例 5

设向量 $\boldsymbol{a}$ 的方向余弦 $\cos \alpha = \frac{1}{3}, \cos \beta = \frac{2}{3}$,且 $|\boldsymbol{a}| = 3$,求 $\boldsymbol{a}$.

解 由 (8-6) 式知

$$\cos^2 \gamma = 1 - \cos^2 \alpha - \cos^2 \beta = 1 - \frac{1}{9} - \frac{4}{9} = \frac{4}{9},$$

故

$$\cos \gamma = \pm \frac{2}{3}.$$

设向量 $\boldsymbol{a}$ 的坐标为 (x, y, z),得

$$x = |\boldsymbol{a}| \cos \alpha = 3 \times \frac{1}{3} = 1,$$

$$y = |\boldsymbol{a}| \cos \beta = 3 \times \frac{2}{3} = 2,$$

$$z = |\boldsymbol{a}| \cos \gamma = 3 \times \left(\pm \frac{2}{3}\right) = \pm 2,$$

故

$$\boldsymbol{a} = (1,2,2) \quad \text{或} \quad \boldsymbol{a} = (1,2,-2).$$

五、两向量的数量积、向量积

1. 两向量的数量积

由物理学可知,一物体在恒力 $\boldsymbol{F}$ 的作用下,沿直线从点 M_1 移动到点 M_2,位移为 $\boldsymbol{s} = \overrightarrow{M_1 M_2}$,若力 $\boldsymbol{F}$ 与位移 $\boldsymbol{s}$ 的夹角为 θ,则力 $\boldsymbol{F}$ 所做的功为

$$W = |\boldsymbol{F}| |\boldsymbol{s}| \cos\theta.$$

从这个问题可以看到,由两个向量 $\boldsymbol{F}$ 和 $\boldsymbol{s}$ 确定了一个数量 $|\boldsymbol{F}| |\boldsymbol{s}| \cos\theta$. 在其他实际问题中也会遇到类似的结果,由此得到两个向量的数量积的概念.

定义 1 　两向量 $\boldsymbol{a},\boldsymbol{b}$ 的模与它们的夹角余弦的乘积,称为向量 $\boldsymbol{a}$ 与 $\boldsymbol{b}$ 的**数量积**,记作 $\boldsymbol{a} \cdot \boldsymbol{b}$,即

$$\boldsymbol{a} \cdot \boldsymbol{b} = |\boldsymbol{a}| |\boldsymbol{b}| \cos(\widehat{\boldsymbol{a},\boldsymbol{b}}),$$

其中 $(\widehat{\boldsymbol{a},\boldsymbol{b}})$ 表示向量 $\boldsymbol{a}$ 与 $\boldsymbol{b}$ 之间的夹角,规定 $0 \leqslant (\widehat{\boldsymbol{a},\boldsymbol{b}}) \leqslant \pi$.

由此定义,在上面的恒力做功问题中,$W = \boldsymbol{F} \cdot \boldsymbol{s}$.

数量积有以下运算规律:

(1) 交换律: $\boldsymbol{a} \cdot \boldsymbol{b} = \boldsymbol{b} \cdot \boldsymbol{a}$;

(2) 结合律: $\lambda(\boldsymbol{a} \cdot \boldsymbol{b}) = (\lambda\boldsymbol{a}) \cdot \boldsymbol{b} = \boldsymbol{a} \cdot (\lambda\boldsymbol{b})$;

(3) 分配律: $(\boldsymbol{a} + \boldsymbol{b}) \cdot \boldsymbol{c} = \boldsymbol{a} \cdot \boldsymbol{c} + \boldsymbol{b} \cdot \boldsymbol{c}$.

由数量积的定义还可得如下结论:

(1) $\boldsymbol{a} \cdot \boldsymbol{a} = |\boldsymbol{a}|^2$.

(2) 对两个非零向量 $\boldsymbol{a}$ 与 $\boldsymbol{b}$,如果 $\boldsymbol{a} \perp \boldsymbol{b}$,则 $\boldsymbol{a} \cdot \boldsymbol{b} = 0$. 反之,如果 $\boldsymbol{a} \cdot \boldsymbol{b} = 0$,则 $\cos(\widehat{\boldsymbol{a},\boldsymbol{b}}) = 0$,得 $\boldsymbol{a} \perp \boldsymbol{b}$. 因此,两个非零向量 $\boldsymbol{a}$ 与 $\boldsymbol{b}$ 垂直的充要条件是 $\boldsymbol{a} \cdot \boldsymbol{b} = 0$.

(3) 对基本单位向量 $\boldsymbol{i},\boldsymbol{j},\boldsymbol{k}$,有

$$\boldsymbol{i} \cdot \boldsymbol{i} = \boldsymbol{j} \cdot \boldsymbol{j} = \boldsymbol{k} \cdot \boldsymbol{k} = 1,$$
$$\boldsymbol{i} \cdot \boldsymbol{j} = \boldsymbol{j} \cdot \boldsymbol{k} = \boldsymbol{k} \cdot \boldsymbol{i} = 0,$$
$$\boldsymbol{j} \cdot \boldsymbol{i} = \boldsymbol{k} \cdot \boldsymbol{j} = \boldsymbol{i} \cdot \boldsymbol{k} = 0.$$

下面我们来推导两向量数量积的坐标表示式.

设向量 $\boldsymbol{a} = a_x \boldsymbol{i} + a_y \boldsymbol{j} + a_z \boldsymbol{k}, \boldsymbol{b} = b_x \boldsymbol{i} + b_y \boldsymbol{j} + b_z \boldsymbol{k}$. 按数量积的运算规律,得

$$\begin{aligned}
\boldsymbol{a} \cdot \boldsymbol{b} &= (a_x \boldsymbol{i} + a_y \boldsymbol{j} + a_z \boldsymbol{k}) \cdot (b_x \boldsymbol{i} + b_y \boldsymbol{j} + b_z \boldsymbol{k}) \\
&= a_x \boldsymbol{i} \cdot (b_x \boldsymbol{i} + b_y \boldsymbol{j} + b_z \boldsymbol{k}) + a_y \boldsymbol{j} \cdot (b_x \boldsymbol{i} + b_y \boldsymbol{j} + b_z \boldsymbol{k}) + a_z \boldsymbol{k} \cdot (b_x \boldsymbol{i} + b_y \boldsymbol{j} + b_z \boldsymbol{k}) \\
&= a_x b_x \boldsymbol{i} \cdot \boldsymbol{i} + a_x b_y \boldsymbol{i} \cdot \boldsymbol{j} + a_x b_z \boldsymbol{i} \cdot \boldsymbol{k} + a_y b_x \boldsymbol{j} \cdot \boldsymbol{i} + a_y b_y \boldsymbol{j} \cdot \boldsymbol{j} + a_y b_z \boldsymbol{j} \cdot \boldsymbol{k} \\
&\quad + a_z b_x \boldsymbol{k} \cdot \boldsymbol{i} + a_z b_y \boldsymbol{k} \cdot \boldsymbol{j} + a_z b_z \boldsymbol{k} \cdot \boldsymbol{k} \\
&= a_x b_x + a_y b_y + a_z b_z,
\end{aligned}$$

即

$$\boldsymbol{a} \cdot \boldsymbol{b} = a_x b_x + a_y b_y + a_z b_z. \tag{8-7}$$

这就是**数量积的坐标表示式**.

当 $a \neq 0, b \neq 0$ 时,由数量积的定义,得两向量的夹角余弦

$$\cos(\hat{a,b}) = \frac{a \cdot b}{|a||b|}. \tag{8-8}$$

由(8-7)式可推出,两个非零向量 a 与 b 垂直的充要条件是

$$a_x b_x + a_y b_y + a_z b_z = 0. \tag{8-9}$$

例 6

已知三点 $A(1,1,0), B(2,2,-4), C(1,4,-6)$,求 $\angle ABC$.

解 由已知,$\overrightarrow{BA} = (-1,-1,4), \overrightarrow{BC} = (-1,2,-2)$,因为

$$\cos\angle ABC = \frac{\overrightarrow{BA} \cdot \overrightarrow{BC}}{|\overrightarrow{BA}||\overrightarrow{BC}|} = \frac{(-1)\times(-1)+(-1)\times 2+4\times(-2)}{\sqrt{(-1)^2+(-1)^2+4^2}\times\sqrt{(-1)^2+2^2+(-2)^2}} = -\frac{\sqrt{2}}{2},$$

所以 $\angle ABC = \frac{3\pi}{4}$.

例 7

已知三个力的大小分别为 $3\,\text{N}, 4\,\text{N}$ 和 $7\,\text{N}$,其方向分别与向量 $a = (2,1,2), b = (0,0,3),$ $c = (0,1,0)$ 相同,这三个力同时作用于一质点,使该质点从点 $A(3,2,-1)$ 移动到点 $B(1,3,0)$ (单位:m),求这三个力的合力所做的功.

解 设三个力依次为 F_1, F_2, F_3,按题意有

$$F_1 = |F_1|e_a, \quad F_2 = |F_2|e_b, \quad F_3 = |F_3|e_c,$$

而

$$e_a = \frac{a}{|a|} = \frac{1}{3}(2i+j+2k), \quad e_b = \frac{b}{|b|} = \frac{1}{3}(3k) = k, \quad e_c = \frac{c}{|c|} = j,$$

故

$$F_1 = (2i+j+2k)\,\text{N}, \quad F_2 = 4k\,\text{N}, \quad F_3 = 7j\,\text{N},$$

合力为 $F = F_1 + F_2 + F_3 = (2i+8j+6k)\,\text{N}$. 又质点的位移为

$$\overrightarrow{AB} = (-2i+j+k)\,\text{m},$$

故

$$W = F \cdot \overrightarrow{AB} = [2\times(-2)+8\times 1+6\times 1]\,\text{J} = 10\,\text{J}.$$

2. 两向量的向量积

由物理学可知,力 F 对某中心 O 的力矩 M 是一向量(见图 8-14),它的模为

$$|M| = |\overrightarrow{OA}||F|\sin\theta,$$

其中 A 为力 F 的作用点,θ 是向量 $\overrightarrow{OA}$ 与力 F 的夹角,向量 M 垂直于 $\overrightarrow{OA}$ 和 F 所确定的平面. 向量 M 的方向由右手法则确定,即当右手的四个手指从 $\overrightarrow{OA}$ 以不超过 π 的角度转向 F 时,大拇指的指向就是 M 的方向. 这是两向量通过运算确定另一向量的实例,由此可抽象出两向量的向量积的概念.

定义 2 设有两向量 a 与 b,若向量 c 满足:

(1) $|c| = |a||b|\sin(\hat{a,b})[0 \leqslant (\hat{a,b}) \leqslant \pi]$;

（2）c 垂直于 a 和 b 所确定的平面,且 a,b 和 c 按顺序符合右手法则(见图 8-15),则称向量 c 为向量 a 与 b 的**向量积**,记作 $a\times b$,即 $c=a\times b$.

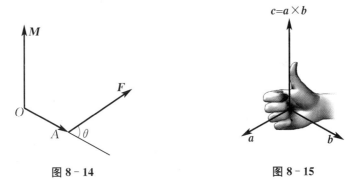

图 8-14　　　　　　　　　　図 8-15

按上述定义,力 F 对点 O 的力矩 M 可表示为

$$M=\overrightarrow{OA}\times F.$$

两向量 a 与 b 的向量积为一向量,它的模 $|a\times b|$ 在几何上表示以 a,b 为邻边的平行四边形的面积(见图 8-16).

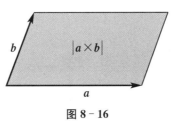

图 8-16

向量积有以下运算规律:

（1）$a\times b=-b\times a$；

（2）$\lambda(a\times b)=(\lambda a)\times b=a\times(\lambda b)$；

（3）$a\times(b+c)=a\times b+a\times c$.

从向量积的定义可推出:对于两个非零向量 a 与 b,若 $a\parallel b$,则 $a\times b=0$;反之,若 $a\times b=0$,则 $(\widehat{a,b})=0$ 或 π,即 $a\parallel b$.因此,两个非零向量 a 与 b 互相平行的充要条件是

$$a\times b=0. \tag{8-10}$$

对基本单位向量 i,j,k,有

$$i\times i=j\times j=k\times k=0, \quad i\times j=k, \quad j\times k=i, \quad k\times i=j.$$

下面给出用向量坐标计算向量积的公式.

设向量 $a=(a_x,a_y,a_z)$,$b=(b_x,b_y,b_z)$,那么

$$\begin{aligned}
a\times b&=(a_x i+a_y j+a_z k)\times(b_x i+b_y j+b_z k)\\
&=a_x i\times(b_x i+b_y j+b_z k)+a_y j\times(b_x i+b_y j+b_z k)+a_z k\times(b_x i+b_y j+b_z k)\\
&=(a_y b_z-a_z b_y)i-(a_x b_z-a_z b_x)j+(a_x b_y-a_y b_x)k.
\end{aligned}$$

这就是**向量积的坐标表示式**.

为了便于记忆,借用行列式的符号,把上式写成如下形式:

$$a\times b=\begin{vmatrix}a_y&a_z\\b_y&b_z\end{vmatrix}i-\begin{vmatrix}a_x&a_z\\b_x&b_z\end{vmatrix}j+\begin{vmatrix}a_x&a_y\\b_x&b_y\end{vmatrix}k$$

$$= \begin{vmatrix} \boldsymbol{i} & \boldsymbol{j} & \boldsymbol{k} \\ a_x & a_y & a_z \\ b_x & b_y & b_z \end{vmatrix}. \tag{8-11}$$

例 8

设向量 $\boldsymbol{a} = (1,0,-1)$, $\boldsymbol{b} = (0,2,3)$, 计算 $\boldsymbol{a} \times \boldsymbol{b}$.

解 $\boldsymbol{a} \times \boldsymbol{b} = \begin{vmatrix} \boldsymbol{i} & \boldsymbol{j} & \boldsymbol{k} \\ 1 & 0 & -1 \\ 0 & 2 & 3 \end{vmatrix} = \begin{vmatrix} 0 & -1 \\ 2 & 3 \end{vmatrix} \boldsymbol{i} - \begin{vmatrix} 1 & -1 \\ 0 & 3 \end{vmatrix} \boldsymbol{j} + \begin{vmatrix} 1 & 0 \\ 0 & 2 \end{vmatrix} \boldsymbol{k}$

$\qquad\qquad = 2\boldsymbol{i} - 3\boldsymbol{j} + 2\boldsymbol{k}.$

例 9

已知向量 $\boldsymbol{a} = (2,-2,3)$, $\boldsymbol{b} = (4,0,-6)$, 求与 $\boldsymbol{a}$ 和 $\boldsymbol{b}$ 都垂直的单位向量.

解 因为 $\pm(\boldsymbol{a} \times \boldsymbol{b})$ 垂直于 $\boldsymbol{a}$ 和 $\boldsymbol{b}$, 而

$$\boldsymbol{a} \times \boldsymbol{b} = \begin{vmatrix} \boldsymbol{i} & \boldsymbol{j} & \boldsymbol{k} \\ 2 & -2 & 3 \\ 4 & 0 & -6 \end{vmatrix} = 12\boldsymbol{i} + 24\boldsymbol{j} + 8\boldsymbol{k},$$

故所求的单位向量为

$$\pm \frac{\boldsymbol{a} \times \boldsymbol{b}}{|\boldsymbol{a} \times \boldsymbol{b}|} = \pm \frac{12\boldsymbol{i} + 24\boldsymbol{j} + 8\boldsymbol{k}}{\sqrt{12^2 + 24^2 + 8^2}} = \pm \frac{1}{7}(3\boldsymbol{i} + 6\boldsymbol{j} + 2\boldsymbol{k}).$$

例 10

已知三角形的顶点分别为 $A(1,-1,2)$, $B(3,3,1)$ 和 $C(3,1,3)$, 求 $\triangle ABC$ 的面积.

解 $\triangle ABC$ 的面积是以 AB, AC 为邻边的平行四边形 $ABDC$ 的面积的一半(见图 8-17). 由向量积的模的几何意义知

$$|\overrightarrow{AB} \times \overrightarrow{AC}| = S_{\square ABDC},$$

故

$$S_{\triangle ABC} = \frac{1}{2} |\overrightarrow{AB} \times \overrightarrow{AC}|.$$

又因为 $\overrightarrow{AB} = (2,4,-1)$, $\overrightarrow{AC} = (2,2,1)$, 所以

$$\overrightarrow{AB} \times \overrightarrow{AC} = \begin{vmatrix} \boldsymbol{i} & \boldsymbol{j} & \boldsymbol{k} \\ 2 & 4 & -1 \\ 2 & 2 & 1 \end{vmatrix} = 6\boldsymbol{i} - 4\boldsymbol{j} - 4\boldsymbol{k},$$

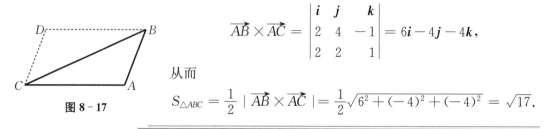

图 8-17

从而

$$S_{\triangle ABC} = \frac{1}{2} |\overrightarrow{AB} \times \overrightarrow{AC}| = \frac{1}{2} \sqrt{6^2 + (-4)^2 + (-4)^2} = \sqrt{17}.$$

思 考 题 8-2

1. 对于空间给定点 $P(x,y,z)$, 请写出点 P 关于原点、坐标轴、坐标面的对称点.

2. 如果把空间的一切单位向量的起点放在同一点, 它们的终点构成什么图形? 如果把平面上的一切单位向量的起点放在同一点, 它们的终点又构成什么图形?

3.在空间直角坐标系中指出下列点:
$$A(-2,1,3),\quad B(2,-6,9),\quad C(3,-2,-5),\quad D(-5,-2,3).$$

4.指出点 $P_1(1,-1,-1),P_2(-1,2,2),P_3(-2,-5,1)$ 所在的卦限.

5.求点 $M(2,-1,3)$ 关于原点、y 轴、zOx 平面对称的点.

6.已知两点 $M_1(1,-1,2)$ 和 $M_2(0,1,-1)$,求 $3\overrightarrow{M_1M_2}$ 的模及方向余弦.

7.对于任意两个向量 a 与 b,$a\perp b$ 的充要条件 $a\cdot b=0$,$a\parallel b$ 的充要条件 $a\times b=\mathbf{0}$ 是否都成立?为什么?

8.若 $a\times c=b\times c$,且 $c\neq\mathbf{0}$,能否得出结论 $a=b$?

9.证明:$(a\times b)^2+(a\cdot b)^2=(a\cdot a)\cdot(b\cdot b)$.

10.设向量 $a=(3,-1,2),b=(1,2,-1)$,求:

(1) $a\cdot b$; (2) $(a\overset{\wedge}{,}b)$; (3) $(-2a)\cdot(3b)$.

11.设向量 $a=(3,2,1),b=\left(2,\dfrac{4}{3},k\right)$,试确定 k 的值,使得:

(1) $a\perp b$; (2) $a\parallel b$.

习 题 8-2

1.已知 a,b 为非零向量,下列各式在什么条件下成立?

(1) $|a+b|=|a-b|$; (2) $|a+b|=|a|+|b|$; (3) $\dfrac{a}{|a|}=\dfrac{b}{|b|}$.

2.已知向量 $a=i+j+5k,b=2i-3j+5k$,求与 $a-3b$ 同方向的单位向量.

3.已知向量 $a=mi+5j-k$ 与向量 $b=3i+j+nk$ 平行,求 m,n 的值.

4.求平行于向量 $a=6i+7j-6k$ 的单位向量.

5.已知两点 $M_1(x_1,y_1,z_1),M_2(x_2,y_2,z_2)$,点 M 在线段 M_1M_2 上,且 $\overrightarrow{M_1M}=\lambda\overrightarrow{MM_2}$($\lambda$ 为实数),求点 M 的坐标.当 $\lambda=1$ 时,求点 M 位于线段 M_1M_2 上的位置.

6.设两力 $F_1=2i+2j+6k,F_2=2i+4j+2k$ 都作用于点 $M(1,-2,3)$ 处,且点 $N(p,q,19)$ 在合力作用线上,求 p,q 的值.

7.已知两点 $M_1(4,\sqrt{2},1),M_2(3,0,2)$,求向量 $\overrightarrow{M_1M_2}$ 的模、方向余弦与方向角.

8.已知向量 a 的起点为 $(2,0,-1)$,$|a|=3$,a 的方向余弦 $\cos\alpha=\dfrac{1}{2}$,$\cos\beta=\dfrac{1}{2}$,试求向量 a 的坐标表示式及它的终点.

9.(1) 已知向量 $a=(3,-1,2)$,该向量的起点为 $(2,0,-5)$,求该向量的终点;

(2) 已知向量 $a=(4,-4,7)$,该向量的终点为 $(2,-1,7)$,求该向量的起点.

10.从点 $A(2,-1,7)$ 沿向量 $a=8i+9j-12k$ 的方向取线段长 $|AB|=34$,求点 B 的坐标.

11.已知向量 $a=(4,-2,4),b=(6,-3,2)$,试求:

(1) $a\cdot b$; (2) $(3a-2b)\cdot(a+2b)$; (3) $(a\overset{\wedge}{,}b)$.

12.设向量 $a=3i+2j-k$,求 $a\cdot i,a\cdot j,a\cdot k$.

13.证明:两向量 $a=(3,2,1)$ 与 $b=(2,-3,0)$ 垂直.

14.若两个力的和与差成直角,证明:这两个力大小相等.

15.已知 $a\perp b$,且 $|a|=3$,$|b|=4$,计算 $|(a+b)\times(a-b)|$.

16.已知向量 a 与 b 的夹角为 $\dfrac{2\pi}{3}$,且 $|a|=1$,$|b|=2$,求 $|a\times b|$.

17.已知一力 $F=2i-j+3k$ 作用在杠杆上点 $A(3,1,-1)$ 处,求此力关于杠杆上另一点 $B(1,-2,3)$ 的力矩.

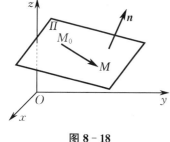

18. 求同时垂直于向量 $\boldsymbol{a}=(1,-3,-1)$ 与 $\boldsymbol{b}=(2,-1,3)$ 的单位向量.

19. 求与向量 $\boldsymbol{a}=3\boldsymbol{i}-6\boldsymbol{j}+2\boldsymbol{k}$ 及 y 轴垂直且模为 3 的向量.

20. 设有一质点,开始时位于点 $P(1,2,-1)$,今有方向角分别为 $60°,60°,45°$ 而大小为 100 N 的力 $\boldsymbol{F}$ 作用于该质点,求该质点自点 P 做直线运动至点 $M(2,5,3\sqrt{2}-1)$ 时力 $\boldsymbol{F}$ 所做的功(长度单位:m).

21. 已知向量 $\overrightarrow{OA}=\boldsymbol{i}+3\boldsymbol{k},\overrightarrow{OB}=\boldsymbol{j}+\boldsymbol{k}$,求 $\triangle OAB$ 的面积.

22. 已知向量 $\boldsymbol{a}=(2,-3,1),\boldsymbol{b}=(1,-1,3),\boldsymbol{c}=(1,-2,0)$,求 $(\boldsymbol{a}\times\boldsymbol{b})\cdot\boldsymbol{c}$.

第三节　空间平面与直线

本节我们将以向量为工具,在空间直角坐标系中建立平面与直线的方程,然后对平面与直线的相互关系做讨论.

一、平面及其方程

1. 平面的点法式方程

如果非零向量 $\boldsymbol{n}$ 垂直于平面 Π,则称 $\boldsymbol{n}$ 为平面 Π 的**法向量**.

如图 8-18 所示,设平面 Π 过定点 $M_0(x_0,y_0,z_0)$,其法向量为 $\boldsymbol{n}=(A,B,C)$,则平面 Π 可确定,现在我们来建立这个平面的方程.

设 $M(x,y,z)$ 为所求平面 Π 上任一点,则向量 $\overrightarrow{M_0M}=(x-x_0,y-y_0,z-z_0)$ 与 $\boldsymbol{n}$ 垂直.

由两向量互相垂直的充要条件知,$\overrightarrow{M_0M}\cdot\boldsymbol{n}=0$,即

$$A(x-x_0)+B(y-y_0)+C(z-z_0)=0. \quad (8-12)$$

由于平面 Π 上任一点的坐标都满足方程(8-12),而不在平面 Π 上的点的坐标都不满足方程(8-12),因此方程(8-12)就是所求平面的方程.方程(8-12)是由给定的点 $M_0(x_0,y_0,z_0)$ 和法向量 $\boldsymbol{n}=(A,B,C)$ 所确定的,因此称方程(8-12)为**平面的点法式方程**.

图 8-18

例1

求过点 $M_1(0,-1,3),M_2(1,1,-2)$ 和 $M_3(-1,2,-2)$ 的平面方程.

解　因向量 $\overrightarrow{M_1M_2}=(1,2,-5)$ 和 $\overrightarrow{M_1M_3}=(-1,3,-5)$ 在所求平面上,故可取所求平面的法向量 $\boldsymbol{n}$ 为 $\overrightarrow{M_1M_2}\times\overrightarrow{M_1M_3}$,即

$$\boldsymbol{n}=\overrightarrow{M_1M_2}\times\overrightarrow{M_1M_3}=\begin{vmatrix} \boldsymbol{i} & \boldsymbol{j} & \boldsymbol{k} \\ 1 & 2 & -5 \\ -1 & 3 & -5 \end{vmatrix}=5\boldsymbol{i}+10\boldsymbol{j}+5\boldsymbol{k}.$$

由平面的点法式方程得所求的平面方程为

$$5(x-0)+10(y+1)+5(z-3)=0,$$

即

$$x+2y+z-1=0.$$

例 2

求过 x 轴和点 $M(4,-3,-1)$ 的平面方程.

解　设所求平面为 Π,其法向量为 $\boldsymbol{n}$.因为平面 Π 过 x 轴,所以 $\boldsymbol{n} \perp \boldsymbol{i}$.又因为向量 $\overrightarrow{OM}=(4,-3,-1)$ 在平面 Π 上,所以 $\boldsymbol{n} \perp \overrightarrow{OM}$.于是 $\boldsymbol{n} /\!/ (\boldsymbol{i} \times \overrightarrow{OM})$,故可取 $\boldsymbol{n}=\boldsymbol{i} \times \overrightarrow{OM}=\boldsymbol{i} \times (4\boldsymbol{i}-3\boldsymbol{j}-\boldsymbol{k})=\boldsymbol{j}-3\boldsymbol{k}$.由平面的点法式方程得平面 Π 的方程为

$$0(x-4)+1(y+3)-3(z+1)=0,$$

即

$$y-3z=0.$$

2. 平面的一般式方程

如果令 $D=-Ax_0-By_0-Cz_0$,则平面的点法式方程(8-12)可写为

$$Ax+By+Cz+D=0.$$

上式说明平面的方程是 x,y,z 的三元一次方程.反之,任一三元一次方程

$$Ax+By+Cz+D=0 \tag{8-13}$$

$(A,B,C$ 不同时为 0)均表示一平面.事实上,我们可以任取满足方程(8-13)的一组数 x_0,y_0,z_0,那么有

$$Ax_0+By_0+Cz_0+D=0.$$

再由方程(8-13)减去上式,得

$$A(x-x_0)+B(y-y_0)+C(z-z_0)=0.$$

这是过点 (x_0,y_0,z_0),以 $\boldsymbol{n}=(A,B,C)$ 为法向量的平面方程.由于上式与方程(8-13)同解,因此方程(8-13)表示一平面.我们称方程(8-13)为**平面的一般式方程**.

例 3

一平面过 $M_1(a,0,0),M_2(0,b,0),M_3(0,0,c)$ 三点$(a,b,c$ 均不等于 0),求此平面的方程.

解　设所求平面的方程为

$$Ax+By+Cz+D=0.$$

因为点 $M_i(i=1,2,3)$ 在所求平面上,其坐标应满足平面的方程,所以有

$$\begin{cases} Aa+D=0, \\ Bb+D=0, \\ Cc+D=0. \end{cases}$$

解方程组,得

$$A=-\frac{D}{a}, \quad B=-\frac{D}{b}, \quad C=-\frac{D}{c}.$$

代入所设的平面方程,化简整理得

$$\frac{x}{a}+\frac{y}{b}+\frac{z}{c}=1. \tag{8-14}$$

在上例的化简整理过程中,用到了条件 $D \neq 0$(因平面不过原点).方程(8-14)称为**平面的截距式方程**,a,b,c 分别称为平面在 x 轴、y 轴、z 轴上的**截距**.

利用平面的截距式方程作不过原点的平面非常简单,只要定出平面与三条坐标轴的交点,连接这三个交点,即得到所求平面的图形.

例 4

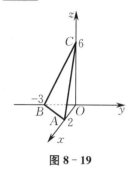

图 8－19

写出平面 $3x-2y+z-6=0$ 的截距式方程,并画出该平面的图形.

解 将 $3x-2y+z-6=0$ 化为 $3x-2y+z=6$. 上式两边同时除以 6,得该平面的截距式方程为

$$\frac{x}{2}+\frac{y}{-3}+\frac{z}{6}=1.$$

这表明该平面过点 $A(2,0,0)$, $B(0,-3,0)$ 和 $C(0,0,6)$. 在空间直角坐标系中作出 A,B,C 三点,并连接这三点即得所要画的平面图形(见图 8－19).

二、直线及其方程

1. 直线的一般式方程

直线 L 可以看作两平面的交线. 如果两相交平面的方程分别为 $\Pi_1:A_1x+B_1y+C_1z+D_1=0$, $\Pi_2:A_2x+B_2y+C_2z+D_2=0$,那么直线 L 上任一点的坐标应同时满足这两个方程(见图 8－20),即满足方程组

$$\begin{cases}A_1x+B_1y+C_1z+D_1=0,\\A_2x+B_2y+C_2z+D_2=0.\end{cases} \quad (8-15)$$

反之,如果点不在直线 L 上,那么它不可能同时在这两个平面上,从而它的坐标不满足方程组(8-15). 于是,这两个平面的交线 L 可用方程组(8-15)表示,我们称方程组(8-15)为**直线的一般式方程**.

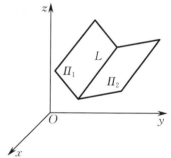

图 8－20

2. 直线的点向式方程与参数方程

若直线 L 过空间一点 $M_0(x_0,y_0,z_0)$,且与一已知非零向量 $s=(m,n,p)$ 平行,则直线 L 的位置就完全确定了. 下面我们来建立直线 L 的方程.

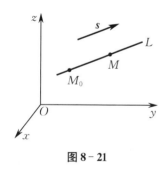

图 8－21

如图 8－21 所示,设 $M(x,y,z)$ 为直线 L 上任意一点,则 $\overrightarrow{M_0M}\ /\!/\ s$,于是 $\overrightarrow{M_0M}=\lambda s$($\lambda$ 为一常数). 由于 $\overrightarrow{M_0M}=(x-x_0,y-y_0,z-z_0)$,因此

$$\frac{x-x_0}{m}=\frac{y-y_0}{n}=\frac{z-z_0}{p}. \quad (8-16)$$

反之,如果点 M 不在直线 L 上,那么 $\overrightarrow{M_0M}$ 与 s 不平行,(8-16)式就不成立. 因此,方程(8-16)就是直线 L 的方程,称 $s=(m,n,p)$ 为直线 L 的方向向量,m,n,p 为直线 L 的一组**方向数**,并称方程(8-16)为**直线的点向式方程**.

因为 $s=(m,n,p)$ 是非零向量,所以 m,n,p 不能同时为0. 当其中某一个或某两个为0时,例如,当 $m=0$ 时,方程(8-16)应理解为 $\begin{cases}x-x_0=0,\\\dfrac{y-y_0}{n}=\dfrac{z-z_0}{p};\end{cases}$ 当 $m=n=0$ 时,方程(8-16)应

理解为 $\begin{cases} x - x_0 = 0, \\ y - y_0 = 0. \end{cases}$

如果设方程(8-16)的比值为 t,那么直线 L 的方程可写成如下形式:

$$\begin{cases} x = x_0 + mt, \\ y = y_0 + nt, \\ z = z_0 + pt. \end{cases} \quad (8-17)$$

方程(8-17)称为**直线的参数方程**,其中 t 为参数.

例 5

求过点 $M(1,0,-3)$ 且与平面 $x - y + 3z - 7 = 0$ 垂直的直线的方程.

解　因为所求直线和已知平面垂直,所以可取平面的法向量 $n = (1,-1,3)$ 作为所求直线的方向向量 s,即取 $s = (1,-1,3)$. 又所求直线过点 $M(1,0,-3)$,由直线的点向式方程得所求直线方程为

$$\frac{x-1}{1} = \frac{y}{-1} = \frac{z+3}{3}.$$

例 6

把直线的一般式方程

$$\begin{cases} x - 2y + 3z - 3 = 0, \\ 3x + y - 2z + 5 = 0 \end{cases}$$

化为直线的点向式方程和参数方程.

解　先求直线上一点 M_0. 不妨令 $z = 0$,代入直线的一般式方程得

$$\begin{cases} x - 2y - 3 = 0, \\ 3x + y + 5 = 0. \end{cases}$$

解方程组得 $x = -1, y = -2$,于是点 M_0 的坐标为 $M_0(-1,-2,0)$.

再求直线的方向向量 s. 因为两平面 $x - 2y + 3z - 3 = 0$ 和 $3x + y - 2z + 5 = 0$ 的法向量分别为 $n_1 = (1,-2,3)$ 和 $n_2 = (3,1,-2)$,所以可取方向向量 $s = n_1 \times n_2$,即

$$s = n_1 \times n_2 = \begin{vmatrix} i & j & k \\ 1 & -2 & 3 \\ 3 & 1 & -2 \end{vmatrix} = i + 11j + 7k.$$

由此可得,直线的点向式方程为

$$\frac{x+1}{1} = \frac{y+2}{11} = \frac{z}{7}.$$

令上式的比值为 t,则直线的参数方程为

$$\begin{cases} x = -1 + t, \\ y = -2 + 11t, \\ z = 7t. \end{cases}$$

三、关于平面和直线的进一步讨论

1. 两平面之间的位置关系

两平面的法向量之间的夹角 θ 称为**两平面的夹角**，这个夹角通常指锐角，规定 $0 \leqslant \theta \leqslant \dfrac{\pi}{2}$.

如图 $8-22$ 所示，设平面 Π_1，Π_2 的法向量分别为 $\boldsymbol{n}_1 = (A_1, B_1, C_1)$，$\boldsymbol{n}_2 = (A_2, B_2, C_2)$，那么这两个平面之间夹角 θ 的余弦为

$$\cos \theta = \frac{|\boldsymbol{n}_1 \cdot \boldsymbol{n}_2|}{|\boldsymbol{n}_1||\boldsymbol{n}_2|} = \frac{|A_1 A_2 + B_1 B_2 + C_1 C_2|}{\sqrt{A_1^2 + B_1^2 + C_1^2} \cdot \sqrt{A_2^2 + B_2^2 + C_2^2}}. \tag{8-18}$$

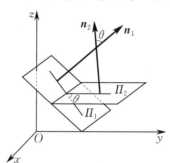

图 8 - 22

由两向量垂直、平行的条件可立即推得如下结论：

平面 $\Pi_1 /\!/ \Pi_2$ 的充要条件为

$$\frac{A_1}{A_2} = \frac{B_1}{B_2} = \frac{C_1}{C_2};$$

平面 $\Pi_1 \perp \Pi_2$ 的充要条件为

$$A_1 A_2 + B_1 B_2 + C_1 C_2 = 0.$$

例 7

设平面 Π_1 的方程为 $2x - y + 2z + 1 = 0$，平面 Π_2 的方程为 $x - y + 5 = 0$，求平面 Π_1 与 Π_2 之间的夹角 θ.

解 平面 Π_1 的法向量 $\boldsymbol{n}_1 = (2, -1, 2)$，平面 Π_2 的法向量 $\boldsymbol{n}_2 = (1, -1, 0)$，而 $|\boldsymbol{n}_1| = 3$，$|\boldsymbol{n}_2| = \sqrt{2}$，$\boldsymbol{n}_1 \cdot \boldsymbol{n}_2 = 2 \times 1 + (-1) \times (-1) + 2 \times 0 = 3$，于是

$$\cos(\boldsymbol{n}_1 \hat{,} \boldsymbol{n}_2) = \frac{|\boldsymbol{n}_1 \cdot \boldsymbol{n}_2|}{|\boldsymbol{n}_1||\boldsymbol{n}_2|} = \frac{3}{3\sqrt{2}} = \frac{\sqrt{2}}{2},$$

得

$$\theta = \arccos \frac{\sqrt{2}}{2} = \frac{\pi}{4}.$$

2. 两直线之间的位置关系

两直线的方向向量之间的夹角 θ 称为**两直线的夹角**，这个夹角通常指锐角，规定 $0 \leqslant \theta \leqslant \dfrac{\pi}{2}$.

设两直线 L_1,L_2 的方向向量分别为 $\boldsymbol{s}_1=(m_1,n_1,p_1),\boldsymbol{s}_2=(m_2,n_2,p_2)$，则由两向量夹角的余弦公式，两直线的夹角 θ 可由下式：

$$\cos\theta=\frac{|\boldsymbol{s}_1\cdot\boldsymbol{s}_2|}{|\boldsymbol{s}_1||\boldsymbol{s}_2|}=\frac{m_1m_2+n_1n_2+p_1p_2}{\sqrt{m_1^2+n_1^2+p_1^2}\cdot\sqrt{m_2^2+n_2^2+p_2^2}} \tag{8-19}$$

来确定.

由两向量垂直、平行的条件可立即推得如下结论：

直线 $L_1 \mathbin{/\!/} L_2$ 的充要条件为

$$\frac{m_1}{m_2}=\frac{n_1}{n_2}=\frac{p_1}{p_2};$$

直线 $L_1 \perp L_2$ 的充要条件为

$$m_1m_2+n_1n_2+p_1p_2=0.$$

例 8

已知一直线过点 $M(1,2,3)$ 且与直线 $\dfrac{x-2}{2}=\dfrac{y+4}{-3}=\dfrac{z}{4}$ 平行，试求此直线的方程.

解　因为所求直线与直线 $\dfrac{x-2}{2}=\dfrac{y+4}{-3}=\dfrac{z}{4}$ 平行，所以所求直线的方向向量 $\boldsymbol{s}$ 可取为 $\boldsymbol{s}=(2,-3,4)$，从而所求的直线方程为

$$\frac{x-1}{2}=\frac{y-2}{-3}=\frac{z-3}{4}.$$

3. 直线与平面之间的位置关系

直线 L 与平面 $\varPi$ 之间的夹角 是指直线 L 与它在平面 $\varPi$ 上的投影直线 L' 之间的夹角 $\varphi\left(0\leqslant\varphi\leqslant\dfrac{\pi}{2}\right)$. 如图 8-23 所示，设直线 L 的方向向量为 $\boldsymbol{s}=(m,n,p)$，平面 $\varPi$ 的法向量为 $\boldsymbol{n}=(A,B,C),(\widehat{\boldsymbol{n},\boldsymbol{s}})=\theta$，由图 8-23 可知，$\theta=\dfrac{\pi}{2}-\varphi$ 或 $\theta=\dfrac{\pi}{2}+\varphi$，所以

$$\sin\varphi=|\cos\theta|=\frac{|\boldsymbol{n}\cdot\boldsymbol{s}|}{|\boldsymbol{n}||\boldsymbol{s}|}=\frac{|Am+Bn+Cp|}{\sqrt{A^2+B^2+C^2}\cdot\sqrt{m^2+n^2+p^2}}. \tag{8-20}$$

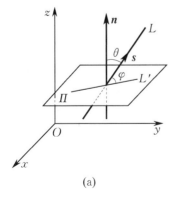
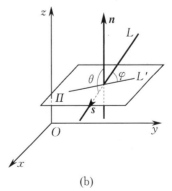

(a)　　　　　　　　　(b)

图 8-23

容易推出,直线 L 与平面 Π 平行的充要条件为 $Am + Bn + Cp = 0$;直线 L 与平面 Π 垂直的充要条件为 $\dfrac{A}{m} = \dfrac{B}{n} = \dfrac{C}{p}$.

例 9

讨论下列直线与平面之间的位置关系,若相交,求出夹角与交点:

(1) 直线 $\dfrac{x}{2} = \dfrac{y-2}{5} = \dfrac{z-6}{3}$ 与平面 $15x - 9y + 5z - 12 = 0$;

(2) 直线 $\dfrac{x-1}{1} = \dfrac{y-2}{-4} = \dfrac{z-3}{1}$ 与平面 $x + y + z - 1 = 0$.

解 (1) 直线的方向向量 $\boldsymbol{s} = (2,5,3)$,平面的法向量 $\boldsymbol{n} = (15, -9, 5)$,因为 $\boldsymbol{n} \cdot \boldsymbol{s} = 15 \times 2 + (-9) \times 5 + 5 \times 3 = 0$,所以 $\boldsymbol{s} \perp \boldsymbol{n}$,即直线与平面平行或在平面内. 又因直线上的点 $(0,2,6)$ 满足平面方程 $15x - 9y + 5z - 12 = 0$,故直线在平面内.

(2) 直线的方向向量 $\boldsymbol{s} = (1, -4, 1)$,平面的法向量 $\boldsymbol{n} = (1,1,1)$,因为 $\boldsymbol{n} \cdot \boldsymbol{s} = 1 \times 1 + 1 \times (-4) + 1 \times 1 = -2 \neq 0$,所以直线与平面相交. 设夹角为 φ,则

$$\sin \varphi = |\cos \theta| = \frac{|\boldsymbol{n} \cdot \boldsymbol{s}|}{|\boldsymbol{n}|\,|\boldsymbol{s}|} = \frac{|-2|}{\sqrt{3} \cdot \sqrt{18}} = \frac{\sqrt{6}}{9},$$

即

$$\varphi = \arcsin \frac{\sqrt{6}}{9} \approx 15°47'35''.$$

为了求出直线与平面的交点,化直线方程为参数方程:$\begin{cases} x = 1 + t, \\ y = 2 - 4t, \\ z = 3 + t, \end{cases}$ 并代入平面方程 $x + y + z - 1 = 0$ 中,得

$$(1 + t) + (2 - 4t) + (3 + t) - 1 = 0.$$

解上述方程,得 $t = \dfrac{5}{2}$. 将 $t = \dfrac{5}{2}$ 代入直线的参数方程,即得所求交点坐标为

$$x = \frac{7}{2}, \quad y = -8, \quad z = \frac{11}{2}.$$

4. 点到平面的距离

如图 8-24 所示,已知点 $P_0(x_0, y_0, z_0)$ 是平面 $\Pi : Ax + By + Cz + D = 0$ 外的一点,现讨论如何求点 P_0 到平面 Π 的距离 d. 我们可以先求过点 $P_0(x_0, y_0, z_0)$、以 $\boldsymbol{n} = (A, B, C)$ 为方向向量的直线 $L : \dfrac{x - x_0}{A} = \dfrac{y - y_0}{B} = \dfrac{z - z_0}{C}$,然后求出直线 L 与平面 Π 的交点 P_1 的坐标,那么 $|\overrightarrow{P_0 P_1}|$ 就是点 P_0 到平面 Π 的距离. 照此思路进行计算,可以得出

$$d = \frac{|Ax_0 + By_0 + Cz_0 + D|}{\sqrt{A^2 + B^2 + C^2}}. \tag{8-21}$$

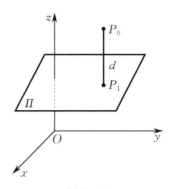

图 8 - 24

例 10

求点 $P(-1,2,1)$ 到平面 $2x-3y+6z-1=0$ 的距离.

解 将 $(x_0,y_0,z_0)=(-1,2,1)$，$(A,B,C)=(2,-3,6)$ 代入(8-21)式,得

$$d=\frac{|2\times(-1)+(-3)\times2+6\times1-1|}{\sqrt{2^2+(-3)^2+6^2}}=\frac{3}{7}.$$

思 考 题 8 - 3

1. 根据平面的一般式方程 $Ax+By+Cz+D=0$,分别讨论平面过原点、过各坐标轴、平行于各坐标轴、平行于各坐标面时方程的表达方式.

2. 根据直线的点向式方程 $\frac{x-x_0}{m}=\frac{y-y_0}{n}=\frac{z-z_0}{p}$,分别讨论直线平行于各坐标轴、平行于各坐标面时方程的表达方式.

3. 已知空间中有不重合的两点 $A(x_1,y_1,z_1)$ 和 $B(x_2,y_2,z_2)$,试建立由 A,B 两点所确定的直线方程.

4. 画出下列平面的图形:

(1) $x-1=0$;   (2) $x-y+3=0$;

(3) $2x+y-3z-6=0$.

习 题 8 - 3

1. 求过 y 轴和点 $M(-3,1,2)$ 的平面方程.

2. 求过点 $P(1,-1,-1)$ 和 $Q(2,2,4)$,且与平面 $x+y-z=0$ 垂直的平面方程.

3. 设平面过点 $(1,2,-1)$,且在 x 轴和 z 轴上的截距等于在 y 轴上截距的两倍,求此平面方程.

4. 试问三点 $A(1,-1,0)$,$B(2,3,-1)$,$C(-1,0,2)$ 是否在同一直线上?若不在同一直线上,求过这三点的平面.

5. 确定下列方程中系数 l 和 m 的值:

(1) 平面 $2x+ly+3z-6=0$ 和平面 $mx-6y-z+2=0$ 平行;

(2) 平面 $3x-5y+lz-3=0$ 和平面 $x+3y+2z+5=0$ 垂直.

6. 一平面平行于 x 轴,并经过两点 $(4,0,-2)$ 和 $(5,1,7)$,求此平面的方程.

7. 求直线 $\begin{cases} x-5y+2z-1=0, \\ z=2+5y \end{cases}$ 的点向式方程和参数方程.

8. 求过点 $(-1,2,1)$ 且与两平面 $x+y-2z-1=0, x+2y-z+1=0$ 平行的直线方程.

9. 求过点 $(2,1,1)$ 且与直线 $\begin{cases} x+2y-z+1=0, \\ 2x+y-z=0 \end{cases}$ 垂直的平面方程.

10. 已知两平面的截距分别为 $1,2,2$ 和 $2,1,-2$，求两平面的夹角.

11. 求过两直线 $\dfrac{x+3}{3}=\dfrac{y+2}{-2}=\dfrac{z}{1}$ 和 $\dfrac{x+3}{3}=\dfrac{y+4}{-2}=\dfrac{z+1}{1}$ 的平面方程.

12. 求直线 $\begin{cases} 3x-y+2z=0, \\ 6x-3y+2z=2 \end{cases}$ 和各坐标轴间的夹角.

13. 试确定下列直线与平面的位置关系：

(1) 直线 $\dfrac{x+3}{2}=\dfrac{y+4}{7}=\dfrac{z-3}{-3}$ 与平面 $4x-2y-2z-3=0$；

(2) 直线 $\dfrac{x}{3}=\dfrac{y}{-2}=\dfrac{z}{7}$ 与平面 $3x-2y+7z-8=0$.

14. 求直线 $\dfrac{x+3}{3}=\dfrac{y+2}{-2}=\dfrac{z}{1}$ 与平面 $x+2y+2z-6=0$ 的交点与夹角.

15. 画出下列平面的图形：

(1) $2x+y+z-6=0$；　　　　　(2) $3x-z-3=0$；

(3) $2y-z=0$；　　　　　　　(4) $y+z=0$.

第四节　曲面与空间曲线

我们在前一节已经学习了平面与直线及其方程. 本节介绍空间中更一般的几何图形——曲面与空间曲线及其方程.

一、曲面及其方程

在平面解析几何中，我们把任何平面曲线都看作点的几何轨迹，并建立了平面曲线的方

图 8-25

程. 在空间解析几何中，任何曲面也都可看作点的几何轨迹，并可用类似的方法建立曲面的方程. 如果曲面 Σ 与三元方程

$$F(x,y,z)=0 \tag{8-22}$$

之间有如下关系：曲面 Σ 上任一点的坐标均满足方程(8-22)，不在曲面 Σ 上的点的坐标均不满足方程(8-22)，那么就称方程(8-22)为**曲面 Σ 的方程**，而曲面 Σ 称为该**方程的图形**(见图 8-25).

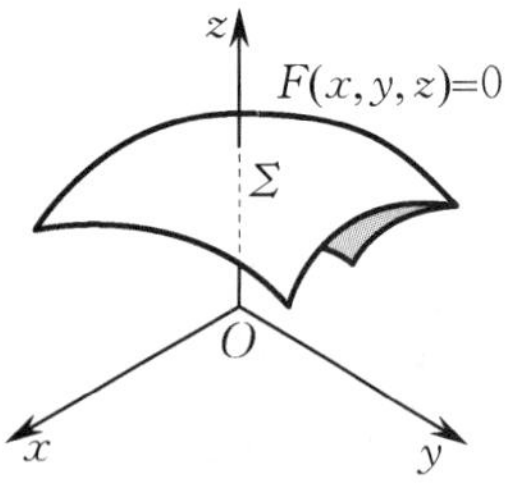

下面讨论球面、柱面、旋转曲面及其方程.

1. 球面

空间中与某个定点等距离的点的轨迹称为**球面**.

下面我们求球心在点 $M_0(x_0,y_0,z_0)$、半径为 R 的球面的方程.

如图 8-26 所示，设 $M(x,y,z)$ 为球面上任意一点，则 $|\overrightarrow{M_0M}|=R$，即

$$\sqrt{(x-x_0)^2+(y-y_0)^2+(z-z_0)^2}=R.$$

上式两边平方,得
$$(x-x_0)^2+(y-y_0)^2+(z-z_0)^2=R^2. \quad (8-23)$$
显然,球面上的点的坐标必满足方程(8-23),而不在球面上的点的坐标不满足方程(8-23),因此方程(8-23)就是以点 $M_0(x_0,y_0,z_0)$ 为球心、以 R 为半径的球面的方程.

如果球心在原点,那么 $x_0=y_0=z_0=0$,从而球面的方程为
$$x^2+y^2+z^2=R^2.$$
将方程(8-23)展开,得
$$x^2+y^2+z^2-2x_0x-2y_0y-2z_0z+x_0^2+y_0^2+z_0^2-R^2=0.$$
因此,球面的方程一般具有形式
$$x^2+y^2+z^2+2b_1x+2b_2y+2b_3z+c=0.$$
反之,形如上式的方程经过配方可以写成
$$(x+b_1)^2+(y+b_2)^2+(z+b_3)^2+c-b_1^2-b_2^2-b_3^2=0.$$
这就是说,只要 $b_1^2+b_2^2+b_3^2-c>0$,它的图形就是一个以点 $(-b_1,-b_2,-b_3)$ 为球心、以 $\sqrt{b_1^2+b_2^2+b_3^2-c}$ 为半径的球面. 如果 $b_1^2+b_2^2+b_3^2-c=0$,它的图形是一个点;如果 $b_1^2+b_2^2+b_3^2-c<0$,它是虚轨迹.

2. 柱面

先分析一个具体的问题:在空间解析几何中,方程 $x^2+y^2=R^2$ 表示怎样的曲面? 我们知道,方程 $x^2+y^2=R^2$ 在 xOy 平面上表示以原点为圆心、R 为半径的圆. 在该圆上任取一点 $M_0(x_0,y_0,0)$,显然有 $x_0^2+y_0^2=R^2$ 成立. 过点 M_0 作平行于 z 轴的直线 M_0M,那么直线 M_0M 上任一点的坐标 (x_0,y_0,z) 均满足该方程. 而当点 M_0 沿圆周移动时,平行于 z 轴的直线 M_0M 就形成一曲面,该曲面就是通常所说的**圆柱面**(见图8-27). 反之,不在此圆柱面上的点,它的坐标不满足这个方程. 因此,该圆柱面的方程就是
$$x^2+y^2=R^2.$$
xOy 平面上的圆周 $x^2+y^2=R^2$ 称为该圆柱面的准线,过圆周与 z 轴平行的直线称为它的母线. 对于柱面,一般有以下定义.

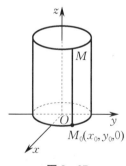

图 8-27

📍**定义1**　平行于定直线并沿定曲线 C 移动的直线 L 所形成的轨迹叫作**柱面**,其中定曲线 C 叫作柱面的**准线**,动直线 L 叫作柱面的**母线**.

如果柱面的准线是 xOy 平面上的曲线 C,它在平面直角坐标系中的方程为 $F(x,y)=0$,那么以 C 为准线、母线平行于 z 轴的柱面方程就是
$$F(x,y)=0.$$
类似地,方程 $G(y,z)=0$ 表示母线平行于 x 轴的柱面;方程 $H(x,z)=0$ 表示母线平行于 y 轴的柱面. 在空间解析几何中,方程中仅出现两个变量,该方程就表示柱面,其母线平行于不出现的那个变量的同名坐标轴.

例如,方程 $x^2=4z$ 表示母线平行于 y 轴的柱面,它的准线为 zOx 平面上的抛物线 $x^2=4z$,这个柱面叫作**抛物柱面**(见图8-28).

平面 $y+z-2=0$ 也可以看作母线平行于 x 轴的柱面,它的准线为 yOz 平面上的直线 $y+z-2=0$(见图 8-29).

方程 $y^2-x^2=1$ 表示母线平行于 z 轴的柱面,它的准线为 xOy 平面上的双曲线,这个柱面叫作**双曲柱面**(见图 8-30).

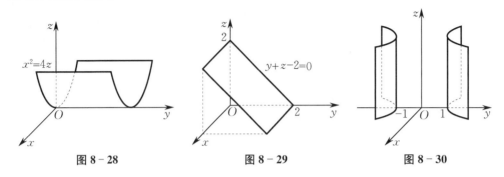

图 8-28   图 8-29   图 8-30

3. 旋转曲面

在第六章我们计算过旋转体的体积,旋转体的侧面就是旋转曲面. 一般地,一平面曲线 C 绕同一平面内的定直线 L 旋转一周所形成的曲面叫作**旋转曲面**,其中定直线 L 叫作旋转曲面的**轴**,动曲线 C 叫作旋转曲面的**母线**.

现在求以 z 轴为轴、yOz 平面上的曲线 $C:f(y,z)=0$ 为母线的旋转曲面的方程.

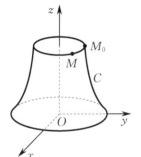

图 8-31

设 $M(x,y,z)$ 为旋转曲面上任一点,它是由母线 C 上的点 $M_0(0,y_0,z_0)$ 绕 z 轴旋转一定角度而得到的. 如图 8-31 所示,当曲线 C 绕 z 轴旋转时,点 M_0 的轨迹是在 $z=z_0$ 平面上半径为 $|y_0|$ 的圆,即轨迹上的点到 z 轴的距离恒等于 $|y_0|$. 于是,点 M 的坐标满足

$$z=z_0, \quad \sqrt{x^2+y^2}=|y_0|.$$

因为点 M_0 在曲线 C 上,所以 $f(y_0,z_0)=0$. 将 $z=z_0$,$\sqrt{x^2+y^2}=|y_0|$ 代入 $f(y,z)=0$,就得到点 M 的坐标应满足的方程

$$f(\pm\sqrt{x^2+y^2},z)=0, \tag{8-24}$$

而不在该旋转曲面上的点的坐标不满足方程(8-24),所以方程(8-24)就是所求的旋转曲面的方程.

同理,曲线 C 绕 y 轴旋转一周所形成的旋转曲面的方程为

$$f(y,\pm\sqrt{x^2+z^2})=0.$$

对其他坐标面上的曲线,绕坐标面上任意一条坐标轴旋转一周所形成的旋转曲面,其方程可用与上述类似的方法求得.

例如,yOz 平面上的直线 $z=ky$ 绕 z 轴旋转一周所形成的旋转曲面的方程为 $z=\pm k\sqrt{x^2+y^2}$,即 $z^2=k^2(x^2+y^2)$,此方程所表示的曲面叫作**圆锥面**(见图 8-32).

又如,zOx 平面上的抛物线 $z=x^2+1$ 绕 z 轴旋转一周所形成的旋转曲面的方程为 $z=(\pm\sqrt{x^2+y^2})^2+1$,即 $z=x^2+y^2+1$,此方程所表示的曲面叫作**旋转抛物面**(见图 8-33).

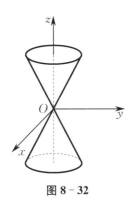

图 8－32

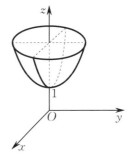

图 8－33

二、空间曲线及其方程

1. 空间曲线的方程

在研究空间直线时,曾把直线看作两平面的交线. 对于一般的空间曲线,也可以看作是两曲面的交线. 设曲面 Σ_1 和 Σ_2 的方程分别为 $F_1(x,y,z)=0$ 和 $F_2(x,y,z)=0$,Σ_1 和 Σ_2 的交线为 C(见图 8－34). 因为交线 C 上的点既在曲面 Σ_1 上也在曲面 Σ_2 上,所以 C 上任一点的坐标满足方程组

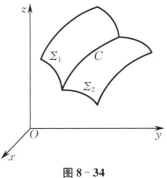

图 8－34

$$\begin{cases} F_1(x,y,z)=0, \\ F_2(x,y,z)=0. \end{cases} \tag{8－25}$$

反之,不在交线 C 上的点,不可能同时在曲面 Σ_1 和 Σ_2 上,因此它的坐标不满足这个方程组. 称方程组(8－25)为**空间曲线 C 的一般方程**.

例 1

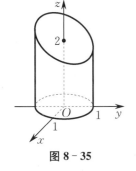

图 8－35

方程组

$$\begin{cases} x^2+y^2=1, \\ 2x+3y+3z=6 \end{cases}$$

表示什么样的曲线?

解　方程组中第一个方程表示圆柱面,其母线平行于 z 轴,准线为 xOy 平面上的圆,圆心在原点,半径为 1. 方程组中第二个方程表示平面. 该方程组表示的曲线是圆柱面与平面的交线(见图 8－35).

空间曲线也可以用参数方程表示,它的一般形式为

$$\begin{cases} x=x(t), \\ y=y(t), \quad (\alpha \leqslant t \leqslant \beta), \\ z=z(t) \end{cases} \tag{8－26}$$

其中 α,β 为条件常数.

例 2

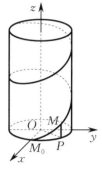

图 8-36

设空间一动点 M 在圆柱面 $x^2 + y^2 = a^2$ 上以角速度 ω 绕 z 轴旋转,同时又以线速度 v 沿平行于 z 轴的正向上升(其中 ω, v 为常数),求动点 M 的轨迹方程.

解 设动点 M 开始时 $(t = 0)$ 的位置在点 $M_0(a, 0, 0)$,经过时间 t,动点 M 的位置为点 (x, y, z)(见图 8-36). 记点 M 在 xOy 平面上的投影为 P,则点 P 的坐标为 $(x, y, 0)$. 由题设知 $\angle M_0 OP = \omega t, z = vt$,所以

$$\begin{cases} x = a\cos \omega t, \\ y = a\sin \omega t, \\ z = vt. \end{cases}$$

它就是动点 M 的轨迹的参数方程. 这条曲线叫作**螺旋线**.

2. 空间曲线在坐标面上的投影

设空间曲线 C 的方程为(8-25). 下面讨论曲线 C 在 xOy 平面上的投影曲线方程.

由方程组(8-25)消去 z 得方程

$$F(x, y) = 0, \tag{8-27}$$

这是一个母线平行于 z 轴的柱面方程. 若点的坐标满足方程组(8-25),则该坐标必满足方程(8-27),因此曲线 C 在方程(8-27)所表示的柱面上,这个柱面称为曲线 C 关于 xOy 平面的**投影柱面**. 由此可得,曲线 C 在 xOy 平面上的投影曲线方程为

$$\begin{cases} F(x, y) = 0, \\ z = 0. \end{cases}$$

用同样的方法可得曲线 C 在 yOz 平面和 zOx 平面上的投影曲线方程.

例 3

求曲线

$$\begin{cases} 2x^2 + z^2 - 4y - 4z = 0, \\ x^2 + 3z^2 + 8y - 12z = 0 \end{cases}$$

在 xOy 平面和 yOz 平面上的投影曲线方程.

解 从所给方程组中消去 z,得

$$x^2 = 4y,$$

因此所给曲线在 xOy 平面上的投影曲线方程为

$$\begin{cases} x^2 = 4y, \\ z = 0. \end{cases}$$

它是 xOy 平面上的一条抛物线.

从所给方程组中消去 x,得

$$z^2 - 4z + 4y = 0,$$

因此所给曲线在 yOz 平面上的投影曲线方程为

$$\begin{cases} z^2 - 4z + 4y = 0, \\ x = 0. \end{cases}$$

它是 yOz 平面上的一条抛物线.

三、二次曲面

在空间直角坐标系中,变量 x,y,z 的二次方程所表示的曲面称为**二次曲面**.例如,球面、圆柱面都是二次曲面.相应地,我们称平面为一次曲面.

在研究曲面的图形时,通常用坐标面或一系列平行于坐标面的平面去截曲面,由截得的曲线(即截痕)的形状可以得出曲面整体的轮廓,这种方法称为**截痕法**.下面我们用截痕法讨论几种常见的二次曲面.

1. 椭球面

由方程

$$\frac{x^2}{a^2} + \frac{y^2}{b^2} + \frac{z^2}{c^2} = 1 \quad (a>0,b>0,c>0) \tag{8-28}$$

所表示的曲面叫作**椭球面**,a,b,c 为椭球面的半轴.

由方程(8-28)可以得出

$$\frac{x^2}{a^2} \leqslant 1, \quad \frac{y^2}{b^2} \leqslant 1, \quad \frac{z^2}{c^2} \leqslant 1, \quad 即 \quad |x| \leqslant a, \quad |y| \leqslant b, \quad |z| \leqslant c,$$

因而该椭球面包含在 $x=\pm a, y=\pm b, z=\pm c$ 这六个平面所围成的长方体内.下面用截痕法讨论该曲面的形状.

用 xOy 平面 $z=0$ 和平行于 xOy 平面的平面 $z=h(0<|h|<c)$ 去截它,得到的截线(即截痕)的方程分别为

$$\begin{cases} \dfrac{x^2}{a^2} + \dfrac{y^2}{b^2} = 1, \\ z=0 \end{cases} \quad 和 \quad \begin{cases} \dfrac{x^2}{a^2\left(1-\dfrac{h^2}{c^2}\right)} + \dfrac{y^2}{b^2\left(1-\dfrac{h^2}{c^2}\right)} = 1, \\ z=h. \end{cases}$$

前一个方程组是 xOy 平面上的椭圆,两个半轴分别为 a,b;后一个方程组是平面 $z=h$ 上的椭圆,两个半轴分别为 $a\sqrt{1-\dfrac{h^2}{c^2}}, b\sqrt{1-\dfrac{h^2}{c^2}}$.当 h 变化时,这些椭圆的中心都在 z 轴上.当 $|h|$ 由 0 逐渐增大,且 $|h|<c$ 时,截痕曲线逐渐缩小;当 $h=\pm c$ 时,截痕缩为一点.

用其他坐标面和平行于坐标面的平面去截此椭球面,所得截痕有类似的结果.

综上所述,椭球面的图形如图 8-37 所示.

在方程(8-28)中,若 a,b,c 中有两个相等,如 $a=b$,此时方程(8-28)变为

$$\frac{x^2+y^2}{a^2} + \frac{z^2}{c^2} = 1,$$

它可以看作椭圆 $\begin{cases} \dfrac{x^2}{a^2} + \dfrac{z^2}{c^2} = 1, \\ y=0 \end{cases}$ 绕 z 轴旋转一周而形成的曲面,因而此时的椭球面叫作**旋转椭球面**.若 $a=b=c$,此时

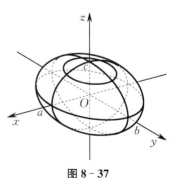

图 8-37

方程(8-28)变为

$$x^2 + y^2 + z^2 = a^2,$$

它表示球面.

2. 椭圆抛物面

由方程

$$\frac{x^2}{a^2} + \frac{y^2}{b^2} = z \quad (a > 0, b > 0) \tag{8-29}$$

所表示的曲面叫作**椭圆抛物面**.

由方程(8-29)知, $z \geq 0$, 因此曲面在 xOy 平面的上方.

用 xOy 平面去截方程(8-29)所表示的曲面, 截痕为一点 $(0,0,0)$, 这点称为椭圆抛物面的**顶点**.

用平面 $z = h(h > 0)$ 去截该曲面, 截痕的方程为

$$\begin{cases} \dfrac{x^2}{a^2 h} + \dfrac{y^2}{b^2 h} = 1, \\ z = h. \end{cases}$$

这是平面 $z = h$ 上的椭圆, 该椭圆的中心在 z 轴上, 半轴分别为 $a\sqrt{h}, b\sqrt{h}$. 当 h 增大时, 所截得的椭圆也越来越大.

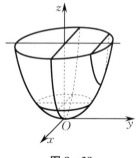

图 8-38

分别用平面 $x = h$ 和 $y = h$ 去截该曲面, 则相应的截痕方程为

$$\begin{cases} y^2 = b^2\left(z - \dfrac{h^2}{a^2}\right), \\ x = h \end{cases} \quad 和 \quad \begin{cases} x^2 = a^2\left(z - \dfrac{h^2}{b^2}\right), \\ y = h, \end{cases}$$

它们分别是平面 $x = h$ 及 $y = h$ 上的抛物线.

综上所述, 椭圆抛物面的图形如图 8-38 所示.

当 $a = b$ 时, 方程(8-29)变为

$$x^2 + y^2 = a^2 z.$$

此时曲面叫作**旋转抛物面**.

3. 单叶双曲面和双叶双曲面

用与上面类似的方法, 还可以得到下列方程的图形.

方程

$$\frac{x^2}{a^2} + \frac{y^2}{b^2} - \frac{z^2}{c^2} = 1 \quad (a > 0, b > 0, c > 0)$$

所表示的曲面叫作**单叶双曲面**, 其图形如图 8-39 所示.

方程

$$\frac{x^2}{a^2} + \frac{y^2}{b^2} - \frac{z^2}{c^2} = -1 \quad (a > 0, b > 0, c > 0)$$

所表示的曲面叫作**双叶双曲面**, 其图形如图 8-40 所示.

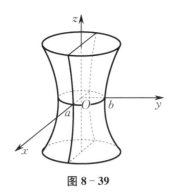

图 8 – 39

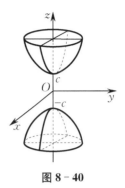

图 8 – 40

例 4

画出下列曲面所围成立体的图形：

(1) $x = 0, y = 0, z = 0, x = 1, y = 2, \dfrac{x}{3} + \dfrac{y}{5} + \dfrac{z}{7} = 1$；

(2) $2 - z = \sqrt{x^2 + y^2}, z = x^2 + y^2$；

(3) $x^2 + y^2 = R^2, x^2 + z^2 = R^2, x = 0, y = 0, z = 0$　（在第 Ⅰ 卦限）；

(4) $z = x^2 + y^2 + 1, x + y = 1, x = 0, y = 0, z = 0$.

解　(1),(2),(3),(4) 问画出的图形分别如图 8 – 41(a),(b),(c),(d) 所示.

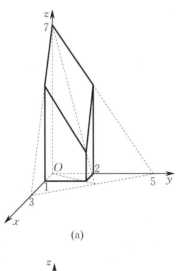

(a)

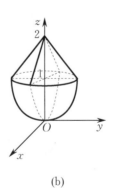

(b)

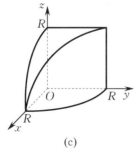

(c)

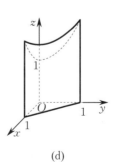

(d)

图 8 – 41

思 考 题 8－4

1. 对于一个母线平行于坐标轴的柱面,它的准线是不是唯一确定的?

2. 方程 $\dfrac{x^2}{a^2}+\dfrac{y^2}{b^2}=-z$ 表示什么曲面? 该曲面在 xOy 平面的上方还是下方?

3. 试用截痕法讨论单叶双曲面 $\dfrac{x^2}{a^2}+\dfrac{y^2}{b^2}-\dfrac{z^2}{c^2}=1(a>0,b>0,c>0)$ 被三个坐标面及平行于坐标面的平面所截的截痕曲线形状.

4. yOz 平面上的曲线 $g(y,z)=0$ 分别绕 y 轴、z 轴旋转一周,求由此得到的旋转曲面的方程.

5. 指出下列方程在平面直角坐标系和空间直角坐标系中分别表示什么图形:

(1) $y=2$;   (2) $x^2-y^2=4$;

(3) $\dfrac{x}{4}-\dfrac{y}{9}=1$;   (4) $\begin{cases} x+y=2, \\ 3x-5y=7. \end{cases}$

6. 求曲线 $\begin{cases} x^2+2y^2=z^2, \\ x-z=0 \end{cases}$ 在 yOz 平面上的投影柱面和投影曲线方程.

习 题 8－4

1. 求出下列方程所表示的球面的球心与半径:

(1) $x^2+y^2+z^2+4x-2y+z+\dfrac{5}{4}=0$;

(2) $2x^2+2y^2+2z^2-z=0$.

2. 一动点到点 $A(2,0,-3)$ 的距离与到点 $B(4,-6,6)$ 的距离之比等于 3,求此动点的轨迹.

3. 有一圆位于距 xOy 平面为 5 个单位的平面上,且它的圆心在 z 轴上,半径为 3,试建立这个圆的方程.

4. 下列方程中哪些表示旋转曲面? 它们是怎样产生的?

(1) $\dfrac{x^2}{4}+\dfrac{y^2}{9}+\dfrac{z^2}{9}=1$;   (2) $x^2+y^2+z^2=1$;

(3) $x^2+\dfrac{y^2}{2}+3z^2=1$;   (4) $x^2-\dfrac{y^2}{4}+z^2=1$;

(5) $x^2+y^2=1$;   (6) $x^2-y^2=1$.

5. 指出下列方程所表示的曲面的名称:

(1) $(x-1)^2+y^2+(z+1)^2=1$;   (2) $2x^2-y^2+2z^2=1$;

(3) $-x^2-y^2+z^2=1$;   (4) $x^2+y^2+4z^2=1$;

(5) $x^2+y^2=5$;   (6) $x^2-y^2-z^2=0$;

(7) $y^2=3x+1$;   (8) $3x^2+5y^2+z^2=6$.

6. 考察曲面 $\dfrac{x^2}{9}-\dfrac{y^2}{25}+\dfrac{z^2}{4}=1$ 在平面 $x=0,y=0,y=5,z=0,z=1,z=2\sqrt{2}$ 上截痕的形状.

7. 求曲线 $\begin{cases} x^2+y^2=z, \\ z=x+1 \end{cases}$ 在 xOy 平面上的投影曲线方程.

8. 求两球面 $x^2+y^2+z^2=1$ 和 $x^2+(y-1)^2+(z-1)^2=1$ 的交线在 xOy 平面上的投影曲线方程.

9. 画出下列曲面所围成的立体的图形:

(1) $z=\sqrt{x^2+y^2},x^2+y^2+z^2=R^2$ （含 z 轴部分）;

(2) $x=0,y=0,z=0,x^2+y^2=R^2,y^2+z^2=R^2$ （在第 Ⅰ 卦限）;

(3) $z=1-x^2,x=1-y^2,z=0$ （在第 Ⅰ 卦限）;

(4) $z = x^2 + 2y^2, z = 6 - 2x^2 - y^2$;

(5) $z = 1 + \sqrt{1 - x^2 - y^2}, x^2 + y^2 = z^2$.

本章小结

本章要求:在理解空间直角坐标系的概念、向量的概念及其坐标表示法的基础上,重点是掌握向量的运算(加法、数乘、数量积与向量积),两向量夹角余弦及两向量平行、垂直的充要条件,熟练掌握平面的点法式方程和直线的点向式方程,掌握平面与直线间的关系,了解空间曲线的一般方程、二次曲面方程及其图形.

1. 空间点集

(1) 三元有序数组 (x, y, z) 与空间中的点一一对应.

(2) 两点 $M_1(x_1, y_1, z_1), M_2(x_2, y_2, z_2)$ 间的距离公式

$$d = |M_1 M_2| = \sqrt{(x_2 - x_1)^2 + (y_2 - y_1)^2 + (z_2 - z_1)^2}.$$

2. 向量的运算

已知向量 $\boldsymbol{a} = (a_x, a_y, a_z), \boldsymbol{b} = (b_x, b_y, b_z)$,则

(1) $\boldsymbol{a} \cdot \boldsymbol{b} = |\boldsymbol{a}||\boldsymbol{b}|\cos(\boldsymbol{a}\hat{,}\boldsymbol{b}) = a_x b_x + a_y b_y + a_z b_z.$

(2) $\boldsymbol{a} \times \boldsymbol{b} = \begin{vmatrix} \boldsymbol{i} & \boldsymbol{j} & \boldsymbol{k} \\ a_x & a_y & a_z \\ b_x & b_y & b_z \end{vmatrix}.$

(3) $\cos(\boldsymbol{a}\hat{,}\boldsymbol{b}) = \dfrac{a_x b_x + a_y b_y + a_z b_z}{\sqrt{a_x^2 + a_y^2 + a_z^2} \cdot \sqrt{b_x^2 + b_y^2 + b_z^2}}.$

(4) $\boldsymbol{a} \cdot \boldsymbol{b} = 0 \Leftrightarrow \boldsymbol{a} \perp \boldsymbol{b} \Leftrightarrow a_x b_x + a_y b_y + a_z b_z = 0,$

$|\boldsymbol{a} \times \boldsymbol{b}| = 0 \Leftrightarrow \boldsymbol{a} = \lambda\boldsymbol{b}(\lambda \text{ 为实数}) \Leftrightarrow \boldsymbol{a} // \boldsymbol{b} \Leftrightarrow \dfrac{a_x}{b_x} = \dfrac{a_y}{b_y} = \dfrac{a_z}{b_z}.$

(5) $|\boldsymbol{a}| = \sqrt{a_x^2 + a_y^2 + a_z^2}.$

(6) $\boldsymbol{a}$ 的方向余弦: $\cos\alpha = \dfrac{a_x}{|\boldsymbol{a}|}, \cos\beta = \dfrac{a_y}{|\boldsymbol{a}|}, \cos\gamma = \dfrac{a_z}{|\boldsymbol{a}|}.$

(7) $\boldsymbol{a}$ 的单位向量 $\boldsymbol{e}_a = \dfrac{\boldsymbol{a}}{|\boldsymbol{a}|}$ ($\boldsymbol{a}$ 为非零向量).

3. 平面的方程

(1) 点法式方程: $A(x - x_0) + B(y - y_0) + C(z - z_0) = 0.$

(2) 一般式方程: $Ax + By + Cz + D = 0(A, B, C \text{ 不同时为 } 0).$

(3) 截距式方程: $\dfrac{x}{a} + \dfrac{y}{b} + \dfrac{z}{c} = 1(a, b, c \text{ 分别为平面在 } x \text{ 轴、} y \text{ 轴、} z \text{ 轴上的截距}).$

4. 直线的方程

(1) 一般式方程: $\begin{cases} A_1 x + B_1 y + C_1 z + D_1 = 0, \\ A_2 x + B_2 y + C_2 z + D_2 = 0. \end{cases}$

(2) 点向式方程: $\dfrac{x - x_0}{m} = \dfrac{y - y_0}{n} = \dfrac{z - z_0}{p}.$

(3) 参数方程：$\begin{cases} x = x_0 + mt, \\ y = y_0 + nt, \quad (t \text{ 为参数}). \\ z = z_0 + pt \end{cases}$

5. 平面与直线间的关系

(1) 两平面 $\varPi_1 : A_1 x + B_1 y + C_1 z + D_1 = 0$，$\varPi_2 : A_2 x + B_2 y + C_2 z + D_2 = 0$ 的夹角 φ 满足关系

$$\cos \varphi = \frac{|A_1 A_2 + B_1 B_2 + C_1 C_2|}{\sqrt{A_1^2 + B_1^2 + C_1^2} \cdot \sqrt{A_2^2 + B_2^2 + C_2^2}}.$$

由此可得，平面 $\varPi_1 \perp \varPi_2$ 的充要条件是 $A_1 A_2 + B_1 B_2 + C_1 C_2 = 0$，平面 $\varPi_1 /\!/ \varPi_2$ 的充要条件是 $\dfrac{A_1}{A_2} = \dfrac{B_1}{B_2} = \dfrac{C_1}{C_2}$.

(2) 两直线 $L_1 : \dfrac{x - x_1}{m_1} = \dfrac{y - y_1}{n_1} = \dfrac{z - z_1}{p_1}$，$L_2 : \dfrac{x - x_2}{m_2} = \dfrac{y - y_2}{n_2} = \dfrac{z - z_2}{p_2}$ 的夹角 θ 满足关系

$$\cos \theta = \frac{|m_1 m_2 + n_1 n_2 + p_1 p_2|}{\sqrt{m_1^2 + n_1^2 + p_1^2} \cdot \sqrt{m_2^2 + n_2^2 + p_2^2}}.$$

由此可得，直线 $L_1 \perp L_2$ 的充要条件是 $m_1 m_2 + n_1 n_2 + p_1 p_2 = 0$，直线 $L_1 /\!/ L_2$ 的充要条件是 $\dfrac{m_1}{m_2} = \dfrac{n_1}{n_2} = \dfrac{p_1}{p_2}$.

(3) 平面 $\varPi : Ax + By + Cz + D = 0$ 与直线 $L : \dfrac{x - x_0}{m} = \dfrac{y - y_0}{n} = \dfrac{z - z_0}{p}$ 的夹角 φ 满足关系

$$\sin \varphi = \frac{|Am + Bn + Cp|}{\sqrt{A^2 + B^2 + C^2} \cdot \sqrt{m^2 + n^2 + p^2}}.$$

由此可得，直线 L 与平面 $\varPi$ 平行的充要条件是 $Am + Bn + Cp = 0$，直线 L 与平面 $\varPi$ 垂直的充要条件是 $\dfrac{A}{m} = \dfrac{B}{n} = \dfrac{C}{p}$.

(4) 点 $P_0(x_0, y_0, z_0)$ 到平面 $Ax + By + Cz + D = 0$ 的距离

$$d = \frac{|Ax_0 + By_0 + Cz_0 + D|}{\sqrt{A^2 + B^2 + C^2}}.$$

6. 常见的曲面方程

(1) 母线平行于 z 轴、x 轴、y 轴的柱面方程分别为

$$f(x, y) = 0, \quad g(y, z) = 0, \quad h(x, z) = 0.$$

(2) 平面曲线 $f(y, z) = 0$ 绕 y 轴、z 轴旋转一周所形成的旋转曲面的方程分别为

$$f(y, \pm\sqrt{x^2 + z^2}) = 0, \quad f(\pm\sqrt{x^2 + y^2}, z) = 0.$$

圆锥面方程为 $x^2 + y^2 = k^2 z^2$（k 为非零常数）.

(3) 二次曲面方程.

椭球面方程：$\dfrac{x^2}{a^2} + \dfrac{y^2}{b^2} + \dfrac{z^2}{c^2} = 1$（$a > 0, b > 0, c > 0$）;

椭圆抛物面方程：$\dfrac{x^2}{a^2} + \dfrac{y^2}{b^2} = z$（$a > 0, b > 0$）;

单叶双曲面方程:$\dfrac{x^2}{a^2}+\dfrac{y^2}{b^2}-\dfrac{z^2}{c^2}=1$　$(a>0,b>0,c>0)$;

双叶双曲面方程:$\dfrac{x^2}{a^2}+\dfrac{y^2}{b^2}-\dfrac{z^2}{c^2}=-1$　$(a>0,b>0,c>0)$.

7. 空间曲线

(1) 空间曲线的一般方程:$\begin{cases}F_1(x,y,z)=0,\\ F_2(x,y,z)=0,\end{cases}$即两曲面的交线.

(2) 空间曲线的参数方程:$\begin{cases}x=x(t),\\ y=y(t),(t\text{ 为参数}).\\ z=z(t)\end{cases}$

自测题八

1. 选择题

(1) 若向量 $\boldsymbol{a}=(a_x,a_y,a_z)$ 与 x 轴垂直,则(　　);

A. $a_x=0$ 　　　　　　　　　　　　　B. $a_y=0$

C. $a_z=0$ 　　　　　　　　　　　　　D. $a_x=a_y=0$

(2) 设向量 $\boldsymbol{a}=(1,1,-1),\boldsymbol{b}=(-1,-1,1)$,则(　　);

A. $\boldsymbol{a}\parallel\boldsymbol{b}$ 　　　　　　　　　　　　B. $\boldsymbol{a}\perp\boldsymbol{b}$

C. $(\hat{\boldsymbol{a},\boldsymbol{b}})=\dfrac{\pi}{3}$ 　　　　　　　　　　D. $(\hat{\boldsymbol{a},\boldsymbol{b}})=\dfrac{2\pi}{3}$

(3) 设 $\boldsymbol{a}\times\boldsymbol{b}=\boldsymbol{a}\times\boldsymbol{c}$,其中 $\boldsymbol{a},\boldsymbol{b},\boldsymbol{c}$ 为非零向量,则(　　);

A. $\boldsymbol{b}=\boldsymbol{c}$ 　　　　　　　　　　　　B. $\boldsymbol{a}\parallel(\boldsymbol{b}-\boldsymbol{c})$

C. $\boldsymbol{a}\perp(\boldsymbol{b}-\boldsymbol{c})$ 　　　　　　　　　D. $|\boldsymbol{b}|=|\boldsymbol{c}|$

(4) 平面 $2z-y=1$(　　);

A. 与 x 轴平行 　　　　　　　　　　B. 与 z 轴垂直

C. 与 xOy 平面垂直 　　　　　　　　D. 与 xOy 平面平行

(5) 直线 $\begin{cases}x+2y=1,\\ 2y+z=1\end{cases}$ 与直线 $\dfrac{x}{1}=\dfrac{y-1}{6}=\dfrac{z-1}{-1}$ 的关系是(　　);

A. 垂直 　　　　　　　　　　　　　　B. 既不平行也不垂直

C. 平行 　　　　　　　　　　　　　　D. 重合

(6) 平面 $x-y-z+1=0$ 与直线 $\dfrac{x-3}{1}=\dfrac{y}{-1}=\dfrac{z+2}{2}$ 的关系是(　　);

A. 垂直 　　　　　　　　　　　　　　B. 相交但不垂直

C. 直线在平面上 　　　　　　　　　　D. 平行

(7) 柱面 $x^2+z=0$ 的母线平行于(　　);

A. y 轴 　　　　　　　　　　　　　　B. x 轴

C. z 轴 　　　　　　　　　　　　　　D. zOx 平面

(8) 曲面 $z=2x^2+4y^2$ 称为(　　).

A. 椭球面 　　　　　　　　　　　　　B. 圆锥面

C. 旋转抛物面 　　　　　　　　　　　D. 椭圆抛物面

2. 填空题

(1) 点 $M(3,0,4)$ 到 z 轴的距离是_____;

(2) 设向量 $\boldsymbol{a} = \boldsymbol{i} + \boldsymbol{j} - 4\boldsymbol{k}, \boldsymbol{b} = 2\boldsymbol{i} + \lambda\boldsymbol{k}$,且 $\boldsymbol{a} \perp \boldsymbol{b}$,则 λ _____;

(3) 设向量 $\boldsymbol{a} = 2\boldsymbol{i} + 3\boldsymbol{j} - 2\boldsymbol{k}$,则 $\boldsymbol{a} \cdot \boldsymbol{i} = $ _____,$\boldsymbol{a} \times \boldsymbol{i} = $ _____;

(4) 设平面 $Ax + By + Cz + D = 0$ 通过原点,且与平面 $6x - 2z + 5 = 0$ 平行,则 $A = $ _____,$B = $ _____,$C = $ _____;

(5) 设直线 $\dfrac{x-1}{m} = \dfrac{y+2}{2} = \lambda(z-1)$ 与平面 $-3x + 6y + 3z + 25 = 0$ 垂直,则 $m = $ _____,$\lambda = $ _____;

(6) 球面 $x^2 + y^2 + z^2 - 2x + 2y = 0$ 的球心为_____,半径为_____;

(7) 曲面 $z^2 = x^2 + y^2$ 与平面 $z = 5$ 的交线在 xOy 平面上的投影方程为_____.

3. 已知向量 $\boldsymbol{a}$ 的方向角 $\alpha = \dfrac{\pi}{3}, \beta = \dfrac{2\pi}{3}, |\boldsymbol{a}| = 2$,求:

(1) $\boldsymbol{a}$ 的坐标;

(2) 与 $\boldsymbol{a}$ 的方向相同的单位向量 $\boldsymbol{e}_a$.

4. 已知向量 $\boldsymbol{a} = 2\boldsymbol{i} - \boldsymbol{k}, \boldsymbol{b} = 3\boldsymbol{i} + \boldsymbol{j} + 4\boldsymbol{k}$,求:

(1) $(3\boldsymbol{a} - 2\boldsymbol{b}) \cdot (\boldsymbol{a} + 5\boldsymbol{b})$;

(2) $(2\boldsymbol{a} - \boldsymbol{b}) \times (2\boldsymbol{a} + \boldsymbol{b})$.

5. 已知三点 $A(1,2,0), B(3,0,-3)$ 和 $C(5,2,6)$,求 $\triangle ABC$ 的面积.

6. 求过点 $(1,-1,1)$ 且与两平面 $x - y + z - 1 = 0$ 和 $2x + y + z + 1 = 0$ 垂直的平面方程.

7. 求过点 $(2,3,-8)$ 且与直线 $x = 1 + t, y = 1 - t, z = 1 + 2t$ 平行的直线方程.

8. 求直线 $\dfrac{x+2}{3} = \dfrac{y-2}{-1} = \dfrac{z+1}{2}$ 与平面 $2x + 3y + 3z - 8 = 0$ 的交点及夹角的正弦.

9. 求曲线 $\begin{cases} 25x^2 + 4y^2 = 100, \\ z = 0 \end{cases}$ 分别绕 x 轴和 y 轴旋转一周所形成的旋转曲面的方程.

09 第九章
多元函数微分学

课程思政

在第一章至第六章中,我们讨论的函数都只有一个自变量,这种函数称为一元函数.但在许多实际问题中,我们往往要考虑多个变量之间的关系,反映到数学上,就是要考虑一个变量(因变量)与另外多个变量(自变量)的相互依赖关系.由此引入了多元函数以及多元函数的微积分问题.

本章将在一元函数微分学的基础上,进一步讨论多元函数的微分学,讨论中以二元函数为主要对象,这是因为有关的概念和方法大多有比较直观的解释,便于理解,且这些概念和方法大多能推广到二元以上的多元函数上.

<table>
<tr><td>第一节</td><td>多元函数的基本概念</td></tr>
</table>

一、平面区域的概念

1. 邻域

设 $P_0(x_0, y_0)$ 为 xOy 平面上的一个点，$\delta > 0$，称点集

$$\{P \mid |PP_0| < \delta\} = \{(x, y) \mid \sqrt{(x-x_0)^2 + (y-y_0)^2} < \delta\}$$

为点 P_0 的 δ **邻域**，记作 $U(P_0, \delta)$. 同样，$\mathring{U}(P_0, \delta)$ 称为点 P_0 的**去心 δ 邻域**，即

$$\mathring{U}(P_0, \delta) = \{P \mid 0 < |PP_0| < \delta\}$$
$$= \{(x, y) \mid 0 < \sqrt{(x-x_0)^2 + (y-y_0)^2} < \delta\}.$$

2. 区域

设 E 是平面上的一个点集，$P \in E$. 若存在点 P 的某一邻域 $U(P)$，使得 $U(P) \subset E$，则称 P 为 E 的**内点**（见图 9-1）.

如果 E 中的每一点都是 E 的内点，则称 E 为**开集**.

设 E 为开集. 若对于 E 中任意两点 P_1 和 P_2，都可以用 E 中的一条折线 L 相连，则称 E 为**连通的开集**. 连通的开集又称为**开区域**或**区域**.

设 E 为一区域，P 为一定点. 若在点 P 的任一邻域内有属于 E 的点，也有不属于 E 的点，则称 P 为 E 的**边界点**（见图 9-2）. 边界点 P 可能属于 E，也可能不属于 E，若 E 的全部边界点都属于 E，则称 E 为**闭区域**.

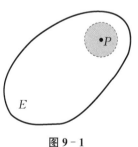

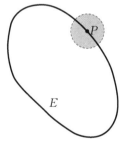

图 9-1　　　　　　　　　　　　　　　　图 9-2

例如，集合 $D = \{(x, y) \mid x^2 + y^2 < 1\}$ 是一开区域，满足 $x^2 + y^2 = 1$ 的点 (x, y) 是区域 D 的边界点，满足 $x^2 + y^2 < 1$ 的点 (x, y) 是 D 的内点，开区域 D 连同边界点所构成的集合 $\{(x, y) \mid x^2 + y^2 \leqslant 1\}$ 是一闭区域.

设 E 为一平面点集. 若存在正数 k，使得对于任意的 $P(x, y) \in E$，都有

$$\sqrt{x^2 + y^2} < k,$$

则称 E 为**有界点集**；否则，称 E 为**无界点集**. 若 E 为有界点集的区域时，称 E 为有界区域. 类似地，可定义无界区域.

例如，集合 $\{(x, y) \mid 1 < x^2 + y^2 < 4\}$ 是一区域，并且是一有界区域；集合 $\{(x, y) \mid 1 \leqslant x^2 +$

$y^2 \leqslant 4\}$ 是一闭区域,并且是一有界闭区域;集合 $\{(x,y) \mid x+y>0\}$ 是一无界区域,它们的图形分别如图 $9-3(a),(b),(c)$ 所示.

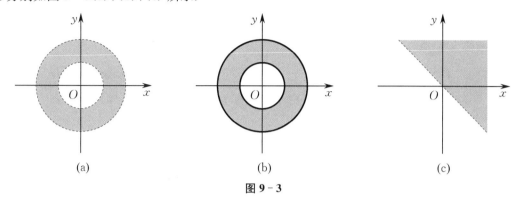

(a)　　　　　　　　　(b)　　　　　　　　　(c)

图 9-3

二、多元函数的概念

📍**定义 1**　　设有三个变量 x,y 和 z. 如果当变量 x,y 在它们的变化范围 D 中任意取定一对数值时,变量 z 按照给定的规则 f 都有唯一确定的数值与之对应,则称 f 是 D 上的**二元函数**. 与变量 x,y 相对应的 z 值称为 f 在 (x,y) 处的函数值,记作 $z=f(x,y)$,其中 x,y 称为**自变量**,z 称为**因变量**,D 称为函数 f 的**定义域**.

为了讨论方便起见,今后用记号 $z=f(x,y)$ 表示二元函数 f,且如同用 x 轴上的点表示实数 x 一样,我们用 xOy 平面上的点 $P(x,y)$ 表示一对有序数组 (x,y).

类似地,可以定义三元函数 $u=f(x,y,z)$ 以及三元以上的函数. 二元及二元以上的函数统称为**多元函数**.

例 1

求函数 $f(x,y)=\sqrt{4-x^2-y^2}$ 的定义域,并计算 $f(0,1)$ 和 $f(-1,1)$.

解　显然当根式内的表示式非负时才有确定的 z 值,因此定义域为
$$D=\{(x,y) \mid x^2+y^2 \leqslant 4\}.$$
在 xOy 平面上,D 表示由圆周 $x^2+y^2=4$ 以及圆周内的全部点所构成的全体(见图 $9-4$).

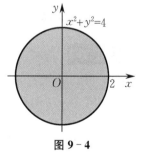

图 9-4

$$f(0,1)=\sqrt{4-0^2-1^2}=\sqrt{3},$$
$$f(-1,1)=\sqrt{4-(-1)^2-1^2}=\sqrt{2}.$$

例 2

求函数 $z=\ln(x-y+1)$ 的定义域.

解　当 $x-y+1>0$,即 $y<x+1$ 时,$\ln(x-y+1)$ 才有意义,因此定义域为
$$D=\{(x,y) \mid y<x+1\}.$$
D 在 xOy 平面上表示在直线 $y=x+1$ 下方但不包括此直线的半平面(见图 $9-5$).

例 3

求函数 $z=\ln(4-x^2-y^2)+\sqrt{x^2+y^2-1}$ 的定义域.

解 要使表达式有意义,必须同时满足

$$\begin{cases} 4-x^2-y^2>0, \\ x^2+y^2-1\geqslant 0, \end{cases}$$

从而定义域为

$$D=\{(x,y)\,|\,1\leqslant x^2+y^2<4\}.$$

它在 xOy 平面上表示以原点为圆心、半径分别为 1 和 2 的两个同心圆所围成的(包含内圆 $x^2+y^2=1$,但不包含外圆 $x^2+y^2=4$)圆环(见图 9-6).

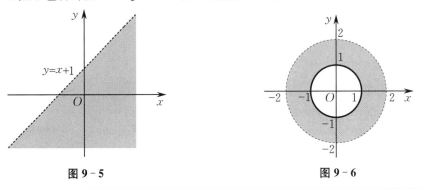

图 9-5　　　　　　　　　图 9-6

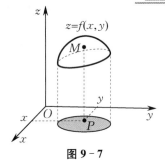

图 9-7

对于二元函数 $z=f(x,y)$,我们可以将变量 x,y,z 的值作为空间直角坐标系中点的坐标.设二元函数 $z=f(x,y)$ 的定义域为 xOy 平面上某一区域 D,对于 D 内的任一点 $P(x,y)$,可得对应的函数值 $z=f(x,y)$,这样在空间直角坐标系中就确定了一个点 $M(x,y,z)$ 与点 $P(x,y)$ 对应.当点 $P(x,y)$ 取遍函数定义域 D 内的所有点时,对应点 $M(x,y,z)$ 的轨迹就是二元函数 $z=f(x,y)$ 的图形,一般地,它表示一个曲面(见图 9-7).

三、二元函数的极限

定义 2　设二元函数 $z=f(x,y)$ 的定义域为 $D,P_0(x_0,y_0)$ 为一定点,且 P_0 的任何去心邻域 $\mathring{U}(P_0)$ 内都有 D 中的点.如果存在一常数 A,对于任意给定的 $\varepsilon>0$,总存在 $\delta>0$,使得当 $0<|PP_0|<\delta$ 时,有

$$|f(x,y)-A|<\varepsilon,$$

则称 A 为函数 $z=f(x,y)$ 当点 P 趋于点 P_0 时的**极限**,记作

$$\lim_{P\to P_0}f(P)=A \quad \text{或} \quad \lim_{\substack{x\to x_0 \\ y\to y_0}}f(x,y)=A.$$

二元函数的极限与一元函数的极限具有相同的性质和运算法则,在此不再详述.为了区别于一元函数的极限,我们称二元函数的极限为二重极限.

值得注意的是,在定义 2 中,动点 P 趋于点 P_0 的方式是任意的(见图 9-8),即若 $\lim\limits_{P\to P_0}f(P)=A$,则无论动点 P 以何种方式趋

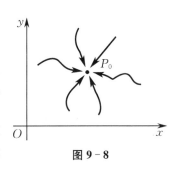

图 9-8

于点 P_0，都有 $f(P) \to A$. 我们可以由此来证明一个二元函数的二重极限不存在.

例 4

求 $\lim\limits_{\substack{x \to 0 \\ y \to 0}} \left[(x^2 + y^2) \sin \dfrac{1}{x^2 + y^2} \right]$.

解　令 $u = x^2 + y^2$，则

$$\lim_{\substack{x \to 0 \\ y \to 0}} \left[(x^2 + y^2) \sin \frac{1}{x^2 + y^2} \right] = \lim_{u \to 0} u \sin \frac{1}{u} = 0.$$

例 5

求 $\lim\limits_{\substack{x \to 0 \\ y \to 0}} \dfrac{\sin xy}{x}$.

解　因为 $0 \leqslant \left| \dfrac{\sin xy}{x} \right| = \dfrac{|\sin xy|}{|x|} \leqslant \dfrac{|xy|}{|x|} = |y|$，又 $\lim\limits_{\substack{x \to 0 \\ y \to 0}} |y| = 0$，所以 $\lim\limits_{\substack{x \to 0 \\ y \to 0}} \left| \dfrac{\sin xy}{x} \right| = 0$，

从而

$$\lim_{\substack{x \to 0 \\ y \to 0}} \frac{\sin xy}{x} = 0.$$

例 6

讨论函数 $f(x,y) = \begin{cases} \dfrac{xy}{x^2 + y^2}, & x^2 + y^2 \neq 0 \\ 0, & x^2 + y^2 = 0 \end{cases}$ 在点 $(0,0)$ 处的极限是否存在.

解　当点 (x,y) 沿 $y = x$ 趋于点 $(0,0)$ 时，有

$$\lim_{\substack{x \to 0 \\ y \to 0 \\ (y=x)}} \frac{xy}{x^2 + y^2} = \lim_{\substack{x \to 0 \\ y \to 0}} \frac{1}{2} = \frac{1}{2};$$

当点 (x,y) 沿 $y = -x$ 趋于点 $(0,0)$ 时，有

$$\lim_{\substack{x \to 0 \\ y \to 0 \\ (y=-x)}} \frac{xy}{x^2 + y^2} = \lim_{\substack{x \to 0 \\ y \to 0}} \left(-\frac{1}{2} \right) = -\frac{1}{2}.$$

由于函数 $f(x,y)$ 在点 (x,y) 沿 $y = x$ 与 $y = -x$ 两条不同路径趋于点 $(0,0)$ 时的极限不同，因而当 $(x,y) \to (0,0)$ 时，函数 $f(x,y)$ 的极限不存在.

四、二元函数的连续性

定义 3　设二元函数 $z = f(x,y)$ 的定义域为 D，$P_0(x_0,y_0)$ 是 D 的一个内点. 如果

$$\lim_{\substack{x \to x_0 \\ y \to y_0}} f(x,y) = f(x_0,y_0) \tag{9-1}$$

或

$$\lim_{P \to P_0} f(P) = f(P_0),$$

则称函数 $z = f(x,y)$ 在点 $P_0(x_0,y_0)$ 处**连续**.

若令 $x = x_0 + \Delta x, y = y_0 + \Delta y$,则有

$$\Delta z = f(x,y) - f(x_0,y_0) = f(x_0 + \Delta x, y_0 + \Delta y) - f(x_0,y_0).$$

我们称 Δz 为函数 $z = f(x,y)$ 在点 $P_0(x_0,y_0)$ 处的**全增量**.

当 $x \to x_0, y \to y_0$ 时,$\Delta x \to 0, \Delta y \to 0$,反之亦然. 于是,定义 3 中(9-1)式可改写成

$$\lim_{\substack{\Delta x \to 0 \\ \Delta y \to 0}} [f(x_0 + \Delta x, y_0 + \Delta y) - f(x_0,y_0)] = 0,$$

即

$$\lim_{\substack{\Delta x \to 0 \\ \Delta y \to 0}} \Delta z = 0.$$

如果函数 $z = f(x,y)$ 在点 $P_0(x_0,y_0)$ 处不连续,则称点 $P_0(x_0,y_0)$ 为 $f(x,y)$ 的**间断点**或**不连续点**.

例如,函数

$$f(x,y) = \frac{x^2 + y^2}{x^2 - y^2}$$

当 $x^2 - y^2 = 0$ 时没有定义,所以直线 $y = x$ 和 $y = -x$ 上的点都是它的间断点.

如果函数 $z = f(x,y)$ 在区域 D 内每一点处都连续,则称 $z = f(x,y)$ 在 D 内连续. 与一元函数类似,二元连续函数的和、差、积、商(分母不等于 0)仍是连续函数;二元连续函数的复合函数也是连续函数. 二元初等函数在其定义区域内是连续的. 利用这个结论,当求某个二元初等函数在其定义区域内某点 P_0 的极限时,只要计算出函数在该点的函数值即可.

例如,$\lim\limits_{\substack{x \to 0 \\ y \to 1}} \left[\ln(y - x) + \dfrac{y}{1 - x^2} \right] = \ln(1 - 0) + \dfrac{1}{1 - 0^2} = 1.$

特别地,在有界闭区域 D 上连续的二元函数也有类似于一元连续函数在闭区间上所满足的性质,下面我们列出这些性质,但不做证明.

性质 1 在有界闭区域 D 上的二元连续函数,在 D 上至少取得它的最大值和最小值各一次.

性质 2 在有界闭区域 D 上的二元连续函数,在 D 上一定有界.

性质 3 在有界闭区域 D 上的二元连续函数,若在 D 上取得两个不同的函数值,则它在 D 上必取得介于这两个值之间的任何值至少一次.

思 考 题 9-1

1. 比较一元函数与二元函数的极限、连续概念的异同.

2. 比较闭区间上的一元连续函数的性质,有界闭区域上的二元连续函数是否具有相应的性质?

习 题 9-1

1. 求下列函数的表达式:

(1) 已知 $f(x,y) = x^2 - y^2$,求 $f\left(x + y, \dfrac{y}{x}\right)$;

(2) 已知 $f\left(x + y, \dfrac{y}{x}\right) = x^2 - y^2$,求 $f(x,y)$.

2. 当 $x = \dfrac{1}{2}(1 + \sqrt{3}), y = \dfrac{1}{2}(1 - \sqrt{3})$ 时,求函数 $z = \left[\dfrac{\arctan(x + y)}{\arctan(x - y)}\right]^2$ 的值.

3.设函数 $f(x,y) = \dfrac{2xy}{x^2+y^2}$,求 $f\left(1, \dfrac{y}{x}\right)$.

4.证明:函数 $F(x,y) = xy$ 满足关系式

$$F(ax+by, cu+dv) = acF(x,u) + bcF(y,u) + adF(x,v) + bdF(y,v).$$

5.求下列函数的定义域:

(1) $z = \dfrac{x^2+y^2}{x^2-y^2}$;

(2) $z = \arcsin\dfrac{y}{x}$;

(3) $z = \ln(y^2 - 4x + 8)$;

(4) $u = \dfrac{1}{\sqrt{x}} + \dfrac{1}{\sqrt{y}} + \dfrac{1}{\sqrt{z}}$.

6.求下列极限:

(1) $\lim\limits_{\substack{x\to 0 \\ y\to 2}} \dfrac{\sin xy}{x}$;

(2) $\lim\limits_{\substack{x\to 0 \\ y\to 0}} \dfrac{2-\sqrt{xy+4}}{xy}$;

(3) $\lim\limits_{\substack{x\to 0 \\ y\to 0}} \dfrac{x^2 y}{x^3 - y^3}$;

(4) $\lim\limits_{\substack{x\to 0 \\ y\to 1}} xy\sin\dfrac{1}{x^2+y^2}$.

第二节　偏　导　数

一、偏导数的定义及计算法

在研究一元函数时,我们从研究函数的变化率引入了导数的概念.然而在实际问题中,我们常常需要了解一个受到多种因素制约的变量,在其他因素固定不变的情况下,该变量只随一种因素变化的变化率问题,反映在数学上就是多元函数在其他自变量固定不变时,函数随一个自变量变化的变化率问题,这就是偏导数.

以二元函数 $z = f(x,y)$ 为例,如果固定自变量 $y = y_0$,则函数 $z = f(x,y_0)$ 就是 x 的一元函数,该函数对 x 的导数,就称为二元函数 $z = f(x,y)$ 对 x 的偏导数.一般地,我们有如下定义.

定义 1　设函数 $z = f(x,y)$ 在点 (x_0, y_0) 的某一邻域内有定义,当 y 固定在 y_0,而 x 在 x_0 处有增量 Δx 时,相应的函数有增量

$$f(x_0 + \Delta x, y_0) - f(x_0, y_0).$$

如果极限

$$\lim_{\Delta x \to 0} \frac{f(x_0 + \Delta x, y_0) - f(x_0, y_0)}{\Delta x}$$

存在,则称此极限值为函数 $z = f(x,y)$ 在点 (x_0, y_0) 处对 x 的**偏导数**,记作

$$\frac{\partial z}{\partial x}\bigg|_{\substack{x=x_0 \\ y=y_0}}, \quad \frac{\partial f}{\partial x}\bigg|_{\substack{x=x_0 \\ y=y_0}}, \quad z_x\big|_{\substack{x=x_0 \\ y=y_0}} \quad \text{或} \quad f_x(x_0, y_0).$$

类似地,当 x 固定在 x_0,而 y 在 y_0 处有增量 Δy 时,如果极限

$$\lim_{\Delta y \to 0} \frac{f(x_0, y_0 + \Delta y) - f(x_0, y_0)}{\Delta y}$$

存在,则称此极限值为函数 $z = f(x,y)$ 在点 (x_0, y_0) 处对 y 的**偏导数**,记作

$$\frac{\partial z}{\partial y}\bigg|_{\substack{x=x_0\\y=y_0}}, \quad \frac{\partial f}{\partial y}\bigg|_{\substack{x=x_0\\y=y_0}}, \quad z_y\bigg|_{\substack{x=x_0\\y=y_0}} \quad \text{或} \quad f_y(x_0,y_0).$$

如果函数 $z=f(x,y)$ 在区域 D 内每一点 (x,y) 处对 x 的偏导数都存在,那么这个偏导数就是 x,y 的函数,称为函数 $z=f(x,y)$ 对自变量 x 的**偏导函数**,记作

$$\frac{\partial z}{\partial x}, \quad \frac{\partial f}{\partial x}, \quad z_x \quad \text{或} \quad f_x(x,y).$$

类似地,可以定义函数 $z=f(x,y)$ 对自变量 y 的**偏导函数**,记作

$$\frac{\partial z}{\partial y}, \quad \frac{\partial f}{\partial y}, \quad z_y \quad \text{或} \quad f_y(x,y).$$

以后如不混淆,偏导函数简称为**偏导数**.

根据定义,对函数 $z=f(x,y)$ 求 $\frac{\partial f}{\partial x}$ 时,只要把变量 y 暂时看作常量,而对 x 求导数;求 $\frac{\partial f}{\partial y}$ 时,只要把变量 x 暂时看作常量,而对 y 求导数. 因此,求二元函数 $z=f(x,y)$ 的偏导数,不需要新的方法,仍旧是一元函数的微分法问题.

例 1

设函数 $z=x^y(x>0,x\neq 1,y$ 为任意实数且 $y\neq 0)$,试证:

$$\frac{x}{y}\cdot\frac{\partial z}{\partial x}+\frac{1}{\ln x}\cdot\frac{\partial z}{\partial y}=2z.$$

证 先把变量 y 看作常量,于是 $z=x^y$ 是 x 的幂函数,因此有

$$\frac{\partial z}{\partial x}=yx^{y-1}.$$

再把变量 x 看作常量,于是 $z=x^y$ 是 y 的指数函数,因此有

$$\frac{\partial z}{\partial y}=x^y\ln x.$$

由此可得

$$\frac{x}{y}\cdot\frac{\partial z}{\partial x}+\frac{1}{\ln x}\cdot\frac{\partial z}{\partial y}=\frac{x}{y}\cdot yx^{y-1}+\frac{1}{\ln x}\cdot x^y\ln x=x^y+x^y=2z.$$

例 2

设函数 $z=\frac{x}{y}\sin x^2y^3$,求 $\frac{\partial z}{\partial x},\frac{\partial z}{\partial y}$.

解 求 $\frac{\partial z}{\partial x}$ 时,把变量 y 看作常量,得

$$\frac{\partial z}{\partial x}=\frac{x}{y}\cdot\frac{\partial}{\partial x}(\sin x^2y^3)+\frac{\partial}{\partial x}\left(\frac{x}{y}\right)\cdot\sin x^2y^3$$

$$=\frac{x}{y}\cos x^2y^3\cdot 2xy^3+\frac{1}{y}\sin x^2y^3$$

$$=2x^2y^2\cos x^2y^3+\frac{1}{y}\sin x^2y^3.$$

求 $\frac{\partial z}{\partial y}$ 时,把变量 x 看作常量,得

$$\frac{\partial z}{\partial y} = \frac{x}{y} \cdot \frac{\partial}{\partial y}(\sin x^2 y^3) + \frac{\partial}{\partial y}\left(\frac{x}{y}\right) \cdot \sin x^2 y^3$$

$$= \frac{x}{y}\cos x^2 y^3 \cdot 3x^2 y^2 - \frac{x}{y^2}\sin x^2 y^3$$

$$= 3x^3 y\cos x^2 y^3 - \frac{x}{y^2}\sin x^2 y^3.$$

例 3

设函数 $f(x,y) = \dfrac{xy}{\sqrt{x^2+y^2}}$,求 $f_x(3,4)$.

解 $f_x(x,y) = \dfrac{y\sqrt{x^2+y^2} - xy\dfrac{\partial}{\partial x}(\sqrt{x^2+y^2})}{(\sqrt{x^2+y^2})^2} = \dfrac{y^3}{(x^2+y^2)^{\frac{3}{2}}}$,

将点 $(3,4)$ 代入 $f_x(x,y)$,得

$$f_x(3,4) = \frac{4^3}{(3^2+4^2)^{\frac{3}{2}}} = \frac{64}{125}.$$

关于二元函数 $z = f(x,y)$,如果有 $f(x,y) = f(y,x)$ 成立,则称函数 $z = f(x,y)$ 对变量 x,y 是**对称的**. 对于变量 x,y 对称的函数,只要在求得的偏导数 $\dfrac{\partial z}{\partial x}$ 中把 x 与 y 互换就能得到 $\dfrac{\partial z}{\partial y}$,如例 3 中 z 对变量 x,y 是对称的,故有 $f_y(x,y) = \dfrac{x^3}{(x^2+y^2)^{\frac{3}{2}}}$.

例 4

已知理想气体的状态方程 $pV = RT$(R 为常数),求证:

$$\frac{\partial p}{\partial V} \cdot \frac{\partial V}{\partial T} \cdot \frac{\partial T}{\partial p} = -1.$$

证 因为

$$p = \frac{RT}{V}, \quad \frac{\partial p}{\partial V} = -\frac{RT}{V^2},$$

$$V = \frac{RT}{p}, \quad \frac{\partial V}{\partial T} = \frac{R}{p},$$

$$T = \frac{pV}{R}, \quad \frac{\partial T}{\partial p} = \frac{V}{R},$$

所以

$$\frac{\partial p}{\partial V} \cdot \frac{\partial V}{\partial T} \cdot \frac{\partial T}{\partial p} = -\frac{RT}{V^2} \cdot \frac{R}{p} \cdot \frac{V}{R} = -\frac{RT}{pV} = -1.$$

例 4 的结果表明,偏导数的记号是一个整体记号,不能理解为分子与分母之商,如 $\dfrac{\partial p}{\partial V}$ 绝不能看作是 ∂p 与 ∂V 之商,这是与一元函数的导数记号的不同之处.

二元函数的偏导数的定义,可以推广到三元及三元以上的函数.

例 5

设函数 $r = \sqrt{x^2 + y^2 + z^2}$,求证:$x \dfrac{\partial r}{\partial x} + y \dfrac{\partial r}{\partial y} + z \dfrac{\partial r}{\partial z} = r$.

证 把 y 和 z 看作常量,得

$$\frac{\partial r}{\partial x} = \frac{x}{\sqrt{x^2 + y^2 + z^2}} = \frac{x}{r}.$$

与二元函数一样,由于 r 对变量 x, y 和 z 都是对称的,因此有

$$\frac{\partial r}{\partial y} = \frac{y}{r}, \quad \frac{\partial r}{\partial z} = \frac{z}{r},$$

从而

$$x \frac{\partial r}{\partial x} + y \frac{\partial r}{\partial y} + z \frac{\partial r}{\partial z} = \frac{x^2 + y^2 + z^2}{r} = r.$$

二元函数 $z = f(x, y)$ 在点 (x_0, y_0) 处的偏导数有下述几何意义:

如图 9-9 所示,曲面 Σ 表示函数 $z = f(x, y)$ 的图形,$M_0(x_0, y_0, f(x_0, y_0))$ 为曲面 Σ 上的一点. 过点 M_0 作平面 $y = y_0$,截此曲面得一曲线,其方程为

$$\begin{cases} z = f(x, y_0), \\ y = y_0. \end{cases}$$

根据一元函数的导数的几何意义可知,一元函数 $z = f(x, y_0)$ 在 x_0 处的导数 $\dfrac{\mathrm{d}}{\mathrm{d}x} f(x, y_0)|_{x=x_0}$,即 $z = f(x, y)$ 在点 (x_0, y_0) 处对 x 的偏导数,就是曲线在点 M_0 处的切线 $M_0 T_x$ 对 x 轴的斜率(即切线 $M_0 T_x$ 与 x 轴所成倾角的正切,见图 9-9).

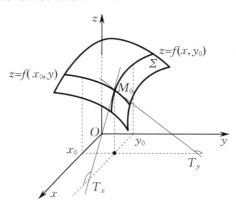

图 9-9

同理,偏导数 $f_y(x_0, y_0)$ 的几何意义是曲面 $z = f(x, y)$ 与平面 $x = x_0$ 的交线

$$\begin{cases} z = f(x_0, y), \\ x = x_0 \end{cases}$$

在点 M_0 处的切线 $M_0 T_y$ 对 y 轴的斜率.

对于一元函数,如果函数 $f(x)$ 在点 x_0 处可导,那么 $f(x)$ 在点 x_0 处连续. 但对于二元函数来说,即使它在某点的各个偏导数都存在,也不能保证它在该点连续,例如,函数

$$z = f(x,y) = \begin{cases} \dfrac{xy}{x^2 + y^2}, & x^2 + y^2 \neq 0, \\ 0, & x^2 + y^2 = 0 \end{cases}$$

在点 $(0,0)$ 处对 x 的偏导数为

$$f_x(0,0) = \lim_{\Delta x \to 0} \frac{f(0 + \Delta x, 0) - f(0,0)}{\Delta x}$$

$$= \lim_{\Delta x \to 0} \frac{\dfrac{(0 + \Delta x) \cdot 0}{(0 + \Delta x)^2 + 0^2} - 0}{\Delta x} = 0,$$

对 y 的偏导数为

$$f_y(0,0) = \lim_{\Delta y \to 0} \frac{f(0, 0 + \Delta y) - f(0,0)}{\Delta y}$$

$$= \lim_{\Delta y \to 0} \frac{\dfrac{0 \cdot (0 + \Delta y)}{0^2 + (0 + \Delta y)^2} - 0}{\Delta y} = 0.$$

但我们在第一节中已经知道,该函数当 $(x,y) \to (0,0)$ 时的极限不存在,因此该函数在点 $(0,0)$ 处并不连续.

二、高阶偏导数

设二元函数 $z = f(x,y)$ 在区域 D 内具有偏导数 $\dfrac{\partial z}{\partial x}, \dfrac{\partial z}{\partial y}$,一般来说,它们在 D 内仍然是 x, y 的函数. 如果它们还有偏导数,我们把 $\dfrac{\partial}{\partial x}\left(\dfrac{\partial z}{\partial x}\right)$ 称为函数 $z = f(x,y)$ 对 x 的**二阶偏导数**,记作 $\dfrac{\partial^2 z}{\partial x^2}, \dfrac{\partial^2 f}{\partial x^2}, z_{xx}$ 或 $f_{xx}(x,y)$. 类似地,还有

$$\frac{\partial}{\partial y}\left(\frac{\partial z}{\partial x}\right) = \frac{\partial^2 z}{\partial x \partial y} = f_{xy}(x,y),$$

$$\frac{\partial}{\partial x}\left(\frac{\partial z}{\partial y}\right) = \frac{\partial^2 z}{\partial y \partial x} = f_{yx}(x,y),$$

$$\frac{\partial}{\partial y}\left(\frac{\partial z}{\partial y}\right) = \frac{\partial^2 z}{\partial y^2} = f_{yy}(x,y).$$

函数 $z = f(x,y)$ 的二阶偏导数共有上述四个,其中 $\dfrac{\partial^2 z}{\partial x \partial y}$ 和 $\dfrac{\partial^2 z}{\partial y \partial x}$ 称为**混合偏导数**. $\dfrac{\partial^2 z}{\partial x \partial y}$ 是先对 x 后对 y 求偏导数,而 $\dfrac{\partial^2 z}{\partial y \partial x}$ 是先对 y 后对 x 求偏导数. 同样,可以定义三阶、四阶 …… n 阶偏导数. 二阶及二阶以上的偏导数统称为**高阶偏导数**.

例 6

设函数 $z = x^3 y^2 - xy^5$,求它的四个二阶偏导数.

解 函数的两个一阶偏导数分别为

$$\frac{\partial z}{\partial x} = \frac{\partial}{\partial x}(x^3 y^2 - xy^5) = 3x^2 y^2 - y^5,$$

$$\frac{\partial z}{\partial y} = \frac{\partial}{\partial y}(x^3 y^2 - xy^5) = 2x^3 y - 5xy^4,$$

所以四个二阶偏导数分别为

$$\frac{\partial^2 z}{\partial x^2} = \frac{\partial}{\partial x}\left(\frac{\partial z}{\partial x}\right) = \frac{\partial}{\partial x}(3x^2 y^2 - y^5) = 6xy^2,$$

$$\frac{\partial^2 z}{\partial x \partial y} = \frac{\partial}{\partial y}\left(\frac{\partial z}{\partial x}\right) = \frac{\partial}{\partial y}(3x^2 y^2 - y^5) = 6x^2 y - 5y^4,$$

$$\frac{\partial^2 z}{\partial y \partial x} = \frac{\partial}{\partial x}\left(\frac{\partial z}{\partial y}\right) = \frac{\partial}{\partial x}(2x^3 y - 5xy^4) = 6x^2 y - 5y^4,$$

$$\frac{\partial^2 z}{\partial y^2} = \frac{\partial}{\partial y}\left(\frac{\partial z}{\partial y}\right) = \frac{\partial}{\partial y}(2x^3 y - 5xy^4) = 2x^3 - 20xy^3.$$

例 7

设函数 $z = \arctan \dfrac{y}{x}$,求 $\dfrac{\partial^2 z}{\partial x \partial y}$.

解 $z = \arctan \dfrac{y}{x}$ 的一阶偏导数

$$\frac{\partial z}{\partial x} = -\frac{y}{x^2 + y^2},$$

故

$$\frac{\partial^2 z}{\partial x \partial y} = \frac{\partial}{\partial y}\left(\frac{\partial z}{\partial x}\right) = \frac{\partial}{\partial y}\left(-\frac{y}{x^2 + y^2}\right) = -\frac{(x^2 + y^2) - y \dfrac{\partial}{\partial y}(x^2 + y^2)}{(x^2 + y^2)^2}$$

$$= -\frac{(x^2 + y^2) - 2y^2}{(x^2 + y^2)^2} = \frac{y^2 - x^2}{(x^2 + y^2)^2}.$$

从例 6 可以看到,两个二阶混合偏导数是相等的,即与求偏导的次序无关,但这个结论并不是对任意可求二阶偏导数的二元函数都成立,仅在一定条件下才成立.

定理 1 如果函数 $z = f(x, y)$ 的两个二阶混合偏导数在点 (x, y) 处连续,则在该点处有

$$\frac{\partial^2 z}{\partial x \partial y} = \frac{\partial^2 z}{\partial y \partial x}.$$

对于二元以上的函数,也可类似地定义高阶偏导数,而且在混合偏导数连续的条件下,混合偏导数也与求偏导的次序无关.

例 8

证明:函数 $u = \dfrac{1}{\sqrt{x^2 + y^2 + z^2}}$ 满足拉普拉斯(Laplace)方程

$$\frac{\partial^2 u}{\partial x^2} + \frac{\partial^2 u}{\partial y^2} + \frac{\partial^2 u}{\partial z^2} = 0.$$

证 $\dfrac{\partial u}{\partial x} = -x (x^2 + y^2 + z^2)^{-\frac{3}{2}},$

$$\frac{\partial^2 u}{\partial x^2} = \frac{\partial}{\partial x}\left[-x (x^2 + y^2 + z^2)^{-\frac{3}{2}}\right]$$

$$= -(x^2 + y^2 + z^2)^{-\frac{3}{2}} - x\left(-\frac{3}{2}\right)(x^2 + y^2 + z^2)^{-\frac{5}{2}} \cdot 2x$$

$$= -(x^2 + y^2 + z^2)^{-\frac{3}{2}} + 3x^2 (x^2 + y^2 + z^2)^{-\frac{5}{2}}.$$

由于函数对于 x,y,z 的对称性，因此

$$\frac{\partial^2 u}{\partial y^2} = -(x^2+y^2+z^2)^{-\frac{3}{2}} + 3y^2(x^2+y^2+z^2)^{-\frac{5}{2}},$$

$$\frac{\partial^2 u}{\partial z^2} = -(x^2+y^2+z^2)^{-\frac{3}{2}} + 3z^2(x^2+y^2+z^2)^{-\frac{5}{2}},$$

从而

$$\frac{\partial^2 u}{\partial x^2} + \frac{\partial^2 u}{\partial y^2} + \frac{\partial^2 u}{\partial z^2} = -3(x^2+y^2+z^2)^{-\frac{3}{2}} + 3(x^2+y^2+z^2)(x^2+y^2+z^2)^{-\frac{5}{2}}$$

$$= -3(x^2+y^2+z^2)^{-\frac{3}{2}} + 3(x^2+y^2+z^2)^{-\frac{3}{2}} = 0.$$

思 考 题 9 - 2

1. "二元函数在某点的偏导数与函数在该点的连续性之间没有关系"这一命题正确吗?

2. $\left(\dfrac{\partial z}{\partial x}\right)^2$ 与 $\dfrac{\partial^2 z}{\partial x^2}$ 是否等同? $\dfrac{\partial^2 z}{\partial x \partial y}$ 与 $\dfrac{\partial}{\partial x}\left(\dfrac{\partial z}{\partial y}\right)$ 是否等同? 为什么?

3. 设 $f_x(x_0,y_0)=2$，则 $\lim\limits_{\Delta x \to 0} \dfrac{f(x_0-\Delta x,y_0)-f(x_0,y_0)}{\Delta x} = $ _____.

习 题 9 - 2

1. 设函数 $f(x,y)=\ln\left(x+\dfrac{y}{2x}\right)$，求 $f_x(1,0),f_y(x,1)$.

2. 求下列函数的偏导数:

(1) $z=\ln\tan\dfrac{x}{y}$;

(2) $z=\sin\dfrac{x}{y}\cos\dfrac{y}{x}$;

(3) $z=\arctan\sqrt{x^y}$;

(4) $z=\ln(x+\ln y)$;

(5) $z=\sqrt{x}\sin\dfrac{y}{x}$;

(6) $z=\mathrm{e}^{x+y}\cos(x-y)$.

3. 设函数 $T=\pi\sqrt{\dfrac{l}{g}}$，求证: $l\dfrac{\partial T}{\partial l}+g\dfrac{\partial T}{\partial g}=0$.

4. 求下列函数的二阶偏导数:

(1) $z=x^{2y}$;

(2) $z=\arcsin xy$;

(3) $z=\mathrm{e}^{xy}$;

(4) $z=\ln(\mathrm{e}^x+\mathrm{e}^y)$.

第三节　　　　　全　微　分

一、全微分的概念

先看一个实例. 设有一圆柱体,受压后发生形变,它的底面半径由 r 变化到 $r+\Delta r$,高由 h 变化到 $h+\Delta h$,试问圆柱体的体积改变了多少?

圆柱体的体积 $V=\pi r^2 h$,体积的增量 ΔV 就是当自变量 r 和 h 分别取得增量 Δr 和 Δh 时,函数 V 相应的全增量,即

$$\Delta V = V(r+\Delta r, h+\Delta h) - V(r,h) = \pi(r+\Delta r)^2(h+\Delta h) - \pi r^2 h$$
$$= 2\pi rh\Delta r + \pi r^2\Delta h + 2\pi r\Delta r\Delta h + \pi h(\Delta r)^2 + \pi(\Delta r)^2\Delta h.$$

显然,直接计算 ΔV 是比较麻烦的,但上式可分成两部分:第一部分是关于 Δr 和 Δh 的线性函数

$$2\pi rh\Delta r + \pi r^2\Delta h,$$

第二部分是

$$2\pi r\Delta r\Delta h + \pi h(\Delta r)^2 + \pi(\Delta r)^2\Delta h.$$

可以证明,当 $(\Delta r, \Delta h)\to(0,0)$ 时,第二部分是比 $\rho = \sqrt{(\Delta r)^2+(\Delta h)^2}$ 高阶的无穷小,于是函数 V 的全增量可表示为

$$\Delta V = 2\pi rh\Delta r + \pi r^2\Delta h + o(\rho).$$

当 $|\Delta r|, |\Delta h|$ 很小时,便有

$$\Delta V \approx 2\pi rh\Delta r + \pi r^2\Delta h.$$

上式称为函数 V 的全微分.

将上面的函数 V 换成一般的二元函数 $z=f(x,y)$ 就得到全微分的定义.

定义 1 设二元函数 $z=f(x,y)$ 在点 (x,y) 的某一邻域内有定义. 如果函数 $z=f(x,y)$ 在点 (x,y) 处的全增量

$$\Delta z = f(x+\Delta x, y+\Delta y) - f(x,y)$$

可表示为

$$\Delta z = A\Delta x + B\Delta y + o(\rho), \tag{9-2}$$

其中 A,B 与 $\Delta x,\Delta y$ 无关,仅与 x,y 有关,$\rho = \sqrt{(\Delta x)^2+(\Delta y)^2}$,$o(\rho)$ 是当 $\rho\to 0$ 时比 ρ 高阶的无穷小,则称函数 $z=f(x,y)$ 在点 (x,y) 处**可微**,并称 $A\Delta x + B\Delta y$ 为函数 $z=f(x,y)$ 在点 (x,y) 处的**全微分**,记作 $\mathrm{d}z$,即

$$\mathrm{d}z = A\Delta x + B\Delta y.$$

如果函数 $z=f(x,y)$ 在区域 D 内每点处都可微,则称函数 $z=f(x,y)$ 在区域 D 内**可微**.

对于多元函数,即使在某点处的偏导数都存在,也不能保证函数在该点处连续. 但是,如果函数 $z=f(x,y)$ 在点 (x,y) 处可微,即

$$\Delta z = f(x+\Delta x, y+\Delta y) - f(x,y) = A\Delta x + B\Delta y + o(\rho),$$

则有

$$\lim_{\substack{\Delta x\to 0\\ \Delta y\to 0}}\Delta z = \lim_{\substack{\Delta x\to 0\\ \Delta y\to 0}}[A\Delta x + B\Delta y + o(\rho)] = 0.$$

因此,函数 $z=f(x,y)$ 在点 (x,y) 处连续. 由此,我们有下面的定理.

定理 1 如果函数 $z=f(x,y)$ 在点 (x,y) 处可微,则函数 $z=f(x,y)$ 在点 (x,y) 处连续.

下面我们根据全微分与偏导数的定义来讨论函数在某点可微的条件.

定理 2 如果函数 $z=f(x,y)$ 在点 (x,y) 处可微,则函数 $z=f(x,y)$ 在点 (x,y) 处的偏导数 $\dfrac{\partial z}{\partial x}, \dfrac{\partial z}{\partial y}$ 均存在,且 $z=f(x,y)$ 在点 (x,y) 处的全微分为

$$\mathrm{d}z = \frac{\partial z}{\partial x}\Delta x + \frac{\partial z}{\partial y}\Delta y.$$

证 因为函数 $z=f(x,y)$ 在点 (x,y) 处可微,所以有

$$\Delta z = f(x+\Delta x, y+\Delta y) - f(x,y) = A\Delta x + B\Delta y + o(\rho).$$

当 $\Delta y = 0$ 时(此时 $\rho = |\Delta x|$),上式即为

$$\Delta z = f(x+\Delta x, y) - f(x,y) = A\Delta x + o(|\Delta x|),$$

故

$$\lim_{\Delta x \to 0} \frac{f(x+\Delta x, y) - f(x,y)}{\Delta x} = \lim_{\Delta x \to 0} \frac{A\Delta x + o(|\Delta x|)}{\Delta x} = A,$$

即

$$\frac{\partial z}{\partial x} = A.$$

同理可得

$$\frac{\partial z}{\partial y} = B.$$

一般地,自变量的增量 $\Delta x, \Delta y$ 分别记作 dx, dy,则函数 $z = f(x,y)$ 在点 (x,y) 处的全微分可写成

$$dz = \frac{\partial z}{\partial x}dx + \frac{\partial z}{\partial y}dy.$$

定理 3　如果函数 $z = f(x,y)$ 的偏导数 $\frac{\partial z}{\partial x}, \frac{\partial z}{\partial y}$ 在点 (x,y) 处连续,则函数 $z = f(x,y)$ 在点 (x,y) 处可微.

证明从略.

例 1

求函数 $z = \frac{x}{y}$ 在点 $(2,1)$ 处的全微分.

解　因为

$$\frac{\partial z}{\partial x} = \frac{1}{y}, \quad \frac{\partial z}{\partial y} = -\frac{x}{y^2},$$

$$\frac{\partial z}{\partial x}\Big|_{\substack{x=2\\y=1}} = 1, \quad \frac{\partial z}{\partial y}\Big|_{\substack{x=2\\y=1}} = -2,$$

所以

$$dz\Big|_{\substack{x=2\\y=1}} = dx - 2dy.$$

例 2

求函数 $z = x^2 y + \tan(x+y)$ 的全微分.

解　因为

$$\frac{\partial z}{\partial x} = 2xy + \sec^2(x+y), \quad \frac{\partial z}{\partial y} = x^2 + \sec^2(x+y),$$

所以

$$dz = [2xy + \sec^2(x+y)]dx + [x^2 + \sec^2(x+y)]dy.$$

以上所讨论的关于二元函数全微分的定义及可微的必要条件与充分条件,可以类似地推广到三元及三元以上的函数. 例如,设三元函数 $u = f(x,y,z)$ 在点 (x,y,z) 处可微,则它的全微分为

$$\mathrm{d}u = \frac{\partial u}{\partial x}\mathrm{d}x + \frac{\partial u}{\partial y}\mathrm{d}y + \frac{\partial u}{\partial z}\mathrm{d}z.$$

例 3

求函数 $u = \sqrt{x^2 + y^2 + z^2}$ 的全微分.

解 因为

$$\frac{\partial u}{\partial x} = \frac{x}{\sqrt{x^2 + y^2 + z^2}}, \quad \frac{\partial u}{\partial y} = \frac{y}{\sqrt{x^2 + y^2 + z^2}}, \quad \frac{\partial u}{\partial z} = \frac{z}{\sqrt{x^2 + y^2 + z^2}},$$

所以

$$\mathrm{d}u = \frac{1}{\sqrt{x^2 + y^2 + z^2}}(x\mathrm{d}x + y\mathrm{d}y + z\mathrm{d}z).$$

二、全微分在近似计算中的应用

设二元函数 $z = f(x,y)$ 在点 (x,y) 处可微,则函数的全增量与全微分之差是一个比 $\rho = \sqrt{(\Delta x)^2 + (\Delta y)^2}$ 高阶的无穷小,因此当 $|\Delta x|, |\Delta y|$ 都很小时,就有近似公式

$$\Delta z \approx \mathrm{d}z = f_x(x,y)\Delta x + f_y(x,y)\Delta y. \tag{9-3}$$

(9-3) 式也可写为

$$f(x+\Delta x, y+\Delta y) \approx f(x,y) + f_x(x,y)\Delta x + f_y(x,y)\Delta y. \tag{9-4}$$

例 4

计算 $\arctan \dfrac{1.02}{0.95}$ 的近似值.

解 令函数 $z = f(x,y) = \arctan \dfrac{y}{x}$,取 $x=1, \Delta x = -0.05, y=1, \Delta y = 0.02$,代入公式(9-4),得

$$\arctan \frac{1.02}{0.95} \approx f(1,1) + f_x(1,1) \times (-0.05) + f_y(1,1) \times 0.02.$$

因为 $f(1,1) = \arctan \dfrac{1}{1} = \dfrac{\pi}{4}$,且

$$f_x(x,y) = -\frac{y}{x^2 + y^2}, \quad f_x(1,1) = -\frac{1}{2},$$

$$f_y(x,y) = \frac{x}{x^2 + y^2}, \quad f_y(1,1) = \frac{1}{2},$$

所以

$$\arctan \frac{1.02}{0.95} \approx \frac{\pi}{4} + \left(-\frac{1}{2}\right) \times (-0.05) + \frac{1}{2} \times 0.02$$

$$= \frac{\pi}{4} + 0.035 \approx 0.82.$$

1.二元函数 $z = f(x,y)$ 在点 (x,y) 处连续与在该点偏导数存在、可微之间有何关系?

2.比较一元函数微分的几何意义,多元函数全微分的几何意义是什么?

3.设函数 $z = xy, x = 1, y = 2, \Delta x = 0.1, \Delta y = 0.2$,则 $\Delta z = $ _____ , $dz = $ _____ .

4.设函数 $f(x,y) = x^2 y^3$,则 $df\big|_{\substack{x=1\\y=-2}} = $ _____ .

5.设函数 $z = \sqrt{\dfrac{x}{y}}$,则 $dz = $ _____ .

习　题　9-3

1.当 $x = 2, y = -1, \Delta x = 0.02, \Delta y = 0.01$ 时,求函数 $z = x^2 y^3$ 的全微分和全增量.

2.求下列函数的全微分:

(1) $z = x^2 y + \dfrac{x}{y^2}$;
(2) $z = e^{xy}$;

(3) $z = \arctan \dfrac{x^2}{y}$;
(4) $z = \ln(x^2 + y^2)$.

3.利用全微分计算 $\sqrt{1.02^3 + 1.97^3}$ 的近似值.

第四节　多元函数的求导法则

一、多元复合函数的求导法则

在一元复合函数的求导中,有所谓的"链式法则",这一法则可以推广到多元复合函数的情形.下面分几种情形来讨论.

1. 复合函数的中间变量为一元函数的情形

设函数 $z = f(u,v), u = u(t), v = v(t)$ 构成复合函数
$$z = f[u(t), v(t)],$$
其变量间的相互依赖关系如图 9-10 所示,则有下面的定理.

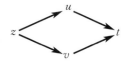

图 9-10

定理 1　如果函数 $u = u(t), v = v(t)$ 均在点 t 处可导,函数 $z = f(u,v)$ 在对应点 (u,v) 处具有连续偏导数,则复合函数 $z = f[u(t), v(t)]$ 在点 t 处可导,且有
$$\frac{dz}{dt} = \frac{\partial z}{\partial u} \cdot \frac{du}{dt} + \frac{\partial z}{\partial v} \cdot \frac{dv}{dt}. \tag{9-5}$$

证　设给自变量 t 以增量 Δt,则函数 u, v 相应地有增量
$$\Delta u = u(t+\Delta t) - u(t), \quad \Delta v = v(t+\Delta t) - v(t).$$
由于函数 $z = f(u,v)$ 在点 (u,v) 处具有连续偏导数,因此 $f(u,v)$ 在点 (u,v) 处可微,于是有
$$\Delta z = \frac{\partial z}{\partial u}\Delta u + \frac{\partial z}{\partial v}\Delta v + \varepsilon_1 \Delta u + \varepsilon_2 \Delta v,$$
其中当 $\Delta u \to 0, \Delta v \to 0$ 时,$\varepsilon_1 \to 0, \varepsilon_2 \to 0$.上式两边各除以 Δt,得

$$\frac{\Delta z}{\Delta t} = \frac{\partial z}{\partial u} \cdot \frac{\Delta u}{\Delta t} + \frac{\partial z}{\partial v} \cdot \frac{\Delta v}{\Delta t} + \varepsilon_1 \frac{\Delta u}{\Delta t} + \varepsilon_2 \frac{\Delta v}{\Delta t}.$$

因为当 $\Delta t \to 0$ 时，$\Delta u \to 0$，$\Delta v \to 0$，且

$$\frac{\Delta u}{\Delta t} \to \frac{\mathrm{d}u}{\mathrm{d}t}, \quad \frac{\Delta v}{\Delta t} \to \frac{\mathrm{d}v}{\mathrm{d}t},$$

所以

$$\frac{\mathrm{d}z}{\mathrm{d}t} = \lim_{\Delta t \to 0} \frac{\Delta z}{\Delta t} = \frac{\partial z}{\partial u} \cdot \frac{\mathrm{d}u}{\mathrm{d}t} + \frac{\partial z}{\partial v} \cdot \frac{\mathrm{d}v}{\mathrm{d}t}.$$

定理 1 的结论可推广到中间变量多于两个的情形. 例如，设

$$z = f(u, v, w), \quad u = u(t), \quad v = v(t), \quad w = w(t)$$

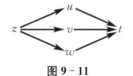

图 9 - 11

构成复合函数 $z = f[u(t), v(t), w(t)]$，其变量间的相互依赖关系如图 9 - 11 所示，则在满足与定理 1 相类似条件的情况下，有

$$\frac{\mathrm{d}z}{\mathrm{d}t} = \frac{\partial z}{\partial u} \cdot \frac{\mathrm{d}u}{\mathrm{d}t} + \frac{\partial z}{\partial v} \cdot \frac{\mathrm{d}v}{\mathrm{d}t} + \frac{\partial z}{\partial w} \cdot \frac{\mathrm{d}w}{\mathrm{d}t}. \tag{9-6}$$

公式 (9 - 5) 和 (9 - 6) 中的导数 $\dfrac{\mathrm{d}z}{\mathrm{d}t}$ 称为**全导数**.

2. 复合函数的中间变量为多元函数的情形

设函数 $z = f(u, v)$，$u = u(x, y)$，$v = v(x, y)$ 构成复合函数 $z = f[u(x, y), v(x, y)]$，其变量间的相互依赖关系如图 9 - 12 所示，则有下面的定理.

定理 2 如果函数 $u = u(x, y)$，$v = v(x, y)$ 均在点 (x, y) 处具有对 x 和对 y 的偏导数，函数 $z = f(u, v)$ 在对应点 (u, v) 处具有连续偏导数，则复合函数 $z = f[u(x, y), v(x, y)]$ 在点 (x, y) 处的两个偏导数存在，且有

$$\frac{\partial z}{\partial x} = \frac{\partial z}{\partial u} \cdot \frac{\partial u}{\partial x} + \frac{\partial z}{\partial v} \cdot \frac{\partial v}{\partial x}, \tag{9-7}$$

$$\frac{\partial z}{\partial y} = \frac{\partial z}{\partial u} \cdot \frac{\partial u}{\partial y} + \frac{\partial z}{\partial v} \cdot \frac{\partial v}{\partial y}. \tag{9-8}$$

定理 2 的结论可推广到中间变量多于两个的情形. 例如，设

$$z = f(u, v, w), \quad u = u(x, y), \quad v = v(x, y), \quad w = w(x, y)$$

构成复合函数 $z = f[u(x, y), v(x, y), w(x, y)]$，其变量间的相互依赖关系如图 9 - 13 所示，则在满足与定理 2 相类似的条件下，有

$$\frac{\partial z}{\partial x} = \frac{\partial z}{\partial u} \cdot \frac{\partial u}{\partial x} + \frac{\partial z}{\partial v} \cdot \frac{\partial v}{\partial x} + \frac{\partial z}{\partial w} \cdot \frac{\partial w}{\partial x}, \tag{9-9}$$

$$\frac{\partial z}{\partial y} = \frac{\partial z}{\partial u} \cdot \frac{\partial u}{\partial y} + \frac{\partial z}{\partial v} \cdot \frac{\partial v}{\partial y} + \frac{\partial z}{\partial w} \cdot \frac{\partial w}{\partial y}. \tag{9-10}$$

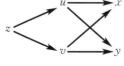

图 9 - 12

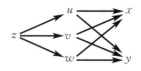

图 9 - 13

3. 复合函数的中间变量既有一元函数也有多元函数的情形

定理3 如果函数 $u=u(x,y)$ 在点 (x,y) 处具有对 x 和对 y 的偏导数,函数 $v=v(x)$ 在点 x 处可导,函数 $z=f(u,v)$ 在对应点 (u,v) 处具有连续偏导数,则复合函数 $z=f[u(x,y),v(x)]$ 在点 (x,y) 处的两个偏导数存在,且有

$$\frac{\partial z}{\partial x}=\frac{\partial z}{\partial u}\cdot\frac{\partial u}{\partial x}+\frac{\partial z}{\partial v}\cdot\frac{\mathrm{d}v}{\mathrm{d}x}, \tag{9-11}$$

$$\frac{\partial z}{\partial y}=\frac{\partial z}{\partial u}\cdot\frac{\partial u}{\partial y}. \tag{9-12}$$

这类情形实际上是情形2的一种特例,即变量 v 与 y 无关,从而 $\frac{\partial v}{\partial y}=0$. 这样,因为 v 是 x 的一元函数,所以将 $\frac{\partial v}{\partial x}$ 换成 $\frac{\mathrm{d}v}{\mathrm{d}x}$,从而有上述结果.

在情形3中,有时还遇到复合函数的某些中间变量本身又是复合函数的自变量的情形.例如,设函数

$$z=f(u,x,y),\quad u=u(x,y)$$

构成复合函数 $z=f[u(x,y),x,y]$,其变量间的相互依赖关系如图 9-14 所示,则此类情形可视为情形2的特例,从而有

$$\frac{\partial z}{\partial x}=\frac{\partial f}{\partial u}\cdot\frac{\partial u}{\partial x}+\frac{\partial f}{\partial x}, \tag{9-13}$$

$$\frac{\partial z}{\partial y}=\frac{\partial f}{\partial u}\cdot\frac{\partial u}{\partial y}+\frac{\partial f}{\partial y}. \tag{9-14}$$

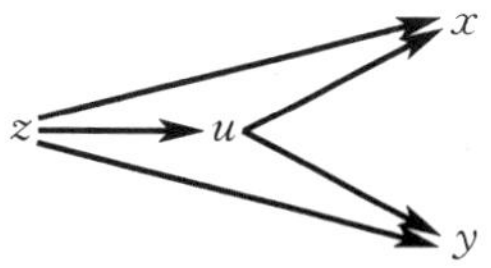

图 9-14

这里 $\frac{\partial z}{\partial x}$ 与 $\frac{\partial f}{\partial x}$ 是不同的,$\frac{\partial z}{\partial x}$ 是把复合函数 $z=f[u(x,y),x,y]$ 中的 y 看作常量而对 x 求偏导数,$\frac{\partial f}{\partial x}$ 是把函数 $z=f(u,x,y)$ 中的 u 及 y 看作常量而对 x 求偏导数. $\frac{\partial z}{\partial y}$ 与 $\frac{\partial f}{\partial y}$ 也有类似的区别.

例1

设函数 $z=\mathrm{e}^u\ln v,u=xy,v=x^2+y^2$,求 $\frac{\partial z}{\partial x},\frac{\partial z}{\partial y}$.

解 函数 z 是 z 型. 由 (9-7) 式和 (9-8) 式,得

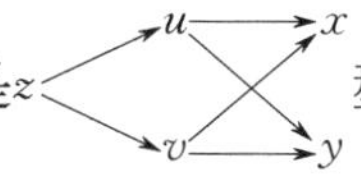

$$\frac{\partial z}{\partial x}=\frac{\partial z}{\partial u}\cdot\frac{\partial u}{\partial x}+\frac{\partial z}{\partial v}\cdot\frac{\partial v}{\partial x},$$

$$\frac{\partial z}{\partial y}=\frac{\partial z}{\partial u}\cdot\frac{\partial u}{\partial y}+\frac{\partial z}{\partial v}\cdot\frac{\partial v}{\partial y}.$$

因为

$$\frac{\partial z}{\partial u}=\mathrm{e}^u\ln v,\quad \frac{\partial z}{\partial v}=\mathrm{e}^u\cdot\frac{1}{v},\quad \frac{\partial u}{\partial x}=y,\quad \frac{\partial v}{\partial x}=2x,\quad \frac{\partial u}{\partial y}=x,\quad \frac{\partial v}{\partial y}=2y,$$

所以

$$\frac{\partial z}{\partial x}=\mathrm{e}^u\ln v\cdot y+\mathrm{e}^u\cdot\frac{1}{v}\cdot 2x=y\mathrm{e}^{xy}\ln(x^2+y^2)+\frac{2x}{x^2+y^2}\mathrm{e}^{xy},$$

$$\frac{\partial z}{\partial y} = \mathrm{e}^u \ln v \cdot x + \mathrm{e}^u \cdot \frac{1}{v} \cdot 2y = x\mathrm{e}^{xy} \ln(x^2 + y^2) + \frac{2y}{x^2 + y^2} \mathrm{e}^{xy}.$$

例 2

设函数 $u = \sqrt{x^2 + y^2 + z^2}, x = s^2 + t^2, y = s^2 - t^2, z = 2st$，求 $\dfrac{\partial u}{\partial s}, \dfrac{\partial u}{\partial t}$.

解 函数 u 是 u ⟶ 型. 由(9-9)式和(9-10)式,得

$$\frac{\partial u}{\partial s} = \frac{\partial u}{\partial x} \cdot \frac{\partial x}{\partial s} + \frac{\partial u}{\partial y} \cdot \frac{\partial y}{\partial s} + \frac{\partial u}{\partial z} \cdot \frac{\partial z}{\partial s},$$

$$\frac{\partial u}{\partial t} = \frac{\partial u}{\partial x} \cdot \frac{\partial x}{\partial t} + \frac{\partial u}{\partial y} \cdot \frac{\partial y}{\partial t} + \frac{\partial u}{\partial z} \cdot \frac{\partial z}{\partial t}.$$

因为

$$\frac{\partial u}{\partial x} = \frac{x}{\sqrt{x^2 + y^2 + z^2}}, \quad \frac{\partial u}{\partial y} = \frac{y}{\sqrt{x^2 + y^2 + z^2}}, \quad \frac{\partial u}{\partial z} = \frac{z}{\sqrt{x^2 + y^2 + z^2}},$$

$$\frac{\partial x}{\partial s} = 2s, \quad \frac{\partial y}{\partial s} = 2s, \quad \frac{\partial z}{\partial s} = 2t,$$

$$\frac{\partial x}{\partial t} = 2t, \quad \frac{\partial y}{\partial t} = -2t, \quad \frac{\partial z}{\partial t} = 2s,$$

所以

$$\frac{\partial u}{\partial s} = \frac{2(xs + ys + zt)}{\sqrt{x^2 + y^2 + z^2}}, \quad \frac{\partial u}{\partial t} = \frac{2(xt - yt + zs)}{\sqrt{x^2 + y^2 + z^2}},$$

其中 $x = s^2 + t^2, y = s^2 - t^2, z = 2st$.

例 3

求函数 $y = (\sin x)^{\cos x}$ 的导数 $\dfrac{\mathrm{d}y}{\mathrm{d}x}$.

解 令 $u = \sin x (u > 0), v = \cos x$，有 $y = u^v$，y 是 y ⟶ x 型. 由(9-5)式,得

$$\frac{\mathrm{d}y}{\mathrm{d}x} = \frac{\partial y}{\partial u} \cdot \frac{\mathrm{d}u}{\mathrm{d}x} + \frac{\partial y}{\partial v} \cdot \frac{\mathrm{d}v}{\mathrm{d}x}.$$

因为

$$\frac{\partial y}{\partial u} = vu^{v-1}, \quad \frac{\partial y}{\partial v} = u^v \ln u,$$

$$\frac{\mathrm{d}u}{\mathrm{d}x} = \cos x, \quad \frac{\mathrm{d}v}{\mathrm{d}x} = -\sin x,$$

所以

$$\frac{\mathrm{d}y}{\mathrm{d}x} = vu^{v-1} \cos x + u^v \ln u(-\sin x)$$

$$= (\sin x)^{\cos x - 1} \cos^2 x - (\sin x)^{\cos x + 1} \ln \sin x.$$

例 4

设函数 $z = f(u, v, x) = \mathrm{e}^u \sin v + x^2$，其中 $u = x + y, v = xy$，求 $\dfrac{\partial z}{\partial x}, \dfrac{\partial z}{\partial y}$.

解　函数 z 是 z ↗ u ↗ x ↘ y ↘ v 型. 由关系图, 得

$$\frac{\partial z}{\partial x} = \frac{\partial f}{\partial u} \cdot \frac{\partial u}{\partial x} + \frac{\partial f}{\partial v} \cdot \frac{\partial v}{\partial x} + \frac{\partial f}{\partial x},$$

$$\frac{\partial z}{\partial y} = \frac{\partial f}{\partial u} \cdot \frac{\partial u}{\partial y} + \frac{\partial f}{\partial v} \cdot \frac{\partial v}{\partial y}.$$

因为

$$\frac{\partial f}{\partial u} = \mathrm{e}^u \sin v, \quad \frac{\partial f}{\partial v} = \mathrm{e}^u \cos v, \quad \frac{\partial f}{\partial x} = 2x,$$

$$\frac{\partial u}{\partial x} = 1, \quad \frac{\partial v}{\partial x} = y, \quad \frac{\partial u}{\partial y} = 1, \quad \frac{\partial v}{\partial y} = x,$$

所以

$$\frac{\partial z}{\partial x} = \mathrm{e}^u \sin v + y\mathrm{e}^u \cos v + 2x = \mathrm{e}^{x+y}(\sin xy + y\cos xy) + 2x,$$

$$\frac{\partial z}{\partial y} = \mathrm{e}^u \sin v + x\mathrm{e}^u \cos v = \mathrm{e}^{x+y}(\sin xy + x\cos xy).$$

例 5

设函数 $z = f(y,u) = y + F(u), u = x^2 - y^2,$ 求 $\dfrac{\partial z}{\partial x}, \dfrac{\partial z}{\partial y}$.

解　函数 z 是 z ↗ u ↗ x ↘ y 型. 由关系图, 得

$$\frac{\partial z}{\partial x} = \frac{\partial f}{\partial u} \cdot \frac{\partial u}{\partial x}, \quad \frac{\partial z}{\partial y} = \frac{\partial f}{\partial u} \cdot \frac{\partial u}{\partial y} + \frac{\partial f}{\partial y}.$$

因为

$$\frac{\partial f}{\partial u} = F'(u), \quad \frac{\partial u}{\partial x} = 2x, \quad \frac{\partial u}{\partial y} = -2y, \quad \frac{\partial f}{\partial y} = 1,$$

所以

$$\frac{\partial z}{\partial x} = F'(u) \cdot 2x = 2xF'(x^2 - y^2),$$

$$\frac{\partial z}{\partial y} = F'(u) \cdot (-2y) + 1 = 1 - 2yF'(x^2 - y^2).$$

例 6

设函数 $z = f(xy, x+y),$ 求 $\dfrac{\partial z}{\partial x}, \dfrac{\partial z}{\partial y}$.

解　令 $xy = u, x+y = v,$ 则 $z = f(u,v)$ 且 z 是 z ↗ u ✕ x ↘ v ↘ y 型. 由关系图, 得

$$\frac{\partial z}{\partial x} = \frac{\partial f}{\partial u} \cdot \frac{\partial u}{\partial x} + \frac{\partial f}{\partial v} \cdot \frac{\partial v}{\partial x},$$

$$\frac{\partial z}{\partial y} = \frac{\partial f}{\partial u} \cdot \frac{\partial u}{\partial y} + \frac{\partial f}{\partial v} \cdot \frac{\partial v}{\partial y}.$$

因为

$$\frac{\partial u}{\partial x} = y, \quad \frac{\partial u}{\partial y} = x, \quad \frac{\partial v}{\partial x} = 1, \quad \frac{\partial v}{\partial y} = 1,$$

所以

$$\frac{\partial z}{\partial x} = y\frac{\partial f}{\partial u} + \frac{\partial f}{\partial v}, \quad \frac{\partial z}{\partial y} = x\frac{\partial f}{\partial u} + \frac{\partial f}{\partial v}.$$

有时为方便起见,将函数 $z = f(u,v)$ 的偏导数 $\frac{\partial f}{\partial u}, \frac{\partial f}{\partial v}$ 分别记作 f_1, f_2,从而上面两式可写作

$$\frac{\partial z}{\partial x} = yf_1 + f_2, \quad \frac{\partial z}{\partial y} = xf_1 + f_2.$$

二、隐函数的求导法

在一元函数微分学中,我们介绍了求由方程 $F(x,y) = 0$ 所确定的隐函数 $y = f(x)$ 的导数的方法. 我们可以根据复合函数的求导法则来推导隐函数的求导公式,并将它推广到多元隐函数的情况.

设方程 $F(x,y) = 0$ 所确定的隐函数 $y = f(x)$ 的导数存在,函数 $F(x,y)$ 在点 (x,y) 的某一邻域内有连续偏导数 $F_x(x,y)$ 及 $F_y(x,y)$,且 $F_y(x,y) \neq 0$,则隐函数 $y = f(x)$ 的导数为

$$\frac{\mathrm{d}y}{\mathrm{d}x} = -\frac{F_x(x,y)}{F_y(x,y)}. \tag{9-15}$$

事实上,将方程 $F(x,y) = 0$ 所确定的函数 $y = f(x)$ 代入 $F(x,y) = 0$,得恒等式

$$F[x, f(x)] \equiv 0,$$

其左边可看作 x 的复合函数,是 F $\longrightarrow$ x 型,求其导数,得

$$F_x(x,y) + F_y(x,y)\frac{\mathrm{d}y}{\mathrm{d}x} = 0.$$

因为 $F_y(x,y) \neq 0$,所以

$$\frac{\mathrm{d}y}{\mathrm{d}x} = -\frac{F_x(x,y)}{F_y(x,y)}.$$

将上式两边视为 x 的复合函数,继续利用复合函数的求导法则在上式两边求导,可求得隐函数的二阶导数

$$\frac{\mathrm{d}^2 y}{\mathrm{d}x^2} = \frac{\partial}{\partial x}\left(-\frac{F_x}{F_y}\right) + \frac{\partial}{\partial y}\left(-\frac{F_x}{F_y}\right)\frac{\mathrm{d}y}{\mathrm{d}x}$$

$$= -\frac{F_{xx}F_y - F_{yx}F_x}{F_y^2} - \frac{F_{xy}F_y - F_{yy}F_x}{F_y^2}\left(-\frac{F_x}{F_y}\right)$$

$$= -\frac{F_{xx}F_y^2 - 2F_{xy}F_x F_y + F_{yy}F_x^2}{F_y^3}.$$

例 7

求由方程 $x = y - \sin xy$ 所确定的隐函数的导数 $\frac{\mathrm{d}y}{\mathrm{d}x}$.

解 将 $x = y - \sin xy$ 改写为 $y - \sin xy - x = 0$,则

$$F(x,y) = y - \sin xy - x,$$

$$F_x = -y\cos xy - 1, \quad F_y = 1 - x\cos xy.$$

利用 (9-15) 式可知

$$\frac{\mathrm{d}y}{\mathrm{d}x} = -\frac{F_x}{F_y} = -\frac{-y\cos xy - 1}{1 - x\cos xy}$$

$$= \frac{1 + y\cos xy}{1 - x\cos xy} \quad (1 - x\cos xy \neq 0).$$

类似地,方程 $F(x,y,z) = 0$ 确定一个二元隐函数 $z = f(x,y)$,它在 xOy 平面上某一区域内满足恒等式

$$F[x,y,f(x,y)] \equiv 0.$$

我们可以从 $F(x,y,z) = 0$ 直接求这个二元隐函数 $z = f(x,y)$ 的偏导数.

设函数 $F(x,y,z)$ 在点 (x,y,z) 的某一邻域内有连续偏导数 $F_x(x,y,z)$,$F_y(x,y,z)$ 和 $F_z(x,y,z)$,且 $F_z(x,y,z) \neq 0$,则

$$\frac{\partial z}{\partial x} = -\frac{F_x}{F_z}, \quad \frac{\partial z}{\partial y} = -\frac{F_y}{F_z}. \tag{9-16}$$

事实上,因为

$$F[x,y,f(x,y)] \equiv 0,$$

其中 F 是 $F \begin{smallmatrix} \nearrow x \\ \rightarrow z \\ \searrow y \end{smallmatrix}$ 型. 将上式两边分别对 x 和 y 求偏导数,得

$$F_x + F_z \frac{\partial z}{\partial x} = 0, \quad F_y + F_z \frac{\partial z}{\partial y} = 0.$$

因为 $F_z \neq 0$,所以

$$\frac{\partial z}{\partial x} = -\frac{F_x}{F_z}, \quad \frac{\partial z}{\partial y} = -\frac{F_y}{F_z}.$$

例 8

设方程 $\mathrm{e}^z = xyz$ 确定二元隐函数 $z = f(x,y)$,求 $\dfrac{\partial z}{\partial x}, \dfrac{\partial z}{\partial y}$.

解　将 $\mathrm{e}^z = xyz$ 改写为 $\mathrm{e}^z - xyz = 0$,令 $F(x,y,z) = \mathrm{e}^z - xyz$,得

$$F_x = -yz, \quad F_y = -xz, \quad F_z = \mathrm{e}^z - xy.$$

当 $\mathrm{e}^z - xy \neq 0$ 时,有

$$\frac{\partial z}{\partial x} = -\frac{F_x}{F_z} = -\frac{-yz}{\mathrm{e}^z - xy} = \frac{yz}{xyz - xy} = \frac{z}{xz - x}.$$

因为 $F(x,y,z) = \mathrm{e}^z - xyz$ 对变量 x,y 是对称的,且 $F(x,y,z) = 0$,所以

$$\frac{\partial z}{\partial y} = \frac{z}{yz - y}.$$

例 9

设方程 $F(x+y+z, xyz) = 0$ 确定二元隐函数 $z = f(x,y)$,求 $\dfrac{\partial z}{\partial x}, \dfrac{\partial z}{\partial y}$.

解 令 $x+y+z=u,xyz=v$，则函数 $F(x+y+z,xyz)$ 是 F 型. 由关系图，得

$$F_x = F_u u_x + F_v v_x = F_u + yzF_v,$$
$$F_y = F_u u_y + F_v v_y = F_u + xzF_v,$$
$$F_z = F_u u_z + F_v v_z = F_u + xyF_v.$$

当 $F_z \neq 0$，即 $F_u + xyF_v \neq 0$ 时，有

$$\frac{\partial z}{\partial x} = -\frac{F_x}{F_z} = -\frac{F_u + yzF_v}{F_u + xyF_v},$$
$$\frac{\partial z}{\partial y} = -\frac{F_y}{F_z} = -\frac{F_u + xzF_v}{F_u + xyF_v}.$$

思 考 题 9-4

1. 在求二元复合函数 $z=f[u(x,y),x]$ 的偏导数时，$\frac{\partial z}{\partial x}$ 与 $\frac{\partial f}{\partial x}$ 的含义有何不同？

2. 对比一元函数的微分形式不变性，试说明二元函数的微分形式不变性的内容以及如何利用微分形式不变性求全微分.

3. 设函数 $z=f(x,u),u=u(x,y)$，其中 f 具有连续偏导数，u_x 和 u_y 存在，则 $\frac{\partial z}{\partial x} = $ _____，$\frac{\partial z}{\partial y} = $ _____.

习 题 9-4

1. 应用复合函数的求导法则，求下列复合函数的偏导数或全导数：

(1) 设 $z=ue^v,u=x^2+y^2,v=x^3-y^3$，求 $\frac{\partial z}{\partial x},\frac{\partial z}{\partial y}$；

(2) 设 $z=u^2\ln v,u=\frac{y}{x},v=x-y$，求 $\frac{\partial z}{\partial x},\frac{\partial z}{\partial y}$；

(3) 设 $z=f(x,y)=\arctan\frac{x}{y},y=\sqrt{x^2+1}$，求 $\frac{\partial f}{\partial x},\frac{dz}{dx}$；

(4) 设 $z=e^{x-2y},x=\sin t,y=t^3$，求 $\frac{dz}{dt}$；

(5) 设 $u=f(x^2-y^2,e^{xy})$，求 $\frac{\partial u}{\partial x},\frac{\partial u}{\partial y}$；

(6) 设 $u=f(x,xy,xyz)$，求 $\frac{\partial u}{\partial x},\frac{\partial u}{\partial y},\frac{\partial u}{\partial z}$.

2. 验证函数 $u=y\varphi(x^2-y^2)$ 满足方程 $\frac{\partial u}{\partial x}+x\frac{\partial u}{\partial y}=\frac{x}{y}u$.

3. 求由下列方程所确定的隐函数的导数或偏导数：

(1) $y=x^y$，求 $\frac{dy}{dx}$；

(2) $xyz=\sin z$，求 $\frac{\partial z}{\partial x}$；

(3) $z^3-3xyz=1$，求 $\frac{\partial z}{\partial x}$；

(4) $F(x^2-y^2,y^2-z^2)=0$，求 $\frac{\partial z}{\partial x}$.

第五节　方向导数与梯度

一、方向导数

在实际问题中,我们经常需要知道函数 $z = f(x,y)$ 沿任一给定方向的变化率以及沿哪个方向函数的变化率最大. 例如,设函数 $T = f(P)$ 表示物体内部点 P 处的温度,在研究物体的热传导时就要知道温度沿任一给定方向的下降速度,即 $T = f(P)$ 沿任一给定方向的变化率. 为此,我们引进多元函数方向导数的概念.

定义 1 设函数 $z = f(x,y)$ 在点 $P(x,y)$ 的某一邻域内有定义,l 为自点 P 出发的射线(见图 $9-15$),点 $Q(x+\Delta x, y+\Delta y)$ 为位于该邻域内 l 上的另一点,则相应的函数有增量 $f(Q) - f(P) = f(x+\Delta x, y+\Delta y) - f(x,y)$. 记 $\rho = \sqrt{(\Delta x)^2 + (\Delta y)^2}$,如果极限

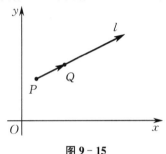

图 $9-15$

$$\lim_{Q \to P} \frac{f(Q) - f(P)}{|PQ|} = \lim_{\rho \to 0} \frac{f(x+\Delta x, y+\Delta y) - f(x,y)}{\rho}$$

存在,则称此极限值为函数 $z = f(x,y)$ 在点 P 处沿射线 l 的**方向导数**,记作 $\dfrac{\partial z}{\partial l}$ 或 $\dfrac{\partial f}{\partial l}$.

从上述定义可见,偏导数 $\dfrac{\partial z}{\partial x}$ 就是函数 $z = f(x,y)$ 在点 $P(x,y)$ 处沿 x 轴方向的方向导数,$\dfrac{\partial z}{\partial y}$ 就是函数 $z = f(x,y)$ 在点 $P(x,y)$ 处沿 y 轴方向的方向导数.

关于方向导数,我们有下面的定理.

定理 1 设函数 $z = f(x,y)$ 在点 $P(x,y)$ 处可微,则函数 $z = f(x,y)$ 在点 P 处沿任一方向 l 的方向导数都存在,且有

$$\frac{\partial f}{\partial l} = \frac{\partial f}{\partial x}\cos\alpha + \frac{\partial f}{\partial y}\cos\beta, \tag{9-17}$$

其中 $\cos\alpha, \cos\beta$ 为方向 l 的方向余弦.

证 设射线 l 上另一点 Q 的坐标为 $(x+\Delta x, y+\Delta y)$. 因为 $z = f(x,y)$ 在点 $P(x,y)$ 处可微,所以

$$\begin{aligned}
\Delta z = f(Q) - f(P) &= f(x+\Delta x, y+\Delta y) - f(x,y) \\
&= \frac{\partial f}{\partial x}\Delta x + \frac{\partial f}{\partial y}\Delta y + o(\rho).
\end{aligned}$$

由假设知,$\Delta x = \rho\cos\alpha, \Delta y = \rho\cos\beta$,于是

$$\frac{\Delta z}{\rho} = \frac{\partial f}{\partial x} \cdot \frac{\Delta x}{\rho} + \frac{\partial f}{\partial y} \cdot \frac{\Delta y}{\rho} + \frac{o(\rho)}{\rho} = \frac{\partial f}{\partial x}\cos\alpha + \frac{\partial f}{\partial y}\cos\beta + \frac{o(\rho)}{\rho}.$$

故

$$\frac{\partial f}{\partial l} = \lim_{Q \to P} \frac{f(Q) - f(P)}{|PQ|} = \lim_{\rho \to 0} \frac{\Delta z}{\rho} = \frac{\partial f}{\partial x}\cos\alpha + \frac{\partial f}{\partial y}\cos\beta.$$

这就证明了函数 $z = f(x,y)$ 在点 $P(x,y)$ 处沿 l 的方向导数存在,且有

$$\frac{\partial f}{\partial l} = \frac{\partial f}{\partial x}\cos\alpha + \frac{\partial f}{\partial y}\cos\beta.$$

方向导数的概念可推广到三元函数.

设函数 $u = f(x,y,z)$ 在点 $P(x,y,z)$ 处可微,射线 l 的方向余弦为 $\cos\alpha, \cos\beta, \cos\gamma$,则函数 $u = f(x,y,z)$ 在点 $P(x,y,z)$ 处沿 l 的方向导数存在,且有

$$\frac{\partial f}{\partial l} = \frac{\partial f}{\partial x}\cos\alpha + \frac{\partial f}{\partial y}\cos\beta + \frac{\partial f}{\partial z}\cos\gamma. \tag{9-18}$$

例 1

设函数 $z = x^2 - xy + y^2$,求它在点 $(1,1)$ 处沿与 x 轴正向成 $30°$ 射线 l 的方向导数.

解 l 的方向角为 $\alpha = \dfrac{\pi}{6}, \beta = \dfrac{\pi}{3}$. 因

$$\frac{\partial z}{\partial x} = 2x - y, \quad \frac{\partial z}{\partial y} = -x + 2y,$$

故

$$\left.\frac{\partial z}{\partial x}\right|_{(1,1)} = 1, \quad \left.\frac{\partial z}{\partial y}\right|_{(1,1)} = 1,$$

于是

$$\left.\frac{\partial z}{\partial l}\right|_{(1,1)} = \left.\left(\frac{\partial z}{\partial x}\cos\alpha + \frac{\partial z}{\partial y}\cos\beta\right)\right|_{(1,1)}$$

$$= 1 \times \cos\frac{\pi}{6} + 1 \times \cos\frac{\pi}{3} = \frac{1 + \sqrt{3}}{2}.$$

例 2

求函数 $u = xy - y^2 z + z e^x$ 在点 $(1,0,2)$ 处沿向量 $(2,1,-1)$ 的方向导数.

解 对于函数 $u = xy - y^2 z + z e^x$,有

$$\frac{\partial u}{\partial x} = y + z e^x, \quad \frac{\partial u}{\partial y} = x - 2yz, \quad \frac{\partial u}{\partial z} = -y^2 + e^x,$$

故

$$\left.\frac{\partial u}{\partial x}\right|_{(1,0,2)} = 2e, \quad \left.\frac{\partial u}{\partial y}\right|_{(1,0,2)} = 1, \quad \left.\frac{\partial u}{\partial z}\right|_{(1,0,2)} = e.$$

向量 $(2,1,-1)$ 的方向余弦为

$$\cos\alpha = \frac{\sqrt{6}}{3}, \quad \cos\beta = \frac{\sqrt{6}}{6}, \quad \cos\gamma = -\frac{\sqrt{6}}{6},$$

故

$$\left.\frac{\partial u}{\partial l}\right|_{(1,0,2)} = \left.\left(\frac{\partial u}{\partial x}\cos\alpha + \frac{\partial u}{\partial y}\cos\beta + \frac{\partial u}{\partial z}\cos\gamma\right)\right|_{(1,0,2)}$$

$$= 2e \times \frac{\sqrt{6}}{3} + 1 \times \frac{\sqrt{6}}{6} - e \times \frac{\sqrt{6}}{6}$$

$$= \frac{\sqrt{6}}{6}(3e + 1).$$

二、梯度

设向量 $\boldsymbol{g} = \dfrac{\partial f}{\partial x}\boldsymbol{i} + \dfrac{\partial f}{\partial y}\boldsymbol{j}$，方向 l 的单位向量为 $\boldsymbol{e} = \cos\alpha\boldsymbol{i} + \cos\beta\boldsymbol{j}$. 据(9-17)式可知，向量 $\boldsymbol{g}$ 与向量 $\boldsymbol{e}$ 的数量积就是方向导数 $\dfrac{\partial f}{\partial l}$，即

$$\frac{\partial f}{\partial l} = \frac{\partial f}{\partial x}\cos\alpha + \frac{\partial f}{\partial y}\cos\beta = \boldsymbol{g} \cdot \boldsymbol{e} = |\boldsymbol{g}|\cos\theta,$$

其中 θ 是 $\boldsymbol{g}$ 与 $\boldsymbol{e}$ 的夹角.

由上式可知，当 $\theta = 0$，即方向 l 与向量 $\boldsymbol{g}$ 同向时，$\dfrac{\partial f}{\partial l}$ 最大，此最大值为 $|\boldsymbol{g}| = \sqrt{\left(\dfrac{\partial f}{\partial x}\right)^2 + \left(\dfrac{\partial f}{\partial y}\right)^2}$. 也就是说，$\boldsymbol{g}$ 的方向是函数变化率最大的方向，最大变化率为 $|\boldsymbol{g}|$. 称向量 $\boldsymbol{g}$ 为函数 $z = f(x, y)$ 在点 $P(x, y)$ 处的梯度，记作 $\mathbf{grad}f(x, y)$，即

$$\mathbf{grad}f(x, y) = \frac{\partial f}{\partial x}\boldsymbol{i} + \frac{\partial f}{\partial y}\boldsymbol{j}. \tag{9-19}$$

当 $\theta = \pi$ 时，方向导数 $\dfrac{\partial f}{\partial l}$ 最小；当 $\theta = \dfrac{\pi}{2}$ 时，方向导数 $\dfrac{\partial f}{\partial l} = 0$. 因此，我们可得如下结论：

函数沿着它的梯度方向增长最快，沿着它的梯度相反方向减少最快，沿着它的梯度垂直方向变化率为 0.

例 3

一块金属板在 xOy 平面上占有区域 $D : 0 \leqslant x \leqslant 1, 0 \leqslant y \leqslant 1$，已知板上各点温度分布为 $T = xy(1-x)(1-y)$，问：在点 $\left(\dfrac{1}{4}, \dfrac{1}{3}\right)$ 处沿什么方向温度升高最快? 沿什么方向温度下降最快? 沿什么方向温度变化率为 0?

解 $\dfrac{\partial T}{\partial x} = y(1-y)[(1-x) - x] = y(1-y)(1-2x)$，

由于函数 T 对变量 x, y 对称，因此有

$$\frac{\partial T}{\partial y} = x(1-x)(1-2y),$$

故

$$\mathbf{grad}\,T\Big|_{\left(\frac{1}{4}, \frac{1}{3}\right)} = \frac{\partial T}{\partial x}\Big|_{\left(\frac{1}{4}, \frac{1}{3}\right)}\boldsymbol{i} + \frac{\partial T}{\partial y}\Big|_{\left(\frac{1}{4}, \frac{1}{3}\right)}\boldsymbol{j} = \frac{1}{9}\boldsymbol{i} + \frac{1}{16}\boldsymbol{j}.$$

根据上述讨论，温度 T 在点 $\left(\dfrac{1}{4}, \dfrac{1}{3}\right)$ 处沿 $\dfrac{1}{9}\boldsymbol{i} + \dfrac{1}{16}\boldsymbol{j}$ 的方向升高最快，沿 $-\dfrac{1}{9}\boldsymbol{i} - \dfrac{1}{16}\boldsymbol{j}$ 的方向下降最快，沿 $\dfrac{1}{16}\boldsymbol{i} - \dfrac{1}{9}\boldsymbol{j}$ 或 $-\dfrac{1}{16}\boldsymbol{i} + \dfrac{1}{9}\boldsymbol{j}$ 的方向变化率为 0.

思 考 题 9-5

求下列函数在指定点处的梯度：

(1) $z = xy$，点 $(1,1)$；

(2) $u = xyz$，点 $(1,1,1)$.

习 题 9-5

1. 求下列函数在指定点和指定方向的方向导数:

(1) $z = e^x \sin y + e^y \cos x$,在点 $\left(0, \dfrac{\pi}{2}\right)$ 处沿向量 $(2, -1)$;

(2) $z = \ln(x^2 + y^2)$,在点 $(1,1)$ 处沿与 x 轴正向夹角 $\alpha = 60°$ 的方向;

(3) $z = x^2 + y^2$,在点 $(1,2)$ 处沿从点 $(1,2)$ 到点 $(2, 2+\sqrt{3})$ 的方向;

(4) $u = x^2 + xy + z^2$,在点 $(1,0,1)$ 处沿向量 $(1,1,1)$ 的方向.

2. 求函数 $u = x^2 + 2y^2 + 3z^2 + xy - 3x - 2y - 6z$ 在点 $(0,0,0)$ 及点 $(1,1,1)$ 处的梯度.

3. 设函数 $z = x^2 - xy + y^2$,求函数在点 $(1,1)$ 处的梯度,并求函数在该点沿什么方向使方向导数满足下列条件:(1) 取最大值;(2) 取最小值;(3) 等于 0.

第六节　　多元函数的极值

一、多元函数的极值与最大值、最小值

在生产实践中,经常会遇到求多元函数的最大值或最小值问题. 与一元函数类似,多元函数的最大值、最小值与极大值、极小值有密切的关系.下面我们以二元函数为例,讨论多元函数的极值问题.

定义 1 设函数 $z = f(x,y)$ 在点 (x_0, y_0) 的某一邻域内有定义,对于该邻域内异于点 (x_0, y_0) 的一切点 (x,y),均有 $f(x,y) \leqslant f(x_0, y_0)$ [或 $f(x,y) \geqslant f(x_0, y_0)$] 成立,则称函数 $z = f(x,y)$ 在点 (x_0, y_0) 处取得**极大值**(或**极小值**)$f(x_0, y_0)$.

极大值与极小值统称为**极值**,使函数取得极值的点 (x_0, y_0) 称为**极值点**.

例如,函数 $z = -x^2 - y^2$ 在点 $(0,0)$ 处取得极大值 0,因为点 $(0,0)$ 的任一邻域内异于点 $(0,0)$ 的点的函数值都为负,而在点 $(0,0)$ 处的函数值为 0.从函数图形看也是显然的,因为点 $(0,0)$ 是开口向下的旋转抛物面的顶点.

设函数 $z = f(x,y)$ 在点 (x_0, y_0) 处取得极值. 如果将函数 $z = f(x,y)$ 中的变量 y 固定,令 $y = y_0$,则 $z = f(x, y_0)$ 是一元函数. 若要使该函数在 x_0 处取得极值,据一元函数极值存在的必要条件可得 $f_x(x_0, y_0) = 0$.同理,有 $f_y(x_0, y_0) = 0$. 由此得到下面的定理.

定理 1(极值存在的必要条件) 设函数 $z = f(x,y)$ 在点 (x_0, y_0) 处取得极值,且函数在该点的偏导数存在,则
$$f_x(x_0, y_0) = 0, \quad f_y(x_0, y_0) = 0.$$

使 $f_x(x,y) = 0, f_y(x,y) = 0$ 同时成立的点 (x_0, y_0) 称为函数 $f(x,y)$ 的**驻点**. 由定理 1 可知,具有偏导数的函数,其极值点必定是驻点,但是函数的驻点不一定是极值点. 例如,函数 $z = xy$,点 $(0,0)$ 是其驻点,但不是函数 $z = xy$ 的极值点,这是因为在原点的任一邻域内,$z = xy$ 可以取正值,也可以取负值,而 $z(0,0) = 0$.

定理 1 只给出了二元函数极值存在的必要条件. 那么,如何判定二元函数的驻点是否为极值点呢? 对极值点又如何区分极大值点和极小值点? 我们有下面的定理.

定理 2（极值存在的充分条件）　设函数 $z = f(x,y)$ 在点 (x_0, y_0) 的某一邻域内有二阶连续偏导数,且点 (x_0, y_0) 是函数 $z = f(x,y)$ 的驻点.记

$$A = f_{xx}(x_0, y_0), \quad B = f_{xy}(x_0, y_0), \quad C = f_{yy}(x_0, y_0),$$

则

(1) 当 $B^2 - AC < 0$ 时,点 (x_0, y_0) 是极值点,且当 $A < 0$ 时,点 (x_0, y_0) 为极大值点,当 $A > 0$ 时,点 (x_0, y_0) 为极小值点；

(2) 当 $B^2 - AC > 0$ 时,点 (x_0, y_0) 不是极值点；

(3) 当 $B^2 - AC = 0$ 时,点 (x_0, y_0) 可能是极值点,也可能不是极值点.

证明从略.

例 1

求函数 $z = x^3 + y^3 - 3xy$ 的极值.

解　这里 $f(x,y) = x^3 + y^3 - 3xy$,对 $f(x,y)$ 分别求一阶、二阶导数,得

$$f_x(x,y) = 3x^2 - 3y, \quad f_y(x,y) = 3y^2 - 3x,$$
$$f_{xx}(x,y) = 6x, \quad f_{yy}(x,y) = 6y, \quad f_{xy}(x,y) = -3.$$

要求该函数的驻点,只要解方程组 $f_x = 0, f_y = 0$,即

$$\begin{cases} 3x^2 - 3y = 0, \\ 3y^2 - 3x = 0, \end{cases}$$

得驻点 $(1,1),(0,0)$.

对于驻点 $(1,1)$,有 $A = f_{xx}(1,1) = 6, B = f_{xy}(1,1) = -3, C = f_{yy}(1,1) = 6$,于是

$$B^2 - AC = 9 - 36 = -27 < 0.$$

因为 $A = 6 > 0$,所以该函数在点 $(1,1)$ 处取得极小值 $f(1,1) = -1$.

对于驻点 $(0,0)$,有 $A = f_{xx}(0,0) = 0, B = f_{xy}(0,0) = -3, C = f_{yy}(0,0) = 0$,于是

$$B^2 - AC = 9 > 0,$$

从而点 $(0,0)$ 不是该函数的极值点.

我们知道,如果函数 $f(x,y)$ 在有界闭区域 D 上连续,则 $f(x,y)$ 在 D 上必能取得最大值和最小值.假设函数 $f(x,y)$ 在 D 上连续,在 D 内是可微的且只有有限个驻点,这时如果函数在 D 的内部取得最大值(或最小值),那么这个最大值(或最小值)必定在函数的驻点上.函数的最大值(或最小值)也可能在区域的边界上取得.因此,求函数的最大值和最小值的一般方法是:将函数 $f(x,y)$ 在 D 内的所有驻点处的函数值与该函数在区域边界上的最大值和最小值相比较,其中最大的就是函数 $f(x,y)$ 在 D 上的最大值,最小的就是函数 $f(x,y)$ 在 D 上的最小值.

在解决实际问题时,若按问题的性质,知道由该问题归结出来的函数 $f(x,y)$ 在开区域 D 内一定能取得最大值(或最小值),而 $f(x,y)$ 在 D 内只有一个驻点,那么该驻点处的函数值就是函数 $f(x,y)$ 在 D 上的最大值(或最小值).

例 2

某工厂生产甲与乙两种产品,出售单价分别为 10 万元与 9 万元,生产 x 件甲产品与生产 y 件乙产品的总费用(单位:万元)是

$$400+2x+3y+0.01\times(3x^2+xy+3y^2),$$

问取得最大利润时,两种产品的产量(单位:件)各是多少?

解 设 $L(x,y)$ 表示生产 x 件甲产品与 y 件乙产品时所得的总利润(单位:万元),因为总利润等于总收入减去总费用,所以

$$L(x,y)=(10x+9y)-[400+2x+3y+0.01\times(3x^2+xy+3y^2)]$$
$$=8x+6y-0.01\times(3x^2+xy+3y^2)-400.$$

解方程组

$$\begin{cases} L_x(x,y)=8-0.01\times(6x+y)=0, \\ L_y(x,y)=6-0.01\times(x+6y)=0, \end{cases}$$

得驻点 $(120,80)$.

求 $L(x,y)$ 的二阶导数,得

$$L_{xx}(120,80)=-0.06,\quad L_{xy}(120,80)=-0.01,\quad L_{yy}(120,80)=-0.06,$$

则

$$B^2-AC=[L_{xy}(120,80)]^2-L_{xx}(120,80)\times L_{yy}(120,80)=-0.0035<0,$$

且 $L_{xx}(120,80)=-0.06<0$. 因此,当 $x=120,y=80$,即生产 120 件甲产品与 80 件乙产品时,所得利润最大,最大利润为 $L(120,80)=320$ 万元.

二、条件极值

在研究函数的极值时,如果对函数的自变量除了限制在定义域内取值外,还有其他附加约束条件,这类极值问题称为**条件极值问题**;如果对函数的自变量没有其他附加约束条件,这类极值问题称为**无条件极值问题**.

条件极值有时可将它化为无条件极值来求解,但条件极值化为无条件极值并不是都能实现的,即使能实现,有时问题也并不简单. 为此,下面介绍一种直接求解条件极值的方法 —— **拉格朗日乘数法**.

求函数 $z=f(x,y)$ 在 $\varphi(x,y)=0$ 的条件下极值可疑点的具体步骤为:

(1) 构造拉格朗日函数 $L(x,y)=f(x,y)+\lambda\varphi(x,y)$,其中 λ 是一个待定常数;

(2) 求 $L(x,y)$ 对 x 与 y 的一阶偏导数,并令其为 0,然后与 $\varphi(x,y)=0$ 联立起来,即

$$\begin{cases} \dfrac{\partial L}{\partial x}=f_x(x,y)+\lambda\varphi_x(x,y)=0, \\[2mm] \dfrac{\partial L}{\partial y}=f_y(x,y)+\lambda\varphi_y(x,y)=0, \\[2mm] \varphi(x,y)=0. \end{cases} \tag{9-20}$$

由此方程组解出 x,y,λ,所得的点 (x,y) 即是函数 $z=f(x,y)$ 在条件 $\varphi(x,y)=0$ 下的极值可疑点.

对于多于两个自变量的函数或多于一个约束条件的情形,也有类似的结果.

例如,求三元函数 $u=f(x,y,z)$ 在条件 $\varphi(x,y,z)=0$ 和 $\psi(x,y,z)=0$ 下的极值可疑点时,只需解联立方程组

$$\begin{cases} \dfrac{\partial L}{\partial x} = 0, \\[2mm] \dfrac{\partial L}{\partial y} = 0, \\[2mm] \dfrac{\partial L}{\partial z} = 0, \\[2mm] \varphi(x,y,z) = 0, \\[2mm] \psi(x,y,z) = 0, \end{cases} \qquad (9-21)$$

其中 $L(x,y,z) = f(x,y,z) + \lambda\varphi(x,y,z) + \mu\psi(x,y,z)$ 为拉格朗日函数，λ, μ 是待定常数.

至于如何确定所求的点是否为极值点，一般可由问题的实际意义判定.

例 3

在周长等于 $2a$ 的条件下，求出面积最大的矩形.

解　设矩形的长为 x，宽为 y，则目标函数为

$$A = xy \quad (D: 0 < x < 2a, 0 < y < 2a),$$

约束条件为

$$x + y = a.$$

构造拉格朗日函数

$$L(x,y) = xy + \lambda(x + y - a),$$

根据方程组（9-20），得

$$\begin{cases} \dfrac{\partial L}{\partial x} = y + \lambda = 0, \\[2mm] \dfrac{\partial L}{\partial y} = x + \lambda = 0, \\[2mm] x + y - a = 0. \end{cases}$$

解上述方程组，得

$$\lambda = -\frac{a}{2}, \quad x = y = \frac{a}{2}.$$

$\left(\dfrac{a}{2}, \dfrac{a}{2}\right)$ 为开区域 D 内的唯一驻点，根据题意，周长为 $2a$ 的矩形中，一定有面积最大的矩形，因此边长为 $\dfrac{a}{2}$ 的正方形即为所求的矩形，且 $A = \dfrac{a^2}{4}$.

例 4

建造一个容积为 V 的无盖长方体容器，问：怎样选择长、宽、高才能使材料最省？

解　设容器的长、宽、高分别为 x, y, z，则容器的表面积 $S = xy + 2(xz + yz)(x > 0, y > 0, z > 0)$，体积 $V = xyz$. 构造拉格朗日函数

$$L(x,y,z) = xy + 2xz + 2yz + \lambda(xyz - V),$$

得方程组

$$\begin{cases} \dfrac{\partial L}{\partial x} = y + 2z + \lambda yz = 0, \\[2mm] \dfrac{\partial L}{\partial y} = x + 2z + \lambda xz = 0, \\[2mm] \dfrac{\partial L}{\partial z} = 2x + 2y + \lambda xy = 0, \\[2mm] xyz - V = 0. \end{cases}$$

将上述方程组中的第一个方程乘以 x,第二个方程乘以 y,第三个方程乘以 z,并将新得到的第二个方程减去第一个方程、第三个方程减去第一个方程,得

$$\begin{cases} 2yz - 2xz = 0, \\ 2yz - xy = 0. \end{cases}$$

因为 $x > 0, y > 0$,所以有 $x = y = 2z$. 代入第四个方程得开区域 D 内的唯一驻点

$$x = y = \sqrt[3]{2V}, \quad z = \frac{\sqrt[3]{2V}}{2}.$$

由问题本身可知,最小值一定存在,因此当 $x = y = \sqrt[3]{2V}, z = \dfrac{\sqrt[3]{2V}}{2}$ 时,容器所需的材料最省,此时 $S = 3\sqrt[3]{4V^2}$.

思 考 题 9 - 6

1. 多元函数的极值与最大值(或最小值)的关系如何?

2. 二元函数的极值与条件极值有何关系?若二元函数无极值,是否一定无条件极值,并举例说明.

习　题　9 - 6

1. 求下列函数的极值:

(1) $f(x,y) = x^3 - 4x^2 + 2xy - y^2$;

(2) $f(x,y) = 4(x - y) - x^2 - y^2$;

(3) $f(x,y) = x^2 + xy + y^2 + x - y + 1$;

(4) $f(x,y,z) = x^2 + y^2 + z^2$.

2. 求下列函数在指定条件下的极值:

(1) $z = xy$ 且 $2x + y = 1$;

(2) $z = x - 2y$ 且 $x^2 + y^2 = 1$.

3. 已知矩形的周长为 $2P$,将该矩形绕其一边旋转一周而成一立体,求所得立体体积为最大的那个矩形.

本章小结

本章要求:在理解多元函数的极限与连续、偏导数、全微分等概念的基础上,重点是掌握偏导数、全微分的求法,会求多元函数的极值,会解一些简单的最大值、最小值的应用问题.

1. 多元函数的极限与连续

(1) 设函数 $z = f(x,y)$ 在点 $P_0(x_0, y_0)$ 的某一邻域内有定义(点 P_0 可除外). 如果当点 $P(x,y)$ 沿任意路径趋于点 $P_0(x_0, y_0)$ 时,函数 $f(x,y)$ 的函数值趋于一个确定的常数 A,则称

A 为函数 $f(x,y)$ 当 $(x,y) \to (x_0,y_0)$ 时的极限,记作

$$\lim_{\substack{x \to x_0 \\ y \to y_0}} f(x,y) = A, \quad \lim_{P \to P_0} f(P) = A \quad \text{或} \quad \lim_{\rho \to 0} f(x,y) = A,$$

其中 $\rho = \sqrt{(x-x_0)^2 + (y-y_0)^2}$.

(2) 如果 $\lim\limits_{\substack{x \to x_0 \\ y \to y_0}} f(x,y) = f(x_0,y_0)$,则称函数 $z = f(x,y)$ 在点 $P_0(x_0,y_0)$ 处连续.

2. 偏导数与全微分

(1) 偏导数的定义. 设函数 $z = f(x,y)$ 的偏导数存在,则函数 $f(x,y)$ 对 x,y 的偏导数分别为

$$f_x(x,y) = \lim_{\Delta x \to 0} \frac{f(x+\Delta x,y) - f(x,y)}{\Delta x},$$

$$f_y(x,y) = \lim_{\Delta y \to 0} \frac{f(x,y+\Delta y) - f(x,y)}{\Delta y}.$$

若函数 $f_x(x,y), f_y(x,y)$ 的偏导数仍存在,则称其为函数 $z = f(x,y)$ 的二阶偏导数,这样的偏导数共有四个,即

$$f_{xx}(x,y), \quad f_{xy}(x,y), \quad f_{yx}(x,y), \quad f_{yy}(x,y),.$$

当两个二阶混合偏导数 $f_{xy}(x,y), f_{yx}(x,y)$ 在区域 D 内连续时,它们相等.

(2) 二元函数的全微分公式. 如果函数 $z = f(x,y)$ 在点 (x,y) 处可微,则有全微分公式

$$\mathrm{d}z = \frac{\partial z}{\partial x}\mathrm{d}x + \frac{\partial z}{\partial y}\mathrm{d}y.$$

(3) 多元函数的微分法.

① 复合函数微分法.

A. 设函数 $z = f(u,v), u = u(t), v = v(t)$ 构成复合函数 $z = f[u(t),v(t)]$,则

$$\frac{\mathrm{d}z}{\mathrm{d}t} = \frac{\partial z}{\partial u} \cdot \frac{\mathrm{d}u}{\mathrm{d}t} + \frac{\partial z}{\partial v} \cdot \frac{\mathrm{d}v}{\mathrm{d}t}.$$

B. 设函数 $z = f(u,v), u = u(x,y), v = v(x,y)$ 构成复合函数 $z = f[u(x,y),v(x,y)]$,则

$$\frac{\partial z}{\partial x} = \frac{\partial z}{\partial u} \cdot \frac{\partial u}{\partial x} + \frac{\partial z}{\partial v} \cdot \frac{\partial v}{\partial x},$$

$$\frac{\partial z}{\partial y} = \frac{\partial z}{\partial u} \cdot \frac{\partial u}{\partial y} + \frac{\partial z}{\partial v} \cdot \frac{\partial v}{\partial y}.$$

C. 设函数 $z = f(u,v), u = u(x,y), v = v(x)$ 构成复合函数 $z = f[u(x,y),v(x)]$,则

$$\frac{\partial z}{\partial x} = \frac{\partial z}{\partial u} \cdot \frac{\partial u}{\partial x} + \frac{\partial z}{\partial v} \cdot \frac{\mathrm{d}v}{\mathrm{d}x}, \quad \frac{\partial z}{\partial y} = \frac{\partial z}{\partial u} \cdot \frac{\partial u}{\partial y}.$$

② 隐函数微分法.

A. 若由方程 $F(x,y) = 0$ 确定一元隐函数 $y = f(x)$,且 $F_y \neq 0$,则

$$\frac{\mathrm{d}y}{\mathrm{d}x} = -\frac{F_x}{F_y}.$$

B. 若由方程 $F(x,y,z) = 0$ 确定二元隐函数 $z = f(x,y)$,且 $F_z \neq 0$,则

$$\frac{\partial z}{\partial x} = -\frac{F_x}{F_z}, \quad \frac{\partial z}{\partial y} = -\frac{F_y}{F_z}.$$

3. 偏导数的应用

（1）极值. 设函数 $z = f(x,y)$ 在点 (x_0,y_0) 的某一邻域内有二阶连续偏导数，且 $f_x(x_0,y_0) = 0, f_y(x_0,y_0) = 0$. 记

$$A = f_{xx}(x_0,y_0), \quad B = f_{xy}(x_0,y_0), \quad C = f_{yy}(x_0,y_0),$$

则

① 当 $B^2 - AC < 0$ 时，$f(x_0,y_0)$ 是极值，且当 $A < 0$ 时为极大值，当 $A > 0$ 时为极小值；

② 当 $B^2 - AC > 0$ 时，$f(x_0,y_0)$ 不是极值；

③ 当 $B^2 - AC = 0$ 时，不能判定 $f(x_0,y_0)$ 是否为极值.

（2）拉格朗日乘数法. 求条件极值的方法是把条件极值转化为无条件极值，可用拉格朗日乘数法.

求函数 $z = f(x,y)$ 在条件 $\varphi(x,y) = 0$ 下的极值：先构造拉格朗日函数 $L(x,y) = f(x,y) + \lambda\varphi(x,y)$（$\lambda$ 为待定常数），解联立方程组

$$\begin{cases} f_x(x,y) + \lambda\varphi_x(x,y) = 0, \\ f_y(x,y) + \lambda\varphi_y(x,y) = 0, \\ \varphi(x,y) = 0. \end{cases}$$

该方程组的解 (x_0,y_0) 为可能的极值点，再由问题本身的实际意义确定所求的条件极值.

自测题九

1. 选择题

（1）函数 $z = \sqrt{\dfrac{x^2 + y^2 - x}{2x - x^2 - y^2}}$ 的定义域为（　　）；

A. $x < x^2 + y^2 \leqslant 2x$　　　　　　　　B. $x \leqslant x^2 + y^2 < 2x$

C. $x \leqslant x^2 + y^2 \leqslant 2x$　　　　　　　　D. $x < x^2 + y^2 < 2x$

（2）函数 $z = \dfrac{1}{\sin x \sin y}$ 的间断点是（　　）；

A. $x = y = 2n\pi (n = 0, \pm 1, \pm 2, \cdots)$

B. $x = y = n\pi (n = 1, 2, \cdots)$

C. $x = y = m\pi (m = 0, \pm 1, \pm 2, \cdots)$

D. $x = n\pi, y = m\pi (m = 0, \pm 1, \pm 2, \cdots; n = 0, \pm 1, \pm 2, \cdots)$

（3）函数 $z = f(x,y)$ 在点 $P_0(x_0,y_0)$ 处间断，则（　　）；

A. 该函数在点 P_0 处一定没有定义

B. 该函数在点 P_0 处的极限一定不存在

C. 该函数在点 P_0 处可能有定义，也可能有极限

D. 该函数在点 P_0 处一定有定义，且有极限，但极限值不等于该点的函数值

（4）对于二元函数 $z = f(x,y)$，下列有关偏导数与全微分的关系中正确的命题是（　　）；

A. 偏导数不连续，则全微分必不存在

B. 偏导数连续，则全微分必存在

C. 全微分存在，则偏导数必连续

D. 全微分存在，则偏导数不一定存在

(5) 设函数 $f(x,y)$ 在点 (a,b) 处的偏导数存在,则 $\lim\limits_{x \to 0} \dfrac{f(a+x,b)-f(a-x,b)}{x}$ 等于(　　);

A. $f_x(a,b)$ 　　　　　　　　　　　　 B. $f_x(2a,b)$

C. $2f_x(a,b)$ 　　　　　　　　　　　 D. $\dfrac{1}{2}f_x(a,b)$

(6) 函数 $f(x,y)=x^3-12xy+8y^3$ 在驻点 $(2,1)$ 处(　　).

A. 取得极大值 　　　　　　　　　　　 B. 取得极小值

C. 不取得极值 　　　　　　　　　　　 D. 无法判断是否取得极值

2. 求下列复合函数的偏导数或全导数:

(1) $z=u^v, u=\ln(x-y), v=\mathrm{e}^{\frac{x}{y}}$, 求 $\dfrac{\partial z}{\partial x}, \dfrac{\partial z}{\partial y}$;

(2) $z=\dfrac{\sin u}{\cos v}, u=\mathrm{e}^t, v=\ln t$, 求 $\dfrac{\mathrm{d}z}{\mathrm{d}t}$.

3. 设函数 $u=f(x^2+y^2+z^2)$, 求 $\dfrac{\partial u}{\partial x}$.

4. 已知函数 $z=z(x,y)$ 由方程 $x^2+y^2+z^2=yf\left(\dfrac{z}{y}\right)$ 所确定,验证:

$$(x^2-y^2-z^2)\frac{\partial z}{\partial x}+2xy\frac{\partial z}{\partial y}=2xz.$$

5. 已知函数 $u=u(x,y,z)$ 由方程 $\varphi(u^2-x^2, u^2-y^2, u^2-z^2)=0$ 所确定,试证:

$$\frac{u_x}{x}+\frac{u_y}{y}+\frac{u_z}{z}=\frac{1}{u}.$$

6. 若方程 $F(x,y,z,u)=0$, 证明: $\dfrac{\partial u}{\partial x} \cdot \dfrac{\partial x}{\partial y} \cdot \dfrac{\partial y}{\partial z} \cdot \dfrac{\partial z}{\partial u}=1$.

7. 求下列函数的极值:

(1) $z=x^2+y^2+1$;

(2) $z=x^2+y^2+1$, 条件 $x+y-3=0$.

10 第十章
多元函数积分学

　　与定积分类似,重积分的概念也是从实践中抽象出来的,它是定积分的推广,其中的数学思想与定积分一样,也是一种"和式的极限",所不同的是:定积分的被积函数是一元函数,积分范围是一个区间;而重积分的被积函数是多元函数,积分范围是平面或空间中的一个区域,但它们之间存在着密切的联系,重积分可以通过定积分来计算.

第一节　二重积分的概念与性质

一、二重积分的概念

1. 曲顶柱体的体积

设有一立体,它的底是 xOy 平面上的有界闭区域 D,它的侧面是以 D 的边界曲线为准线而母线平行于 z 轴的柱面,它的顶是曲面 $z=f(x,y)$,其中 $f(x,y) \geqslant 0$ 且在 D 上连续(见图 10 – 1),这种立体叫作**曲顶柱体**. 现在要计算此曲顶柱体的体积 V.

如果曲顶柱体的顶是与 xOy 平面平行的平面,也就是该柱体的高是不变的,那么它的体积可以用公式

$$\text{体积} = \text{底面积} \times \text{高}$$

来计算. 现在柱体的顶是曲面 $z=f(x,y)$,当点 (x,y) 在区域 D 上变动时,高 $f(x,y)$ 是一个变量,因此它的体积不能直接用上式来计算. 下面,我们仿照求曲边梯形的面积的方法来解决求曲顶柱体的体积问题.

(1) 分割. 将闭区域 D 任意分成 n 个小闭区域 $\Delta\sigma_1, \Delta\sigma_2, \cdots, \Delta\sigma_n$,且以 $\Delta\sigma_i$ 表示第 $i(i=1, 2, \cdots, n)$ 个小闭区域的面积,分别以这些小闭区域的边界曲线为准线,作母线平行于 z 轴的柱面,这些柱面把原来的曲顶柱体分为 n 个小曲顶柱体.

(2) 近似代替. 对于第 i 个小曲顶柱体,当小闭区域 $\Delta\sigma_i$ 的直径(一个闭区域的直径是指闭区域上任意两点间距离的最大值)足够小时,由于 $f(x,y)$ 连续,在小闭区域 $\Delta\sigma_i$ 上,其高 $f(x,y)$ 变化很小,因此可将这个小曲顶柱体近似看作以 $\Delta\sigma_i$ 为底、$f(\xi_i,\eta_i)$ 为高的平顶柱体(见图 10 – 2),其中 (ξ_i,η_i) 为 $\Delta\sigma_i$ 上任取一点,从而得到第 i 个小曲顶柱体体积 ΔV_i 的近似值

$$\Delta V_i \approx f(\xi_i, \eta_i)\Delta\sigma_i, \quad i=1,2,\cdots,n.$$

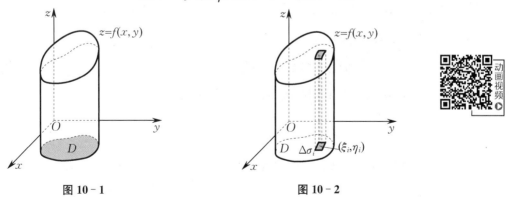

图 10 – 1　　　　　　　　　　图 10 – 2

(3) 求和. 把求得的 n 个小曲顶柱体的体积的近似值相加,便得到所求曲顶柱体体积的近似值

$$V = \sum_{i=1}^{n} \Delta V_i \approx \sum_{i=1}^{n} f(\xi_i, \eta_i)\Delta\sigma_i.$$

(4) 取极限. 将闭区域 D 分割得越细,上式右边的和式就越接近于体积 V. 令 n 个小闭区域中的最大直径(记作 λ)趋于 0,则上述和式的极限就是曲顶柱体的体积 V,即

$$V = \lim_{\lambda \to 0} \sum_{i=1}^{n} f(\xi_i, \eta_i) \Delta \sigma_i.$$

2. 平面薄片的质量

设有一质量非均匀分布的平面薄片,占有 xOy 平面上的闭区域 D,它在点 (x, y) 处的面密度 $\rho(x, y)$ 在 D 上连续,且 $\rho(x, y) > 0$,现在要计算该薄片的质量 M.

我们用求曲顶柱体体积的方法来解决这个问题.

(1) 分割. 将闭区域 D 任意分成 n 个小闭区域 $\Delta \sigma_1, \Delta \sigma_2, \cdots, \Delta \sigma_n$,且以 $\Delta \sigma_i$ 表示第 $i(i = 1, 2, \cdots, n)$ 个小闭区域的面积(见图 10-3).

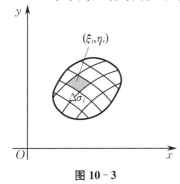

图 10-3

(2) 近似代替. 由于 $\rho(x, y)$ 连续,因此当第 i 个小闭区域 $\Delta \sigma_i$ 的直径足够小时,相应于第 i 个小闭区域的小薄片的质量 ΔM_i 的近似值为

$$\Delta M_i \approx \rho(\xi_i, \eta_i) \Delta \sigma_i, \quad i = 1, 2, \cdots, n,$$

其中 (ξ_i, η_i) 是 $\Delta \sigma_i$ 上任取一点.

(3) 求和. 将求得的 n 个小薄片的质量的近似值相加,便得到整个薄片的质量的近似值

$$M = \sum_{i=1}^{n} \Delta M_i \approx \sum_{i=1}^{n} \rho(\xi_i, \eta_i) \Delta \sigma_i.$$

(4) 取极限. 将闭区域 D 无限细分,即 n 个小闭区域中的最大直径(记作 λ) 趋于 0 时,上述和式的极限就是平面薄片的质量 M,即

$$M = \lim_{\lambda \to 0} \sum_{i=1}^{n} \rho(\xi_i, \eta_i) \Delta \sigma_i.$$

上面两个问题的实际意义虽然不同,但都是把所求的量归结为求二元函数的同一类型和式的极限. 这种数学模型在研究其他实际问题时也会经常遇到,为此我们引进二重积分的概念.

定义 1 设 $z = f(x, y)$ 是定义在有界闭区域 D 上的有界函数. 将闭区域 D 任意分成 n 个小闭区域 $\Delta \sigma_1, \Delta \sigma_2, \cdots, \Delta \sigma_n$,并以 $\Delta \sigma_i$ 表示第 $i(i = 1, 2, \cdots, n)$ 个小闭区域的面积. 在每个小闭区域上任取一点 (ξ_i, η_i),做乘积 $f(\xi_i, \eta_i) \Delta \sigma_i (i = 1, 2, \cdots, n)$,并做和式 $\sum_{i=1}^{n} f(\xi_i, \eta_i) \Delta \sigma_i$. 如果当各小闭区域的直径中的最大值 λ 趋于 0 时,此和式的极限存在,且与闭区域 D 的分法及点 (ξ_i, η_i) 的取法无关,则称此极限值为函数 $f(x, y)$ 在闭区域 D 上的二重积分,记作 $\iint\limits_{D} f(x, y) \mathrm{d}\sigma$,即

$$\iint\limits_{D} f(x, y) \mathrm{d}\sigma = \lim_{\lambda \to 0} \sum_{i=1}^{n} f(\xi_i, \eta_i) \Delta \sigma_i,$$

其中 $f(x, y)$ 叫作**被积函数**,D 叫作**积分区域**,$f(x, y)\mathrm{d}\sigma$ 叫作**被积表示式**,$\mathrm{d}\sigma$ 叫作**面积元素**,x 与 y 叫作**积分变量**,$\sum_{i=1}^{n} f(\xi_i, \eta_i) \Delta \sigma_i$ 叫作**积分和**.

可以证明,当函数 $f(x, y)$ 在有界闭区域 D 上连续时,这个和式的极限必定存在. 今后,我们总假定所讨论的函数 $f(x, y)$ 在有界闭区域 D 上是连续的,因此它在 D 上的二重积分总是存在的.

在二重积分的定义中,对闭区域 D 的划分是任意的,如果在直角坐标系中用平行于坐标轴的直线来划分闭区域 D,那么除了靠近边界曲线的一些小闭区域外,其余绝大部分的小闭区

域都是小矩形. 设小矩形 $\Delta\sigma$ 的边长为 Δx 和 Δy,则 $\Delta\sigma$ 的面积 $\Delta\sigma = \Delta x\Delta y$(见图 $10-4$). 因此,在直角坐标系中面积元素 $\mathrm{d}\sigma$ 记作 $\mathrm{d}x\mathrm{d}y$,从而二重积分也常记作

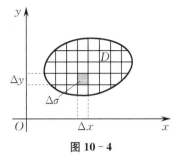

图 $10-4$

$$\iint\limits_{D}f(x,y)\mathrm{d}x\mathrm{d}y.$$

由二重积分的定义可知,曲顶柱体的体积是函数 $f(x,y)$ 在有界闭区间 D 上的二重积分,即

$$V = \iint\limits_{D}f(x,y)\mathrm{d}\sigma;$$

平面薄片的质量是面密度 $\rho(x,y)$ 在有界闭区域 D 上的二重积分,即

$$M = \iint\limits_{D}\rho(x,y)\mathrm{d}\sigma.$$

二重积分的几何意义是:当 $f(x,y)\geqslant0$ 时,$\iint\limits_{D}f(x,y)\mathrm{d}\sigma$ 表示以 D 为底、以 $z = f(x,y)$ 为顶的曲顶柱体的体积;当 $f(x,y)\leqslant0$ 时,曲顶柱体在 xOy 平面的下方,二重积分的绝对值仍等于曲顶柱体的体积,但二重积分的值是负的. 特别地,当 $f(x,y)\equiv1$ 时,$\iint\limits_{D}f(x,y)\mathrm{d}\sigma = \iint\limits_{D}\mathrm{d}\sigma$ 表示闭区域 D 的面积,即

$$\iint\limits_{D}\mathrm{d}\sigma = \sigma,$$

其中 σ 表示闭区域 D 的面积.

二、二重积分的性质

二重积分具有与定积分类似的性质,现叙述如下.

性质 1　常数因子可以从积分号里面提到积分号外面,即

$$\iint\limits_{D}kf(x,y)\mathrm{d}\sigma = k\iint\limits_{D}f(x,y)\mathrm{d}\sigma \quad (k\text{ 为常数}).$$

性质 2　函数的代数和的二重积分等于各函数的二重积分的代数和,即

$$\iint\limits_{D}[f(x,y)\pm g(x,y)]\mathrm{d}\sigma = \iint\limits_{D}f(x,y)\mathrm{d}\sigma\pm\iint\limits_{D}g(x,y)\mathrm{d}\sigma.$$

性质 3　如果有界闭区域 D 被连续曲线分为两个闭区域 D_1 和 D_2,则

$$\iint\limits_{D}f(x,y)\mathrm{d}\sigma = \iint\limits_{D_1}f(x,y)\mathrm{d}\sigma + \iint\limits_{D_2}f(x,y)\mathrm{d}\sigma.$$

这个性质表示二重积分对于积分区域具有**可加性**(见图 $10-5$).

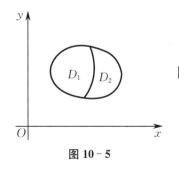

图 $10-5$

性质 4　若在有界闭区域 D 上,$f(x,y)\leqslant g(x,y)$,则

$$\iint\limits_{D}f(x,y)\mathrm{d}\sigma \leqslant \iint\limits_{D}g(x,y)\mathrm{d}\sigma.$$

特别地,由于

$$- \mid f(x,y) \mid \leqslant f(x,y) \leqslant \mid f(x,y) \mid,$$

因此又有

$$\left| \iint\limits_{D} f(x,y) \mathrm{d}\sigma \right| \leqslant \iint\limits_{D} \mid f(x,y) \mid \mathrm{d}\sigma.$$

性质 5 设 M 和 m 分别为函数 $f(x,y)$ 在有界闭区域 D 上的最大值和最小值,则

$$m\sigma \leqslant \iint\limits_{D} f(x,y) \mathrm{d}\sigma \leqslant M\sigma,$$

其中 σ 为 D 的面积.

性质 6(二重积分的中值定理) 设函数 $f(x,y)$ 在有界闭区域 D 上连续,σ 为 D 的面积,则在 D 上至少存在一点 (ξ,η),使得

$$\iint\limits_{D} f(x,y) \mathrm{d}\sigma = f(\xi,\eta)\sigma$$

成立.

当 $f(x,y) \geqslant 0$ 时,上式的几何意义是:二重积分所确定的曲顶柱体的体积,等于以积分区域 D 为底、以 $f(\xi,\eta)$ 为高的平顶柱体的体积.

例 1

估计二重积分 $I = \iint\limits_{D} \dfrac{1}{\sqrt{x^2 + y^2 + 2xy + 16}} \mathrm{d}\sigma$ 的值,其中积分区域 D 为矩形闭区域 $\{(x,y) \mid 0 \leqslant x \leqslant 1, 0 \leqslant y \leqslant 2\}$.

解 因为 $f(x,y) = \dfrac{1}{\sqrt{x^2 + y^2 + 2xy + 16}} = \dfrac{1}{\sqrt{(x+y)^2 + 16}}$,积分区域 D 的面积 $\sigma = 2$,且在 D 上 $f(x,y)$ 的最大值和最小值分别为

$$M = \frac{1}{\sqrt{(0+0)^2 + 16}} = \frac{1}{4}, \quad m = \frac{1}{\sqrt{(1+2)^2 + 16}} = \frac{1}{5},$$

所以

$$\frac{2}{5} \leqslant I \leqslant \frac{1}{2}.$$

例 2

比较二重积分 $\iint\limits_{D} \ln(x+y) \mathrm{d}\sigma$ 和 $\iint\limits_{D} [\ln(x+y)]^2 \mathrm{d}\sigma$ 的大小,其中积分区域 D 是三角形闭区域,三顶点分别为 $(1,0),(1,1),(2,0)$.

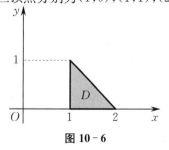

图 10 - 6

解 如图 $10-6$ 所示,在积分区域 D 内有
$$1 \leqslant x+y \leqslant 2 < \mathrm{e},$$
因此 $0 \leqslant \ln(x+y) < 1$,于是
$$\ln(x+y) > [\ln(x+y)]^2,$$
即
$$\iint\limits_{D} \ln(x+y) \mathrm{d}\sigma > \iint\limits_{D} [\ln(x+y)]^2 \mathrm{d}\sigma.$$

思 考 题 10-1

1. 指出 $\lim\limits_{\lambda \to 0}\sum\limits_{i=1}^{n} f(\xi_i,\eta_i)\Delta\sigma_i$ 中，$\Delta\sigma_i$，(ξ_i,η_i)，$f(\xi_i,\eta_i)\Delta\sigma_i$，$\sum\limits_{i=1}^{n} f(\xi_i,\eta_i)\Delta\sigma_i$，$\lambda$ 等符号的意义.

2. 用二重积分表示以下列曲面为顶、闭区域 D 为底的曲顶柱体的体积：

(1) $z=x+y+1$，$D=\{(x,y)\,|\,0\leqslant x\leqslant 1, 1\leqslant y\leqslant 2\}$；

(2) $z=x+y$，D 由圆 $x^2+y^2=1$ 在第一象限部分与坐标轴所围成.

3. 用二重积分表示以 $(0,0)$，$(1,1)$，$(2,0)$ 为顶点的三角形闭区域的面积.

4. 用二重积分表示由圆柱面 $x^2+y^2=1$，平面 $z=0$，$z=3$ 所围成的平顶柱体的体积.

5. 利用二重积分的性质求出二重积分 $\iint\limits_{D}\mathrm{d}\sigma$ 的值，其中 D 是由 y 轴及直线 $x+y=1$，$x-y=1$ 所围成的闭区域.

习 题 10-1

1. 利用二重积分的定义证明：

$$\iint\limits_{D}\mathrm{d}\sigma = \sigma \quad (\sigma 是 D 的面积).$$

2. 设有一平面薄片占有 xOy 平面上的有界闭区域 D，薄片上分布有密度为 $\mu=\mu(x,y)$ 的电荷，且 $\mu(x,y)$ 在 D 上连续，试用二重积分表示该薄片上的全部电荷.

3. 利用二重积分的性质，比较下列二重积分的大小：

(1) $\iint\limits_{D}(x+y)^2\mathrm{d}\sigma$ 与 $\iint\limits_{D}(x+y)^3\mathrm{d}\sigma$，其中积分区域 D 是由 x 轴、y 轴及直线 $x+y=1$ 所围成的闭区域；

(2) $\iint\limits_{D}\ln(x+y)\mathrm{d}\sigma$ 与 $\iint\limits_{D}[\ln(x+y)]^2\mathrm{d}\sigma$，其中积分区域 $D=\{(x,y)\,|\,3\leqslant x\leqslant 5, 0\leqslant y\leqslant 1\}$.

4. 利用二重积分的性质估计下列二重积分的值：

(1) $\iint\limits_{D}(x+y+1)\mathrm{d}\sigma$，其中 $D=\{(x,y)\,|\,0\leqslant x\leqslant 1, 0\leqslant y\leqslant 2\}$；

(2) $\iint\limits_{D}(x^2+4y^2+9)\mathrm{d}\sigma$，其中 $D=\{(x,y)\,|\,x^2+y^2\leqslant 4\}$.

5. 利用被积函数及积分区域的对称性确定下列二重积分的值：

(1) $\iint\limits_{D}(x+x^3y^2)\mathrm{d}\sigma$，其中 $D=\{(x,y)\,|\,x^2+y^2\leqslant 4, y\geqslant 0\}$；

(2) $\iint\limits_{D}x^2y\mathrm{d}\sigma$，其中 $D=\{(x,y)\,|\,0\leqslant x\leqslant 1, -1\leqslant y\leqslant 1\}$.

第二节　二重积分的计算

用二重积分的定义来计算二重积分是十分困难的，因此要寻求其实际可行的计算方法. 下面我们研究如何从二重积分的几何意义得到将二重积分化为连续计算两次定积分的计算方法.

一、利用直角坐标计算二重积分

若积分区域 D 可以用不等式

$$\varphi_1(x) \leqslant y \leqslant \varphi_2(x), \quad a \leqslant x \leqslant b$$

来表示,其中函数 $\varphi_1(x),\varphi_2(x)$ 在区间 $[a,b]$ 上连续(见图 10-7),则称它为 **X 型区域**.

若积分区域 D 可以用不等式

$$\psi_1(y) \leqslant x \leqslant \psi_2(y), \quad c \leqslant y \leqslant d$$

来表示,其中函数 $\psi_1(y),\psi_2(y)$ 在区间 $[c,d]$ 上连续(见图 10-8),则称它为 **Y 型区域**.

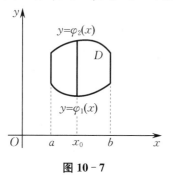
图 10-7

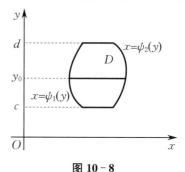
图 10-8

这些区域的特点是:当积分区域 D 为 X 型区域时,则垂直于 x 轴的直线 $x = x_0 (a < x_0 < b)$ 至多与 D 的边界交于两点;当积分区域 D 为 Y 型区域时,则垂直于 y 轴的直线 $y = y_0 (c < y_0 < d)$ 至多与 D 的边界交于两点.

许多常见的积分区域都可以用平行于坐标轴的直线把它分解为有限个除边界外无公共点的 X 型区域或 Y 型区域,因而一般积分区域上的二重积分计算问题就化为 X 型或 Y 型区域上二重积分的计算问题.

先讨论积分区域 D 为 X 型区域时,如何计算二重积分 $\iint\limits_{D} f(x,y)\mathrm{d}x\mathrm{d}y$.

根据二重积分的几何意义,当 $f(x,y) \geqslant 0$ 时,二重积分 $\iint\limits_{D} f(x,y)\mathrm{d}x\mathrm{d}y$ 表示以 D 为底、以 $z = f(x,y)$ 为顶的曲顶柱体的体积 V. 下面应用平行截面面积为已知的立体的体积公式来求这个曲顶柱体的体积.

如图 10-9 所示,在区间 $[a,b]$ 上任意取定一点 x,过 x 作平行于 yOz 平面的平面,用此平面截曲顶柱体,得到一个以区间 $[\varphi_1(x),\varphi_2(x)]$ 为底、曲线 $z = f(x,y)$(当 x 固定时,z 是 y 的一元函数)为曲边的曲边梯形(见图 10-9 中阴影部分),其面积为

$$A(x) = \int_{\varphi_1(x)}^{\varphi_2(x)} f(x,y)\mathrm{d}y.$$

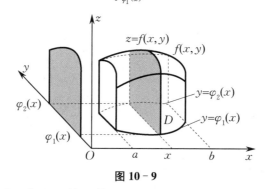
图 10-9

应用平行截面面积为已知的立体的体积公式,得到曲顶柱体的体积为

$$V = \int_a^b A(x)\mathrm{d}x = \int_a^b \left[\int_{\varphi_1(x)}^{\varphi_2(x)} f(x,y)\mathrm{d}y \right]\mathrm{d}x,$$

从而有

$$\iint\limits_D f(x,y)\mathrm{d}x\mathrm{d}y = \int_a^b \left[\int_{\varphi_1(x)}^{\varphi_2(x)} f(x,y)\mathrm{d}y \right]\mathrm{d}x. \tag{10-1}$$

这个公式通常也写成

$$\iint\limits_D f(x,y)\mathrm{d}x\mathrm{d}y = \int_a^b \mathrm{d}x \int_{\varphi_1(x)}^{\varphi_2(x)} f(x,y)\mathrm{d}y. \tag{10-1'}$$

这就是把二重积分化为先对 y 积分、后对 x 积分的二次积分公式. 实际上,(10-1) 式及 (10-1') 式的成立并不受条件 $f(x,y) \geqslant 0$ 的限制. 用(10-1) 式及(10-1') 式计算二重积分时,积分限的确定应从小到大,且先把 x 看作常数[$f(x,y)$ 看作 y 的函数],对 y 计算从 $\varphi_1(x)$ 到 $\varphi_2(x)$ 的定积分,然后把算得的结果(一般是 x 的函数) 再对 x 计算在区间$[a,b]$ 上的定积分. 这种计算方法称为先对 y、后对 x 的累次积分.

如果积分区域 D 是 Y 型区域,类似地,可得

$$\iint\limits_D f(x,y)\mathrm{d}x\mathrm{d}y = \int_c^d \left[\int_{\psi_1(y)}^{\psi_2(y)} f(x,y)\mathrm{d}x \right]\mathrm{d}y, \tag{10-2}$$

也可记为

$$\iint\limits_D f(x,y)\mathrm{d}x\mathrm{d}y = \int_c^d \mathrm{d}y \int_{\psi_1(y)}^{\psi_2(y)} f(x,y)\mathrm{d}x. \tag{10-2'}$$

这时也称为先对 x、后对 y 的累次积分.

在计算二重积分时,需注意以下几点:

(1) 在计算二重积分时,首先要根据已知条件确定积分区域 D 是 X 型还是 Y 型区域,由此确定将二重积分化为先对 y、后对 x 的累次积分还是先对 x、后对 y 的累次积分.

(2) 当积分区域 D 既是 X 型,又是 Y 型区域时,把二重积分化为累次积分,就有两种积分顺序:

$$\iint\limits_D f(x,y)\mathrm{d}x\mathrm{d}y = \int_a^b \mathrm{d}x \int_{\varphi_1(x)}^{\varphi_2(x)} f(x,y)\mathrm{d}y = \int_c^d \mathrm{d}y \int_{\psi_1(y)}^{\psi_2(y)} f(x,y)\mathrm{d}x.$$

(3) 如果平行于坐标轴的直线与积分区域 D 的交点多于两个,此时可以用平行于坐标轴的直线把 D 分为若干个 X 型或 Y 型区域,这样 D 上的二重积分就化为各部分区域上二重积分的和.

例 1

计算二重积分$\iint\limits_D x^2 y\mathrm{d}x\mathrm{d}y$,其中 $D = \{(x,y) | -1 \leqslant x \leqslant 1, 0 \leqslant y \leqslant 1\}$.

解 画出积分区域 D 的图形,如图 10-10 所示,D 为 X 型区域,可将二重积分化为先对 y、后对 x 的累次积分,故

$$\iint\limits_D x^2 y\mathrm{d}x\mathrm{d}y = \int_{-1}^1 \mathrm{d}x \int_0^1 x^2 y\mathrm{d}y = \int_{-1}^1 \frac{1}{2}x^2 y^2 \bigg|_0^1 \mathrm{d}x$$

$$= \frac{1}{2}\int_{-1}^1 x^2 \mathrm{d}x = \frac{1}{3}.$$

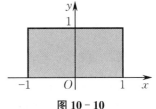

图 10-10

由于 D 也为 Y 型区域,因此二重积分也可化为先对 x、后对 y 的累次积分,即

$$\iint\limits_{D} x^2 y \mathrm{d}x\mathrm{d}y = \int_0^1 \mathrm{d}y \int_{-1}^1 yx^2 \mathrm{d}x = \int_0^1 \frac{1}{3} yx^3 \Big|_{-1}^1 \mathrm{d}y$$

$$= \frac{2}{3} \int_0^1 y\mathrm{d}y = \frac{1}{3}.$$

例 2

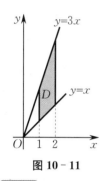

图 10-11

计算二重积分 $\iint\limits_{D}(x+y)\mathrm{d}x\mathrm{d}y$，其中 D 是由直线 $x=1, x=2, y=x$，$y=3x$ 所围成的闭区域.

解 画出积分区域 D 的图形，如图 10-11 所示，D 为 X 型区域，显然化为先对 y、后对 x 的累次积分更方便，故

$$\iint\limits_{D}(x+y)\mathrm{d}x\mathrm{d}y = \int_1^2 \mathrm{d}x \int_x^{3x}(x+y)\mathrm{d}y = \int_1^2 \left(xy+\frac{1}{2}y^2\right)\Big|_x^{3x}\mathrm{d}x$$

$$= \int_1^2 6x^2 \mathrm{d}x = 14.$$

例 3

计算二重积分 $\iint\limits_{D}\dfrac{x^2}{y^2}\mathrm{d}x\mathrm{d}y$，其中 D 是由直线 $x=2, y=x$ 及双曲线 $xy=1$ 所围成的闭区域.

解 画出积分区域 D 的图形，如图 10-12 所示，D 为 X 型区域，故

$$\iint\limits_{D}\frac{x^2}{y^2}\mathrm{d}x\mathrm{d}y = \int_1^2 \mathrm{d}x \int_{\frac{1}{x}}^x \frac{x^2}{y^2}\mathrm{d}y = \int_1^2 \left[x^2\left(-\frac{1}{y}\right)\right]\Big|_{\frac{1}{x}}^x \mathrm{d}x$$

$$= \int_1^2 (x^3-x)\mathrm{d}x = \frac{9}{4}.$$

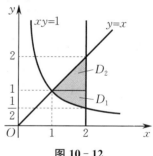

图 10-12

如果化为先对 x、后对 y 的累次积分，计算就比较麻烦. 因为区域 D 的左侧边界曲线是 $y=x$ 及 $xy=1$ 给出的，所以要用经过交点 $(1,1)$ 且平行于 x 轴的直线 $y=1$ 把 D 分为两个 Y 型区域 D_1 和 D_2，即

$$D_1 = \left\{(x,y)\Big|\frac{1}{y}\leqslant x\leqslant 2, \frac{1}{2}\leqslant y\leqslant 1\right\}, \quad D_2 = \{(x,y)|y\leqslant x\leqslant 2, 1\leqslant y\leqslant 2\}.$$

根据二重积分的可加性，得

$$\iint\limits_{D}\frac{x^2}{y^2}\mathrm{d}x\mathrm{d}y = \iint\limits_{D_1}\frac{x^2}{y^2}\mathrm{d}x\mathrm{d}y + \iint\limits_{D_2}\frac{x^2}{y^2}\mathrm{d}x\mathrm{d}y$$

$$= \int_{\frac{1}{2}}^1 \mathrm{d}y \int_{\frac{1}{y}}^2 \frac{x^2}{y^2}\mathrm{d}x + \int_1^2 \mathrm{d}y \int_y^2 \frac{x^2}{y^2}\mathrm{d}x = \frac{9}{4}.$$

例 4

计算二重积分 $\iint\limits_{D}xy\mathrm{d}x\mathrm{d}y$，其中 D 是由抛物线 $x=y^2$ 及直线 $y=x-2$ 所围成的闭区域.

解 画出积分区域 D 的图形，如图 10-13 所示，直线与抛物线的交点分别为 $(1,-1)$，$(4,2)$，D 是 Y 型区域，所以

$$\iint\limits_{D}xy\mathrm{d}x\mathrm{d}y = \int_{-1}^2 \mathrm{d}y \int_{y^2}^{y+2} xy\mathrm{d}x = \int_{-1}^2 \frac{x^2 y}{2}\Big|_{y^2}^{y+2}\mathrm{d}y = \frac{1}{2}\int_{-1}^2 [y(y+2)^2 - y^5]\mathrm{d}y$$

$$= \frac{1}{2}\left(\frac{y^4}{4} + \frac{4}{3}y^3 + 2y^2 - \frac{y^6}{6}\right)\Big|_{-1}^{2} = \frac{45}{8}.$$

若先对 y 积分、后对 x 积分,则要用经过交点 $(1,-1)$ 且平行于 y 轴的直线 $x=1$ 把区域 D 分成两个 X 型区域 D_1 和 D_2(见图 10-13),即

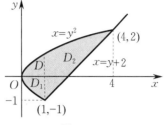

$$D_1 = \{(x,y)\,|\,-\sqrt{x} \leqslant y \leqslant \sqrt{x}, 0 \leqslant x \leqslant 1\},$$
$$D_2 = \{(x,y)\,|\,x-2 \leqslant y \leqslant \sqrt{x}, 1 \leqslant x \leqslant 4\}.$$

根据二重积分的可加性,就有

$$\iint\limits_{D} xy\,\mathrm{d}x\mathrm{d}y = \iint\limits_{D_1} xy\,\mathrm{d}x\mathrm{d}y + \iint\limits_{D_2} xy\,\mathrm{d}x\mathrm{d}y$$

$$= \int_0^1 \mathrm{d}x \int_{-\sqrt{x}}^{\sqrt{x}} xy\,\mathrm{d}y + \int_1^4 \mathrm{d}x \int_{x-2}^{\sqrt{x}} xy\,\mathrm{d}y.$$

图 10-13

显然,此时的计算要比当作 Y 型区域麻烦. 由此可见,对本题我们应该选择先对 x、后对 y 的累次积分.

合理选择积分顺序以简化二重积分的计算是我们常常要考虑的问题,既要考虑积分区域的形状,又要考虑被积函数的特性.

例 5

设 D 是由直线 $x=0, y=1$ 及 $y=x$ 所围成的闭区域(见图 10-14),试计算 $I = \iint\limits_{D} \mathrm{e}^{-y^2}\,\mathrm{d}x\mathrm{d}y$.

解　本题的积分区域既是 X 型又是 Y 型区域,若采用先对 y 积分、后对 x 积分,则

$$I = \int_0^1 \mathrm{d}x \int_x^1 \mathrm{e}^{-y^2}\,\mathrm{d}y.$$

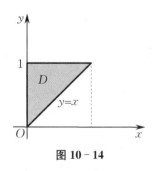

图 10-14

由于函数 e^{-y^2} 的原函数无法用初等函数表示,因此累次积分无法进行,从而改用另一种积分顺序的累次积分,有

$$I = \iint\limits_{D} \mathrm{e}^{-y^2}\,\mathrm{d}x\mathrm{d}y = \int_0^1 \mathrm{d}y \int_0^y \mathrm{e}^{-y^2}\,\mathrm{d}x$$

$$= \int_0^1 y\mathrm{e}^{-y^2}\,\mathrm{d}y = -\frac{1}{2}\mathrm{e}^{-y^2}\Big|_0^1$$

$$= \frac{1}{2}\left(1 - \frac{1}{\mathrm{e}}\right).$$

例 6

改变累次积分 $\int_{-1}^1 \mathrm{d}x \int_{-\sqrt{1-x^2}}^{1-x^2} f(x,y)\mathrm{d}y$ 的积分顺序.

解　将积分区域用不等式组表示为

$$D = \{(x,y)\,|\,-\sqrt{1-x^2} \leqslant y \leqslant 1-x^2, -1 \leqslant x \leqslant 1\}.$$

画出积分区域 D 的图形,如图 10-15 所示,若要改变积分顺序,则必须把 D 分为两个 Y 型区域 D_1 和 D_2,即

$$D_1 = \{(x,y)\,|\,-\sqrt{1-y^2} \leqslant x \leqslant \sqrt{1-y^2}, -1 \leqslant y \leqslant 0\},$$
$$D_2 = \{(x,y)\,|\,-\sqrt{1-y} \leqslant x \leqslant \sqrt{1-y}, 0 \leqslant y \leqslant 1\}.$$

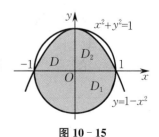

图 10-15

由二重积分的可加性,有

$$\int_{-1}^{1} \mathrm{d}x \int_{-\sqrt{1-x^2}}^{1-x^2} f(x,y)\mathrm{d}y = \iint\limits_{D_1} f(x,y)\mathrm{d}x\mathrm{d}y + \iint\limits_{D_2} f(x,y)\mathrm{d}x\mathrm{d}y$$

$$= \int_{-1}^{0} \mathrm{d}y \int_{-\sqrt{1-y^2}}^{\sqrt{1-y^2}} f(x,y)\mathrm{d}x + \int_{0}^{1} \mathrm{d}y \int_{-\sqrt{1-y}}^{\sqrt{1-y}} f(x,y)\mathrm{d}x.$$

二、利用极坐标计算二重积分

上面所介绍的在直角坐标系中化二重积分为累次积分的方法,在某些情况下会遇到一些困难. 例如,积分区域 D 是由圆 $x^2+y^2=a^2$ 和 $x^2+y^2=b^2(0<a<b)$ 所围成的环形区域(见图 10-16),这时将 D 分为 4 个小闭区域,计算是相当烦琐的,但若应用极坐标计算就简单很多. 下面我们介绍在极坐标系中计算二重积分的方法.

如图 10-17 所示,假定从极点 O 出发穿过闭区域 D 内部的射线与 D 的边界曲线相交不多于两点. 我们用以极点为中心的一族同心圆和以极点为顶点的一族射线把 D 分为 n 个小闭区域,设 $\Delta\sigma$ 是半径为 r 和 $r+\Delta r$ 的两段圆弧及极角为 θ 和 $\theta+\Delta\theta$ 的两条射线所围成的小闭区域,这个小闭区域的面积(也用 $\Delta\sigma$ 来表示)近似于边长为 $r\Delta\theta$ 和 Δr 的小矩形区域的面积,即 $\Delta\sigma\approx r\Delta r\Delta\theta$,于是在极坐标系中面积元素 $\mathrm{d}\sigma=r\mathrm{d}r\mathrm{d}\theta$. 再分别用 $x=r\cos\theta$,$y=r\sin\theta$ 代替被积函数 $f(x,y)$ 中的 x 和 y,便得到二重积分在极坐标系中的表达式

$$\iint\limits_{D} f(x,y)\mathrm{d}\sigma = \iint\limits_{D} f(r\cos\theta,r\sin\theta)r\mathrm{d}r\mathrm{d}\theta. \tag{10-3}$$

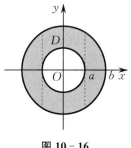

图 10-16

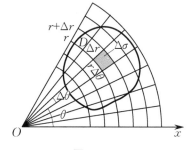

图 10-17

极坐标系中的二重积分同样化为先对 r、后对 θ 的累次积分来计算,根据积分区域 D 的具体特点分为以下几种情况.

(1) 极点 O 在区域 D 的外部,如图 10-18 所示.

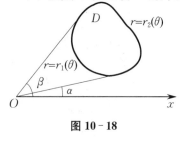

图 10-18

设区域 $D = \{(r,\theta)\mid r_1(\theta)\leqslant r\leqslant r_2(\theta), \alpha\leqslant\theta\leqslant\beta\}$,其中 $r_1(\theta)$,$r_2(\theta)$ 在区间 $[\alpha,\beta]$ 上连续. 在 $[\alpha,\beta]$ 上任意取定一个 θ 值,则对应于 θ,区域 D 上的极径线段上点的坐标 r 从 $r_1(\theta)$ 变到 $r_2(\theta)$,于是

$$\iint\limits_{D} f(r\cos\theta,r\sin\theta)r\mathrm{d}r\mathrm{d}\theta = \int_{\alpha}^{\beta} \mathrm{d}\theta \int_{r_1(\theta)}^{r_2(\theta)} f(r\cos\theta,r\sin\theta)r\mathrm{d}r.$$

（2）极点 O 在区域 D 的边界上，如图 10-19 所示.

区域 D 可用不等式 $0 \leqslant r \leqslant r(\theta), \alpha \leqslant \theta \leqslant \beta$ 来表示，则

$$\iint\limits_{D} f(r\cos \theta, r\sin \theta) r\mathrm{d}r\mathrm{d}\theta = \int_{\alpha}^{\beta} \mathrm{d}\theta \int_{0}^{r(\theta)} f(r\cos \theta, r\sin \theta) r\mathrm{d}r.$$

（3）极点 O 在区域 D 的内部，如图 10-20 所示.

区域 D 可用不等式 $0 \leqslant r \leqslant r(\theta), 0 \leqslant \theta \leqslant 2\pi$ 来表示，则

$$\iint\limits_{D} f(r\cos \theta, r\sin \theta) r\mathrm{d}r\mathrm{d}\theta = \int_{0}^{2\pi} \mathrm{d}\theta \int_{0}^{r(\theta)} f(r\cos \theta, r\sin \theta) r\mathrm{d}r.$$

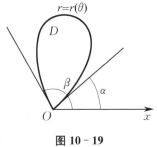

图 10-19

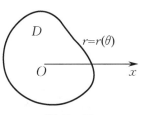

图 10-20

例 7

利用极坐标计算二重积分 $\iint\limits_{D}(1-x^2-y^2)\mathrm{d}x\mathrm{d}y$，其中积分区域 $D = \{(x,y) \mid x^2+y^2 \leqslant 1\}$.

解　如图 10-21 所示，积分区域 D 可表示为

$$D = \{(r,\theta) \mid 0 \leqslant r \leqslant 1, 0 \leqslant \theta \leqslant 2\pi\},$$

故

$$\iint\limits_{D}(1-x^2-y^2)\mathrm{d}x\mathrm{d}y = \iint\limits_{D}(1-r^2)r\mathrm{d}r\mathrm{d}\theta = \int_{0}^{2\pi}\mathrm{d}\theta\int_{0}^{1}(r-r^3)\mathrm{d}r$$

$$= \int_{0}^{2\pi}\left(\frac{r^2}{2}-\frac{r^4}{4}\right)\Big|_{0}^{1}\mathrm{d}\theta = \int_{0}^{2\pi}\frac{1}{4}\mathrm{d}\theta = \frac{\pi}{2}.$$

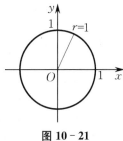

图 10-21

例 8

利用极坐标计算二重积分 $\iint\limits_{D}\sqrt{x^2+y^2}\,\mathrm{d}\sigma$，其中积分区域 $D = \{(x,y) \mid (x-a)^2+y^2 = a^2\}$.

解　如图 10-22 所示，把积分区域的边界曲线 $(x-a)^2+y^2 = a^2$ 化为极坐标形式，有

$$r = 2a\cos \theta.$$

于是，积分区域 D 在极坐标系中表示为

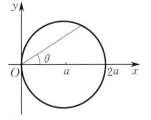

图 10-22

$$D = \left\{(r,\theta) \,\Big|\, 0 \leqslant r \leqslant 2a\cos \theta, -\frac{\pi}{2} \leqslant \theta \leqslant \frac{\pi}{2}\right\},$$

则

$$\iint\limits_{D}\sqrt{x^2+y^2}\,\mathrm{d}\sigma = \int_{-\frac{\pi}{2}}^{\frac{\pi}{2}}\mathrm{d}\theta\int_{0}^{2a\cos \theta}r^2\mathrm{d}r = \int_{-\frac{\pi}{2}}^{\frac{\pi}{2}}\frac{8}{3}a^3\cos^3 \theta\mathrm{d}\theta$$

$$= \frac{16a^3}{3}\int_{0}^{\frac{\pi}{2}}\cos^3 \theta\mathrm{d}\theta = \frac{16a^3}{3}\times\frac{2}{3} = \frac{32}{9}a^3.$$

思 考 题 10-2

1. 在直角坐标系(或极坐标系)中,计算二重积分的主要步骤有哪些?

2. 对二重积分的积分区域而言,当积分区域具备什么样的特征时,选择在直角坐标系(或极坐标系)中计算该二重积分更方便?

3. 将二重积分 $\iint\limits_{D} f(x,y)\mathrm{d}x\mathrm{d}y$ 化为累次积分(两种积分顺序都写出来),其中积分区域 D 为:

(1) 以 $(0,0),(1,0),(1,1)$ 为顶点的三角形闭区间;

(2) 由双曲线 $xy=1$ 及直线 $y=x,y=2$ 所围成的闭区域.

4. 将二重积分 $\iint\limits_{D} f(x,y)\mathrm{d}\sigma$ 化为极坐标系中的累次积分,其中积分区域 D 为:

(1) $\{(x,y)\,|\,x^2+y^2\leqslant 2x\}$;

(2) $\{(x,y)\,|\,1\leqslant x^2+y^2\leqslant 9\}$.

习 题 10-2

1. 画出下列积分区域,并计算二重积分:

(1) $\iint\limits_{D}(3x+2y)\mathrm{d}x\mathrm{d}y$,其中 D 是由两坐标轴及直线 $x+y=1$ 所围成的闭区域;

(2) $\iint\limits_{D}\cos(x+y)\mathrm{d}x\mathrm{d}y$,其中 D 是由 $x=0,y=\pi,y=x$ 所围成的闭区域;

(3) $\iint\limits_{D}\sqrt{x}\,\mathrm{d}x\mathrm{d}y$,其中 $D=\{(x,y)\,|\,x^2+y^2\leqslant x\}$;

(4) $\iint\limits_{D}(1-y)\mathrm{d}x\mathrm{d}y$,其中 D 是由抛物线 $y^2=x$ 及直线 $x+y=2$ 所围成的闭区域;

(5) $\iint\limits_{D}xy\mathrm{d}x\mathrm{d}y$,其中 D 是由抛物线 $y=\sqrt{x},y=x^2$ 所围成的闭区域;

(6) $\iint\limits_{D}\dfrac{x}{y}\mathrm{d}x\mathrm{d}y$,其中 D 是由直线 $y=\dfrac{x}{2},y=2x,y=2$ 所围成的闭区域;

(7) $\iint\limits_{D}2x\mathrm{d}x\mathrm{d}y$,其中 D 是由直线 $x+2y-3=0$,x 轴及抛物线 $y=x^2$ 所围成的闭区域;

(8) $\iint\limits_{D}10y\mathrm{d}x\mathrm{d}y$,其中 D 是由抛物线 $y=x^2-1$ 及直线 $y=x+1$ 所围成的闭区域.

2. 改变下列累次积分的积分顺序:

(1) $\displaystyle\int_0^1\mathrm{d}y\int_0^y f(x,y)\mathrm{d}x$;

(2) $\displaystyle\int_0^\pi\mathrm{d}y\int_0^{\sin x} f(x,y)\mathrm{d}y$;

(3) $\displaystyle\int_0^2\mathrm{d}y\int_{y^2}^{2y} f(x,y)\mathrm{d}x$;

(4) $\displaystyle\int_1^e\mathrm{d}x\int_0^{\ln x} f(x,y)\mathrm{d}y$;

(5) $\displaystyle\int_{\frac{1}{2}}^1\mathrm{d}x\int_{x^2}^x f(x,y)\mathrm{d}y$;

(6) $\displaystyle\int_0^1\mathrm{d}x\int_0^x f(x,y)\mathrm{d}y+\int_1^2\mathrm{d}x\int_0^{2-x} f(x,y)\mathrm{d}y$.

3. 设平面薄片所占的闭区域 D 是由直线 $y=0,x=1,y=x$ 所围成的,它的面密度 $\rho(x,y)=x^2+y^2$,求该薄片的质量.

4. 如果二重积分 $\iint\limits_{D} f(x,y)\mathrm{d}x\mathrm{d}y$ 中被积函数为 $f(x,y)=f_1(x)f_2(y)$,积分区域为 $a\leqslant x\leqslant b,c\leqslant y\leqslant d$,证明:

$$\iint\limits_{D} f(x,y)\mathrm{d}x\mathrm{d}y = \int_a^b f_1(x)\mathrm{d}x \cdot \int_c^d f_2(y)\mathrm{d}y.$$

5.求下列曲线所围成的面积:

(1) $xy = 4, x + y = 5$;

(2) $y = \sin x, y = \cos x$ 与 y 轴(在第一象限).

6.利用极坐标计算下列二重积分:

(1) $\iint\limits_{D} xy\mathrm{d}x\mathrm{d}y$,其中 $D = \{(x,y) \mid x^2 + y^2 \leqslant 1\}$;

(2) $\iint\limits_{D} y\mathrm{d}x\mathrm{d}y$,其中 $D = \{(x,y) \mid x \leqslant y \leqslant \sqrt{3} x, a^2 \leqslant x^2 + y^2 \leqslant b^2 (b > a > 0)\}$;

(3) $\iint\limits_{D} y\mathrm{d}x\mathrm{d}y$,其中 $D = \{(x,y) \mid x^2 + y^2 \leqslant x\}$;

(4) $\iint\limits_{D} y\mathrm{e}^{x^2+y^2}\mathrm{d}x\mathrm{d}y$,其中 $D = \{(x,y) \mid x^2 + y^2 \leqslant 1\}$;

(5) $\iint\limits_{D} \arctan\dfrac{y}{x}\mathrm{d}x\mathrm{d}y$,其中 $D = \{(x,y) \mid 1 \leqslant x^2 + y^2 \leqslant 4, y \geqslant 0, y \leqslant x\}$;

(6) $\iint\limits_{D} \dfrac{y}{\sqrt{x^2 + y^2}}\mathrm{d}x\mathrm{d}y$,其中 $D = \{(x,y) \mid x^2 + y^2 \leqslant y\}$;

(7) $\iint\limits_{D} x\mathrm{d}x\mathrm{d}y$,其中 $D = \{(x,y) \mid x^2 + y^2 \leqslant 4, x \geqslant 1\}$.

7.选择适当的坐标系计算下列二重积分:

(1) $\iint\limits_{D} \dfrac{x^2}{y}\mathrm{d}x\mathrm{d}y$,其中 D 是由直线 $y = x, y = 2$ 及双曲线 $xy = 1$ 所围成的闭区域;

(2) $\iint\limits_{D} \sqrt{1 - x^2 - y^2}\mathrm{d}x\mathrm{d}y$,其中 $D = \{(x,y) \mid x^2 + y^2 \leqslant 1, x \geqslant 0, y \geqslant 0\}$;

(3) $\iint\limits_{D} \dfrac{1}{y^2}\mathrm{d}x\mathrm{d}y$,其中 D 是由直线 $y = x, y = 2$ 及曲线 $y = x^2$ 所围成的闭区域;

(4) $\iint\limits_{D} \sqrt{x^2 + y^2}\mathrm{d}x\mathrm{d}y$,其中 $D = \{(x,y) \mid x^2 + y^2 \leqslant 9, x \geqslant 0, y \geqslant 0\}$;

(5) $\iint\limits_{D} y\mathrm{d}x\mathrm{d}y$,其中 $D = \{(x,y) \mid x^2 + y^2 \leqslant 1, x + y \geqslant 1\}$.

本章小结

本章要求:在理解二重积分的概念及性质的基础上,重点是掌握二重积分的计算方法,会利用直角坐标或极坐标计算二重积分.

1. 二重积分

(1)二重积分的概念:

$$\iint\limits_{D} f(x,y)\mathrm{d}\sigma = \lim_{\lambda \to 0} \sum_{i=1}^{n} f(\xi_i, \eta_i)\Delta\sigma_i.$$

(2)二重积分的计算.

① 利用直角坐标系计算.若积分区域 $D = \{(x,y) \mid \varphi_1(x) \leqslant y \leqslant \varphi_2(x), a \leqslant x \leqslant b\}$ 或

$D = \{(x,y) \mid \psi_1(y) \leqslant x \leqslant \psi_2(y), c \leqslant y \leqslant d\}$，则

$$\iint\limits_{D} f(x,y)\mathrm{d}\sigma = \int_a^b \mathrm{d}x \int_{\varphi_1(x)}^{\varphi_2(x)} f(x,y)\mathrm{d}y \quad \text{或} \quad \iint\limits_{D} f(x,y)\mathrm{d}\sigma = \int_c^d \mathrm{d}y \int_{\psi_1(y)}^{\psi_2(y)} f(x,y)\mathrm{d}x.$$

② 利用极坐标系计算. 若积分区域 $D = \{(r,\theta) \mid r_1(\theta) \leqslant r \leqslant r_2(\theta), \alpha \leqslant \theta \leqslant \beta\}$，则

$$\iint\limits_{D} f(x,y)\mathrm{d}\sigma = \int_\alpha^\beta \mathrm{d}\theta \int_{r_1(\theta)}^{r_2(\theta)} f(r\cos\theta, r\sin\theta) r\mathrm{d}r.$$

自测题十

1. 选择题

已知二重积分 $I = \iint\limits_{D} |x^2 + y^2 - 2| \mathrm{d}x\mathrm{d}y$，其中积分区域 $D = \{(x,y) \mid x^2 + y^2 \leqslant 4\}$，则 $I = ($ $)$.

A. $\int_0^{2\pi} \mathrm{d}\theta \int_0^{\sqrt{2}} (2 - r^2) r\mathrm{d}r + \int_0^{2\pi} \mathrm{d}\theta \int_{\sqrt{2}}^2 (r^2 - 2) r\mathrm{d}r$

B. $\int_0^{2\pi} \mathrm{d}\theta \int_0^2 (r^2 - 2) r\mathrm{d}r$

C. $\int_{-2}^2 \mathrm{d}x \int_{-\sqrt{4-x^2}}^{-\sqrt{1-x^2}} (x^2 + y^2 - 2)\mathrm{d}y + \int_{-2}^2 \mathrm{d}x \int_{\sqrt{1-x^2}}^{\sqrt{4-x^2}} (x^2 + y^2 - 2)\mathrm{d}y$

D. $\int_{-2}^2 \mathrm{d}x \int_{-\sqrt{4-x^2}}^{\sqrt{4-x^2}} (x^2 + y^2 - 2)\mathrm{d}y$

2. 画出下列累次积分的积分区域，并改变积分顺序：

(1) $\int_0^a \mathrm{d}y \int_{\sqrt{a^2-y^2}}^{y+a} f(x,y)\mathrm{d}x$;

(2) $\int_0^1 \mathrm{d}x \int_0^{x^2} f(x,y)\mathrm{d}y + \int_1^2 \mathrm{d}x \int_0^{4-x^2} f(x,y)\mathrm{d}y$;

(3) $\int_{-1}^0 \mathrm{d}x \int_{-x}^a f(x,y)\mathrm{d}y + \int_0^{\sqrt{a}} \mathrm{d}x \int_{x^2}^a f(x,y)\mathrm{d}y$.

3. 画出下列积分区域，并将二重积分 $\iint\limits_{D} f(x,y)\mathrm{d}\sigma$ 化为极坐标系中的累次积分：

(1) $D = \{(x,y) \mid x \leqslant x^2 + y^2 \leqslant 4, x \geqslant 0, y \geqslant 0\}$;

(2) D 是由圆 $x^2 + (y-1)^2 = 1$ 及直线 $y = x, y = 1$ 所围成的闭区域.

4. 计算下列二重积分：

(1) $\iint\limits_{D} y\mathrm{e}^{xy}\mathrm{d}x\mathrm{d}y$，其中 D 是由双曲线 $xy = 1$ 及直线 $x = 2, y = 1$ 所围成的闭区域；

(2) $\iint\limits_{D} \dfrac{x+y}{x^2+y^2}\mathrm{d}x\mathrm{d}y$，其中 $D = \{(x,y) \mid x^2 + y^2 \leqslant 1, x + y \geqslant 1\}$;

(3) $\iint\limits_{D} (\sqrt{x^2 + y^2 - 2xy} + 2)\mathrm{d}x\mathrm{d}y$，其中 D 为 $x^2 + y^2 \leqslant 1$ 在第一象限内的部分闭区域；

(4) $\iint\limits_{D} \sqrt{x^2 + y^2}\mathrm{d}x\mathrm{d}y$，其中 $D = \{(x,y) \mid x^2 + y^2 \leqslant 4, x^2 + y^2 \geqslant 2x\}$;

(5) $\iint\limits_{D} x\mathrm{d}x\mathrm{d}y$，其中 D 是由直线 $y = x, y = 2x, x + y = 2$ 所围成的闭区域.

11 第十一章
无 穷 级 数

课程思政 ▶

　　无穷级数是研究函数和进行数值计算的重要工具,它在数学和工程技术中有着广泛的应用.本章先介绍常数项级数,然后研究幂级数,并着重讨论如何将函数展开成幂级数的问题.

第一节　常数项级数

一、常数项级数的基本概念

我们认识事物在数量方面的特性,往往有一个由近似到精确的过程.例如,将 $\frac{2}{3}$ 化为小数时,就会出现无限循环小数 $\frac{2}{3}=0.\dot{6}$,现在我们把 $0.\dot{6}$ 分析一下,看从中能得到什么样的表现形式.

$$0.6=\frac{6}{10},$$

$$0.66=0.6+0.06=\frac{6}{10}+\frac{6}{100}=\frac{6}{10}+\frac{6}{10^2},$$

$$0.666=0.6+0.06+0.006=\frac{6}{10}+\frac{6}{100}+\frac{6}{1\,000}=\frac{6}{10}+\frac{6}{10^2}+\frac{6}{10^3}.$$

一般地,我们可以得到一个表达式

$$0.\underbrace{666\cdots6}_{n\uparrow}=\frac{6}{10}+\frac{6}{10^2}+\frac{6}{10^3}+\cdots+\frac{6}{10^n}.$$

显然,如果 $n\to\infty$,那么我们就得到

$$0.\dot{6}=\frac{6}{10}+\frac{6}{10^2}+\frac{6}{10^3}+\cdots+\frac{6}{10^n}+\cdots,$$

即

$$\frac{2}{3}=\frac{6}{10}+\frac{6}{10^2}+\frac{6}{10^3}+\cdots+\frac{6}{10^n}+\cdots.$$

这样, $\frac{2}{3}$ 这个有限的数被表示成无穷多个数相加的形式,从这个例子中我们可以得到以下两个重要结论:

(1)无穷多个数相加后可能得到一个确定的有限常数,从而得到无穷多个数相加在一定条件下是有意义的结论;

(2)一个有限量也可能用无限的形式表示出来.

为了讨论无穷多个数依次相加的问题,我们引入一个新的数学概念 —— 无穷级数.

定义 1　给定数列

$$u_1,u_2,\cdots,u_n,\cdots,$$

则称

$$u_1+u_2+\cdots+u_n+\cdots$$

为(常数项)无穷级数,简称(常数项)级数,记作 $\sum_{n=1}^{\infty}u_n$,即

$$\sum_{n=1}^{\infty}u_n=u_1+u_2+\cdots+u_n+\cdots,\tag{11-1}$$

其中 u_n 称为级数(11-1)的一般项或通项.

　　注意级数(11-1)只是形式上的和式,因为逐项相加对无穷多项来说是无法实现的.那么怎样理解无穷多个数相加呢?下面我们从有限项的和出发,用极限的方法来讨论这个问题.

　　级数(11-1)的前 n 项的和记作

$$s_n = u_1 + u_2 + \cdots + u_n,$$

称 s_n 为级数(11-1)的前 n 项部分和.当 n 依次取 $1,2,\cdots$ 时,它们构成一个新的数列 $\{s_n\}$,即

$$s_1 = u_1, \quad s_2 = u_1 + u_2, \quad s_n = u_1 + u_2 + \cdots + u_n, \quad \cdots.$$

数列 $\{s_n\}$ 称为级数(11-1)的**部分和数列**,根据数列 $\{s_n\}$ 是否存在极限,我们引进级数(11-1)的收敛与发散的概念.

定义 2　　如果级数(11-1)的部分和数列 $\{s_n\}$ 存在极限 s,即

$$\lim_{n\to\infty} s_n = s,$$

则称级数(11-1)是**收敛**的,极限 s 称为级数(11-1)的**和**,并写成

$$s = u_1 + u_2 + \cdots + u_n + \cdots.$$

如果数列 $\{s_n\}$ 没有极限,则称级数(11-1)是**发散**的.

　　当级数(11-1)收敛时,称 $s - s_n$ 为该级数的余项,记作 r_n,即

$$r_n = s - s_n = u_{n+1} + u_{n+2} + \cdots.$$

显然有 $\lim\limits_{n\to\infty} r_n = 0$.当用级数的前 n 项部分和 s_n 作为级数(11-1)的和 s 的近似值时,其绝对误差就是 $|r_n|$.

例 1

　　讨论级数 $\dfrac{1}{1\times 2} + \dfrac{1}{2\times 3} + \cdots + \dfrac{1}{n(n+1)} + \cdots$ 的敛散性.

　　解　由 $u_n = \dfrac{1}{n(n+1)} = \dfrac{1}{n} - \dfrac{1}{n+1}$,得

$$\begin{aligned}
s_n &= \frac{1}{1\times 2} + \frac{1}{2\times 3} + \cdots + \frac{1}{n(n+1)} \\
&= \left(1 - \frac{1}{2}\right) + \left(\frac{1}{2} - \frac{1}{3}\right) + \cdots + \left(\frac{1}{n} - \frac{1}{n+1}\right) \\
&= 1 - \frac{1}{n+1},
\end{aligned}$$

即

$$\lim_{n\to\infty} s_n = \lim_{n\to\infty}\left(1 - \frac{1}{n+1}\right) = 1,$$

所以该级数收敛,且其和为 1.

例 2

　　证明级数 $1 + 2 + \cdots + n + \cdots$ 是发散的.

　　证　该级数的部分和为

$$s_n = 1 + 2 + \cdots + n = \frac{n(n+1)}{2},$$

显然有 $\lim\limits_{n\to\infty} s_n = \infty$.因此,所给级数发散.

例 3

讨论**等比级数**(又称为**几何级数**)

$$\sum_{n=0}^{\infty} aq^n = a + aq + aq^2 + \cdots + aq^n + \cdots \quad (a,q \text{ 不等于 } 0) \quad (11\text{-}2)$$

的敛散性.

解 设 $|q| \neq 1$,则该级数的部分和为

$$s_n = a + aq + aq^2 + \cdots + aq^{n-1} = \frac{a(1-q^n)}{1-q}.$$

当 $|q| < 1$ 时,有 $\lim\limits_{n \to \infty} q^n = 0$,则

$$\lim_{n \to \infty} s_n = \lim_{n \to \infty} \frac{a(1-q^n)}{1-q} = \frac{a}{1-q};$$

当 $|q| > 1$ 时,有 $\lim\limits_{n \to \infty} q^n = \infty$,则 $\lim\limits_{n \to \infty} s_n = \infty$;

当 $q = 1$ 时,有 $s_n = na$,则 $\lim\limits_{n \to \infty} s_n = \infty$;

当 $q = -1$ 时,则该级数变为

$$s_n = \underbrace{a - a + a - \cdots + (-1)^{n-1}a}_{n\text{个}} = \frac{1}{2}a[1-(-1)^n],$$

显然 $\lim\limits_{n \to \infty} s_n$ 不存在.

综上所述,当 $|q| < 1$ 时,等比级数(11-2)收敛,且其和为 $\dfrac{a}{1-q}$;当 $|q| \geqslant 1$ 时,等比级数 (11-2) 发散.

二、常数项级数的基本性质

根据级数收敛与发散的定义及极限的运算法则,可以得出级数的几个基本性质.

性质 1(级数收敛的必要条件) 如果级数 $\sum\limits_{n=1}^{\infty} u_n$ 收敛,则它的一般项 u_n 趋于 $0(n \to \infty)$,即 $\lim\limits_{n \to \infty} u_n = 0$.

证 设级数 $\sum\limits_{n=1}^{\infty} u_n = s$,其部分和为 s_n,则由 $u_n = s_n - s_{n-1}$,得

$$\lim_{n \to \infty} u_n = \lim_{n \to \infty} s_n - \lim_{n \to \infty} s_{n-1} = s - s = 0.$$

推论 1 若 $\lim\limits_{n \to \infty} u_n \neq 0$,则级数 $\sum\limits_{n=1}^{\infty} u_n$ 发散.

特别注意,若 $\lim\limits_{n \to \infty} u_n = 0$,级数 $\sum\limits_{n=1}^{\infty} u_n$ 也不一定收敛.

性质 2 如果级数 $\sum\limits_{n=1}^{\infty} u_n$ 收敛于和 s,则级数 $\sum\limits_{n=1}^{\infty} ku_n$ 也收敛,且其和为 $ks(k$ 为非零常数).

证 设 s_n 与 σ_n 分别是级数 $\sum\limits_{n=1}^{\infty} u_n$ 与级数 $\sum\limits_{n=1}^{\infty} ku_n$ 的部分和,则

$$\sigma_n = ku_1 + ku_2 + \cdots + ku_n = ks_n,$$

于是

$$\lim_{n\to\infty}\sigma_n = \lim_{n\to\infty}ks_n = k\lim_{n\to\infty}s_n = ks.$$

这就表明级数 $\sum_{n=1}^{\infty} ku_n$ 收敛,且其和为 ks.

性质3 如果级数 $\sum_{n=1}^{\infty} u_n$ 与级数 $\sum_{n=1}^{\infty} v_n$ 都收敛,且其和分别为 s,σ,则级数 $\sum_{n=1}^{\infty}(u_n \pm v_n)$ 也收敛,且其和为 $s\pm\sigma$.

证 设级数 $\sum_{n=1}^{\infty} u_n$ 与级数 $\sum_{n=1}^{\infty} v_n$ 的部分和分别为 s_n,σ_n,则级数 $\sum_{n=1}^{\infty}(u_n \pm v_n)$ 的部分和为

$$\begin{aligned}
T_n &= (u_1 \pm v_1) + (u_2 \pm v_2) + \cdots + (u_n \pm v_n) \\
&= (u_1 + u_2 + \cdots + u_n) \pm (v_1 + v_2 + \cdots + v_n) \\
&= s_n \pm \sigma_n,
\end{aligned}$$

于是

$$\lim_{n\to\infty}T_n = \lim_{n\to\infty}(s_n \pm \sigma_n) = \lim_{n\to\infty}s_n \pm \lim_{n\to\infty}\sigma_n = s\pm\sigma.$$

这就表明级数 $\sum_{n=1}^{\infty}(u_n \pm v_n)$ 收敛,且其和为 $s\pm\sigma$.

性质4 在级数中去掉或加上有限项,不会改变该级数的敛散性.

证 只需证明去掉或加上一项的情形,因为有限项的情形可看作去掉或加上一项重复有限次的情形.

设将级数

$$u_1 + u_2 + \cdots + u_{k-1} + u_k + u_{k+1} + \cdots \tag{11-3}$$

去掉第 k 项,得级数

$$u_1 + u_2 + \cdots + u_{k-1} + u_{k+1} + \cdots. \tag{11-4}$$

把级数(11-3)及级数(11-4)的部分和分别记作 s_n 及 σ_n,则当 $n>k$ 时,有 $\sigma_n = s_{n+1} - u_k$. 因为 u_k 是常数,所以当 $n\to\infty$ 时,σ_n 与 s_{n+1} 同时有极限或同时没有极限,这就表示级数(11-3)与级数(11-4)同时收敛或同时发散,从而在级数中任意去掉一项不会改变其敛散性.

又级数(11-3)可看作是在级数(11-4)中加一项得到,已经证明级数(11-3)与级数(11-4)同敛散,也就证明了在级数中任意加一项也不会改变其敛散性.

性质5 收敛级数加括号后所成新的级数仍然收敛,且其和不变.

证 设级数 $\sum_{n=1}^{\infty} u_n$ 收敛,且其和为 s,将该级数加括号后得新的级数为

$$(u_1 + u_2 + \cdots + u_{n_1}) + (u_{n_1+1} + u_{n_1+2} + \cdots + u_{n_2}) + \cdots$$

$$+ (u_{n_{m-1}+1} + u_{n_{m-1}+2} + \cdots + u_{n_m}) + \cdots = \sum_{m=1}^{\infty} v_m.$$

级数 $\sum_{m=1}^{\infty} v_m$ 的前 m 项之和

$$\sigma_m = (u_1 + u_2 + \cdots + u_{n_1}) + (u_{n_1+1} + u_{n_1+2} + \cdots + u_{n_2}) + \cdots + (u_{n_{m-1}+1} + u_{n_{m-1}+2} + \cdots + u_{n_m}) = s_{n_m},$$

此处 s_{n_m} 是级数 $\displaystyle\sum_{n=1}^{\infty} u_n$ 的前 n_m 项部分和. 当 $m \to \infty$ 时, $n_m \to \infty$, 于是

$$\lim_{m\to\infty}\sigma_m = \lim_{n_m\to\infty}s_{n_m} = \lim_{n\to\infty}s_n = s,$$

即加括号后所成新的级数仍然收敛, 且其和不变.

值得注意的是, 性质 5 成立的前提是级数收敛, 否则结论不成立, 如级数

$$\sum_{n=1}^{\infty}(-1)^{n-1} = 1-1+1-1+\cdots+(-1)^{n-1}+\cdots$$

是发散的, 加括号后所得到的级数

$$(1-1)+(1-1)+\cdots+(1-1)+\cdots$$

是收敛的.

推论 2 如果加括号后所成的级数发散, 则原级数也发散.

例 4

求级数 $\displaystyle\sum_{n=1}^{\infty}\left[\dfrac{1}{2^n}+\dfrac{3}{n(n+1)}\right]$ 的和.

解 根据等比级数的结论知

$$\sum_{n=1}^{\infty}\frac{1}{2^n} = \frac{\dfrac{1}{2}}{1-\dfrac{1}{2}} = 1,$$

而由例 1 知 $\displaystyle\sum_{n=1}^{\infty}\dfrac{1}{n(n+1)} = 1$, 所以

$$\sum_{n=1}^{\infty}\left[\frac{1}{2^n}+\frac{3}{n(n+1)}\right] = \sum_{n=1}^{\infty}\frac{1}{2^n} + \sum_{n=1}^{\infty}\frac{3}{n(n+1)} = 4.$$

例 5

讨论**调和级数** $1+\dfrac{1}{2}+\dfrac{1}{3}+\cdots+\dfrac{1}{n}+\cdots$ 的敛散性.

解 调和级数的前 n 项部分和为

$$s_n = 1+\frac{1}{2}+\frac{1}{3}+\cdots+\frac{1}{n}.$$

如图 11-1 所示, 考察区间 $[1, n+1]$ 上曲线 $y=\dfrac{1}{x}$ 所围成的曲边梯形的面积与阴影部分的面积之

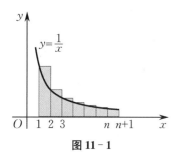

图 11-1

间的关系. 显然, 各矩形面积分别为 $A_1=1, A_2=\dfrac{1}{2}, A_3=\dfrac{1}{3}, \cdots,$ $A_n=\dfrac{1}{n}$, 因此阴影部分的总面积为 s_n, 且它大于曲边梯形的面积, 即

$$s_n = 1+\frac{1}{2}+\frac{1}{3}+\cdots+\frac{1}{n} = \sum_{i=1}^{n}A_i > \int_{1}^{n+1}\frac{1}{x}\mathrm{d}x = \ln(n+1).$$

当 $n \to \infty$ 时, $\ln(n+1) \to \infty$. 由此可知, 部分和 s_n 的极限不存在, 即调和级数是发散的.

思 考 题 11-1

1.若级数 $\sum\limits_{n=1}^{\infty}u_n$ 发散,是否必有 $\lim\limits_{n\to\infty}u_n\neq 0$?

2.若级数 $\sum\limits_{n=1}^{\infty}u_n$ 与级数 $\sum\limits_{n=1}^{\infty}v_n$ 均发散,那么级数 $\sum\limits_{n=1}^{\infty}(u_n+v_n)$ 是否也发散?

3.设有一级数 $\sum\limits_{n=1}^{\infty}\left(\dfrac{1}{2}\right)^n$,(1)试写出该级数的部分和 s_n;(2)求该级数的和 s.

4.判定下列级数的敛散性:

(1) $\sum\limits_{n=1}^{\infty}\dfrac{n}{n+1}$;

(2) $\sum\limits_{n=1}^{\infty}\ln(1+n)$.

习 题 11-1

1.根据级数收敛与发散的定义,判定下列级数的敛散性:

(1) $\sum\limits_{n=1}^{\infty}\dfrac{1}{(2n-1)(2n+1)}$;

(2) $\sum\limits_{n=1}^{\infty}\dfrac{1}{\sqrt{n}+\sqrt{n-1}}$.

2.判定下列级数的敛散性:

(1) $\sum\limits_{n=1}^{\infty}\dfrac{1}{n(n+2)}$;

(2) $\sum\limits_{n=1}^{\infty}\dfrac{n}{6n+4}$;

(3) $\sum\limits_{n=1}^{\infty}\dfrac{(-1)^{n-1}}{2^n}$;

(4) $\sum\limits_{n=1}^{\infty}\ln\dfrac{n+1}{n}$;

(5) $\sum\limits_{n=1}^{\infty}\dfrac{3^n}{n}$;

(6) $\sum\limits_{n=1}^{\infty}\left(\dfrac{n}{n+1}\right)^n$;

(7) $\sum\limits_{n=1}^{\infty}\dfrac{1}{\sqrt[n]{3}}$;

(8) $\sum\limits_{n=1}^{\infty}\left(\dfrac{1}{2^n}+\dfrac{1}{3^n}\right)$.

第二节 常数项级数的审敛法

一、正项级数及其审敛法

定义 1 设有一级数 $\sum\limits_{n=1}^{\infty}u_n$. 若 $u_n\geqslant 0(n=1,2,\cdots)$,则称级数 $\sum\limits_{n=1}^{\infty}u_n$ 为**正项级数**.

对正项级数 $\sum\limits_{n=1}^{\infty}u_n$,它的部分和数列 $\{s_n\}$ 是单调增加的,如果数列 $\{s_n\}$ 有界,则根据单调有界数列必有极限的准则,可知正项级数 $\sum\limits_{n=1}^{\infty}u_n$ 收敛.反之,如果正项级数 $\sum\limits_{n=1}^{\infty}u_n$ 收敛于和 s,则根据收敛数列必有界的性质可知,数列 $\{s_n\}$ 有界.因此,得到下述定理.

定理 1 正项级数收敛的充要条件是:它的部分和数列 $\{s_n\}$ 有界.

根据正项级数收敛的充要条件,我们得到如下的正项级数的比较审敛法.

定理 2（比较审敛法） 设 $\sum\limits_{n=1}^{\infty} u_n$ 和 $\sum\limits_{n=1}^{\infty} v_n$ 都是正项级数，且 $u_n \leqslant v_n (n=1,2,\cdots)$.

（1）如果级数 $\sum\limits_{n=1}^{\infty} v_n$ 收敛，则级数 $\sum\limits_{n=1}^{\infty} u_n$ 也收敛；

（2）如果级数 $\sum\limits_{n=1}^{\infty} u_n$ 发散，则级数 $\sum\limits_{n=1}^{\infty} v_n$ 也发散.

证 （1）设级数 $\sum\limits_{n=1}^{\infty} v_n$ 收敛于和 σ，由于 $u_n \leqslant v_n$，因此级数 $\sum\limits_{n=1}^{\infty} u_n$ 的部分和

$$s_n = u_1 + u_2 + \cdots + u_n \leqslant v_1 + v_2 + \cdots + v_n \leqslant \sigma,$$

即部分和数列 $\{s_n\}$ 有界，从而级数 $\sum\limits_{n=1}^{\infty} u_n$ 收敛.

（2）用反证法. 假设级数 $\sum\limits_{n=1}^{\infty} v_n$ 收敛，则由条件 $u_n \leqslant v_n$，并根据已证明的（1）可知，级数 $\sum\limits_{n=1}^{\infty} u_n$ 也是收敛的，这与已知条件矛盾，从而级数 $\sum\limits_{n=1}^{\infty} v_n$ 是发散的.

例 1

判定级数 $\sum\limits_{n=1}^{\infty} \dfrac{1}{3n-2}$ 的敛散性.

解 因为 $u_n = \dfrac{1}{3n-2} > \dfrac{1}{3n}$，且调和级数 $\sum\limits_{n=1}^{\infty} \dfrac{1}{n}$ 是发散的，所以 $\sum\limits_{n=1}^{\infty} \dfrac{1}{3n}$ 也是发散的，由比较审敛法知级数 $\sum\limits_{n=1}^{\infty} \dfrac{1}{3n-2}$ 是发散的.

例 2

判定级数 $\sum\limits_{n=1}^{\infty} \left(\dfrac{n}{2n+3}\right)^n$ 的敛散性.

解 因为 $u_n = \left(\dfrac{n}{2n+3}\right)^n < \left(\dfrac{1}{2}\right)^n$，而等比级数 $\sum\limits_{n=1}^{\infty} \left(\dfrac{1}{2}\right)^n$ 是收敛的，所以级数 $\sum\limits_{n=1}^{\infty} \left(\dfrac{n}{2n+3}\right)^n$ 也是收敛的.

例 3

讨论 p 级数 $\sum\limits_{n=1}^{\infty} \dfrac{1}{n^p}$ 的敛散性，其中常数 $p > 0$.

解 当 $p \leqslant 1$ 时，有 $\dfrac{1}{n^p} \geqslant \dfrac{1}{n}$，由于调和级数 $\sum\limits_{n=1}^{\infty} \dfrac{1}{n}$ 是发散的，因此当 $p \leqslant 1$ 时，p 级数 $\sum\limits_{n=1}^{\infty} \dfrac{1}{n^p}$ 是发散的.

用类似于第一节例 5 的方法可以得到，当 $p > 1$ 时，p 级数 $\sum\limits_{n=1}^{\infty} \dfrac{1}{n^p}$ 是收敛的.

综上所述，p 级数 $\sum\limits_{n=1}^{\infty} \dfrac{1}{n^p}$ 当 $p \leqslant 1$ 时发散，当 $p > 1$ 时收敛.

例 4

判定级数 $\sum\limits_{n=1}^{\infty} \dfrac{1}{(2n+1)(2n+3)}$ 的敛散性.

解　因为 $u_n = \dfrac{1}{(2n+1)(2n+3)} < \dfrac{1}{4n^2}$，而 p 级数 $\sum\limits_{n=1}^{\infty} \dfrac{1}{n^2}$ 是收敛的，所以级数

$\sum\limits_{n=1}^{\infty} \dfrac{1}{(2n+1)(2n+3)}$ 也是收敛的.

下面给出比较审敛法的极限形式，它在应用时更为方便.

定理 2′　设 $\sum\limits_{n=1}^{\infty} u_n$ 和 $\sum\limits_{n=1}^{\infty} v_n$ 都是正项级数，且 $\lim\limits_{n\to\infty}\dfrac{u_n}{v_n}=l\,(0<l<+\infty)$，则级数 $\sum\limits_{n=1}^{\infty} u_n$ 与级

数 $\sum\limits_{n=1}^{\infty} v_n$ 同时收敛或同时发散.

证　由 $\lim\limits_{n\to\infty}\dfrac{u_n}{v_n}=l>0$，对于 $\varepsilon=\dfrac{l}{2}>0$，存在正整数 N，当 $n>N$ 时，有

$$l-\dfrac{l}{2}<\dfrac{u_n}{v_n}<l+\dfrac{l}{2},$$

从而

$$\dfrac{l}{2}v_n<u_n<\dfrac{3l}{2}v_n.$$

再根据比较审敛法知，级数 $\sum\limits_{n=1}^{\infty} u_n$ 与级数 $\sum\limits_{n=1}^{\infty} v_n$ 有相同的敛散性.

注　当 $l=0$ 或 $l=+\infty$ 时，级数 $\sum\limits_{n=1}^{\infty} u_n$ 与级数 $\sum\limits_{n=1}^{\infty} v_n$ 就不一定同时收敛或同时发散，但有这样的结论：

(1) 当 $l=0$ 时，如果级数 $\sum\limits_{n=1}^{\infty} v_n$ 收敛，则级数 $\sum\limits_{n=1}^{\infty} u_n$ 也收敛；

(2) 当 $l=+\infty$ 时，如果级数 $\sum\limits_{n=1}^{\infty} v_n$ 发散，则级数 $\sum\limits_{n=1}^{\infty} u_n$ 也发散.

例 5

判定级数 $\sum\limits_{n=1}^{\infty} \sin\dfrac{1}{n}$ 的敛散性.

解　因为

$$\lim\limits_{n\to\infty}\dfrac{\sin\dfrac{1}{n}}{\dfrac{1}{n}}=1,$$

而级数 $\sum\limits_{n=1}^{\infty} \dfrac{1}{n}$ 是发散的，所以由定理 2′ 知，级数 $\sum\limits_{n=1}^{\infty} \sin\dfrac{1}{n}$ 也是发散的.

使用比较审敛法或其极限形式，需要找一个已知敛散性的级数做比较，这多少有些困难，下面介绍应用更方便的比值审敛法.

定理 3（比值审敛法） 设 $\sum\limits_{n=1}^{\infty} u_n$ 是正项级数，且 $\lim\limits_{n\to\infty}\dfrac{u_{n+1}}{u_n}=\rho$，则

（1）当 $\rho<1$ 时，该级数收敛；

（2）当 $\rho>1\left(\text{或}\lim\limits_{n\to\infty}\dfrac{u_{n+1}}{u_n}=\infty\right)$ 时，该级数发散；

（3）当 $\rho=1$ 时，该级数可能收敛，也可能发散.

证 当 ρ 为有限数时，对于任意的 $\varepsilon>0$，存在正整数 N，当 $n>N$ 时，有

$$\left|\frac{u_{n+1}}{u_n}-\rho\right|<\varepsilon,$$

即

$$\rho-\varepsilon<\frac{u_{n+1}}{u_n}<\rho+\varepsilon.$$

（1）当 $\rho<1$ 时，取 $0<\varepsilon<1-\rho$，使得 $r=\rho+\varepsilon<1$，则有

$$u_{N+2}<ru_{N+1},\quad u_{N+3}<ru_{N+2}<r^2u_{N+1},\quad\cdots,$$
$$u_{N+m}<ru_{N+m-1}<r^2u_{N+m-2}<\cdots<r^{m-1}u_{N+1},\quad\cdots.$$

而级数 $\sum\limits_{m=1}^{\infty} r^{m-1}u_{N+1}$ 收敛，由比较审敛法知，$\sum\limits_{m=1}^{\infty} u_{N+m}=\sum\limits_{n=N+1}^{\infty} u_n$ 收敛，从而级数 $\sum\limits_{n=1}^{\infty} u_n$ 收敛.

（2）当 $\rho>1$ 时，取 $0<\varepsilon<\rho-1$，使得 $r=\rho-\varepsilon>1$，存在正整数 N，当 $n>N$ 时，有 $\dfrac{u_{n+1}}{u_n}>r$，

即 $u_{n+1}>ru_n>u_n$. 因此，当 $n>N$ 时，级数 $\sum\limits_{n=1}^{\infty} u_n$ 的一般项逐渐增大，从而 $\lim\limits_{n\to\infty}u_n\neq0$. 根据级数收敛的必要条件知，级数 $\sum\limits_{n=1}^{\infty} u_n$ 发散.

同理，当 $\rho=\infty$ 时，由无穷大的定义可知，n 充分大时仍有 $u_{n+1}>u_n$ 成立，因此级数 $\sum\limits_{n=1}^{\infty} u_n$ 发散.

（3）当 $\rho=1$ 时，比值审敛法失效.

例如，对于级数 $\sum\limits_{n=1}^{\infty}\dfrac{1}{n}$ 和级数 $\sum\limits_{n=1}^{\infty}\dfrac{1}{n^2}$，分别有

$$\lim_{n\to\infty}\frac{\dfrac{1}{n+1}}{\dfrac{1}{n}}=\lim_{n\to\infty}\frac{n}{n+1}=1,\quad \lim_{n\to\infty}\frac{\dfrac{1}{(n+1)^2}}{\dfrac{1}{n^2}}=\lim_{n\to\infty}\frac{n^2}{(n+1)^2}=1,$$

但级数 $\lim\limits_{n\to\infty}\dfrac{1}{n}$ 是发散的，而级数 $\sum\limits_{n=1}^{\infty}\dfrac{1}{n^2}$ 却是收敛的. 因此，如果 $\rho=1$，就应利用其他审敛法进行判别.

例 6

判定下列级数的敛散性：

（1）$\sum\limits_{n=1}^{\infty}\dfrac{1}{n!}$；

（2）$\sum\limits_{n=1}^{\infty}\dfrac{n!}{10^n}$.

解 （1）由于

$$\lim_{n\to\infty}\frac{u_{n+1}}{u_n}=\lim_{n\to\infty}\frac{n!}{(n+1)!}=\lim_{n\to\infty}\frac{1}{n+1}=0<1,$$

因此级数 $\sum_{n=1}^{\infty}\frac{1}{n!}$ 收敛.

（2）由于

$$\lim_{n\to\infty}\frac{u_{n+1}}{u_n}=\lim_{n\to\infty}\frac{(n+1)!}{10^{n+1}}\cdot\frac{10^n}{n!}=\lim_{n\to\infty}\frac{n+1}{10}=\infty,$$

因此级数 $\sum_{n=1}^{\infty}\frac{n!}{10^n}$ 发散.

例7

判定级数 $\sum_{n=1}^{\infty}\frac{n^2}{\left(2+\frac{1}{n}\right)^n}$ 的敛散性.

解 由于 $\frac{n^2}{\left(2+\frac{1}{n}\right)^n}<\frac{n^2}{2^n}$，因此可以先判别级数 $\sum_{n=1}^{\infty}\frac{n^2}{2^n}$ 的敛散性. 因为

$$\lim_{n\to\infty}\frac{u_{n+1}}{u_n}=\lim_{n\to\infty}\frac{(n+1)^2}{2^{n+1}}\cdot\frac{2^n}{n^2}=\lim_{n\to\infty}\frac{1}{2}\left(1+\frac{1}{n}\right)^2=\frac{1}{2}<1,$$

根据比值审敛法知，级数 $\sum_{n=1}^{\infty}\frac{n^2}{2^n}$ 收敛，所以再由比较审敛法知，原级数收敛.

定理4（根值审敛法） 设 $\sum_{n=1}^{\infty}u_n$ 是正项级数，且 $\lim_{n\to\infty}\sqrt[n]{u_n}=\rho$，则

（1）当 $\rho<1$ 时，该级数收敛；

（2）当 $\rho>1$（包括 $\rho=\infty$）时，该级数发散；

（3）当 $\rho=1$ 时，不能由此判定该级数的敛散性.

仿定理3，留给读者自己证明.

例8

判定级数 $\sum_{n=1}^{\infty}\left(\frac{n+1}{2n+1}\right)^n$ 的敛散性.

解 因 $\lim_{n\to\infty}\sqrt[n]{u_n}=\lim_{n\to\infty}\frac{n+1}{2n+1}=\frac{1}{2}<1$，故由根值审敛法知，该级数收敛.

二、任意项级数

1. 交错级数及其审敛法

定义2 设有级数

$$u_1+u_2+\cdots+u_n+\cdots,\tag{11-5}$$

其中 $u_n(n=1,2,\cdots)$ 为任意实数，则称级数(11-5)为**任意项级数**.

形如 $\sum_{n=1}^{\infty}(-1)^{n-1}u_n$ 的级数称为**交错级数**，其中 $u_n\geqslant0(n=1,2,\cdots,)$. 对于交错级数，我们

有如下审敛法.

定理 5（莱布尼茨定理）　如果交错级数 $\sum\limits_{n=1}^{\infty}(-1)^{n-1}u_n$ 满足条件：

(1) $u_n \geqslant u_{n+1}(n=1,2,\cdots)$；

(2) $\lim\limits_{n\to\infty}u_n = 0$，

则级数 $\sum\limits_{n=1}^{\infty}(-1)^{n-1}u_n$ 收敛，且其和 $s \leqslant u_1$，其余项 r_n 的绝对值 $|r_n| \leqslant u_{n+1}$.

　　证　先证明该级数前 $2n$ 项的和的极限 $\lim\limits_{n\to\infty}s_{2n}$ 存在. 为此，将 s_{2n} 写成如下两种形式：

$$s_{2n} = (u_1 - u_2) + (u_3 - u_4) + \cdots + (u_{2n-1} - u_{2n})$$

及

$$s_{2n} = u_1 - (u_2 - u_3) - (u_4 - u_5) - \cdots - (u_{2n-2} - u_{2n-1}) - u_{2n}.$$

由条件(1)知，所有括号中的差都是非负的. 由第一种形式可见数列 $\{s_{2n}\}$ 随 n 增大而增大，由第二种形式可见 $s_{2n} < u_1$，根据单调有界数列必有极限的准则，数列 $\{s_{2n}\}$ 存在极限 s，且 s 不大于 u_1，即

$$\lim\limits_{n\to\infty}s_{2n} = s \leqslant u_1.$$

又因为

$$s_{2n+1} = s_{2n} + u_{2n+1},$$

由条件(2)知，$\lim\limits_{n\to\infty}u_{2n+1} = 0$，因此

$$\lim\limits_{n\to\infty}s_{2n+1} = \lim\limits_{n\to\infty}(s_{2n} + u_{2n+1}) = s.$$

由 $\lim\limits_{n\to\infty}s_{2n} = \lim\limits_{n\to\infty}s_{2n+1} = s$，即得 $\lim\limits_{n\to\infty}s_n = s$，且 $s \leqslant u_1$. 这就证明了交错级数是收敛的. 不难看出，余项 r_n 的绝对值可以写成

$$|r_n| = u_{n+1} - u_{n+2} + u_{n+3} - \cdots.$$

这仍是一个交错级数，也满足定理中的两个条件，因此其和小于等于级数的第一项，即

$$|r_n| \leqslant u_{n+1}.$$

例 9

判定级数 $\sum\limits_{n=1}^{\infty}(-1)^{n-1}\dfrac{1}{n}$ 的敛散性.

　　解　级数 $\sum\limits_{n=1}^{\infty}(-1)^{n-1}\dfrac{1}{n}$ 为交错级数，满足条件

$$u_n = \frac{1}{n} > \frac{1}{n+1} = u_{n+1}(n=1,2,\cdots), \quad \lim\limits_{n\to\infty}u_n = \lim\limits_{n\to\infty}\frac{1}{n} = 0,$$

由定理 5 知，级数 $\sum\limits_{n=1}^{\infty}(-1)^{n-1}\dfrac{1}{n}$ 收敛.

2. 绝对收敛与条件收敛

设有级数(11-5)，由其各项的绝对值组成的正项级数为

$$|u_1| + |u_2| + \cdots + |u_n| + \cdots. \tag{11-6}$$

级数(11-5)与级数(11-6)的敛散性之间的关系有以下定理.

定理 6　**如果级数 $\sum\limits_{n=1}^{\infty}|u_n|$ 收敛，则级数 $\sum\limits_{n=1}^{\infty}u_n$ 也收敛.**

证 令 $v_n = \frac{1}{2}(|u_n| + u_n), n = 1, 2, \cdots,$ 由于

$$- |u_n| \leqslant u_n \leqslant |u_n|,$$

因此

$$0 \leqslant v_n = \frac{1}{2}(|u_n| + u_n) \leqslant |u_n|.$$

又已知级数 $\sum\limits_{n=1}^{\infty} |u_n|$ 收敛,根据正项级数的比较审敛法,得级数 $\sum\limits_{n=1}^{\infty} v_n$ 也收敛. 因为 $u_n = 2v_n - |u_n|$,而级数 $\sum\limits_{n=1}^{\infty} 2v_n$ 和级数 $\sum\limits_{n=1}^{\infty} |u_n|$ 都收敛,所以级数 $\sum\limits_{n=1}^{\infty} u_n$ 也收敛.

注 对于任意项级数 $\sum\limits_{n=1}^{\infty} u_n$,如果级数 $\sum\limits_{n=1}^{\infty} |u_n|$ 发散,级数 $\sum\limits_{n=1}^{\infty} u_n$ 不一定也发散. 例如,级数 $\sum\limits_{n=1}^{\infty} \left| (-1)^{n-1} \frac{1}{n} \right| = \sum\limits_{n=1}^{\infty} \frac{1}{n}$ 发散,但级数 $\sum\limits_{n=1}^{\infty} (-1)^{n-1} \frac{1}{n}$ 却是收敛的.

定义 3 设有任意项级数 $\sum\limits_{n=1}^{\infty} u_n$. 如果级数 $\sum\limits_{n=1}^{\infty} |u_n|$ 收敛,则称级数 $\sum\limits_{n=1}^{\infty} u_n$ **绝对收敛**;如果级数 $\sum\limits_{n=1}^{\infty} |u_n|$ 发散,而级数 $\sum\limits_{n=1}^{\infty} u_n$ 收敛,则称级数 $\sum\limits_{n=1}^{\infty} u_n$ **条件收敛**.

例 10

判定级数 $\sum\limits_{n=1}^{\infty} \frac{\sin n\alpha}{4^n}$ 的敛散性.

解 级数 $\sum\limits_{n=1}^{\infty} \frac{\sin n\alpha}{4^n}$ 为任意项级数,先考察级数 $\sum\limits_{n=1}^{\infty} \left| \frac{\sin n\alpha}{4^n} \right|$ 的敛散性.

由于 $\left| \frac{\sin n\alpha}{4^n} \right| \leqslant \frac{1}{4^n}$,而等比级数 $\sum\limits_{n=1}^{\infty} \frac{1}{4^n}$ 收敛,因此级数 $\sum\limits_{n=1}^{\infty} \left| \frac{\sin n\alpha}{4^n} \right|$ 收敛,由定理 6 知级数 $\sum\limits_{n=1}^{\infty} \frac{\sin n\alpha}{4^n}$ 绝对收敛.

例 11

判定级数 $\sum\limits_{n=1}^{\infty} (-1)^{n-1} \frac{\ln n}{n}$ 的敛散性;若收敛,是绝对收敛还是条件收敛?

解 先考察级数 $\sum\limits_{n=1}^{\infty} \left| (-1)^{n-1} \frac{\ln n}{n} \right| = \sum\limits_{n=1}^{\infty} \frac{\ln n}{n}$ 的敛散性.

因为 $\frac{\ln n}{n} > \frac{1}{n}(n \geqslant 3)$,而级数 $\sum\limits_{n=1}^{\infty} \frac{1}{n}$ 发散,所以级数 $\sum\limits_{n=1}^{\infty} \frac{\ln n}{n}$ 是发散的,即级数 $\sum\limits_{n=1}^{\infty} \left| (-1)^{n-1} \frac{\ln n}{n} \right|$ 是发散的. 但 $\sum\limits_{n=1}^{\infty} (-1)^{n-1} \frac{\ln n}{n}$ 为交错级数,由 $y = \frac{\ln x}{x}$ 在 $[e, +\infty)$ 上单调减少可知,$\frac{\ln(n+1)}{n+1} < \frac{\ln n}{n}(n = 3, 4, \cdots)$,即 $u_n > u_{n+1}$,且 $\lim\limits_{n \to \infty} u_n = \lim\limits_{n \to \infty} \frac{\ln n}{n} = 0$. 因此,级数 $\sum\limits_{n=1}^{\infty} (-1)^{n-1} \frac{\ln n}{n}$ 收敛,且为条件收敛.

思 考 题 11－2

1.已知 $u_n \leqslant v_n (n=1,2,\cdots)$.如果级数 $\sum\limits_{n=1}^{\infty} v_n$ 收敛,那么级数 $\sum\limits_{n=1}^{\infty} u_n$ 是否必收敛?

2.已知 $u_n > 0, u_n \leqslant u_{n+1} (n=1,2,\cdots)$,且 $\lim\limits_{n\to\infty} u_n = 0$,那么级数 $\sum\limits_{n=1}^{\infty} u_n$ 是否收敛?

3.用比值审敛法判定下列级数的敛散性:

(1) $\sum\limits_{n=1}^{\infty} \dfrac{n^2}{3^n}$;

(2) $\sum\limits_{n=1}^{\infty} \dfrac{(n+1)^2}{n!}$.

4.判定下列级数的敛散性;若收敛,是绝对收敛还是条件收敛?

(1) $\sum\limits_{n=1}^{\infty} (-1)^n \dfrac{1}{\sqrt{n}}$;

(2) $\sum\limits_{n=1}^{\infty} (-1)^{n-1} \dfrac{1}{3^n}$;

(3) $\sum\limits_{n=1}^{\infty} (-1)^{n-1} \dfrac{\sin nx}{n^2}$.

习 题 11－2

1.用比较审敛法判定下列级数的敛散性:

(1) $\sum\limits_{n=1}^{\infty} \dfrac{1}{n^3+2}$;

(2) $\sum\limits_{n=1}^{\infty} \dfrac{1}{3n+1}$;

(3) $\sum\limits_{n=1}^{\infty} \dfrac{1}{\sqrt{n+4}}$;

(4) $\sum\limits_{n=1}^{\infty} \dfrac{1}{(3n+1)^2}$;

(5) $\sum\limits_{n=1}^{\infty} \dfrac{1}{n\sqrt{n+1}}$;

(6) $\sum\limits_{n=1}^{\infty} 2^n \sin \dfrac{\pi}{3^n}$.

2.用比值审敛法判定下列级数的敛散性:

(1) $\sum\limits_{n=1}^{\infty} \dfrac{n+1}{2^n}$;

(2) $\sum\limits_{n=1}^{\infty} \dfrac{n^3}{3^n}$;

(3) $\sum\limits_{n=1}^{\infty} \dfrac{2^n}{n!}$;

(4) $\sum\limits_{n=1}^{\infty} n^2 \sin \dfrac{\pi}{2^n}$;

(5) $\sum\limits_{n=1}^{\infty} \dfrac{n^n}{3^n n!}$;

(6) $\sum\limits_{n=1}^{\infty} \dfrac{1\cdot 3\cdot 5\cdot\cdots\cdot(2n-1)}{3^n n!}$.

3.用根值审敛法判定下列级数的敛散性:

(1) $\sum\limits_{n=1}^{\infty} \left(\dfrac{n}{2n+1}\right)^n$;

(2) $\sum\limits_{n=1}^{\infty} \dfrac{1}{[\ln(n+1)]^n}$;

(3) $\sum\limits_{n=1}^{\infty} \left(\dfrac{n}{3n-1}\right)^{2n-1}$;

(4) $\sum\limits_{n=1}^{\infty} \dfrac{n^2}{\left(n+\frac{1}{n}\right)^n}$.

4.判定下列级数是否收敛;若收敛,是绝对收敛还是条件收敛?

(1) $\sum\limits_{n=1}^{\infty} (-1)^{n-1} \dfrac{1}{\sqrt{n}}$;

(2) $\sum\limits_{n=1}^{\infty} (-1)^{n-1} \dfrac{n^3}{2^n}$;

(3) $\sum\limits_{n=1}^{\infty} \dfrac{\sin nx}{n\sqrt{n}}$;

(4) $\sum\limits_{n=1}^{\infty} (-1)^n (\sqrt{n+1}-\sqrt{n})$;

(5) $\sum\limits_{n=1}^{\infty} (-1)^{n-1} \dfrac{2+(-1)^n}{n^2}$.

第三节　　　幂　级　数

一、函数项级数的一般概念

定义1　如果 $u_n(x)(n=1,2,\cdots)$ 是定义在区间 I 上的函数,则称

$$\sum_{n=1}^{\infty} u_n(x) = u_1(x) + u_2(x) + \cdots + u_n(x) + \cdots \tag{11-7}$$

为区间 I 上的**函数项级数**.

对于区间 I 内任一点 x_0,由函数项级数(11-7)可得一个常数项级数

$$\sum_{n=1}^{\infty} u_n(x_0) = u_1(x_0) + u_2(x_0) + \cdots + u_n(x_0) + \cdots.$$

如果级数 $\sum_{n=1}^{\infty} u_n(x_0)$ 收敛,即 $\lim\limits_{n\to\infty} s_n(x_0)$ 存在,则称函数项级数(11-7)在点 x_0 处收敛,点 x_0 称为该函数项级数的**收敛点**;如果 $\lim\limits_{n\to\infty} s_n(x_0)$ 不存在,则称函数项级数(11-7)在点 x_0 处发散,点 x_0 称为该函数项级数的**发散点**. 函数项级数 $\sum_{n=1}^{\infty} u_n(x)$ 的收敛点的全体构成的集合称为函数项级数 $\sum_{n=1}^{\infty} u_n(x)$ 的**收敛域**,发散点的全体构成的集合称为**发散域**.

设函数项级数 $\sum_{n=1}^{\infty} u_n(x)$ 的收敛域为 D,则对 D 内的每一点 x,$\lim\limits_{n\to\infty} s_n(x)$ 都存在. 记 $\lim\limits_{n\to\infty} s_n(x) = s(x)$,它是 x 的函数,称为函数项级数 $\sum_{n=1}^{\infty} u_n(x)$ 的**和函数**. 称

$$r_n(x) = s(x) - s_n(x) = u_{n+1}(x) + u_{n+2}(x) + \cdots$$

为函数项级数 $\sum_{n=1}^{\infty} u_n(x)$ 的**余项**,对于收敛域上的每一点 x,有

$$\lim_{n\to\infty} r_n(x) = 0.$$

根据上述定义可知,函数项级数在某一区域内的敛散性问题,是指函数项级数在该区域内任一点的敛散性问题,而函数项级数在某一点的敛散性问题,实质上是常数项级数的敛散性问题. 这样,我们仍可利用常数项级数的审敛法来判断函数项级数的敛散性.

例1

求函数项级数 $\sum_{n=1}^{\infty} \dfrac{1}{x^n}(x \neq 0)$ 的收敛域.

解　由比值审敛法,

$$\lim_{n\to\infty} \left| \frac{u_{n+1}(x)}{u_n(x)} \right| = \lim_{n\to\infty} \left| \frac{x^n}{x^{n+1}} \right| = \frac{1}{|x|},$$

所以当 $\dfrac{1}{|x|} < 1$,即 $|x| > 1$ 时,级数 $\sum_{n=1}^{\infty} \dfrac{1}{x^n}$ 收敛,从而级数 $\sum_{n=1}^{\infty} \dfrac{1}{x^n}$ 收敛;当 $\dfrac{1}{|x|} > 1$,即

$|x| < 1$ 时，$\lim\limits_{n \to \infty} \dfrac{1}{x^n} = \infty \neq 0$，从而级数 $\sum\limits_{n=1}^{\infty} \dfrac{1}{x^n}$ 发散；当 $x = 1$ 时，原级数成为 $1 + 1 + 1 + \cdots$，该级数发散；当 $x = -1$ 时，原级数成为 $-1 + 1 - 1 + \cdots$，该级数发散.

综上可得，函数项级数 $\sum\limits_{n=1}^{\infty} \dfrac{1}{x^n}$ 的收敛域为 $|x| > 1$.

二、幂级数及其收敛域

定义 2　形如
$$a_0 + a_1(x - x_0) + a_2(x - x_0)^2 + \cdots + a_n(x - x_0)^n + \cdots$$
的函数项级数称为**幂级数**，其中 $a_0, a_1, a_2, \cdots, a_n, \cdots$ 均为常数，称为**幂级数的系数**.

如果做代换 $t = x - x_0$，即可把上述幂级数化成
$$a_0 + a_1 t + a_2 t^2 + \cdots + a_n t^n + \cdots \tag{11-8}$$
的形式，因此我们只需讨论幂级数 $(11-8)$ 就行.

例如，等比级数
$$1 + x + x^2 + \cdots + x^n + \cdots$$
是幂级数，当 $|x| < 1$ 时，幂级数 $\sum\limits_{n=0}^{\infty} x^n$ 收敛于和 $\dfrac{1}{1-x}$；当 $|x| \geqslant 1$ 时，幂级数 $\sum\limits_{n=0}^{\infty} x^n$ 发散. 因此，该幂级数的收敛域是 $(-1, 1)$，并且有
$$\frac{1}{1-x} = 1 + x + x^2 + \cdots + x^n + \cdots \quad (-1 < x < 1).$$

下面我们讨论幂级数的敛散性问题.

定理 1[阿贝尔（Abel）定理]　如果幂级数 $\sum\limits_{n=0}^{\infty} a_n x^n$ 当 $x = x_0 (x_0 \neq 0)$ 时收敛，则对于所有满足 $|x| < |x_0|$ 的点 x，幂级数 $\sum\limits_{n=0}^{\infty} a_n x^n$ 绝对收敛；反之，如果当 $x = x_0$ 时，幂级数 $\sum\limits_{n=0}^{\infty} a_n x^n$ 发散，则对于所有满足 $|x| > |x_0|$ 的点 x，幂级数 $\sum\limits_{n=0}^{\infty} a_n x^n$ 发散.

证　先证第一部分. 设幂级数 $\sum\limits_{n=0}^{\infty} a_n x^n$ 当 $x = x_0 (x_0 \neq 0)$ 时收敛，由级数收敛的必要条件可知，必有 $\lim\limits_{n \to \infty} a_n x_0^n = 0$. 于是，数列 $\{a_n x_0^n\}$ 有界，即存在一个正数 M，对于一切 n，都有
$$|a_n x_0^n| \leqslant M \quad (n = 0, 1, 2, \cdots),$$
从而有
$$\left| a_n x^n \right| = \left| a_n x_0^n \cdot \frac{x^n}{x_0^n} \right| = |a_n x_0^n| \cdot \left| \frac{x}{x_0} \right|^n \leqslant M \left| \frac{x}{x_0} \right|^n.$$
由 $\left| \dfrac{x}{x_0} \right| < 1$ 知，$\sum\limits_{n=0}^{\infty} M \left| \dfrac{x}{x_0} \right|^n$ 是公比为 $\left| \dfrac{x}{x_0} \right| < 1$ 的等比级数，故幂级数 $\sum\limits_{n=0}^{\infty} |a_n x^n|$ 收敛，也就是幂级数 $\sum\limits_{n=0}^{\infty} a_n x^n$ 绝对收敛.

再证第二部分. 用反证法. 假设 $x = x_0$ 时该幂级数发散，而另有一点 x_1 存在，它满足

$|x_1|>|x_0|$ 并使得级数 $\sum\limits_{n=0}^{\infty}a_nx_1^n$ 收敛,则根据第一部分的结论,当 $x=x_0$ 时该幂级数也应收敛,这与假设矛盾,从而得证.

定理 1 表明了幂级数收敛域的结构情况.若幂级数 $\sum\limits_{n=0}^{\infty}a_nx^n$ 在数轴上某点 $x=x_0$ 处收敛,则对于区间 $(-|x_0|,|x_0|)$ 内的任何 x,幂级数都收敛;若幂级数 $\sum\limits_{n=0}^{\infty}a_nx^n$ 在点 $x=x_1$ 处发散,则对于 $(-\infty,-|x_1|)\bigcup(|x_1|,+\infty)$ 上的任何 x,幂级数都发散.而幂级数 $\sum\limits_{n=0}^{\infty}a_nx^n$ 在点 $x=0$ 处总是收敛的,因此存在非负实数 R,使得幂级数在 $(-R,R)$ 内的任何点处均收敛,而对于 $(-\infty,-R)\bigcup(R,+\infty)$ 上的任何点,幂级数均发散.当 $x=-R$ 与 $x=R$ 时,幂级数 $\sum\limits_{n=0}^{\infty}a_nx^n$ 可能收敛也可能发散.

上述的非负实数 R 称为幂级数 $\sum\limits_{n=0}^{\infty}a_nx^n$ 的**收敛半径**,开区间 $(-R,R)$ 称为幂级数 $\sum\limits_{n=0}^{\infty}a_nx^n$ 的**收敛区间**.

如果幂级数 $\sum\limits_{n=0}^{\infty}a_nx^n$ 仅在点 $x=0$ 处收敛,我们称其收敛半径 $R=0$;如果幂级数在整个实轴上都收敛,我们称其收敛半径 $R=+\infty$. 这样,幂级数总是存在收敛半径的.

下面给出一种求收敛半径的方法.

定理 2　设有一幂级数 $\sum\limits_{n=0}^{\infty}a_nx^n$,且 $\lim\limits_{n\to\infty}\left|\dfrac{a_{n+1}}{a_n}\right|=\rho$.

(1) 若 $\rho\neq 0$,则 $R=\dfrac{1}{\rho}$;

(2) 若 $\rho=0$,则 $R=+\infty$;

(3) 若 $\rho=+\infty$,则 $R=0$.

证　幂级数 $\sum\limits_{n=0}^{\infty}a_nx^n$ 的各项取绝对值所成的级数为 $\sum\limits_{n=0}^{\infty}|a_nx^n|$,则有
$$\lim\limits_{n\to\infty}\left|\dfrac{a_{n+1}x^{n+1}}{a_nx^n}\right|=\lim\limits_{n\to\infty}\left|\dfrac{a_{n+1}}{a_n}\right||x|=\rho|x|.$$

(1) 若 $\rho\neq 0$,则由正项级数的比值审敛法,当 $\rho|x|<1$,即 $|x|<\dfrac{1}{\rho}$ 时,幂级数 $\sum\limits_{n=0}^{\infty}|a_nx^n|$ 收敛,从而幂级数 $\sum\limits_{n=0}^{\infty}a_nx^n$ 绝对收敛;当 $\rho|x|>1$,即 $|x|>\dfrac{1}{\rho}$ 时,幂级数 $\sum\limits_{n=0}^{\infty}a_nx^n$ 发散.因此,收敛半径 $R=\dfrac{1}{\rho}$.

(2) 若 $\rho=0$,则对任何 x 值,$\rho|x|=0<1$,幂级数 $\sum\limits_{n=0}^{\infty}a_nx^n$ 总是收敛的,因此 $R=+\infty$.

(3) 若 $\rho=+\infty$,则对任何 $x\neq 0$,都有
$$\lim\limits_{n\to\infty}\left|\dfrac{a_{n+1}}{a_n}\right||x|=+\infty,$$

即幂级数 $\sum\limits_{n=0}^{\infty} a_n x^n$ 总是发散的. 仅当 $x=0$ 时, 幂级数 $\sum\limits_{n=0}^{\infty} a_n x^n$ 才收敛, 因此 $R=0$.

例 2

求幂级数 $\sum\limits_{n=1}^{\infty} (-1)^{n-1} \dfrac{x^n}{\sqrt{n}}$ 的收敛区间.

解 因为

$$\rho = \lim_{n \to \infty} \left| \frac{a_{n+1}}{a_n} \right| = \lim_{n \to \infty} \frac{\sqrt{n}}{\sqrt{n+1}} = 1,$$

所以收敛半径 $R = \dfrac{1}{\rho} = 1$, 收敛区间为 $(-1,1)$.

例 3

求幂级数 $\sum\limits_{n=0}^{\infty} \dfrac{x^{2n}}{2^n}$ 的收敛区间.

解 令 $x^2 = t$, 则 $\sum\limits_{n=0}^{\infty} \dfrac{x^{2n}}{2^n}$ 化为 $\sum\limits_{n=0}^{\infty} \dfrac{t^n}{2^n}$. 因为

$$\rho = \lim_{n \to \infty} \left| \frac{a_{n+1}}{a_n} \right| = \lim_{n \to \infty} \frac{2^n}{2^{n+1}} = \frac{1}{2},$$

所以幂级数 $\sum\limits_{n=0}^{\infty} \dfrac{t^n}{2^n}$ 的收敛半径 $R=2$, 收敛区间为 $(-2,2)$, 也就是 $-2 < t < 2$. 以 $x^2 = t$ 代入, 得 $-\sqrt{2} < x < \sqrt{2}$, 即幂级数 $\sum\limits_{n=0}^{\infty} \dfrac{x^{2n}}{2^n}$ 的收敛区间为 $(-\sqrt{2}, \sqrt{2})$.

例 4

求幂级数 $\sum\limits_{n=0}^{\infty} \dfrac{(x-2)^n}{\sqrt{n+2}}$ 的收敛区间.

解 令 $x-2 = t$, 则 $\sum\limits_{n=0}^{\infty} \dfrac{(x-2)^n}{\sqrt{n+2}}$ 化为 $\sum\limits_{n=0}^{\infty} \dfrac{t^n}{\sqrt{n+2}}$. 因为

$$\rho = \lim_{n \to \infty} \left| \frac{a_{n+1}}{a_n} \right| = \lim_{n \to \infty} \frac{\sqrt{n+2}}{\sqrt{n+2+1}} = 1,$$

所以幂级数 $\sum\limits_{n=0}^{\infty} \dfrac{t^n}{\sqrt{n+2}}$ 的收敛半径 $R=1$, 收敛区间为 $(-1,1)$, 也就是 $-1 < t < 1$. 因为 $t = x-2$, 所以幂级数 $\sum\limits_{n=0}^{\infty} \dfrac{(x-2)^n}{\sqrt{n+2}}$ 的收敛区间为 $(1,3)$.

三、幂级数的运算

设幂级数 $\sum\limits_{n=0}^{\infty} a_n x^n$ 在收敛区间 $(-R_1, R_1)$ 内的和函数为 $s_1(x)$, 幂级数 $\sum\limits_{n=0}^{\infty} b_n x^n$ 在收敛区间 $(-R_2, R_2)$ 内的和函数为 $s_2(x)$, 取 $R = \min\{R_1, R_2\}$, 则有

(1) $\displaystyle\sum_{n=0}^{\infty}a_nx^n \pm \sum_{n=0}^{\infty}b_nx^n = \sum_{n=0}^{\infty}(a_n \pm b_n)x^n = s_1(x) \pm s_2(x)$,

其收敛区间为 $(-R,R)$;

(2) $\displaystyle\Big(\sum_{n=0}^{\infty}a_nx^n\Big)\Big(\sum_{n=0}^{\infty}b_nx^n\Big) = a_0b_0 + (a_0b_1 + a_1b_0)x + (a_0b_2 + a_1b_1 + a_2b_0)x^2 + \cdots$

$$+ (a_0b_n + a_1b_{n-1} + a_2b_{n-2} + \cdots + a_nb_0)x^n + \cdots$$
$$= s_1(x)s_2(x),$$

其收敛区间为 $(-R,R)$.

设幂级数 $\displaystyle\sum_{n=0}^{\infty}a_nx^n$ 在收敛区间 $(-R,R)$ 内的和函数为 $s(x)$,则有

(1) $s(x)$ 在 $(-R,R)$ 内连续;

(2) $s(x)$ 在 $(-R,R)$ 内可导,且

$$s'(x) = \Big(\sum_{n=0}^{\infty}a_nx^n\Big)' = \sum_{n=0}^{\infty}(a_nx^n)' = \sum_{n=1}^{\infty}na_nx^{n-1}, \quad x \in (-R,R);$$

(3) $s(x)$ 在 $(-R,R)$ 内可积,且

$$\int_0^x s(t)\mathrm{d}t = \int_0^x \Big(\sum_{n=0}^{\infty}a_nt^n\Big)\mathrm{d}t = \sum_{n=0}^{\infty}\int_0^x a_nt^n\mathrm{d}t = \sum_{n=0}^{\infty}\frac{a_n}{n+1}x^{n+1}, \quad x \in (-R,R).$$

简单地说,幂级数在收敛区间内可以逐项求导或逐项积分,并且逐项求导或逐项积分后所得的幂级数的收敛区间不变,但在收敛区间的端点处,幂级数的敛散性可能会改变.

例 5

已知幂级数 $1 + x + x^2 + \cdots + x^n + \cdots = \dfrac{1}{1-x}, x \in (-1,1)$. 将上式两边求导,得

$$\frac{1}{(1-x)^2} = 1 + 2x + 3x^2 + \cdots + nx^{n-1} + \cdots,$$

其收敛区间为 $(-1,1)$. 在端点 $x = \pm 1$ 处,上式右边级数的一般项不趋于 $0(n \to \infty)$,级数是发散的. 因此,逐项求导后,所得幂级数的收敛域为 $(-1,1)$.

如果将上式两边从 0 到 x 逐项积分,则得到

$$-\ln(1-x) = x + \frac{x^2}{2} + \frac{x^3}{3} + \cdots + \frac{x^{n+1}}{n+1} + \cdots,$$

其收敛区间为 $(-1,1)$. 当 $x = -1$ 时,上式右边是一个收敛的交错级数,所以等式仍成立;当 $x = 1$ 时,上式右边是一个调和级数,是发散的. 因此,逐项积分后,所得幂级数的收敛域为 $[-1,1)$.

例 6

求幂级数 $\displaystyle\sum_{n=1}^{\infty}nx^{n-1}$ 在收敛区间 $(-1,1)$ 内的和函数.

解 记 $s(x) = \displaystyle\sum_{n=1}^{\infty}nx^{n-1}$,在 $(-1,1)$ 内逐项积分,得

$$\int_0^x s(t)\mathrm{d}t = \int_0^x 1\mathrm{d}t + \int_0^x 2t\mathrm{d}t + \cdots + \int_0^x nt^{n-1}\mathrm{d}t + \cdots = x + x^2 + \cdots + x^n + \cdots = \frac{x}{1-x}.$$

于是,当 $x \in (-1,1)$ 时,

$$s(x) = \left[\int_0^x s(t)\,\mathrm{d}t\right]' = \left(\frac{x}{1-x}\right)' = \frac{1}{(1-x)^2}.$$

思 考 题 11-3

1. 幂级数 $\sum\limits_{n=0}^{\infty} a_n x^n$ 在收敛区间内必绝对收敛吗?

2. 若幂级数 $\sum\limits_{n=0}^{\infty} a_n x^n$ 的收敛半径为 R,则幂级数 $\sum\limits_{n=0}^{\infty} a_n x^{2n}$ 的收敛半径为多少?

3. 求下列幂级数的收敛半径:

(1) $\sum\limits_{n=1}^{\infty} \dfrac{(-1)^n x^n}{n!}$;

(2) $\sum\limits_{n=0}^{\infty} n^n x^n$.

4. 求幂级数 $\sum\limits_{n=1}^{\infty} n x^n$ 的收敛区间.

习 题 11-3

1. 求下列幂级数的收敛半径与收敛区间:

(1) $\sum\limits_{n=1}^{\infty} \dfrac{(-1)^{n-1} x^n}{n^2}$;

(2) $\sum\limits_{n=1}^{\infty} 10^n x^n$;

(3) $\sum\limits_{n=1}^{\infty} \dfrac{2^n x^n}{n^2+1}$;

(4) $\sum\limits_{n=1}^{\infty} (-1)^{n-1} \dfrac{x^n}{n^2}$;

(5) $\sum\limits_{n=1}^{\infty} \dfrac{x^n}{2 \cdot 4 \cdots 2n}$;

(6) $\sum\limits_{n=1}^{\infty} (-1)^n \dfrac{(x-3)^n}{n \cdot 5^n}$;

(7) $\sum\limits_{n=1}^{\infty} \dfrac{(x+2)^n}{\sqrt{2}}$;

(8) $\sum\limits_{n=1}^{\infty} \dfrac{2n-1}{2^n} x^{2n-2}$;

(9) $\sum\limits_{n=1}^{\infty} \dfrac{(2n)!}{(n!)^2} x^{2n}$.

2. 利用逐项求导或逐项积分求下列幂级数的和函数:

(1) $\sum\limits_{n=1}^{\infty} (n+1) x^n$, $|x|<1$;

(2) $\sum\limits_{n=0}^{\infty} \dfrac{x^{2n+1}}{2n+1}$, $|x|<1$;

(3) $\sum\limits_{n=1}^{\infty} \dfrac{n(n+1)}{2} x^{n-1}$, $|x|<1$;

(4) $\sum\limits_{n=1}^{\infty} (2n+1) x^{n-1}$, $|x|<1$.

3. 求幂级数 $\sum\limits_{n=1}^{\infty} \dfrac{x^n}{n}$, $|x|<1$ 的和函数,并求级数 $\dfrac{1}{1 \cdot 3} + \dfrac{1}{2 \cdot 3^2} + \dfrac{1}{3 \cdot 3^3} + \cdots + \dfrac{1}{n \cdot 3^n} + \cdots$ 的和.

第四节　函数展开成幂级数

　　前面我们讨论了幂级数的收敛区间及和函数,但是在许多实际问题中,遇到的却是相反的问题,即一个函数 $f(x)$ 在某一区间内如何表示成幂级数的形式.

一、泰勒公式

首先讨论函数 $f(x)$ 为 n 次多项式的情形.

设函数 $f(x)=A_0+A_1x+A_2x^2+\cdots+A_nx^n$,欲将其表示成 $x-x_0$ 的方幂的形式,即
$$f(x)=a_0+a_1(x-x_0)+a_2(x-x_0)^2+\cdots+a_n(x-x_0)^n, \qquad (11-9)$$
其中 $a_0,a_1,a_2,\cdots,a_n$ 是待定系数.

下面讨论 $a_i(i=0,1,2,\cdots,n)$ 与函数 $f(x)$ 的关系.

我们知道,多项式函数具有任意阶的连续导数.对(11-9)式两边逐次求一阶到 n 阶导数,并令 $x=x_0$,可得
$$f(x_0)=a_0, \quad f'(x_0)=a_1, \quad f''(x_0)=2!a_2, \quad \cdots, \quad f^{(n)}(x_0)=n!a_n,$$
即
$$a_0=f(x_0), \quad a_1=f'(x_0), \quad a_2=\frac{f''(x_0)}{2!}, \quad \cdots, \quad a_n=\frac{f^{(n)}(x_0)}{n!},$$
于是(11-9)式可以写为
$$f(x)=f(x_0)+f'(x_0)(x-x_0)+\frac{f''(x_0)}{2!}(x-x_0)^2+\cdots+\frac{f^{(n)}(x_0)}{n!}(x-x_0)^n. \qquad (11-10)$$

(11-10)式称为函数 $f(x)$ 的 n 阶泰勒(Taylor)多项式.

由上述讨论可知,当函数 $f(x)$ 为 n 次多项式时,可以唯一地用(11-10)式表示.

例 1

试将函数 $f(x)=x^3-3x^2+1$ 表示成 $x+1$ 的方幂的形式.

解 这里
$$x_0=-1, \quad f(-1)=-3,$$
$$f'(x)=3x^2-6x, \quad f'(-1)=9,$$
$$f''(x)=6x-6, \quad f''(-1)=-12,$$
$$f'''(x)=6, \quad f'''(-1)=6.$$
将上述结果代入(11-10)式,得
$$f(x)=-3+9(x+1)-6(x+1)^2+(x+1)^3.$$

一般地,如果函数 $f(x)$ 在点 x_0 处的一阶到 n 阶导数都存在,则可以写出一个 n 次多项式
$$P_n(x)=f(x_0)+f'(x_0)(x-x_0)+\frac{f''(x_0)}{2!}(x-x_0)^2+\cdots+\frac{f^{(n)}(x_0)}{n!}(x-x_0)^n,$$
但 $P_n(x)$ 不一定等于函数 $f(x)$.记 $R_n(x)=f(x)-P_n(x)$,即
$$R_n(x)=f(x)-f(x_0)-f'(x_0)(x-x_0)-\frac{f''(x_0)}{2!}(x-x_0)^2-\cdots-\frac{f^{(n)}(x_0)}{n!}(x-x_0)^n,$$
那么 $|R_n(x)|=|f(x)-P_n(x)|$ 就是用 $P_n(x)$ 表示函数 $f(x)$ 时产生的误差.

定理 1(泰勒中值定理) 如果函数 $f(x)$ 在点 x_0 的某一邻域内有 $n+1$ 阶导数,则对此邻域内的任意点 x,有

$$f(x) = f(x_0) + f'(x_0)(x - x_0) + \frac{f''(x_0)}{2!}(x - x_0)^2 + \cdots + \frac{f^{(n)}(x_0)}{n!}(x - x_0)^n + R_n(x),$$

$$\tag{11-11}$$

其中

$$R_n(x) = \frac{f^{(n+1)}(\xi)}{(n+1)!}(x - x_0)^{n+1} \quad (\xi \text{ 在 } x_0 \text{ 与 } x \text{ 之间}). \tag{11-12}$$

(11-11) 式称为函数 $f(x)$ 在点 x_0 处的 n 阶泰勒公式；$f(x_0)$，$f'(x_0)$，$\frac{f''(x_0)}{2!}$，$\cdots$，$\frac{f^{(n)}(x_0)}{n!}$ 称

为**泰勒系数**；$f(x_0) + f'(x_0)(x - x_0) + \frac{f''(x_0)}{2!}(x - x_0)^2 + \cdots + \frac{f^{(n)}(x_0)}{n!}(x - x_0)^n$ 称为 n **阶**

泰勒多项式；$R_n(x)$ 的表达式 (11-12) 称为 n 阶泰勒公式的**拉格朗日余项**，当 $x \to x_0$ 时，它是
比 $(x - x_0)^n$ 高阶的无穷小.

定理 1 的证明从略.

在 (11-11) 式中，当 $n = 0$ 时，得到

$$f(x) = f(x_0) + f'(\xi)(x - x_0) \quad (\xi \text{ 在 } x_0 \text{ 与 } x \text{ 之间}).$$

这就是拉格朗日中值定理，所以泰勒中值定理是拉格朗日中值定理的推广.

特别地，当 $x_0 = 0$ 时，(11-11) 式成为

$$f(x) = f(0) + f'(0)x + \frac{f''(0)}{2!}x^2 + \cdots + \frac{f^{(n)}(0)}{n!}x^n + R_n(x), \tag{11-13}$$

其中

$$R_n(x) = \frac{f^{(n+1)}(\xi)}{(n+1)!}x^{n+1} \quad (\xi \text{ 在 } 0 \text{ 与 } x \text{ 之间}).$$

(11-13) 式称为函数 $f(x)$ 的 n **阶麦克劳林**(Maclaurin)**公式**.

例 2

求函数 $f(x) = e^x$ 的 n 阶麦克劳林公式.

解 因为 $f(x) = f'(x) = \cdots = f^{(n)}(x) = f^{(n+1)}(x) = e^x$，所以

$$f(0) = f'(0) = \cdots = f^{(n)}(0) = 1, \quad f^{(n+1)}(\xi) = e^\xi.$$

将上述结果代入 (11-13) 式，得

$$e^x = 1 + x + \frac{x^2}{2!} + \cdots + \frac{x^n}{n!} + \frac{x^{n+1}}{(n+1)!}e^\xi \quad (\xi \text{ 在 } 0 \text{ 与 } x \text{ 之间}).$$

例 3

求函数 $f(x) = \sin x$ 的 n 阶麦克劳林公式.

解 因为

$$f(x) = \sin x, \quad f(0) = 0,$$

$$f'(x) = \cos x = \sin\left(x + \frac{\pi}{2}\right), \quad f'(0) = 1,$$

$$f''(x) = \sin\left(x + 2 \cdot \frac{\pi}{2}\right), \quad f''(0) = 0,$$

$$\cdots\cdots$$

$$f^{(n)}(x) = \sin\left(x + n \cdot \frac{\pi}{2}\right),$$

$$f^{(n)}(0) = \sin\frac{n\pi}{2} = \begin{cases} 0, & n = 2k, \\ (-1)^{k-1}, & n = 2k-1 \end{cases} (k = 1, 2, \cdots),$$

所以

$$\sin x = x - \frac{x^3}{3!} + \frac{x^5}{5!} - \cdots + (-1)^{k-1} \frac{x^{2k-1}}{(2k-1)!}$$
$$+ (-1)^k \frac{x^{2k+1}}{(2k+1)!} \sin\left[\xi + \frac{(2k+1)\pi}{2}\right] \quad (\xi \text{ 在 } 0 \text{ 与 } x \text{ 之间}).$$

如图 11-2 所示给出了函数 $y = \sin x$ 的 $n(n=1,3,5)$ 阶泰勒多项式的图形. 由图可见, n 越大, 在点 0 附近的近似程度越好.

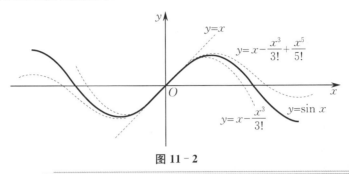

图 11-2

二、泰勒级数

函数 $f(x)$ 用它的 n 阶泰勒多项式

$$P_n(x) = \sum_{k=0}^{\infty} \frac{f^{(k)}(x_0)}{k!}(x-x_0)^k$$

近似表示, 其误差为 $|R_n(x)|$, 如果 $|R_n(x)|$ 随着 n 的增大而减小, 那么我们可以用增加泰勒多项式 $P_n(x)$ 的项数来提高精确度. 如果函数 $f(x)$ 在点 x_0 的某一邻域内具有任意阶导数, 那么当 n 无限增大时, n 阶泰勒多项式就成为一个幂级数

$$\sum_{n=0}^{\infty} \frac{f^{(n)}(x_0)}{n!}(x-x_0)^n = f(x_0) + f'(x_0)(x-x_0) + \frac{f''(x_0)}{2!}(x-x_0)^2$$
$$+ \cdots + \frac{f^{(n)}(x_0)}{n!}(x-x_0)^n + \cdots. \tag{11-14}$$

(11-14) 式称为函数 $f(x)$ 在点 x_0 处的**泰勒级数**.

必须注意的是, 只要函数 $f(x)$ 具有各阶导数, 我们就可形式地写出它的泰勒级数(11-14), 但该泰勒级数在点 x_0 的某一邻域内是否收敛? 如果收敛, 是否收敛于函数 $f(x)$?

函数 $f(x)$ 的 n 阶泰勒多项式 $P_n(x)$ 就是函数 $f(x)$ 的泰勒级数(11-14) 的前 $n+1$ 项部分和. 由(11-11) 式, 得

$$f(x) - P_n(x) = R_n(x).$$

在所讨论的邻域内, 如果

$$\lim_{n \to \infty} R_n(x) = 0,$$

则 $\lim_{n \to \infty} [f(x) - P_n(x)] = \lim_{n \to \infty} R_n(x) = 0$, 即

$$f(x) = \lim_{n \to \infty} P_n(x) = \sum_{n=0}^{\infty} \frac{f^{(n)}(x_0)}{n!}(x-x_0)^n.$$

也就是说, 若 $\lim_{n \to \infty} R_n(x) = 0$, 则泰勒级数(11-14) 收敛于函数 $f(x)$.

反之, 如果泰勒级数(11-14) 收敛于函数 $f(x)$, 即

$$f(x) = \lim_{n\to\infty} P_n(x),$$

则 $\lim\limits_{n\to\infty} R_n(x) = \lim\limits_{n\to\infty}[f(x) - P_n(x)] = 0$.

从上述讨论,我们可以得到如下重要结论.

定理 2 如果在点 x_0 的某一邻域内,函数 $f(x)$ 具有任意阶导数,则函数 $f(x)$ 的泰勒级数(11-14)收敛于 $f(x)$ 的充要条件是:当 $n\to\infty$ 时,泰勒公式的余项 $R_n(x)\to 0$.

如果函数 $f(x)$ 的泰勒级数收敛于 $f(x)$,即

$$f(x) = \sum_{n=0}^{\infty} \frac{f^{(n)}(x_0)}{n!}(x-x_0)^n, \tag{11-15}$$

则称函数 $f(x)$ 可展开成泰勒级数,并称(11-15)式为 $f(x)$ 在点 x_0 处的**泰勒展开式**.

当 $x_0 = 0$ 时,(11-15)式成为

$$f(x) = \sum_{n=0}^{\infty} \frac{f^{(n)}(0)}{n!}x^n = f(0) + f'(0)x + \frac{f''(0)}{2!}x^2 + \cdots + \frac{f^{(n)}(0)}{n!}x^n + \cdots. \tag{11-16}$$

(11-16)式称为函数 $f(x)$ 的**麦克劳林展开式**,式中右边的级数称为 $f(x)$ 的**麦克劳林级数**.

如果函数 $f(x)$ 能展开成关于 x 的幂级数,则这个幂级数一定就是函数 $f(x)$ 的麦克劳林级数,即函数的幂级数展开式是唯一的.

三、函数展开成幂级数

1. 直接展开法

直接展开法是直接按公式 $a_n = \dfrac{f^{(n)}(0)}{n!}(n=0,1,2,\cdots)$ 计算幂级数的系数,然后讨论余项 $R_n(x)$ 是否趋于 0. 下面举例说明直接展开法.

例 4

将函数 $f(x) = e^x$ 展开成 x 的幂级数.

解 因为 $f(x) = e^x, f^{(n)}(x) = e^x (n=1,2,\cdots)$,所以

$$f(0) = f^{(n)}(0) = 1 \quad (n=1,2,\cdots).$$

于是,e^x 的麦克劳林级数为

$$1 + x + \frac{x^2}{2!} + \cdots + \frac{x^n}{n!} + \cdots,$$

该幂级数的收敛域为 $(-\infty, +\infty)$.

再考察 $|R_n(x)|$. 因为 ξ 在 0 与 x 之间,所以

$$|R_n(x)| = \left| \frac{e^{\xi}}{(n+1)!}x^{n+1} \right| < e^{|x|} \cdot \frac{|x|^{n+1}}{(n+1)!}.$$

对任意的 $x \in (-\infty, +\infty)$,$e^{|x|}$ 是有限值,而 $\dfrac{|x|^{n+1}}{(n+1)!}$ 是收敛级数 $\sum\limits_{n=0}^{\infty} \dfrac{|x|^{n+1}}{(n+1)!}$ 的一般项,故 $\lim\limits_{n\to\infty} \dfrac{|x|^{n+1}}{(n+1)!} = 0$,即当 $n\to\infty$ 时,$R_n(x)\to 0$. 因此,e^x 可展开成麦克劳林级数,即

$$e^x = 1 + x + \frac{x^2}{2!} + \cdots + \frac{x^n}{n!} + \cdots \quad (-\infty < x < +\infty).$$

用直接展开法还可推得下列函数的幂级数展开式(证明从略):

$$\sin x = x - \frac{x^3}{3!} + \frac{x^5}{5!} - \cdots + (-1)^n \frac{x^{2n+1}}{(2n+1)!} + \cdots \quad (-\infty < x < +\infty), \quad (11-17)$$

$$(1+x)^m = 1 + mx + \frac{m(m-1)}{2!}x^2 + \cdots$$
$$+ \frac{m(m-1)\cdots(m-n+1)}{n!}x^n + \cdots \quad (-1 < x < 1). \quad (11-18)$$

公式(11-18) 称为**二项展开式**,其中 m 为任意实数. 在区间的端点 $x = \pm 1$ 处,展开式是否成立,由 m 的数值而定. 对应于 $m = \frac{1}{2}$ 与 $m = -\frac{1}{2}$ 的二项展开式分别为

$$\sqrt{1+x} = 1 + \frac{1}{2}x - \frac{1}{2 \cdot 4}x^2 + \frac{1 \cdot 3}{2 \cdot 4 \cdot 6}x^3 - \frac{1 \cdot 3 \cdot 5}{2 \cdot 4 \cdot 6 \cdot 8}x^4 + \cdots \quad (-1 \leqslant x \leqslant 1),$$

$$\frac{1}{\sqrt{1+x}} = 1 - \frac{1}{2}x + \frac{1 \cdot 3}{2 \cdot 4}x^2 - \frac{1 \cdot 3 \cdot 5}{2 \cdot 4 \cdot 6}x^3 + \frac{1 \cdot 3 \cdot 5 \cdot 7}{2 \cdot 4 \cdot 6 \cdot 8}x^4 - \cdots \quad (-1 \leqslant x \leqslant 1).$$

2. 间接展开法

由于函数的幂级数展开式是唯一的,因此有时还可以利用一些已知函数的幂级数展开式及幂级数的性质,将所给函数展开成幂级数,这种方法称为**间接展开法**.

例 5

将函数 $\cos x$ 展开成 x 的幂级数.

解　因为 $\sin x = x - \frac{x^3}{3!} + \frac{x^5}{5!} - \cdots + (-1)^n \frac{x^{2n+1}}{(2n+1)!} + \cdots (-\infty < x < +\infty)$,对该等式两边求导,得

$$\cos x = 1 - \frac{x^2}{2!} + \frac{x^4}{4!} - \cdots + (-1)^n \frac{x^{2n}}{(2n)!} + \cdots \quad (-\infty < x < +\infty).$$

例 6

由等比级数可知
$$\frac{1}{1-q} = 1 + q + q^2 + \cdots + q^n + \cdots \quad (-1 < q < 1),$$
在上式中分别令 $q = -x, -x^2, x^2$,得

$$\frac{1}{1+x} = 1 - x + x^2 - \cdots + (-1)^n x^n + \cdots \quad (-1 < x < 1),$$

$$\frac{1}{1+x^2} = 1 - x^2 + x^4 - \cdots + (-1)^n x^{2n} + \cdots \quad (-1 < x < 1),$$

$$\frac{1}{1-x^2} = 1 + x^2 + x^4 + \cdots + x^{2n} + \cdots \quad (-1 < x < 1).$$

将上面三式两边分别从 0 到 x 积分,再考察级数在区间端点处的敛散性,得

$$\ln(1+x) = x - \frac{x^2}{2} + \frac{x^3}{3} - \cdots + (-1)^n \frac{x^{n+1}}{n+1} + \cdots \quad (-1 < x \leqslant 1),$$

$$\arctan x = x - \frac{x^3}{3} + \frac{x^5}{5} - \cdots + (-1)^n \frac{x^{2n+1}}{2n+1} + \cdots \quad (-1 \leqslant x \leqslant 1),$$

$$\ln \frac{1+x}{1-x} = 2\left(x + \frac{x^3}{3} + \frac{x^5}{5} + \cdots + \frac{x^{2n+1}}{2n+1} + \cdots\right) \quad (-1 < x < 1).$$

将函数 $\sin x$ 展开成 $x - \dfrac{\pi}{4}$ 的幂级数.

解 因 $\sin x = \sin\left[\dfrac{\pi}{4} + \left(x - \dfrac{\pi}{4}\right)\right] = \dfrac{\sqrt{2}}{2}\left[\cos\left(x - \dfrac{\pi}{4}\right) + \sin\left(x - \dfrac{\pi}{4}\right)\right]$,由 $\sin x$ 与 $\cos x$ 的展开式,有

$$\sin\left(x - \frac{\pi}{4}\right) = \left(x - \frac{\pi}{4}\right) - \frac{1}{3!}\left(x - \frac{\pi}{4}\right)^3 + \frac{1}{5!}\left(x - \frac{\pi}{4}\right)^5 - \cdots \quad (-\infty < x < +\infty),$$

$$\cos\left(x - \frac{\pi}{4}\right) = 1 - \frac{1}{2!}\left(x - \frac{\pi}{4}\right)^2 + \frac{1}{4!}\left(x - \frac{\pi}{4}\right)^4 - \cdots \quad (-\infty < x < +\infty),$$

故

$$\begin{aligned}
\sin x = \frac{\sqrt{2}}{2}\Big[&1 + \left(x - \frac{\pi}{4}\right) - \frac{1}{2!}\left(x - \frac{\pi}{4}\right)^2 - \frac{1}{3!}\left(x - \frac{\pi}{4}\right)^3 \\
&+ \frac{1}{4!}\left(x - \frac{\pi}{4}\right)^4 + \frac{1}{5!}\left(x - \frac{\pi}{4}\right)^5 - \cdots\Big] \quad (-\infty < x < +\infty).
\end{aligned}$$

四、幂级数的应用举例

幂级数的应用非常广泛,现举例如下.

1. 函数值的近似计算

计算 e 的近似值,精确到 10^{-4}.

解 在 e^x 的幂级数展开式中,令 $x = 1$,得

$$e = 1 + 1 + \frac{1}{2!} + \frac{1}{3!} + \cdots + \frac{1}{n!} + \cdots.$$

若取前 $n + 1$ 项的和作为 e 的近似值,有

$$e \approx 1 + 1 + \frac{1}{2!} + \frac{1}{3!} + \cdots + \frac{1}{n!},$$

则误差

$$\begin{aligned}
|R_n| &= \frac{1}{(n+1)!} + \frac{1}{(n+2)!} + \cdots \\
&= \frac{1}{(n+1)!}\left[1 + \frac{1}{n+2} + \frac{1}{(n+2)(n+3)} + \cdots\right] \\
&< \frac{1}{(n+1)!}\left[1 + \frac{1}{n+1} + \frac{1}{(n+1)^2} + \cdots\right] \\
&= \frac{1}{(n+1)!} \cdot \frac{n+1}{n} = \frac{1}{n \cdot n!}.
\end{aligned}$$

要求 e 精确到 10^{-4},而

$$\frac{1}{6 \cdot 6!} = \frac{1}{4\,320} > 10^{-4},$$

$$\frac{1}{7 \cdot 7!} = \frac{1}{35\,280} < 10^{-4},$$

故取前 8 项做近似计算,得

$$e \approx 1 + 1 + \frac{1}{2!} + \frac{1}{3!} + \frac{1}{4!} + \frac{1}{5!} + \frac{1}{6!} + \frac{1}{7!}$$

$$\approx 2 + 0.5 + 0.166\,67 + 0.041\,67 + 0.008\,33 + 0.001\,39 + 0.000\,20$$

$$\approx 2.718\,3.$$

例 9

计算 $\ln 2$ 的近似值,精确到 10^{-4}.

解 在 $\ln(1+x)$ 的幂级数展开式中,令 $x = 1$,得

$$\ln 2 = 1 - \frac{1}{2} + \frac{1}{3} - \frac{1}{4} + \cdots + (-1)^n \frac{1}{n+1} + \cdots.$$

取前 n 项的和作为 $\ln 2$ 的近似值,则误差

$$|R_n| < \frac{1}{n+1}.$$

为使 $|R_n| < 10^{-4}$,须取 $n = 10\,000$ 进行计算,这样计算量较大. 因此,我们设法用收敛得较快的级数来计算,我们曾在例 6 中求得公式

$$\ln \frac{1+x}{1-x} = 2\left(x + \frac{x^3}{3} + \frac{x^5}{5} + \cdots + \frac{x^{2n+1}}{2n+1} + \cdots\right) \quad (-1 < x < 1),$$

若令 $\frac{1+x}{1-x} = 2$,则 $x = \frac{1}{3} \in (-1,1)$. 以 $x = \frac{1}{3}$ 代入上式,得

$$\ln 2 = 2\left(\frac{1}{3} + \frac{1}{3} \cdot \frac{1}{3^3} + \frac{1}{5} \cdot \frac{1}{3^5} + \frac{1}{7} \cdot \frac{1}{3^7} + \cdots\right).$$

要求 $\ln 2$ 精确到 10^{-4},而

$$|R_3| = 2\left(\frac{1}{7} \cdot \frac{1}{3^7} + \frac{1}{9} \cdot \frac{1}{3^9} + \frac{1}{11} \cdot \frac{1}{3^{11}} + \cdots\right)$$

$$= \frac{2}{7 \cdot 3^7} + 2\left(\frac{1}{9} \cdot \frac{1}{3^9} + \frac{1}{11} \cdot \frac{1}{3^{11}} + \cdots\right)$$

$$< \frac{2}{7 \cdot 3^7} + \frac{2}{3^{11}}\left[1 + \frac{1}{9} + \left(\frac{1}{9}\right)^2 + \cdots\right]$$

$$= \frac{2}{7 \cdot 3^7} + \frac{2}{3^{11}} \cdot \frac{1}{1 - \frac{1}{9}}$$

$$= \frac{2}{15\,309} + \frac{1}{78\,723} > 10^{-4},$$

$$|R_4| = 2\left(\frac{1}{9} \cdot \frac{1}{3^9} + \frac{1}{11} \cdot \frac{1}{3^{11}} + \frac{1}{13} \cdot \frac{1}{3^{13}} + \cdots\right)$$

$$< \frac{2}{3^{11}}\left[1 + \frac{1}{9} + \left(\frac{1}{9}\right)^2 + \cdots\right] = \frac{2}{3^{11}} \cdot \frac{1}{1 - \frac{1}{9}}$$

$$= \frac{1}{4 \cdot 3^9} = \frac{1}{78\,732} < 10^{-4},$$

故取前 4 项做近似计算,得

$$\ln 2 \approx 2\left(\frac{1}{3} + \frac{1}{3}\cdot\frac{1}{3^3} + \frac{1}{5}\cdot\frac{1}{3^5} + \frac{1}{7}\cdot\frac{1}{3^7}\right)$$
$$\approx 2(0.333\,33 + 0.012\,35 + 0.000\,82 + 0.000\,07)$$
$$\approx 0.693\,1.$$

例 10

计算定积分 $\int_0^1 \frac{\sin x}{x}\mathrm{d}x$ 的近似值,精确到 10^{-4}.

解 由于 $\lim\limits_{x\to 0}\frac{\sin x}{x} = 1$,因此定义函数 $\frac{\sin x}{x}$ 在点 $x=0$ 处的值为 1,则它在积分区间 $[0,1]$ 上连续.

展开被积函数,有

$$\frac{\sin x}{x} = 1 - \frac{x^2}{3!} + \frac{x^4}{5!} - \frac{x^6}{7!} + \cdots + (-1)^n\frac{x^{2n}}{(2n+1)!} + \cdots \quad (-\infty < x < \infty).$$

在区间 $[0,1]$ 上逐项积分,得

$$\int_0^1 \frac{\sin x}{x}\mathrm{d}x = 1 - \frac{1}{3\cdot 3!} + \frac{1}{5\cdot 5!} - \frac{1}{7\cdot 7!} + \cdots.$$

根据交错级数的误差估计,因为第 4 项的绝对值满足

$$\frac{1}{7\cdot 7!} = \frac{1}{35\,280} < 10^{-4},$$

所以取前 3 项的和作为定积分的近似值,有

$$\int_0^1 \frac{\sin x}{x}\mathrm{d}x \approx 1 - \frac{1}{3\cdot 3!} + \frac{1}{5\cdot 5!} \approx 0.946\,1.$$

2. 欧拉公式

在 e^x 的幂级数展开式

$$\mathrm{e}^x = 1 + x + \frac{x^2}{2!} + \frac{x^3}{3!} + \cdots + \frac{x^n}{n!} + \cdots$$

中,用 $\mathrm{i}x$ 代替 x,其中 $\mathrm{i} = \sqrt{-1}$,则

$$\mathrm{e}^{\mathrm{i}x} = 1 + (\mathrm{i}x) + \frac{(\mathrm{i}x)^2}{2!} + \frac{(\mathrm{i}x)^3}{3!} + \cdots + \frac{(\mathrm{i}x)^n}{n!} + \cdots$$
$$= \left(1 - \frac{x^2}{2!} + \frac{x^4}{4!} - \cdots\right) + \mathrm{i}\left(x - \frac{x^3}{3!} + \frac{x^5}{5!} - \cdots\right)$$
$$= \cos x + \mathrm{i}\sin x,$$

即 $\mathrm{e}^{\mathrm{i}x} = \cos x + \mathrm{i}\sin x$,称该式为**欧拉公式**.

再用 $-x$ 代替 x,有

$$\mathrm{e}^{-\mathrm{i}x} = \cos x - \mathrm{i}\sin x.$$

将上面两个等式分别相加减,即可导出欧拉公式的另一形式

$$\begin{cases} \cos x = \dfrac{\mathrm{e}^{\mathrm{i}x} + \mathrm{e}^{-\mathrm{i}x}}{2}, \\ \sin x = \dfrac{\mathrm{e}^{\mathrm{i}x} - \mathrm{e}^{-\mathrm{i}x}}{2\mathrm{i}}. \end{cases}$$

欧拉公式揭示了三角函数与指数函数的一种联系,在许多理论和应用问题中,使用欧拉公式是很方便的.

思 考 题 11-4

1.函数 $f(x)$ 的泰勒级数是否一定收敛于 $f(x)$?

2.若函数 $f(x)$ 在点 x_0 处可以展开成 x 的幂级数,收敛半径 $R>0$,则展开式是否唯一?

3.将函数 $f(x) = \cos\left(x + \dfrac{\pi}{4}\right)$ 展开成 x 的幂级数.

4.将函数 $f(x) = \dfrac{1}{1+x}$ 展开成 $x-2$ 的幂级数.

5.利用函数的幂级数展开式求 $\sin 10°$ 的近似值,精确到 10^{-3}.

习 题 11-4

1.将下列函数展开成 x 的幂级数,并求出其收敛区间:

(1) 2^x；　　　　　　(2) $x^2 e^{x^2}$；　　　　　　(3) $\mathrm{ch}\,x$；

(4) $\sin\dfrac{x}{2}$；　　　　(5) $\cos^2 x$；　　　　　(6) $\ln(2+x)$；

(7) $(x+1)\ln(1+x)$；　(8) $\dfrac{x}{1+x-2x^2}$；　(9) $e^{-\frac{x^2}{2}}$.

2.将函数 $\dfrac{1}{x}$ 在点 $x=1$ 处展开成泰勒级数.

3.将函数 $\ln(1+x)$ 展开成 $x-2$ 的幂级数.

4.将函数 $\dfrac{x^2}{\sqrt{1-x^2}}$ 展开成 x 的幂级数.

5.将函数 $f(x) = \dfrac{1}{4}\ln\dfrac{1+x}{1-x} + \dfrac{1}{2}\arctan x$ 展开成 x 的幂级数.

6.利用函数的幂级数展开式求下列函数值的近似值:

(1) $\sin 1°$,精确到 10^{-4}；　　　　(2) $\sqrt[3]{1.015}$,精确到 10^{-3}；

(3) $\displaystyle\int_0^{0.5} \dfrac{1}{1+x^4}\,\mathrm{d}x$,精确到 10^{-3}；　(4) $\displaystyle\int_0^1 e^{-x^2}\,\mathrm{d}x$,精确到 10^{-2}.

本章小结

本章要求:在理解级数的收敛、发散及级数的和等概念的基础上,重点是掌握正项级数的比较审敛法、比值审敛性、根值审敛法,掌握交错级数的莱布尼茨定理、绝对收敛与条件收敛,会求幂级数的收敛半径、收敛区间及和函数,能利用 $e^x, \sin x, \cos x, \ln(1+x), (1+x)^m$ 的幂级数展开式把一些简单的函数展开成幂级数.

1. 常数项级数

(1)常数项级数的概念与性质.

(2)正项级数的审敛法.

① 比较审敛法.设 $\displaystyle\sum_{n=1}^{\infty} u_n$ 和 $\displaystyle\sum_{n=1}^{\infty} v_n$ 是两个正项级数,且 $u_n \leqslant v_n (n=1,2,\cdots)$.

A. 若级数 $\displaystyle\sum_{n=1}^{\infty} v_n$ 收敛,则级数 $\displaystyle\sum_{n=1}^{\infty} u_n$ 也收敛；

B. 若级数 $\sum\limits_{n=1}^{\infty}u_n$ 发散,则级数 $\sum\limits_{n=1}^{\infty}v_n$ 也发散.

② 比值审敛法. 如果正项级数 $\sum\limits_{n=1}^{\infty}u_n$ 的后一项与前一项比值的极限等于 ρ,即

$$\lim_{n\to\infty}\frac{u_{n+1}}{u_n}=\rho,$$

则 A. 当 $\rho<1$ 时,该级数收敛;B. 当 $\rho>1$(或为 ∞)时,该级数发散;C. 当 $\rho=1$ 时,该级数可能收敛也可能发散.

③ 根值审敛法. 设正项级数 $\sum\limits_{n=1}^{\infty}u_n$ 的一般项 u_n 的 n 次方根的极限等于 ρ,即

$$\lim_{n\to\infty}\sqrt[n]{u_n}=\rho,$$

则 A. 当 $\rho<1$ 时,该级数收敛;B. 当 $\rho>1$(或为 ∞)时,该级数发散;C. 当 $\rho=1$ 时,该级数可能收敛也可能发散.

(3) 交错级数的审敛法. 如果交错级数 $\sum\limits_{n=1}^{\infty}(-1)^{n-1}u_n(u_n\geqslant0,n=1,2,\cdots)$ 满足条件:

① $u_n\geqslant u_{n+1}(n=1,2,\cdots)$;

② $\lim\limits_{n\to\infty}u_n=0$,

则级数 $\sum\limits_{n=1}^{\infty}(-1)^{n-1}u_n$ 收敛,且其和 $s\leqslant u_1$,其余项 r_n 的绝对值 $|r_n|\leqslant u_{n+1}$.

(4) 绝对收敛与条件收敛. 如果任意项级数各项取绝对值后所成的正项级数收敛,则称原级数绝对收敛;如果各项取绝对值后所成的正项级数发散,而原级数收敛,则称原级数条件收敛.

2. 幂级数

(1) 幂级数的收敛半径与收敛域.

① 幂级数 $\sum\limits_{n=0}^{\infty}a_nx^n$ 的收敛半径 $R=\dfrac{1}{\rho}=\lim\limits_{n\to\infty}\left|\dfrac{a_{n+1}}{a_n}\right|$,其中规定:当 $\rho=0$ 时,$R=+\infty$;当 $\rho=+\infty$ 时,$R=0$.

② 幂级数的收敛域是下面四个区间之一:$(-R,R),(-R,R],[-R,R),[-R,R]$.

(2) 幂级数的运算. 设幂级数 $\sum\limits_{n=1}^{\infty}a_nx^n$ 在收敛区间 $(-R,R)$ 内的和函数为 $s(x)$,即 $s(x)=\sum\limits_{n=0}^{\infty}a_nx^n(-R<x<R)$,则

① $s(x)$ 在 $(-R,R)$ 内是连续的;

② $s(x)$ 在 $(-R,R)$ 内可导,且有

$$s'(x)=\left(\sum_{n=0}^{\infty}a_nx^n\right)'=\sum_{n=0}^{\infty}(a_nx^n)'=\sum_{n=1}^{\infty}na_nx^{n-1}\quad(-R<x<R);$$

③ $s(x)$ 在 $(-R,R)$ 内可积,且有

$$\int_0^x s(t)\mathrm{d}t=\int_0^x\left(\sum_{n=0}^{\infty}a_nt^n\right)\mathrm{d}t=\sum_{n=0}^{\infty}\int_0^x a_nt^n\mathrm{d}t=\sum_{n=0}^{\infty}\frac{a_n}{n+1}x^{n+1}\quad(-R<x<R).$$

(3) 函数展开成幂级数.

① 泰勒级数. 若函数 $f(x)$ 在点 x_0 的某一邻域内具有任意阶导数,则称幂级数

$$f(x_0) + f'(x_0)(x-x_0) + \frac{f''(x_0)}{2!}(x-x_0)^2 + \cdots + \frac{f^{(n)}(x_0)}{n!}(x-x_0)^n + \cdots$$

为 $f(x)$ 在点 x_0 处的泰勒级数.

② 麦克劳林级数. 在泰勒级数中取 $x_0 = 0$, 则称

$$f(0) + f'(0)x + \frac{f''(0)}{2!}x^2 + \cdots + \frac{f^{(n)}(0)}{n!}x^n + \cdots$$

为函数 $f(x)$ 的麦克劳林级数.

自测题十一

1. 选择题

(1) 设 $\lim\limits_{n \to \infty} u_n = 0$, 则常数项级数 $\sum\limits_{n=1}^{\infty} u_n^2$ (　　);

A. 一定收敛且其和为 0 　　　　　　　　B. 一定收敛但其和不一定为 0

C. 一定发散 　　　　　　　　　　　　　D. 可能收敛, 也可能发散

(2) 下列级数中, 条件收敛的级数是 (　　);

A. $\sum\limits_{n=1}^{\infty} (-1)^n \dfrac{n}{n+1}$ 　　　　　　　　B. $\sum\limits_{n=1}^{\infty} (-1)^n \dfrac{1}{\sqrt{n}}$

C. $\sum\limits_{n=1}^{\infty} (-1)^n \dfrac{1}{n^2}$ 　　　　　　　　　D. $\sum\limits_{n=1}^{\infty} (-1)^n \dfrac{1}{n^3}$

(3) 级数 $\sum\limits_{n=1}^{\infty} (-1)^n \dfrac{1}{n^p} \, (p>0)$ 的敛散性情况是 (　　);

A. $p>1$ 时绝对收敛, $p \leqslant 1$ 时条件收敛

B. $p<1$ 时绝对收敛, $p \geqslant 1$ 时条件收敛

C. $p \leqslant 1$ 时发散, $p>1$ 时收敛

D. 对任何 $p>0$, 绝对收敛

(4) 级数 $\sum\limits_{n=1}^{\infty} \dfrac{1}{1+a^n} \, (a>0)$ 的敛散性情况是 (　　);

A. 收敛 　　　　　　　　　　　　　　　B. $0<a \leqslant 1$ 时发散, $a>1$ 时收敛

C. 发散 　　　　　　　　　　　　　　　D. $0<a<1$ 时收敛, $a>1$ 时发散

(5) 正项级数 $\sum\limits_{n=1}^{\infty} u_n$ 收敛是级数 $\sum\limits_{n=1}^{\infty} u_n^2$ 收敛的 (　　);

A. 充分但非必要条件 　　　　　　　　　B. 必要但非充分条件

C. 充要条件 　　　　　　　　　　　　　D. 既非充分又非必要条件

(6) 对于任意项级数 $\sum\limits_{n=1}^{\infty} u_n$, 若 $|u_n| > |u_{n+1}|$, 且 $\lim\limits_{n \to \infty} u_n = 0$, 则该级数 (　　);

A. 条件收敛 　　　　　　　　　　　　　B. 绝对收敛

C. 发散 　　　　　　　　　　　　　　　D. 可能收敛, 也可能发散

(7) 若级数 $\sum\limits_{n=1}^{\infty} a_n(x+2)^n$ 在点 $x = -4$ 处收敛, 则此级数在点 $x=1$ 处 (　　);

A. 发散 　　　　　　　　　　　　　　　B. 条件收敛

C. 绝对收敛   D. 敛散性不定

(8) 若幂级数 $\sum\limits_{n=0}^{\infty}\frac{x^n}{2^n+1}$ 在区间 $(-2,2)$ 内收敛于 $s(x)$，则幂级数 $\sum\limits_{n=0}^{\infty}\frac{n}{2^n+1}x^n$ 在区间 $(-2,2)$ 内收敛于（   ）.

A. $xs'(x)$ B. $[xs(x)]'$

C. $x\int_0^x s(t)\mathrm{d}t$ D. $\int_0^x ts(t)\mathrm{d}t$

2. 判定下列级数的敛散性：

(1) $\sum\limits_{n=1}^{\infty}\left(\frac{1}{2^n}+\ln\frac{1}{n}\right)$;   (2) $\sum\limits_{n=1}^{\infty}(\sqrt{n+1}-\sqrt{n})$;

(3) $\sum\limits_{n=1}^{\infty}\frac{1}{2^n+3}$;   (4) $\sum\limits_{n=1}^{\infty}\frac{\ln^n 2}{2^n}$;

(5) $\sum\limits_{n=1}^{\infty}\frac{1}{(3n-2)(3n+1)}$;   (6) $\sum\limits_{n=1}^{\infty}\frac{1+n}{1+n^2}$;

(7) $\sum\limits_{n=1}^{\infty}\frac{\sqrt{n}}{\sqrt{n^4+1}}$;   (8) $\sum\limits_{n=1}^{\infty}\frac{n^n}{n!2^n}$;

(9) $\sum\limits_{n=1}^{\infty}\frac{5^n(n+1)!}{(2n)!}$;   (10) $\sum\limits_{n=1}^{\infty}\frac{a^n}{n^3}$ $(a\in\mathbf{R})$.

3. 判断下列级数是否收敛；若收敛，是绝对收敛还是条件收敛？

(1) $\sum\limits_{n=1}^{\infty}\frac{n\cos\frac{n\pi}{3}}{2^n}$;   (2) $\sum\limits_{n=1}^{\infty}(-1)^{n-1}\frac{2n+1}{n(n+1)}$.

4. 求下列幂级数的收敛半径与收敛区间：

(1) $\sum\limits_{n=1}^{\infty}\frac{x^n}{n^p}$ $(p>0)$;   (2) $x-\frac{x^2}{2^2}+\frac{x^3}{2^3}-\frac{x^4}{2^4}+\cdots$;

(3) $\sum\limits_{n=1}^{\infty}\frac{x^n}{3^n+n}$;   (4) $\sum\limits_{n=1}^{\infty}\frac{2n+1}{n!}x^{2n+1}$.

5. 将下列函数展开成 x 的幂级数，并求出收敛区间：

(1) $\frac{x}{2+x}$;   (2) $\ln(2x+4)$;

(3) $\arcsin x$.

6. 试将函数 $f(x)=\int_0^x \mathrm{e}^{-\frac{t^2}{2}}\mathrm{d}t$ 展开成 x 的幂级数.

7. 将函数 $\frac{\mathrm{d}}{\mathrm{d}x}\left(\frac{\mathrm{e}^x-1}{x}\right)$ 展开成 x 的幂级数，并证明：$\sum\limits_{n=1}^{\infty}\frac{n}{(n+1)!}=1$.

8. 将函数 $f(x)=\frac{1+x}{(1-x)^3}$ 展开成 x 的幂级数，并求出收敛区间.